Deepen Your Mind

Deepen Your Mind

推薦語

《零基礎學機器學習》跳脫出俗套，真正從初學者視角為我們呈現了一幅人工智慧的技術畫卷，令人耳目一新。

清華大學長聘教授，電腦網路技術研究所副所長，青年長江學者 李丹

AI 是未來，它將重塑每個行業和領域。對於這種迎面而來的宏大變化，是臨淵羨魚還是退而結網？如果你是後者，《零基礎學機器學習》是一種輕鬆打開 AI 世界的方式。

壹心理創始人 黃偉強

20 年前，黃佳是我演算法課上的高材生。廿載光陰荏苒，如白駒過隙。他在國外多年，現在已是世界知名公司的高級顧問。欣聞他在繁忙工作之餘，還創作了如此優秀的機器學習書。願黃佳的新書把更多讀者引入人工智慧領域，也衷心希望機器學習技術的落地越來越實際。

北京師範大學教授，未來教育學院副院長 孫波

黃佳在《零基礎學機器學習》中反復強調機器學習是非常接地氣的技術，希望大家用來解決自己工作，甚至是生活中的具體問題。本書的「實戰案例」講解得都很細、很透。期待本書把機器學習技術推入「尋常百姓家」。

中國資訊通信研究院安全研究所主任，工業互聯網產業聯盟安全性群組副主席 田慧蓉

寫法新穎，內容也出彩：理論嚴謹，案例實用，演算法剖析簡明扼要。全書讀罷，相信讀者能夠高效地掌握書中所介紹的各種基礎知識和演算法工具。

阿里巴巴螞蟻集團教授級高工，LedgerDB 創始人 楊新穎

如何引導程式設計知識有限、實踐經驗相對較少的 IT 新人進入機器學習的世界？本書真正做到了化繁為簡，全面覆蓋了機器學習的基礎知識點，且讀起來毫不費力。這是一本值得大力推薦的用心之作。

對外經濟貿易大學資訊學院教授 李兵

閱讀了黃佳的作品《零基礎學機器學習》，我非常喜歡他對於線性回歸、邏輯回歸和神經網路等內容循序漸進、層層深入的理論剖析。他用靈活的方法詮釋深奧的理論，在課程深度上也拿捏到位。此外，該書的集成學習和強化學習部分也很精彩，簡略但重點突出，概念介紹特點鮮明。我向希望入門機器學習的朋友們推薦此書。

中國人民大學資訊學院副教授，人工智慧專家 劉桃

本書深入淺出，切入點與市面上已有的人工智慧和機器學習書迥然不同，十分易讀易懂。全書結構嚴謹，脈絡清晰，能讓讀者輕鬆進入機器學習的殿堂。

中國人民大學資訊學院副教授，《區塊鏈核心演算法解析》譯者 陳晉川

很難想像，作者竟然把一本「硬核」電腦圖書寫得這麼有趣。本書在輸出技術知識點的同時插播了輕鬆笑點，有梗有料，又毫無違和感。能看出作者是一個熱愛生活的人，也把自己工作和傳道授業的過程當成了一種樂趣。

思維發展型學校聯盟發起人，第 1～7 屆全國思維教學年會大會主席 趙國慶

黃佳的《零基礎學機器學習》，是難得一見的「人人都能讀懂」的人工智慧書。我期待它的問世，並會介紹給公司的員工閱讀學習。

矽景科技創始人，工業自動化機器人專家 陸大為

前言

這是一個充滿變革與挑戰的時代。今天的系統和風向在明天就有可能突然調轉，而一場流行疾病的到來，可以一夜之間改變整個社會的生存方式。

然而，風險與機遇共存。任風雲變幻，人類的恒常議題仍然是如何在充滿挑戰的環境中生存與發展，繼續前行。新的發展和突破性的變革，將由科技的不斷創新，尤其是日益成熟的 5G 通訊、巨量資料和人工智慧技術所驅動。萬物互聯，人們足不出戶，就可以與家人和同事無障礙溝通；出門則能隨時隨地接收雲端資訊、享受雲端音樂和雲端影視；我們刷臉購物，而機器人為我們送餐、送貨、或提供清潔、消毒服務。這一切，不再是科幻電影，而已逐步成為了現實。因此，未來可期！

在此背景之下，人工智慧（Artificial Intelligence，AI）及其關鍵技術機器學習，成了當前 IT 領域毋庸置疑的熱點。

- 許多電腦和其他理工科專業的在校大學生積極學習人工智慧技術，希望日後從事相關的工作。很多大專院校開設了人工智慧學院，以培養更多人工智慧領域的人才。
- 大量的程式設計師、專案經理等 IT 從業人員，也開始涉獵機器學習，參與相關專案。

這股熱潮的出現，並不是單純地「炒作熱點」，而是時代的必然，是「自然選擇」的結果。因為機器學習的應用範圍的確廣泛，具體技術已經「落地」各行各業。尤其是「網際網路大廠」的諸多產品，背後都有巨量資料。**而巨量資料的背後，核心競爭力必然是機器學習**。機器學習以巨量資料為基礎，發現資料背後的規律，最佳化產品的性能，可解決很多日常問題，也可為戰略決策提供方向。從淘寶的商品推薦系統，到大規模疾病的防控，從 Google 的搜索結果，再到電腦視覺和自然語言處理，都離不開機器學習的身影。

所以，時代要發展（時代無論如何都會進一步發展，而且還會是爆發式的發展），機器學習技術要更廣泛地應用，就需要越來越多的人掌握機器學習知識，參與其相關的專案和應用的領域。目前，優秀的機器學習人才還遠不能

滿足市場的需求。人才的匱乏，可以説在某種程度上限制著技術應用的速度和品質。

因此，拿起這本書的您，應該是希望了解機器學習的知識，抑或已經決定選擇機器學習技術作為專攻方向。然而問題是只有基本的 **IT** 知識或實戰經驗尚不豐富的學生或職業人士，**該如何輕鬆且快捷地領會機器學習內涵、掌握基本機器學習知識、精通機器學習演算法，從而擁有在人工智慧領域進一步深耕的能力？**這就是本書所力求解決的問題的關鍵之處。

機器學習書籍很多，其中的基礎知識也多，系統龐大繁雜，對初學者來説，一不小心就會被淹沒在浩瀚的知識海洋中，覺得學習難以繼續。本書列出了一個機器學習入門路線圖，從一個零基礎的初學者 (主角小冰) 的角度出發，讓讀者跟著她一步一步向前，循序漸進地學習知識；老師咖哥將即時解答其各種疑問，一步步地幫忙掃清路途中的障礙，輕鬆地把大家引入機器學習的知識殿堂。

本書還有以下特色。

- 本書針對的是入門級的讀者，學起來非常簡單，讀起來風格輕鬆，還略有幽默，一掃機器學習給人帶來的晦澀難懂、都是高深演算法的印象。其實入門機器學習，並不一定馬上就需要研究艱深的演算法，那樣只會把初學者嚇跑。
- 雖然本書行文風格是輕鬆幽默的，但是內容很實用，非常強調實戰。書中的案例大多來自真實項目，不僅接地氣，還便於動手操作。
- 覆蓋面廣，包括機器學習、深度學習和強化學習的基礎內容。
- 呈現的形式靈活。所有機器學習內容在書中都以課程、對話、答疑和練習的形式呈現。

本書的具體內容包括以下部分。

- 機器學習的基本原理。
- 機器學習相關的數學和 Python 基礎知識。

- 機器學習演算法及實戰案例。
- 深度學習原理及實戰案例。
- 強化學習演算法及簡單實戰。

總而言之，本書的寫作初衷是降低機器學習的門檻，設計出比較合理的學習路線圖，讓入門變得更容易，讓大家都能學，而且是快樂地學。在寫作過程中，我時刻刻告訴自己要寫一本讀者能看得懂、學得進去的書。讀者需要讀一本風格輕鬆的書，而非論文集，如果要讀論文，網上有很多。

那麼我的寫作目標—寫一本「輕鬆」而「實用」的機器學習入門書，是否實現了呢？這就留待大家去檢驗了，您隨便翻幾頁，應該就看得出我在寫作風格方面的努力與嘗試。

如果大家在書中發現任何差錯，可以聯繫 yanjingyan@ptpress.com.cn 指正。

最後，還必須要感謝各位機器學習領域的前輩，如吳恩達、李宏毅、莫煩等老師，他們無私分享的機器學習教學資源，以及 Kaggle 網站中的機器學習資料集，都是包括我在內的每一個檢視器在學習之路上不可或缺的財富。感謝我的朋友武衛東和夏新松在本書寫作期間對我的鼓勵和建議，也要感謝人民郵電出版社的編輯老師們，尤其是責任編輯顏景燕女士，從全書的內容結構到文字細節，再到版式設計，她都傾注了大量精力。沒有以上各位朋友的支持與參與，這本書就無法呈現於讀者面前。

黃佳

> **資源下載**
> 本書程式及彩圖可至深智數位網站，https://deepmind.com.tw，資源下載處下載。

目錄

引子 AI 菜鳥的挑戰 --100 天上線智慧預警系統

01 機器學習快速上手路徑——唯有實戰

1.1 機器學習的家族譜 1-2

   1.1.1 新手入門機器學習的 3 個好消息 1-4

   1.1.2 機器學習就是從資料中發現規律 1-6

   1.1.3 機器學習的類別——監督學習及其他 1-10

   1.1.4 機器學習的重要分支——深度學習 1-11

   1.1.5 機器學習新熱點——強化學習 1-14

   1.1.6 機器學習的兩大應用場景——回歸與分類 ..1-15

   1.1.7 機器學習的其他應用場景 1-16

1.2 快捷的雲實戰學習模式 1-18

   1.2.1 線上學習平台上的機器學習課程 1-19

   1.2.2 用 Jupyter Notebook 直接實戰 1-20

   1.2.3 用 Google Colab 開發第一個機器學習程式 .1-21

   1.2.4 在 Kaggle 上參與機器學習競賽 1-27

   1.2.5 在本機上「玩」機器學習 1-30

1.3 基本機器學習術語 1-31

   1.3.1 特徵 1-33

   1.3.2 標籤 1-33

   1.3.3 模型 1-34

1.4 Python 和機器學習框架 1-35

   1.4.1 為什麼選擇用 Python .1-35

   1.4.2 機器學習和深度學習框架 1-36

1.5 機器學習專案實戰架構 1-40

   1.5.1 第 1 個環節：問題定義 1-42

   1.5.2 第 2 個環節：資料的收集和前置處理 1-44

   1.5.3 第 3 個環節：選擇機器學習模型 1-49

   1.5.4 第 4 個環節：訓練機器，確定參數 1-51

   1.5.5 第 5 個環節：超參數調整和性能最佳化 1-53

1.6 本課內容小結 1-58

1.7 課後練習 1-59

02 數學和 Python 基礎知識——一天搞定

2.1 函數描述了事物間的關係 2-2

    2.1.1 什麼是函數 2-2

    2.1.2 機器學習中的函數 2-4

2.2 捕捉函數的變化趨勢 2-9

    2.2.1 連續性是求導的前提條件 2-9

    2.2.2 透過求導發現 y 如何隨 x 而變 2-9

    2.2.3 凸函數有一個全域最低點 2-12

2.3 梯度下降是機器學習的動力之源 2-12

    2.3.1 什麼是梯度 2-13

    2.3.2 梯度下降：下山的隱喻 2-13

    2.3.3 梯度下降有什麼用 ...2-14

2.4 機器學習的資料結構——張量 2-14

    2.4.1 張量的軸、階和形狀 .2-15

    2.4.2 純量——0D（階）張量 2-15

    2.4.3 向量——1D（階）張量 2-16

    2.4.4 矩陣——2D（階）張量 2-20

    2.4.5 序列資料 ——3D（階）張量 2-22

    2.4.6 圖像資料 ——4D（階）張量 2-24

    2.4.7 視訊資料——5D（階）張量 2-25

    2.4.8 資料的維度和空間的維度 2-25

2.5 Python 的張量運算 2-27

    2.5.1 機器學習中張量的創建 2-27

    2.5.2 透過索引和切片存取張量中的資料 2-28

    2.5.3 張量的整體操作和逐元素運算 2-30

    2.5.4 張量的變形和轉置 2-31

    2.5.5 Python 中的廣播 2-32

    2.5.6 向量和矩陣的點積運算 2-35

2.6 機器學習的幾何意義 2-39

    2.6.1 機器學習的向量空間 .2-39

    2.6.2 深度學習和資料流形 .2-41

2.7 機率與統計研究了隨機事件的規律 2-42

    2.7.1 什麼是機率 2-42

    2.7.2 正態分佈 2-44

    2.7.3 標準差和方差 2-45

2.8 本課內容小結 2-46

2.9 課後練習 2-47

Contents

03 線性回歸──預測網店的銷售額

3.1 問題定義：小冰的網店廣告該如何投放 3-3

3.2 資料的收集和前置處理 3-5
3.2.1 收集網店銷售額資料 .3-5
3.2.2 資料讀取和視覺化 3-7
3.2.3 資料的相關分析 3-7
3.2.4 資料的散點圖 3-9
3.2.5 資料集清洗和規範化 .3-9
3.2.6 拆分資料集為訓練集和測試集 3-11
3.2.7 把資料歸一化 3-12

3.3 選擇機器學習模型 3-14
3.3.1 確定線性回歸模型 3-14
3.3.2 假設（預測）函數──h(x) 3-15
3.3.3 損失（誤差）函數──L（w, b）....................3-16

3.4 透過梯度下降找到最佳參數 .3-21
3.4.1 訓練機器要有正確的方向 3-21
3.4.2 凸函數確保有最小損失點 3-23
3.4.3 梯度下降的實現 3-24
3.4.4 學習率也很重要 3-27

3.5 實現一元線性回歸模型並調整超參數 3-30
3.5.1 權重和偏置的初值 3-30
3.5.2 進行梯度下降 3-31

3.5.3 調整學習率 3-33
3.5.4 調整疊代次數 3-34
3.5.5 在測試集上進行預測 .3-35
3.5.6 用輪廓圖描繪 L、w 和 b 的關係 3-37

3.6 實現多元線性回歸模型 3-39
3.6.1 向量化的點積運算 3-40
3.6.2 多變數的損失函數和梯度下降 3-43
3.6.3 建置一個線性回歸函數模型 3-44
3.6.4 初始化權重並訓練機器 3-44

3.7 本課內容小結 3-46

3.8 課後練習 3-47

04 邏輯回歸──給病患和鳶尾花分類

4.1 問題定義：判斷客戶是否患病 4-2

4.2 從回歸問題到分類問題 4-4
4.2.1 機器學習中的分類問題 4-4
4.2.2 用線性回歸＋步階函數完成分類 4-5
4.2.3 透過 Sigmiod 函數進行轉換 4-9
4.2.4 邏輯回歸的假設函數 .4-11
4.2.5 邏輯回歸的損失函數 .4-12
4.2.6 邏輯回歸的梯度下降 .4-14

4.3 透過邏輯回歸解決二元分類
   問題 4-16
   4.3.1 資料的準備與分析 4-16
   4.3.2 建立邏輯回歸模型 4-20
   4.3.3 開始訓練機器 4-23
   4.3.4 測試分類結果 4-25
   4.3.5 繪製損失曲線 4-26
   4.3.6 直接呼叫 Sklearn
        函數庫 4-27
   4.3.7 虛擬特徵的使用 4-28

4.4 問題定義：確定鳶尾花的
   種類 4-29

4.5 從二元分類到多元分類 4-30
   4.5.1 以一對多 4-31
   4.5.2 多元分類的損失函數 .4-32

4.6 正規化、欠擬合和過擬合 4-33
   4.6.1 正規化 4-33
   4.6.2 欠擬合和過擬合 4-33
   4.6.3 正規化參數 4-36

4.7 透過邏輯回歸解決多元分類
   問題 4-38
   4.7.1 資料的準備與分析 4-38
   4.7.2 透過 Sklearn 實現邏輯
        回歸的多元分類 4-39
   4.7.3 正規化參數——C 值的
        選擇 4-40

4.8 本課內容小結 4-44

4.9 課後練習 4-45

05 深度神經網路——找出可能流失的客戶

5.1 問題定義：咖哥接手的金融
   專案 5-2

5.2 神經網路的原理 5-2
   5.2.1 神經網路極簡史 5-2
   5.2.2 傳統機器學習演算法
        的局限性 5-4
   5.2.3 神經網路的優勢 5-7

5.3 從感知器到單隱層網路 5-9
   5.3.1 感知器是最基本的神
        經元 5-9
   5.3.2 假設空間要能覆蓋特
        徵空間 5-11
   5.3.3 單神經元特徵空間的
        局限性 5-13
   5.3.4 分層：加入一個網路
        隱層 5-14

5.4 用 Keras 單隱層網路預測客戶
   流失率 5-16
   5.4.1 資料的準備與分析 5-16
   5.4.2 先嘗試邏輯回歸
        演算法 5-19
   5.4.3 單隱層神經網路的
        Keras 實現 5-20
   5.4.4 訓練單隱層神經網路 .5-25
   5.4.5 訓練過程的圖形化
        顯示 5-27

5.5 分類資料不平衡問題：只看
   準確率夠用嗎 5-29

5.5.1 混淆矩陣、精確率、召回率和 F1 分數 5-29

5.5.2 使用分類報告和混淆矩陣 5-32

5.5.3 特徵縮放的魔力 5-34

5.5.4 設定值調整、欠取樣和過取樣 5-37

5.6 從單隱層神經網路到深度神經網路 5-38

5.6.1 梯度下降：正向傳播和反向傳播 5-39

5.6.2 深度神經網路中的一些可調超參數 5-42

5.6.3 梯度下降最佳化器 5-42

5.6.4 啟動函數：從 Sigmoid 到 ReLU 5-49

5.6.5 損失函數的選擇 5-55

5.6.6 評估指標的選擇 5-56

5.7 用 Keras 深度神經網路預測客戶流失率 5-57

5.7.1 建置深度神經網路 5-58

5.7.2 換一換最佳化器試試 .5-60

5.7.3 神經網路正規化：增加 Dropout 層 5-61

5.8 深度神經網路的調整及性能最佳化 5-63

5.8.1 使用回呼功能 5-63

5.8.2 使用 TensorBoard 5-65

5.8.3 神經網路中的過擬合 .5-66

5.8.4 梯度消失和梯度爆炸 .5-67

5.9 本課內容小結 5-69

5.10 課後練習 5-70

06 卷積神經網路──辨識狗狗的圖型

6.1 問題定義：有趣的狗狗圖型辨識 6-2

6.2 卷積網路的結構 6-4

6.3 卷積層的原理 6-7

6.3.1 機器透過「模式」進行圖型辨識 6-7

6.3.2 平移不變的模式辨識 .6-8

6.3.3 用滑動視窗取出局部特徵 6-9

6.3.4 篩檢程式和回應通道 .6-9

6.3.5 對特徵圖進行卷積運算 6-11

6.3.6 模式層級結構的形成 .6-13

6.3.7 卷積過程中的填充和步幅 6-14

6.4 池化層的功能 6-15

6.5 用卷積網路給狗狗圖型分類 .6-16

6.5.1 圖像資料的讀取 6-16

6.5.2 建置簡單的卷積網路 .6-22

6.5.3 訓練網路並顯示誤差和準確率 6-25

6.6 卷積網路性能最佳化 6-26

6.6.1 第一招：更新最佳化器並設定學習率 6-26

6.6.2 第二招：增加 Dropout 層 6-28

6.6.3 「大殺器」：進行資料增強 6-30

6.7 卷積網路中特徵通道的
視覺化 6-33

6.8 各種大型卷積網路模型 6-34

6.8.1 經典的 VGGNet..........6-35

6.8.2 採用 Inception 結構的
GoogLeNet 6-36

6.8.3 殘差網路 ResNet 6-37

6.9 本課內容小結 6-38

6.10 課後練習 6-38

07 循環神經網路──鑑定留言及探索系外行星

7.1 問題定義：鑑定評論文字的
情感屬性 7-2

7.2 循環神經網路的原理和結構 .7-3

7.2.1 什麼是序列資料 7-4

7.2.2 前饋神經網路處理序
列資料的局限性 7-4

7.2.3 循環神經網路處理序
列問題的策略 7-5

7.2.4 循環神經網路的結構 .7-6

7.3 原始文字如何轉化成向量
資料 7-8

7.3.1 文字的向量化：分詞 .7-8

7.3.2 透過 One-hot 編分碼
詞 7-9

7.3.3 詞嵌入 7-11

7.4 用 SimpleRNN 鑑定評論文字7-13

7.4.1 用 Tokenizer 給文字
分詞 7-14

7.4.2 建置包含詞嵌入的
SimpleRNN 7-16

7.4.3 訓練網路並查看驗證
準確率 7-17

7.5 從 SimpleRNN 到 LSTM 7-18

7.5.1 SimpleRNN 的局限性 7-18

7.5.2 LSTM 網路的記憶傳
送帶 7-19

7.6 用 LSTM 鑑定評論文字.........7-21

7.7 問題定義：太陽系外哪些恒
星有行星環繞 7-22

7.8 用循環神經網路處理時序
問題 7-24

7.8.1 時序資料的匯入與
處理 7-24

7.8.2 建模：CNN 和 RNN
的組合 7-26

7.8.3 輸出設定值的調整 7-28

7.8.4 使用函數式 API..........7-31

7.9 本課內容小結 7-35

7.10 課後練習 7-36

08 經典演算法「寶刀未老」

8.1 K 最近鄰..............................8-2

8.2 支援向量機 8-7

8.3 單純貝氏 8-10

8.4 決策樹 8-12

　8.4.1 熵和特徵節點的選擇 .8-13

　8.4.2 決策樹的深度和剪枝 .8-13

8.5 隨機森林 8-15

8.6 如何選擇最佳機器學習
　　演算法 8-17

8.7 用網格搜索超參數最佳化 ...8-22

8.8 本課內容小結 8-25

8.9 課後練習 8-26

09 整合學習「笑傲江湖」

9.1 偏差和方差——機器學習性能
　　最佳化的風向球 9-2

　9.1.1 目標：降低偏差與方
　　　　 差 9-3

　9.1.2 資料集大小對偏差和
　　　　 方差的影響 9-4

　9.1.3 預測空間的變化帶來
　　　　 偏差和方差的變化 9-5

9.2 Bagging 演算法——多個基礎
　　模型的聚合 9-6

　9.2.1 決策樹的聚合 9-8

　9.2.2 從樹的聚合到隨機
　　　　 森林 9-10

　9.2.3 從隨機森林到極端隨
　　　　 機森林 9-11

　9.2.4 比較決策樹、樹的聚
　　　　 合、隨機森林、極端
　　　　 隨機森林的效率 9-12

9.3 Boosting 演算法——鍛煉弱模
　　型的「肌肉」................9-15

　9.3.1 AdaBoost 演算法 9-17

　9.3.2 梯度提升演算法 9-19

　9.3.3 XGBoost 演算法 9-20

　9.3.4 Bagging 演算法與
　　　　 Boosting 演算法的不
　　　　 同之處 9-20

9.4 Stacking/Blending 演算法——
　　以預測結果作為新特徵 9-21

　9.4.1 Stacking 演算法 9-22

　9.4.2 Blending 演算法 9-24

9.5 Voting/Averaging 演算法——
　　整合基礎模型的預測結果 9-25

　9.5.1 透過 Voting 進行不同
　　　　 演算法的整合 9-25

　9.5.2 透過 Averaging 整合不
　　　　 同演算法的結果 9-27

9.6 本課內容小結 9-28

9.7 課後練習 9-29

10 監督學習之外——其他類型的機器學習

10.1 無監督學習——聚類 10-2

　10.1.1 K 平均值演算法 10-3

　10.1.2 K 值的選取：手肘法 .10-4

　10.1.3 用聚類輔助瞭解行銷
　　　　 資料 10-5

10.2 無監督學習——降維 10-8

10.2.1 PCA 演算法 10-9

10.2.2 透過 PCA 演算法進行
圖型特徵取樣 10-10

10.3 半監督學習 10-14

10.3.1 自我訓練 10-14

10.3.2 合作訓練 10-15

10.3.3 半監督聚類 10-16

10.4 自監督學習 10-17

10.4.1 潛隱空間 10-17

10.4.2 自編碼器 10-18

10.4.3 變分自編碼器 10-19

10.5 生成式學習 10-20

10.5.1 機器學習的生成式 10-20

10.5.2 生成式對抗網路 10-21

10.6 本課內容小結 10-23

10.7 課後練習 10-24

11 強化學習實戰──咖哥的冰湖挑戰

11.1 問題定義：幫助智慧體完成
冰湖挑戰 11-2

11.2 強化學習基礎知識 11-3

11.2.1 延遲滿足 11-3

11.2.2 更複雜的環境 11-4

11.2.3 強化學習中的元素 11-6

11.2.4 智慧體的角度 11-6

11.3 強化學習基礎演算法
Q-Learning 詳解.................11-8

11.3.1 迷宮遊戲的範例 11-9

11.3.2 強化學習中的局部
最佳 11-14

11.3.3 ε-Greedy 策略 11-14

11.3.4 Q-Learning 演算法的
虛擬程式碼 11-15

11.4 用 Q-Learning 演算法來解決
冰湖挑戰問題 11-16

11.4.1 環境的初始化 11-16

11.4.2 Q-Learning 演算法的
實現 11-18

11.4.3 Q-Table 的更新過程...11-20

11.5 從 Q-Learning 演算法到
SARSA 演算法.....................11-22

11.5.1 異策略和同策略 11-23

11.5.2 SARSA 演算法的
實現 11-23

11.6 用 SARSA 演算法來解決冰湖
挑戰問題 11-24

11.7 Deep Q Network 演算法：用
深度網路實現 Q-Learning......11-26

11.8 本課內容小結 11-27

11.9 課後練習 11-29

A 尾聲 -- 如何實現機器學習中的知識遷移及持續性的學習

B 練習答案

引子

AI 菜鳥的挑戰 -- 100 天上線智慧預警系統

　　小冰，「90 後」，研究所學生畢業，非資深程式設計師，目前在一家軟體公司上班。工作雖忙但尚能應付，還和朋友合夥開了一個網店，生活風平浪靜。

　　故事從大老闆今天早晨踏進她們專案小組這一刻開始。

　　她到公司比別人早，剛剛收拾了一下混亂的房間，正要打開電腦，大老闆進來了。

　　「小冰，你們經理呢？還沒來嗎？這都 10 點了！」老闆似乎生氣了。

　　小冰說：「昨天經理帶著我們趕進度，到晚上 12 點多才走，可能今天要晚到一會兒」。

　　「唉，算了不等他了就你吧，你跟我過來一下還有你們兩個，」老闆指著其他專案小組的另外兩個同事說，「也來一下。」

　　到了會議室，老闆開口了：「我這邊有一個很緊急、也很重要的專案，合作方是老客戶了，因為信任我們，才直接交給我們但是時間非常非常緊，100 天內必須上線我估計著你們手頭上的幾個專案都在收尾階段了，本來是準備跟你們經理商量，抽調一兩個人做這個新專案但是他們又都遲到，我這裏又著急，算了，我也不和他們商量了，就定你們幾個吧！」說完，又補了一句：「叫他們帶頭遲到！」

　　小冰和其他幾位同事面面相覷

　　過了 3 秒，小冰弱弱地問：「請問是什麼方面的專案？」

　　老闆答：「人工智慧！」

　　小冰他們嚇了一跳。

　　老闆接著說：「不是讓你們去研發一個會端茶倒水的機器人，具體講，是**機器學習**方面的專案機器學習，聽說過嗎？屬於人工智慧的分支領域，最近是熱得很呢。這是一個銀行客戶，他們的信用卡申請系統是我們前年做的，現在也開始做巨量資料和機器學習的專案了。這

▲ 小冰被新專案嚇了一跳

次是請我們給他們做一個詐騙行為預警的應用，根據現有的資料智慧化地判斷哪些客戶可能存在詐騙性的刷卡行為。這個專案如果完成得好，他們還會繼續開發一個人臉辨識應用，加入信用卡的申請驗證過程，那就需要深度學習的技術了。深度學習也算是機器學習的分支吧。」

老闆一談起專案，那是滔滔不絕啊！停都停不下來但是幾個聽眾有點覺得雲山霧罩的。

「可是這些技術我們都不懂啊…」幾人在同一時間表達了同一個意思。

「**學啊！**」老闆說。

「有那麼容易嗎？」一個比較大膽的同事問，「我看過一些機器學習的文件，也買過幾本書，裡面的數學公式、演算法，難度可不低啊，我一個專業程式設計師都感覺看不大懂。」

「嗯，這樣啊……」老闆思索了一下，「我倒覺得這機器學習專案，門檻沒有你們想像的那麼高，以你們目前的程式設計背景和數學知識，如果學習路線正確，應該可以快速上手。不過，我其實也考慮到這點了，如果沒有一個適當的教育訓練來啟動你們，完全自學的話應該還是挺艱苦的。我安排了一個短期教育訓練，找的是專家，一個在大廠任資深資料科學家的朋友讓他帶一帶你們，先入門。據他說，他的第一個機器學習專案也是臨危受命，同樣是半年之內從不懂到懂，「摸爬滾打」幾個月之後，最終完成了。因此，幾個月搞定這個專案不算是開玩笑，我們做IT的，哪個專案不是這樣邊學邊做拼出來的？」

緊接著老闆大手一揮，斬釘截鐵地說：「好，這事就這麼定了！這是好事，別人想要做這機器學習專案還沒機會呢！」

「明天開始機器學習教育訓練！」

就這樣，小冰似乎不是很情願，但又幸運地開啟了她的機器學習之旅。

第 1 課　機器學習快速上手路徑——唯有實戰

　　第二天清晨，小冰準時來到上課地點。

　　出乎她的意料，等待他們的講師——老闆口中的「大廠資深資料科學家」竟然是她很久沒見的高中同學。這位小哥從小喜歡程式設計，經常熬夜，年紀輕輕就養成了喝濃咖啡的習慣，因此人稱「咖哥」。畢業時小冰只知道他考入了某校資訊系，之後就再也沒聯絡過了。

　　意外重逢，二人很是激動。不過，他們只能簡單寒暄幾句，咖哥迅速進入正題。

　　「同學們好」咖哥說，「你們可知道為什麼來上這門課程？」

　　「要做機器學習專案。」3 人很默契地回答道。

　　「好，既然是為了做專案而學，那麼我們會非常強調實戰。當然理論是基礎，在開始應用具體技術之前，總要先釐清概念。機器學習，是屬於人工智慧領域的技術，小冰，你怎麼瞭解『人工智慧』這個概念？」

　　「啊，你還真問倒我了」小冰說，「成天說人工智慧，可是我還真說不清楚它到底是什麼。」

　　咖哥說：「好，我們就從人工智慧究竟是什麼說起。不過，先列出本課重點。」

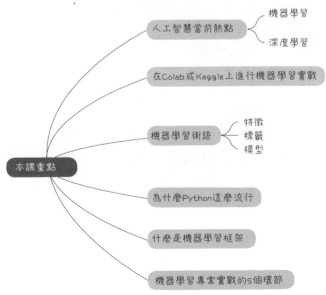

• 1.1 機器學習的家族譜

人工智慧,也就是我們每天掛在嘴邊的 AI,可以被簡單地定義為**努力將通常由人類完成的智力任務自動化**[1]。這個定義內涵模糊而外延廣闊,因而這個領域可謂異彩紛呈:手機裡的 Siri、圍棋場上的 AlphaGo、購物時出現的推薦商品、無人駕駛的汽車,它們無不與人工智慧有關。為了後面方便說明,我們[2]就用其英文縮寫 "AI" 來代替。

1950 年,圖靈發表了一篇劃時代的論文《計算機器與智慧》,文中預言了創造出「有智慧的機器」的可能性。當時他已經注意到「智慧」這一概念難以確切定義,因而提出了著名的圖靈測試:如果一台電腦可以模仿特定條件下的人類反應,回答出特定領域的問題,而提問者又無法正確判斷回答者是人類還是機器,就可以說它擁有人工智慧。後來,1956 年,許多的學者和學科奠基人在達特茅斯學院舉行了一次大會,現代 AI 學科從此正式成立。

▲ 老闆通知咖哥:咖哥本人的圖靈測試未通過

1　肖萊‧Python 深度學習 [M]‧張亮,譯‧北京:人民郵電出版社,2018。

2　從本節開始,所有正文文字除小冰和同學們的提問之外,都是咖哥課程說明內容,為保證真實課堂體驗,將以咖哥為第一人稱敘述。其中的「我」均指代咖哥。

這之後大概每隔一二十年，就會出現一波 AI 熱潮，熱潮達到頂點後又會逐漸「冷卻」，進入低谷期。這形成了周而復始的 **AI 效應**，該效應包括以下兩個階段。

（1）AI 將新技術、新體驗帶進人類的生活，完成了一些原本需要人類智慧才能完成的工作，此時輿論會對 AI 期待極高，形成一種讓人覺得「真正的」AI 時代馬上就要到來的氣氛。人們興奮不已，大量資金湧入 AI 研發領域。

（2）然而一旦大家開始習慣這些新技術，就又開始認為這些技術沒什麼了不起，根本代表不了真正的人類智慧，此時又形成一種對 AI 的現狀十分失望的氣氛，資金也就紛紛「離場」。

　　小冰插嘴：「這也太悲催了！」

　　咖哥說：「但是 AI 的定義和應用的領域正是在上述循環的推動下不斷地被升級、重構，向前發展的。」

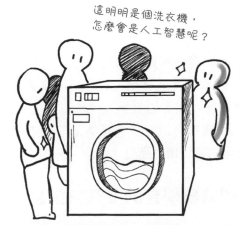

▲ 一旦大家習慣新技術，就覺得沒什麼了不起

目前第三波 AI 熱潮正火熱興起。AI 是當前整個 IT 業界的熱點，而 AI 領域內的熱點，就是這裡要講的兩個技術重點──機器學習和深度學習。**機器學習是 AI 的分支技術，而深度學習是機器學習的技術之一**。從人工智慧到機器學習，再到深度學習，它們之間是一種包含和被包含的關係，如下圖所示。

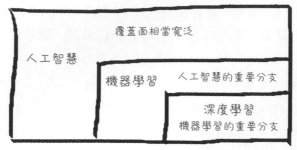

人工智慧
覆蓋面相當寬泛

機器學習　人工智慧的重要分支

深度學習
機器學習的重要分支

▲ 人工智慧、機器學習和深度學習的關係

這種熱點的形成有多方面的原因。

首先，是**資料**。在巨量資料時代，我們終於擁有了演算法所需要的巨量資料。如果把機器學習比作工業革命時的蒸汽機，那麼資料就是燃料。有了燃料，機器才能夠運轉。

其次，在**硬體**方面，隨著儲存能力、運算能力的增強，以及雲端服務、GPU（專為執行複雜的數學和幾何計算而設計的處理器）等的出現，我們幾乎能夠隨意建置任何深度模型（model）。

最重要的是，兩種技術都有特別良好的**可達性**，幾乎能夠觸達任何一個特定產業的具體場景。簡單地說就是實用、「接地氣」，大大拓展了 AI 的應用領域。小到為客戶推薦商品、辨識語音圖型，大到預測天氣，甚至探索宇宙星系，只要你有資料，AI 幾乎可以在任何產業落地。**這種可達性和實用性，才是機器學習和深度學習的真正價值所在。**

1.1.1 新手入門機器學習的 3 個好消息

說到這次課程的具體目的，那就是**快速入門機器學習**。不得不說，媒體把機器學習、深度學習「繪製」得太誇張了。它們其實沒那麼神奇，門檻也沒有大家想像得那麼高。業界的共識是：機器學習技術不能是曲高和寡的「陽春白雪」，應該讓它走出象牙塔，「下凡到人間」。既然這兩種技術的實用性強，那麼當務之急就是將其部署到一個個應用場景，也就是需要讓盡可能多的人接觸這門技術，尤其是非專家、非研究人員。未來，非 IT 專業背景的人群也應該了解、學習 AI 技術。只有推廣給大眾，才能充分發揮技術的全部潛能。

在這一理念的驅動之下，簡單實用的機器學習和深度學習框架、函數庫函數不斷湧現，可重用的程式和技術層出不窮。分享與合作也成了 AI 業界的精神核心之一。這對初學者來說，無疑是天大的好事。而像我們這樣的普通軟體工程師，在 AI 落地的過程中肯定是要發揮重要作用的。

此時咖哥用期待的眼光向同學們望去，好像在說：「天將降大任於我們啊，同學們！」

然而同學們仍然略有困惑。「真的不難嗎？」小冰開口問道，「聽說機器學習對數學要求高啊。數學從來都不是我的強項，高中之後的數學知識都還給老師了。」

咖哥笑著回答：「以你們現在的基礎，肯定沒問題。而且關於機器學習新手入門，我複習出來了 3 個好消息。先給你們背首『詩』吧。」

> C 程式猶如拿著剃刀在剛打過蠟的地板上勁舞
> C++ 學起來很難，因為它天生如此
> Java 從很多方面來說，就是簡化版的 C++
> 接下來請欣賞與眾不同的表演[3]

小冰說：「嘿，咖哥，我這裏都急得睡不好覺了，你還在這裏亂侃！」

咖哥道：「這首『詩』，隱喻的是目前最流行的機器學習語言 Python。它是一種非常容易上手的程式語言，很多小孩子都在學。你作為一個研究所學生，還寫過 Java 程式，學 Python 會有什麼問題呢？而且 Python 功能性超強，很實用，附帶很多強大的框架和函數庫函數，你說這有多方便！這就是第一個好消息。」

「我再給你們背首『詩』吧。」咖哥接著說。

「不用了」小冰說，「請直接說第二個好消息的要點。」

第二個好消息是，機器學習的確需要一些數學基礎，但是就入門階段來說，要求並不高，也就是函數、機率統計，再加上線性代數和微積分最基礎的內容。而且，機器學習中的**數學內容重在瞭解，不重在公式的推演**。

3　Magnus Lie Hetland. Python 基礎教學（第 3 版）[M]．袁國忠，譯．北京：人民郵電出版社，2018。

最後，也是最給力的好消息就是剛才提過的 **AI 業界的分享精神**了。我們學機器學習，學的是各種模型（也就是演算法），並用它們進行實戰。這比的不是多高的程式設計水準和數學水準，而是模型的選擇、整合、參數的調整。這要求的主要是邏輯分析與判斷能力，再加上點直覺和運氣。有人甚至把架設機器學習模型的過程形容為「堆積木」。因此，說以「遊戲的態度」學機器學習、做機器學習專案也不算是不負責任的說法。

所以，機器學習沒什麼可怕的，我自己的專案團隊裡面文科生都有好幾個呢。不過學習路線圖很重要，因為機器學習領域的覆蓋面非常的龐雜，初學者很容易「找不著北」。所以如果在學習過程中能有正確的啟動，可以省下很多力氣，那麼入門就更順利了。

▲ 有人甚至把架設機器學習模型的過程形容為「堆積木」

同學們此時都以十分期待的眼光看著咖哥。

　　咖哥微笑著點頭說道：「你們猜對了，這門課程，正是要為你們梳理出一條清晰而順暢的入門脈絡，我本人有信心讓你們在較短的時間內把握機器學習的本質，領略機器學習的威力，並順利進入機器學習的殿堂！」

1.1.2 機器學習就是從資料中發現規律

那麼何為機器學習？其實機器學習（maching learning）這個概念和 AI 一樣難以定義。因為其涵蓋的內容太多了。美國作家 Peter Harrington 在他的《機器學習實戰》一書中說「機器學習就是把無序的資料轉換成有用的資訊」[4]。英國

4　HARRINGTON P・機器學習實戰 [M]・李銳，李鵬，曲亞東等譯・北京：人民郵電出版社：2013・

作家 Peter Flach 在他的《機器學習》一書中，將機器學習概括為「使用正確的特徵來建置正確的模型，以完成既定的任務」[5]。這裡面的特徵，其實也是資料的意思。

既然學者們的定義並不統一，那麼我也來說說自己的看法——**機器學習的關鍵內涵之一在於利用電腦的運算能力從大量的資料中發現一個「函數」或「模型」，並透過它來模擬現實世界事物間的關係，從而實現預測或判斷的功能。**

這個過程的關鍵是建立一個正確的模型，因此這個建模的過程就是機器的「學習」。

　　小冰打斷咖哥：「你能不能講大家能聽懂的話？什麼是現實世界事物間的關係的模擬，說清楚一點。」

　　咖哥回答：「現實世界中，很多東西是彼此相關的。」

比如，爸爸（引數 x_1）高，媽媽（引數 x_2）也高，他們的孩子（因變數 y）有可能就高；如果父母中有一個人高，一個矮，那麼孩子高的機率就小一些；當然如果父母都矮，孩子高的機率就非常小。當然，孩子的身高不僅取決於遺傳，還有營養（引數 x_3）、鍛煉（引數 x_4）等其他環境因素，可能還有一些不可控的或未知的因素（引數 x_n）。

又比如，一顆鑽石的大小（引數 x_1）、重量（引數 x_2）、顏色（引數 x_3）、密度（引數 x_4）和它的價格（因變數 y）的關係，也表現出了明顯的相關性，如下圖所示。

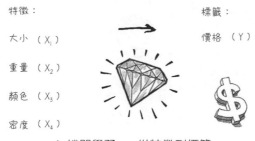

▲ 機器學習——從特徵到標籤

5　FLACH P·機器學習 [M]·段菲，譯·北京：人民郵電出版社：2016·

 **咖哥發言**

有一點你先記住，這些引數（x_1, x_2, x_3, $\cdots$, x_n），在機器學習領域叫作特徵（feature），因變數 y，在機器學習領域叫作標籤（label），有時也叫標記。這兩個名詞現在聽起來比較怪，但是用著用著就會習慣。

機器學習，就是在已知**資料集**的基礎上，透過反覆的計算，選擇最貼切的**函數**（function）去描述資料集中引數 x_1, x_2, x_3, $\cdots$, x_n 和因變數 y 之間的關係。如果機器透過所謂的**訓練**（training）找到了一個函數，對於已有的 1000 組鑽石資料，它都能夠根據鑽石的各種特徵，大致推斷出其價格。那麼，再給另一批同類鑽石的大小、重量、顏色、密度等資料，就很有希望用同樣的函數（模型）推斷出這另一批鑽石的價格。此時，已有的 1000 組有價格的鑽石資料，就叫作**訓練資料集**（training dataset）。另一批鑽石資料，就叫作**測試資料集**（test dataset）。

因此，正如下圖所示，透過機器學習模型不僅可以推測孩子身高和鑽石價格，還可以實現影片票房預測、人臉辨識、根據當前場景控制遊戲角色的動作等諸多功能。

預測票房的函數：

$$f\left(\begin{array}{c}x,x為製作成本、\\演員、廣告等資料\end{array}\right)=500 萬！ \text{（票房數字）}$$

人臉識別的函數：

$$f(\qquad)=咖哥！ \text{（臉的主人）}$$

玩遊戲的函數：

$$f(\qquad)=大力跳 \text{（下一步指令）}$$

▲ 機器學習就是從資料中發現關係，歸納成函數，以實現從 A 到 B 的推斷

聽到這裡，小冰叫了起來：「啊？這不就是數學嗎，有什麼深奧的！統計學，大學學過的，對不對？」

咖哥回答道：「小冰，你說得沒錯。」

其實所謂機器學習,的確是一個統計建模的過程。但是當特徵數目和資料量大到百萬、千萬,甚至上億時,原本屬於數學家的工作當然只能透過機器來完成囉。而且,機器學習沒有抽樣的習慣,對機器來說,資料是多多益善,有多少就用多少。

下面的圖展示了機器從資料中訓練模型的過程,而人類的學習,是從經驗中歸納規律,兩者何其相似!越是與人類學習方式相似的 AI,才是越進階的 AI!這種從已知到未知的學習能力是機器學習和以前的符號式 AI 最基本的差異。

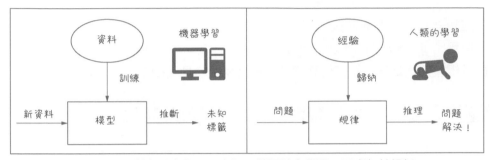

▲ 機器:從資料中學習;人類:從經驗中學習。兩者何其相似

機器學習的另外一個特質是從錯誤中學習,這一點也與人類的學習方式十分類似。

你們看一個嬰兒,他總想吞掉他能夠拿到的任何東西,包括硬幣和紐扣,但是真的吃到嘴裡,會發生不好的結果。慢慢地,他就從這些錯誤經驗中學習到什麼能吃,什麼不能吃。這是透過試錯來累積經驗。機器學習的訓練、建模的過程和人類的這個試錯式學習過程有些相似。機器找到一個函數去擬合(fit)它要解決的問題,如果錯誤比較嚴重,它就放棄,再找到一個函數,如果錯誤還是比較嚴重,就再找,一直到找到相對最為合適的函數為止,此時犯錯誤的機率最小。這個尋找的過程,絕大多數情況不是在人類的「指導」下進行的,而是機器透過機器學習演算法自己摸索出來的。

因此,機器學習是突破傳統的學習範式,它與專家系統(屬於符號式 AI)中的規則定義不同。如下圖所示,它不是由人類把已知的規則定義好之後輸入給機器的,而是機器從已知資料中不斷試錯之後,歸納出來規則。

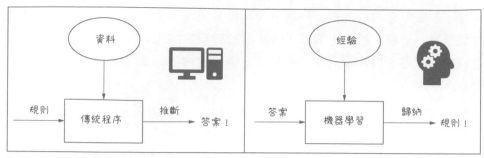

▲ 機器學習是突破傳統的學習範式,是從資料中發現規則,而非接受人類為它設定的規則

上述這些能夠啟動機器進行自我學習的演算法,我們只是要在「瞭解的基礎上使用」,而演算法的設計,那是專業人士才需要進行的工作。因此,**重點在於解釋這些演算法,並應用它們建立機器學習模型(函數)來解決具體問題**。

1.1.3 機器學習的類別——監督學習及其他

機器學習的類別多,分類方法也多。最常見的分類為**監督學習**(supervised learning)、**無監督學習**(unsupervised learning)和**半監督學習**(semi-supervised learning)。監督學習的訓練需要標籤資料,而無監督學習不需要標籤資料,半監督學習介於兩者之間。使用一部分有標籤資料,如下圖所示。

▲ 以分類問題展示監督、無監督和半監督學習的區別

「停,」小冰喊道,「剛才講的聽不大懂!」

咖哥說:「那麼我換一種比較容易瞭解的說法。如果訓練集資料封包含大量的圖片,同時告訴電腦哪些是貓,哪些不是貓(這就是在替圖片貼標籤),根據這些已知資訊,電腦繼續判斷新圖片是不是貓。這就是一個監督學習的範例。如果訓練集資料只是包含大量的圖片,沒有指出哪些是貓,哪些是狗,但是電腦經過判斷,它能夠把像貓的圖片歸為一組,像狗的圖片歸為一組(當然它無

法瞭解什麼是什麼,僅能根據圖片特徵進行歸類而已)。這就是一個無監督學習的範例。」

「那麼半監督學習又是怎麼一回事呢?」小冰問。

簡而言之,半監督學習就是監督學習與無監督學習相結合的一種學習方法。因為有時候獲得有標籤資料的成本很高,所以半監督學習使用大量的無標籤資料,同時使用部分有標籤資料來進行建模。

當然,機器學習分類方式並不只有上面一種,有時候人們把監督學習、無監督學習和強化學習並列起來,作為機器學習的幾大分類,但各種機器學習之間的界限有時也是模糊不清的。

1.1.4 機器學習的重要分支──深度學習

上面說的監督學習與無監督學習,主要是透過資料集有沒有標籤來對機器學習進行分類。本課程中的重點內容深度學習(deep learning),則是根據機器學習的模型或訓練機器時所採用的演算法進行分類。

也可以說,監督學習或無監督學習,著眼點在於資料即問題的本身;是傳統機器學習還是深度學習,著眼點在於解決問題的方法。

那麼深度學習所採用的機器學習模型有何不同呢?答案是 4 個字:**神經網路**。當然這種神經網路不是我們平時所說的人腦中的神經網路,而是類神經網路(Artificial Neural Network,ANN),是資料結構和演算法形成的機器學習模型,由大量的所謂類神經元相互聯結而成,這些神經元都具有可以調整的參數,可以實現監督學習或無監督學習。

 咖哥發言

大家千萬不要被什麼類神經元、神經網路之類的專業名詞嚇住,覺得這些東西離自己過於遙遠,其實這些數學模型的結構簡單得令人吃驚。

初期的神經網路模型比較簡單,後來人們發現網路層數越多,效果越好,就**把層數較多、結構比較複雜的神經網路的機器學習技術叫作深度學習**,如下圖所示。這其實是一種品牌重塑,因為神經網路在 AI 業界曾不受重視,起了

一個更高大上的名字之後果然「火了起來」。當然，火起來是巨量資料時代到來後的必然結果，換不換名字其實倒無所謂。

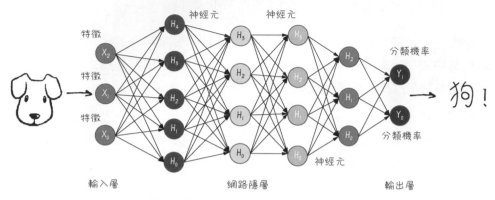

▲ 深度學習中的神經網路是神經元組合而成的機器學習模型

神經網路本質上與其他機器學習方法一樣，也是統計學方法的一種應用，只是它的結構更深、參數更多。

各種深度學習模型，如卷積神經網路（Convolutional Neural Network, CNN）、循環神經網路（Recurrent Neural Network，RNN），在電腦視覺、自然語言處理（Natural Language Processing，NLP）、音訊辨識等應用中都獲得了極好的效果。這些問題大多很難被傳統基於規則的程式設計方法所解決，直到深度學習出現，「難」問題才開始變簡單了。

而且深度學習的另一大好處是對資料特徵的要求降低，自動地實現非結構化資料的結構化，無須手工獲取特徵，減少特徵工程（feature engineering）。特徵工程是指對資料特徵的整理和最佳化工作，讓它們更易於被機器所學習。在深度學習出現之前，對圖型、視訊、音訊等資料做特徵工程是非常煩瑣的任務。

　　小冰說：「什麼是『自動地實現非結構化資料的結構化』，聽著像繞密碼，你還是再解釋一下。」

　　咖哥：「好，解釋一下。」

有些資料人很容易瞭解，但是電腦很難辨識。比如說，下圖中一個32px×32px 的圖片，我們一看到就知道寫的是 8。然而電腦可不知道這圖片 8

背後的邏輯，電腦比較容易讀取 Excel 表格裡面的數字 8，因為它是儲存在電腦檔案系統或資料庫中的結構化資料。但是一張圖片，在電腦裡面儲存的形式是數字矩陣，它很難把這個 32px×32px 的矩陣和數字 8 關聯起來。

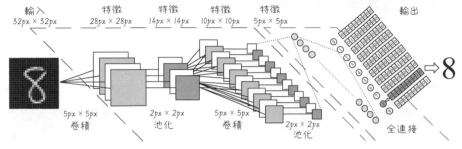

▲ 從圖片 "8" 到數字 "8"，圖形逐漸變得「電腦友善」

然而，透過深度學習就能夠完成圖片上這種從非結構化到結構化的轉換，你們可以研究一下上圖中的這個從圖片 "8" 到數字 "8" 的過程。透過卷積神經網路的處理，圖片 '8' 變成了 [0000000010] 的編碼，雖然這樣的編碼未必讓人覺得舒服，但是對電腦來說這可比 32px×32px 數字的矩陣好辨認多了。」

因此，資料結構化的目標也就是：使資料變得「**電腦友善**」。

看一看下圖所示的這個圖片辨識問題的機器學習流程。使用傳統演算法，圖片辨識之前需要手工做特徵工程，如果辨識數字，可能需要告訴機器數字 8 有兩個圈，通常上下左右都對稱；如果辨別貓狗，可能需要預先定義貓的特徵、狗的特徵，等等，然後透過機器學習模型進行分類（可麻煩了）。而深度學習透過神經網路把特徵提取和分類任務一併解決了（省了好多事）！

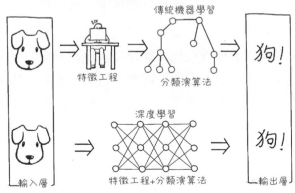

▲ 深度學習的優勢——減少手工進行的特徵工程任務

因此，深度學習的過程，其實也就是一個「資料淨化」的過程！在巨量資料時代，深度學習能自動搞定這個淨化過程，可是很了不起的事。

1.1.5 機器學習新熱點——強化學習

強化學習，也是機器學習領域中一個很搶眼的熱點。

強化學習（reinforcement learning）研究的目標是**智慧體（agent）如何基於環境而做出行動反應**，以取得最大化的累積獎勵。如下圖所示，智慧體通過所得到的獎勵（或懲罰）、環境回饋回來的狀態以及動作與環境互動。其靈感據説來自心理學中的行為主義理論——根據正強化或負強化（也就是獎懲）的辦法來影響並塑造人的行為。

▲ 強化學習——智慧體透過獎勵、狀態以及動作與環境互動

強化學習和普通機器學習的差異在於：普通機器學習是在開放的環境中學習，如自動駕駛，每一次向前駕駛都帶給機器新的環境，新環境（新資料）永無止息；而強化學習的環境是封閉的，如智慧體玩遊戲，擊中一個敵人，環境中就減少一個敵人，如 AlphaGo 下圍棋，每落一個子，棋盤就少一個目，棋盤永遠不會增大或減小。那麼在這樣的閉環中，就比較容易實現對機器剛才所採取的策略進行獎懲。

而強化學習和監督學習的差異在於：監督學習是從資料中學習，而強化學習是從環境給它的獎懲中學習。監督學習中資料的標籤就是答案，具有比較明顯的對、錯傾向，如果把本來是貓的圖片當成狗的圖片，就要把權重往貓的方向調整；而強化學習得到懲罰後（比如下棋輸了），沒人告訴它具體哪裡做錯了，所以它調整策略的時候需要的智慧更強，要求它的想法也更加廣闊、更為長遠。它不一定每次都明確地選擇最佳動作，而是要在**探索（未知領域）**和**利用（當前知識）**之間找到平衡。

注意了，除了上面説的監督學習、無監督學習、半監督學習、深度學習、強化學習之外，還有很多其他的機器學習方法（演算法），比如説整合學習（ensemble learning）、線上學習（online learning）、遷移學習（transfer learning）等，每隔一段時間，就會有新的學習熱點湧現。因此，一旦你們踏進了機器學習領域，也就等於踏進了「**終身學習**」之旅了。

「看來，不好好『學習』真的不行啊。」小冰説。

1.1.6 機器學習的兩大應用場景──回歸與分類

機器學習都能做些什麼呢？

它的各種應用早就已經「飛入尋常百姓家」了。從我們每天用的搜尋引擎到淘寶的商品推薦系統，哪裡沒有機器學習的身影呢？因為應用場景太多了，所以已經不可能列出一個完整的機器學習應用列表了。

這樣只好從要解決的問題類型來分析機器學習，那麼請記住**回歸**（regression）和**分類**（classification）是兩種最常見的機器學習問題類型，如下圖所示。

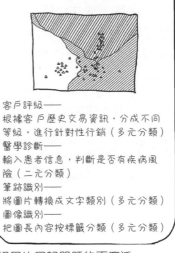

▲ 目前分類問題的機器學習應用場景比回歸問題的更廣泛

■ **回歸問題**通常用來預測一個值，其**標籤**的值是**連續**的。舉例來說，預測房價、未來的天氣等任何連續性的走勢、數值。比較常見的回歸演算法是線性回歸（linear regression）演算法以及深度學習中的神經網路等。

■ **分類問題**是將事物標記一個類別**標籤**，結果為**離散**值，也就是類別中的選項，舉例來說，判斷一幅圖片上的動物是一隻貓還是一隻狗。分類有二元分類和多元分類，每種的最終正確結果只有一個。分類是機器學習的經典應用領域，很多種機器學習演算法都可以用於分類，包括最基礎的邏輯回歸演算法、經典的決策樹演算法，以及深度學習中的神經網路等。還有從多元分類上衍生出來的多標籤分類問題，典型應用如社交網站中上傳照片時的自動標注人名功能，以及推薦系統——在網站或 App 中為同一個使用者推薦多種產品，或把某一種產品推薦給多個使用者。

1.1.7 機器學習的其他應用場景

當然，除回歸問題和分類問題之外，機器學習的應用場景還有很多。比如，無監督學習中最常見的**聚類**（clustering）問題是在沒有標籤的情況下，把資料按照其特徵的性質分成不同的簇（其實也就是資料分類）；還有一種無監督學習是**連結規則**，透過它可以找到特徵之間的影響關係。

又比如**時間序列**，指在內部結構隨時間呈規律性變化的資料集，如趨勢性資料、隨季節變化的資料等。時間序列問題其實也就是和時間、週期緊密連結的回歸問題。具體應用場景包括預測金融市場的波動，推斷太陽活動、潮汐、天氣乃至恒星的誕生、星系的形成，預測流行疾病傳播過程等。

還有**結構化輸出**。通常機器學習都是輸出一個答案或選項，而有時需要透過學習輸出一個結構。什麼意思呢？比如，在語音辨識中，機器輸出的是一個句子，句子是有標準結構的，不只是數字 0 ～ 9 這麼簡單（辨識 0 ～ 9 是分類問題），這比普通的分類問題更進一步。具體應用場景包括語音辨識——輸出語法結構正確的句子、機器翻譯——輸出合乎規範的文章。

還有一部分機器學習問題的目標不是解決問題，而是令世界變得更加豐富多彩，因此 AI 也可以進行藝術家所做的工作，例如以下幾種。

- Google 的 Dreamwork 可以結合兩種圖片的風格進行藝術化的風格遷移。
- 生成式對抗網路 GAN 能造出以假亂真的圖片。
- 採擷數字特徵向量的潛隱空間,進行音樂、新聞、故事等創作。

我們可以把這種機器學習應用稱為**生成式學習**。

還有些時候,機器學習的目標是做出決定,這時叫它們**決策性問題**。決策性問題本質上仍然是分類問題,因為每一個決策實際上還是在用最適合的行為對環境的某一個狀態進行分類。比如,自動駕駛中的方向(左、中、右),以及圍棋中的落點,仍然是 19×19 個類別的其中之一。具體應用場景包括自動駕駛、智慧體玩遊戲、機器人下棋等。在很多決策性問題中,機器必須學習哪些決策是有效的、可以帶來回報的,哪些是無效的、會帶來負回報的,以及哪些是對長遠目標有利的。因此,強化學習是這種情況下的常用技術。

整體來説,機器學習的訣竅在於要了解自己的問題,並針對自己的問題選擇最佳的機器學習方法(演算法),也就是找到哪一種技術最有可能適合這種情況。如果能把場景或任務和適宜的技術連接起來,就可以在遇到問題時心中有數,迅速定位一個解決方向。下圖將一些常見的機器學習應用場景和機器學習模型進行了連接。

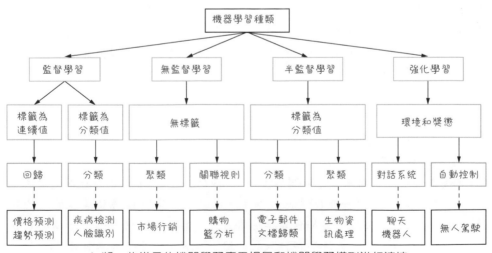

▲ 將一些常見的機器學習應用場景和機器學習模型進行連接

　　看到有些同學微微皺起了眉頭，咖哥說：「同學們不要有畏難情緒嘛，圖中的名詞你們覺得太多、太陌生，這很正常。當我們把課程學完，回頭再看它們時，就變得容易啦！」

還要說一點：機器學習不是萬能的，它只能作用於和已知資料集類似的資料，不能抽象推廣——在貓狗資料集中已經訓練成功的神經網路如果讀到第一張人類圖片，很可能會「傻掉」。因此，機器的優勢仍在於計算量、速度和準確性，尚無法形成類似人類的智力思維模式（因為人類的智力思維模式難以描述，也難以用演算法來形容和定義）。這大概是 AI 進一步發展的瓶頸所在吧。

不過，雖然道路是曲折的，但前途仍然是光明的，AI 的更多突破，指日可待。讓我們群策群力，為 AI 領域已經相對成熟的技術，如機器學習的普及，添磚加瓦。

● 1.2　快捷的雲實戰學習模式

　　大家聽了咖哥這一番剖析，感覺概念上清晰多了，也受到了很大的鼓舞，決心「面對」而非「逃避」老闆「丟過來」的挑戰。現在，小冰甚至覺得有點小興奮：攻克一個與未來息息相關的技術是多麼有趣的事情。

　　咖哥接著說：「說了半天各種『學習』的類型和特點，那些也只是概念和理論。現在，我們親自運行一個機器學習實例，看一看機器學習的專案實戰是什麼模樣，到底能解決什麼具體問題。」

　　「不過，我聽說機器學習對硬體要求挺高的，好像需要設定很貴的 GPU？」小冰問。

　　「也不一定！」咖哥說。

　　咖哥對這個時代的學習方式有他的看法：他覺得，需要去教育訓練中心進修，或要先安裝一大堆東西才能開始上手一項新技術的日子已經一去不復返了。

　　「學習新技能的門檻比以前低太多了。因為線上學習這麼發達，最新的知識、技術甚至論文每時每刻都會直接被推送至世界的每一個角落，所以相對貧窮的地方也湧現出了一大堆高科技人才。線上學習，這是低成本自我提升的最好方法。」咖哥說，「不管是在通州、德州，還是在徐州、廣州，你們完全可以和史丹佛大學的學生學習相同的 AI 課程。」

▲ 咖哥告訴小冰，線上學習非常方便

1.2.1 線上學習平台上的機器學習課程

想學機器學習的人，不大可能沒有聽說過吳恩達。他開設的機器學習課程已經造就了數以萬計的機器學習人才，如果英文好，你們可以去他的 Coursera 網站看看。那是許多的大規模開放線上課程（Massive Open Online Course，MOOC）平台之一，裡面還有一些免費課程。

吳恩達老師採用 Octave 和 MATLAB 作為他的機器學習教學環境。我當年學他的課程時，就驚訝於 MATLAB Online 的強大，什麼都不用安裝，就可以直接上網實戰，如下圖所示。

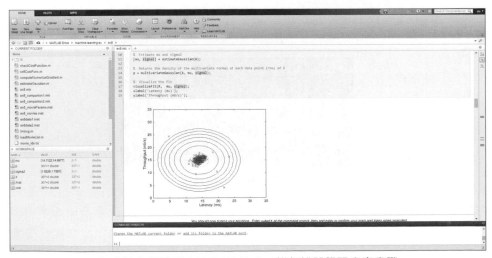

▲ 直接上網使用 MATLAB Online 進行機器學習專案實戰

　　小冰插嘴問道:「既然吳老師的機器學習課程這麼好,又是免費的,我直接和他學不就好了?」咖哥笑答:「也可以啊,但還是大有不同。吳老師的課程雖然深入淺出,不過仍有門檻,他已經儘量壓縮了數學內容,可公式的推導細節還是不少啊!」咖哥喝了一口咖啡,很自信地說:「我會把機器學習的門檻進一步降低,還會著重介紹深度學習的內容。我保證,能讓你們更輕鬆地聽懂我設計的全部內容。」

1.2.2 用 Jupyter Notebook 直接實戰

注意,吳老師課程中的 MATLAB 環境雖然是機器學習的好工具,但它可不是開放原始碼軟體,長期使用它需要購買版權。那麼,有沒有基於 Python 的免費平台,直接線上進行機器學習的實戰?——有,而且還不止一個!

答案就是使用線上的 **Jupyter Notebook**。你們可以把 Jupyter Notebook 想像成一個類似網頁的多媒體文件,裡面有字、有圖、能放公式、有說明。但是,比普通網頁更高一籌的是,它還能運行 Python 程式(如下圖所示)。

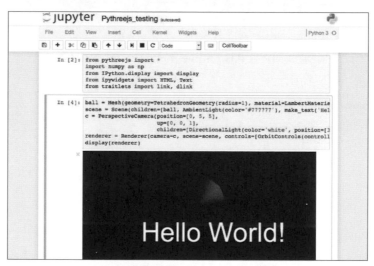

▲ 一個線上的 Jupyter Notebook

有了線上的 Jupyter Notebook,根本不需要在本機安裝 Python 運行環境就可以「玩」機器學習。而且大多的 Python 函數庫、機器學習函數庫和深度學習函數庫,線上的 Jupyter Notebook 都支持。

免費提供線上的 Jupyter Notebook 的網站有很多，比如 Binder、Kaggle Notebooks、Google Colaboratory、Microsoft Azure Notebooks、CoCalc 和 Datalore 等，都挺不錯的，但是全部都介紹的話內容太多了。挑兩個比較常用的說一說，讓大家見識一下上手機器學習實戰的速度。

1.2.3 用 Google Colab 開發第一個機器學習程式

Google Colaboratory（簡稱 Colab），是 Google 提供的 AI 研究與開發平台。Colab 給廣大的 AI 開發者提供了 GPU，型號為 Tesla K80。在 Colab 中可以輕鬆地運行 Keras、TensorFlow、PyTorch 等框架。下面的圖中，我隨便寫了一個 "Hello World!!" 程式。

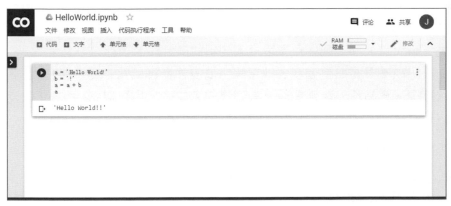

▲ 在 Colab 中寫一個 Hello World 程式

在 Colab 中，也附帶了很多非常優秀的機器學習入門教學以及範例程式，你們如果有興趣，也可以去看一看，練習一下那些範例。話不多說，我們現在從頭到尾寫一個屬於自己的機器學習程式。

本課程有配套的程式套件和資料集，第一個程式的檔案保存在「第 1 課 機器學習實戰 \ 教學使用案例 1 加州房價預測」中，大家可以自行取用。

在搜尋引擎中搜一下 Colab，透過連結直接進入其環境，選擇「檔案」→「新建 Python 3 記事本」，如下圖所示。

▲ 在 Colab 中新建 Python 3 記事本

 咖哥發言

如果造訪 Colab 有困難,可以試試其他 Jupyter Notebook 網站,如 Kaggle、Binder、
Datalore 等。程式是通用的,但是要注意各個平台的不同設定選項。比如,在 Kaggle
中,要存取 Internet 上的檔案和資料集,需打開螢幕右側 Setting 中的 Internet 選項。

首先,請大家注意這個運行環境裡面的程式碼片段和文字資訊段都是一塊一
塊的。所以不需要把整個程式都編譯完成後才進行偵錯。寫一段,就運行一
段。這樣很容易及早發現問題。等到程式完成後,也可以透過整體運行功能
從頭到尾執行全部程式。

在新創建的 Python 3 記事本中輸入下面幾行程式:

```
import pandas as pd #匯入Pandas, 用於資料讀取和處理
# 讀取房價資料,範例程式中的檔案位址為internet連結,讀者也可以下載該檔案到
本機進行讀取
# 如,當資料集和程式檔案位於相同本地目錄,路徑名稱應為"./house.csv",或直接
為"house.csv"亦可
df_housing = pd.read_csv("https://raw.githubusercontent.com/huangjia2019/
house/master/house.csv")
df_housing.head #顯示加州房價資料
```

上面的程式解釋如下。

- 先匯入了 Pandas,這是一個常見的 Python 資料處理函數程式庫。
- 用 Pandas 的 read_csv 函數把一個網上的共用資料集(csv 檔案)讀取
  DataFrame 資料結構 df_housing。這個檔案是美國加州某個時期的房價資料
  集,我已經提前把它保存在 GitHub 中了。
- 用 DataFrame 資料結構的 head 方法顯示資料集中的部分資訊。

點擊程式左側 ▶ 箭頭就可以運行程式，讀取並顯示出加州房價資料集中的資訊，結果如下：

```
<        longitude  latitude  ...  median_income  median_house_value
0        -114.31    34.19     ...     1.4936          66900.0
1        -114.47    34.40     ...     1.8200          80100.0
2        -114.56    33.69     ...     1.6509          85700.0
...          ...       ...    ...        ...             ...
16997    -124.30    41.84     ...     3.0313         103600.0
16998    -124.30    41.80     ...     1.9797          85800.0
16999    -124.35    40.54     ...     3.0147          94600.0
[17000 rows x 9 columns]>
```

如果上面這個資料讀取和顯示的過程透過其他語言來實現，可要費不少力氣了。但是 Python 的功能性在這裏就表現出來了 —— 透過一個函數或一個方法，直接完成一件事，不拖泥帶水。

説一下這個資料集。這是加州各地區房價的整體統計資訊（不是一套套房子的價格資訊），是 1990 年的人口普查結果之一，共包含 17000 個樣本。其中包含每一個具體地區的經度（longitude）、緯度（latitude）、房屋的平均年齡（housing_median_age）、房屋數量（total_rooms）、家庭收入中位數（median_income）等資訊，這些資訊都是加州地區房價的特徵。資料集最後一列「房價中位數」（median_house_value）是標籤。這個機器學習專案的目標，就是根據已有的資料樣本，對其特徵進行推理歸納，得到一個函數模型後，就可以用它推斷加州其他地區的房價中位數。

然後建置特徵資料集 X 和標籤資料集 y，以下段程式所示。注意，Python 是大小寫區分的，而且在機器學習領域，似乎有一種習慣是把特徵集 X 大寫，把標籤集 y 小寫。當然，也並不是所有人都會遵循這個習慣。

```
X = df_housing.drop("median_house_value", axis = 1) #建置特徵集X
y = df_housing.median_house_value #建置標籤集y
```

上面的程式使用 drop 方法，把最後一列 median_house_value 欄位去掉，其他所有欄位都保留下來作為特徵集 X，而這個 median_house_value 欄位就單獨指定給標籤集 y。

現在要把資料集一分為二，80% 用於機器訓練（訓練資料集），剩下的留著做測試（測試資料集）以下段程式所示。這也就是告訴機器：你看，擁有這些特徵的地方，房價是這樣的，等一會兒你想個辦法給我猜猜另外 20% 的地區的房價。

```
from sklearn.model_selection import train_test_split #匯入sklearn工具函數庫
X_train, X_test, y_train, y_test = train_test_split(X, y,
    test_size=0.2, random_state=0) #以80%/20%的比例進行資料集的拆分
```

其實，另外 20% 的地區的房價資料，本來就有了，但是我們假裝不知道，故意讓機器用自己學到的模型去預測。所以，之後透過比較預測值和真值，才知道機器「猜」得準不準，給模型評分。

下面這段程式就開始訓練機器：首先選擇 LinearRegression（線性回歸）作為這個機器學習的模型，**這是選定了模型的類型，也就是演算法**；然後透過其中的 fit 方法來訓練機器，進行函數的擬合。**擬合**表示找到最佳的函數去模擬訓練集中的輸入（特徵）和目標（標籤）的關係，這是確定模型的參數。

```
from sklearn.linear_model import LinearRegression #匯入線性回歸演算法模型
model = LinearRegression()   #確定線性回歸演算法
model.fit(X_train, y_train) #根據訓練集資料，訓練機器，擬合函數
```

運行程式碼片段後，Colab 會輸出 LinearRegression 模型中一些預設設定項目的資訊：

```
LinearRegression(copy_X=True, fit_intercept=True, n_jobs=None, normalize=False)
```

此時已經成功運行完 fit 方法，學習到的函數也已經存在機器中了，現在就可以用 model（模型）的 predict 方法對測試集的房價進行預測，以下段程式所示。（當然，等會兒我們也可以偷偷瞧一瞧這個函數是什麼樣……）

```
y_pred = model.predict(X_test) #預測驗證集的y值
print ('房價的真值(測試集)', y_test)
print ('預測的房價(測試集)', y_pred)
```

預測好了！來看看預測值和真值之間的差異有多大：

```
房價的真值(測試集) [171400. 189600. 500001. ... 142900. 128300. 84700.]
預測的房價(測試集) [211157. 218581. 465317. ... 201751. 160873. 138847.]
```

雖然不是特別準確，但基本上預測值還是隨著真值波動，沒有特別離譜。那麼顯示一下這個預測能得多少分：

```
print("給預測評分：", model.score(X_test, y_test)) #評估預測結果
```

結果顯示：0.63213234 分！及格了！

```
給預測評分：0.63213234
```

　　小冰問道：「等等，什麼及格了？總得有個標準。0.63213234 分到底是怎麼來的？」

　　咖哥說：「Sklearn 線性回歸模型的 score 屬性列出的是 R2 分數，它是一個機器學習模型的評估指標，列出的是預測值的方差與整體方差之間的差異。要瞭解這個，需要一點統計學知識哦，現在你們只要知道，要比較不同的模型，都應採用相同的評估指標，在同樣的標準下，哪個分數更高，就說明哪個模型更好！」

還有，剛才說過可以看這個機器學習的函數是什麼樣，對吧？現在可以用幾行程式把它大致畫出來：

```
import matplotlib.pyplot as plt #匯入Matplotlib函數庫
#用散點圖顯示家庭收入中位數和房價中位數的分佈
plt.scatter(X_test.median_income, y_test, color='brown')
#畫出回歸函數(從特徵到預測標籤)
plt.plot(X_test.median_income, y_pred, color='green', linewidth=1)
plt.xlabel('Median Income') #x軸：家庭收入中位數
plt.ylabel('Median House Value') #y軸：房價中位數
plt.show() #顯示房價分佈和機器學習到的函數模型
```

x 軸的特徵太多，無法全部展示，我只選擇了與房價關係最密切的「家庭收入中位數」median_income 作為代表特徵來顯示散點圖。下圖中的點就是家庭收入／房價分佈，而綠色線就是機器學習到的函數模型，很粗放，都是一條一條的線段拼接而成，但是仍然不難看出，這個函數模型大概擬合了一種線性關係。

加州各個地區的平均房價中位數有隨著該地區家庭收入中位數的上升而增加的趨勢，而機器學習到的函數也同樣表現了這一點。

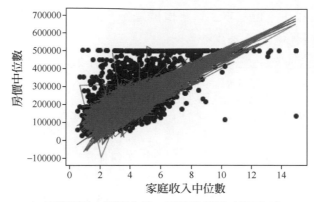

▲ 函數模型大概擬合了一種線性關係（彩圖 1）

「這說明什麼呢，同學們？」咖哥自問自答，「物以類聚，人以群分，這顯示的就是富人區的形成過程啊！」

好，現在我們看一下 Colab 的介面，這個 Jupyter Notebook 程式加上一部分輸出大致如下圖所示。

▲ Colab 程式

至此，一個很簡單的機器學習任務就被完成了！麻雀雖小，五臟俱全。不到 20 行的程式，我們已經應用線性回歸演算法，預測了大概 3000 多個加州地區的房價中位數。當然，很多程式你們可能還是一知半解的。而且這個範例很粗糙，沒有做特徵工程，沒有資料前置處理，機器學習模型的選擇也很隨意。但是那並不會影響，隨著更深入的學習，同學們會越來越清楚自己在做什麼，而且在以後的課程中，還會深入剖析 LinearRegression 這個模型背後到底隱藏了些什麼。

「現在，最重要的是，你們已經能夠開始利用 Colab 編寫自己的 Python 程式碼了。Jupyter Notebook 正是為新手訓練所準備的。一邊試試程式，一邊寫一些文字筆記，這真是一種享受啊……」咖哥似乎十分開心，抿了一口手邊的咖啡……

1.2.4 在 Kaggle 上參與機器學習競賽

下面大力推薦我的最愛──Kaggle 網站，同學們搜一下 "Kaggle" 就能找到它。對機器學習同好來說，Kaggle 大名鼎鼎，而且特別實用。它是一個資料分析和機器學習競賽平台：企業和研究者在上面發佈資料，資料科學家基於這些資料進行競賽以創建更好的機器學習模型。Kaggle 的口號是 Making Data Science a Sport（使資料科學成為一項運動）。

Kaggle 就是一個機器學習小專案集散地。在這裡，你們幾乎可以找到你們想要的任何東西：競賽（也就是機器學習實戰專案）、資料集、原始程式碼、課程、社區。這裡是機器學習初學者的天堂。而且，你們有沒有覺得 Kaggle、Kaggle 這發音很像「咖哥、咖哥」？

同學們忽然覺得咖哥相當自戀。

咖哥渾然不覺，接著說：「好，現在你們去那裏先註冊一個帳號吧。」

帳號註冊好之後，在 Notebooks 中點擊 "New Notebook"，就可以新建一個自己的機器學習應用程式，頁面會提示是創建一個比較純粹的 Python Script 還是一個 Notebook，如下圖所示。不過，我還是更喜歡圖文並茂的 Notebook。

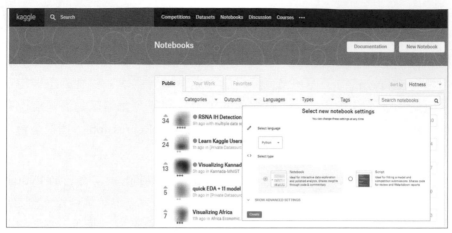

▲ Kaggle：新建 Notebook

 咖哥發言

同學們注意，Kaggle 裡面的 Notebook 原來叫作 Kernel，後來跟著其他網站的習慣，統一用 Notebook。然而在 Kaggle 網站中，很多地方還是沿用 Kernel 這個名稱。

比起 Colab，Kaggle 最大的優勢可能在於附帶很多的**資料集**（Datasets），這些資料集各有特色。在 Kaggle 中，「高手」們紛紛創建自己的 Notebook 針對同一個資料集進行機器學習實戰，然後互相比拼誰的更優秀，如下圖所示。這種學習方式也大大地節省了自己搜集資料的時間。

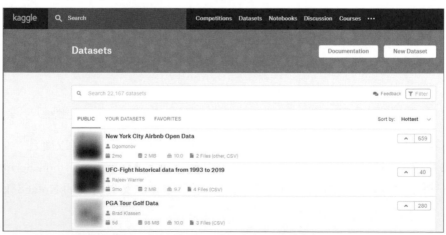

▲ Kaggle 中的資料集：可以基於資料集創建 Notebook

如何把 Kaggle Notebook 和資料集連結在一起呢？主要有以下幾種方法。

（1）選擇任何一個資料集，然後點擊 "New Notebook" 按鈕，就可以基於這個資料集開始自己的機器學習之旅了。

（2）選擇 Datasets 之後，點擊 "Notebooks"，看看各路「大咖」針對這個資料集已經開發出了一些什麼東西，然後喜歡的話點擊 "Copy and Edit"，複製其 Notebook，慢慢研習，在「巨人的肩膀上」繼續開發新模型。這裡的課程中也是借鏡了一些大咖們的 Notebooks 程式，當然我已經透過郵件獲得了他們的授權。

（3）直接選擇 Notebooks，點擊 "New Notebook"，有了 Notebook 之後，然後再透過 "File" → "Add or upload dataset" 選單項選擇已有的資料集，或把自己的新資料集上傳到 Kaggle，如下圖所示。

▲ 上傳自己的新資料集到 Kaggle

我個人比較喜歡用 Kaggle 而非用 Colab，因為 Kaggle 強在其大量的共用資料集和大咖們無私分享的 Notebooks。另外，要在 Colab 中使用自己的資料集，需要先上傳到 Google Drive，然後同特定方式讀取，這樣總覺得操作起來多了一些麻煩，不如 Kaggle 的 Datasets 用起來那麼直接。

而且 Kaggle 也有 GPU，型號還是比 T80 更新的 P100 ！透過 Notebooks 頁面右側的 Settings 選項（如下圖所示），我也能用上它（不過好像每週只有幾小時的 GPU 配額）！

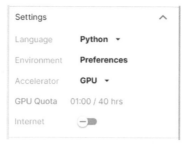

▲ Kaggle 的 GPU 選項

還有，TPU 是比 GPU 更快的硬體加速器，Google 和 Kaggle 都免費提供給大家使用。另外，也有人聲稱 Colab 比 Kaggle Notebook 更穩定，比較不容易在網頁的刷新過程中遺失程式。這只是道聽塗說而已，我使用 Kaggle 的時候還沒出現過遺失程式的情況。

1.2.5 在本機上「玩」機器學習

如果還是希望在自己的電腦上安裝一個開發工具，那麼 Anaconda 是首選。Anaconda 下載頁面如下圖所示。

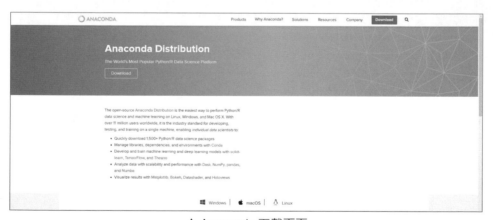

▲ Anaconda 下載頁面

Anaconda 是當前資料科學領域流行的 Python 編輯環境之一，安裝使用都極為簡單。從上面的圖示中也可以看出，其中預先安裝了很多 Python 資料科學工具函數庫，比如 NumPy、Pandas 等。而且支援多種作業系統，比如 Windows、macOS，以及 Linux。

這裡不贅述具體安裝過程了，在官網上跟著說明進行安裝即可。

由於 Anaconda 封裝了很多的 Python 函數庫，安裝之後在本機創建 Jupyter Notebook 非常容易。而且無論是線上還是本機運行，Jupyter Notebook 最大優勢是簡單好用、強互動、易展示結果，即視覺化功能很強，我們可以查看每一段程式的輸出與運行效果。

作為入門學習工具，Jupyter Notebook 非常適合，但它也有局限性，比如版本控制難、不支援程式偵錯（debug）等。因此，在大型、複雜的機器學習和專案實作中，還需要配合更為強大的開發環境來使用。同學們進階之後，也可以嘗試用一用 PyCharm 這樣的能夠偵錯，以及便捷地查看陣列結構和互動式圖表的 Python 整合式開發環境（IDE），如下圖所示。

▲ Python 整合式開發環境──PyCharm

• 1.3 基本機器學習術語

　　咖哥問：「剛才我們進行了一次簡單的機器學習專案實戰，並且介紹了幾個 Jupyter Notebook 開發平台。現在考一考同學們已經學過的內容。誰能說說機器學習的定義是什麼？」

一位同學回答：「機器學習，就是機器基於輸入資料集中的資訊來訓練、確立模型，對以前從未見過的資料做出有用的預測。」

咖哥說：「複習得不錯。下面列出機器學習中其他一些基本術語的定義，如表 1-1 所示。」

表 1-1　機器學習的基本術語

術語	定義	數學描述	範例
資料集	資料的集合	$\{(x_1, y_1), \cdots,$ $(x_n, y_n)\}$	1000 個北京市房屋的面積、樓層、位置、朝向，以及部分房價資訊的資料集
樣本	資料集中的一筆具體記錄	(x_1, y_1)	一個房屋的資料記錄
特徵	用於描述資料的輸入變數	$\{x_1, x_2, \cdots, x_n\}$ 也是一個向量	面積 (x_1)、樓層 (x_2)、位置 (x_3)、朝向 (x_4)
標籤	要預測的真實事物或結果，也稱為目標	y	房價
有標籤樣本	有特徵、標籤，用於訓練模型	(x, y)	800 個北京市房屋的面積、樓層、位置、朝向以及房價資訊
無標籤樣本	有特徵，無標籤	$(x, ?)$	200 個北京市房屋的面積、樓層、位置、朝向，但是無房價資訊
模型	將樣本的特徵映射到預測標籤	$f(x)$，其實也就是函數	透過面積、樓層、位置、朝向這些資訊來確定房價的函數
模型中的參數	模型中的參數確定了機器學習的具體模型	$f(x)$ 這個函數的參數	如 $f(x) = 3x + 2$ 中的 3 和 2
模型的映射結果	透過模型映射出無標籤樣本的標籤	y'	200 個被預測出來的房價
機器學習	透過學習樣本資料，發現規律，得到模型的參數，從而得到能預測目標的模型	確定 $f(x)$ 和其參數的過程	確定房價預測函數和具體參數的過程

再稍微詳細地說一說上表中最為重要的 3 個術語：特徵、標籤和模型。

1.3.1 特徵

特徵是機器學習中的輸入，原始的特徵描述了資料的屬性。它是有維度的。**特徵的維度指的是特徵的數目**（不是資料集裡面樣本的個數），不同的資料集中的資料特徵的維度不同，有多有少。

- 少，可以少到僅有一個特徵，也就是一維特徵資料。比如房價（標籤）僅依據房屋面積（特徵）而定。
- 多，可以多到幾萬，幾十萬。比如一個 100px×100px 的 RGB 彩色圖片輸入，每一個畫素都可以視為一個特徵，也就是 1 萬維，再乘以 RGB 3 個顏色通道，那麼這個小小的圖片資料的特徵維度就可以達到 3 萬維。

舉例來說，如果預測商品的銷量，把商品的類別、價格和推薦等級這 3 個屬性定義為商品的特徵，那麼這個資料集就是三維特徵資料集。其中的樣本的格式如下：

$$(x_1, x_2, x_3)$$

然而，所謂三維特徵，其實只是二維資料結構中的軸（另一個軸是樣本軸）上的資料個數。為了避免混淆，我們以後會把向量、矩陣和其他張量的維度統稱為**階**，或稱為 1D 向量、2D 矩陣、三維張量等。因此，以後**一提「維」，主要指的就是資料集中特徵 X 的數目**。一般來說，特徵維度越高，資料集越複雜。這裡的「維」和「階」有點繞，以後還會反覆強調。

> ── 咖哥發言 ──
>
> 這裡提到的張量是機器學習的資料結構，其實也就是程式中的陣列。在第 2 課中，才會很詳細地講解各種張量的結構。向量、矩陣都是張量的一種。簡單地瞭解，向量張量是一個 1D 陣列，而矩陣張量是一個 2D 陣列。

1.3.2 標籤

標籤，也就是機器學習要輸出的結果，是我們試圖預測的目標。範例裡面的標籤是房價。實際上，機器學習要解決什麼問題，標籤就是什麼。比如：未

來的股票價格、圖片中的內容（貓、狗或長頸鹿）、文字翻譯結果、音訊的輸出內容、AlphaGo 的下一步走棋位置、自動導航汽車的行駛方向等。

下面是一個有標籤資料樣本的格式：

$$(x_1, x_2, x_3; y)$$

標籤有時候是隨著樣本一起來的，有時候是機器推斷出來的，稱作**預測標籤** y'（也叫 y-hat，因為那一撇也可放在 y 的上方，就像是戴了一個帽子的 y）。比較 y 和 y' 的差異，也就是在評判機器學習模型的效果。

表 1-2 顯示的是剛才實戰案例中加州房價資料集中的部分特徵和標籤。

表 1-2　加州房價資料集中的特徵和標籤

人口特徵	房屋數量特徵	家庭收入中位數特徵	房價中位數標籤
322	126	8.3252	452,600
2,401	1,138	8.3014	358,500
496	177	7.2574	352,100
558	219	5.6431	341,300
565	259	3.8462	342,200
413	193	4.0368	269,700
1,094	514	3.6591	299,200

並不是所有的樣本都有標籤。在無監督學習中，所有的樣本都沒有標籤。

1.3.3　模型

模型將樣本映射到預測標籤 y'。其實模型就是函數，是執行預測的工具。函數由模型的內部參數定義，而這些內部參數透過從資料中學習規律而得到。

在機器學習中，先確定模型的類型（也可以說是演算法），比如是使用線性回歸模型，還是邏輯回歸模型，或是神經網路模型；選定演算法之後，再確定模型的參數，如果選擇了線性回歸模型，那麼模型 $f(x) = 3x + 2$ 中的 3 和 2 就是它的參數，而神經網路有神經網路的參數。類型和參數都確定了，機器學習的模型也就最終確定了。

• 1.4 Python 和機器學習框架

大家有沒有想過，為什麼 Python 不知不覺中成了最流行的機器學習語言之一？

1.4.1 為什麼選擇用 Python

Python 像 Java、C++、Basic 一樣，是程式設計師和電腦互動的方式。

但是，為什麼選擇用 Python。有句話大家可能都聽過：人生苦短，Python 是岸。

這話什麼意思呢？ Python 易學、好用、接地氣。這就好比一個學程式設計的人，在程式設計的海洋裡面遨遊，游啊，遊啊，總覺得這海實在太浩瀚了，找不著北。突然發現了 Python 這種語言，就上岸了……

Python 是一種很簡潔的語言，容易寫、容易讀，而且在機器學習方面有獨特的優勢。

機器學習的目的是解決實際問題，而非開發出多強大的應用軟體。因此，編寫程式碼是工具而非目的，追求的是方便。搞資料科學和機器學習的人並不一定都是資深程式設計師，他們希望將自己頭腦中的公式、邏輯和想法迅速轉化到電腦語言。這個轉化過程消耗的精力越少越好，而程式碼就不需要有多麼高深、多麼精緻了。

而 Python 正是為了解決一個個問題而生的，比如資料的讀取、矩陣的點積，一個敘述即可搞定，要是用傳統的 C++、Java，那還真的很費力氣。還有切片、廣播等操作，都是直接針對機器學習中的資料結構——張量而設計的。

上面說的資料操作如此容易，很大程度上也是 NumPy 的功勞，我們以後還會反覆提到 NumPy 這個數學函數程式庫（擴充套件）。因此，另外特別重要的一點就是 Python 的開發生態成熟，除 NumPy 外，還有非常多的函數庫，這些函數庫就是機器學習的開放框架。有很多函數庫都是開放原始碼的，拿來就可以用。

綜上，便捷和實用性強似乎是 Python 的天然優勢。我覺得 Python 和一些老牌語言相比，有點像口語和文言文的區別，文言文雖然高雅，但是不接地氣。因為 Python 接地氣，所以使用者社群強大、活躍。機器學習圈的很多大咖們也隸屬於這個 Python 社群，開發了很多優質的函數庫。這樣一來 Python 在 AI 時代，搭著資料科學和機器學習順風車，彎道超車 Java 和 C++，成了最流行的程式語言之一。

1.4.2 機器學習和深度學習框架

大家可能聽説過機器學習和深度學習「框架」這個名詞，這個框架的作用可是很大的。想像一下，有一天老闆説：「來，給你們一個任務，用機器學習的方法給我們這些圖片分類。」你們去 Google 查詢了一下，發現這種圖片分類任務用卷積神經網路來解決最好。但是你們很疑惑從頭開始編寫一個卷積神經網路是好做法嗎？

Python 的機器學習框架，也就是各種 Python 函數庫，裡面包含定義好的資料結構以及很多函數庫函數、方法、模型等（即 API）。我們只需要選擇一個適合的框架，透過呼叫其中的 API，編寫少量程式，就可以快速建立機器學習模型了。為什麼剛才的機器學習實戰中只用了不到 20 行程式就能夠完成預測加州房價這麼「艱鉅」的任務？其中最大的秘密就是使用了框架中的 API。

良好的框架不僅易於瞭解，還支持平行化計算（即硬體加速），並能夠自動計算微分、連鎖律（「不明覺厲」是吧？不要緊，正因為框架把這些都做了，同學們就無須自己做這些不懂的東西）。

下圖中，列出了 8 個機器學習中常用的函數庫。

這 8 個函數庫，可分為 3 大類：Pandas 和 NumPy 提供資料結構，支援數學運算；Matplotlib 和 Seaborn 用於資料視覺化；後面 4 個函數庫提供演算法，其中的 Scikit-learn 是機器學習框架，TesnsorFlow、Keras 和 PyTorch 則是深度學習框架，可以選擇一個來用。另有一些曾經有影響力的框架，如 Theano、Caffe、CNTK 等，隨著「江山代有才人出」，使用率已經大大下降。而新的更方便的函數庫呢？那也一定會繼續湧現。

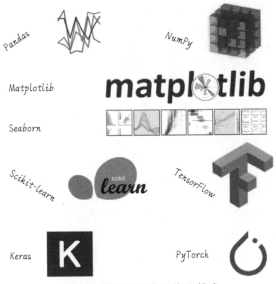

▲ 8 個機器學習常用的函數庫

下面分別簡單説説它們。

1. Pandas

我們已經使用過 Pandas 了！請回頭看一下第一個機器學習專案的第一行程式，以下段程式所示。透過這一行程式，就可以把整個 Pandas 中的所有函數、資料結構匯入當前機器學習程式的運行環境。

```
import pandas as pd  #匯入Pandas, 用於資料讀取和處理
```

Pandas 是基於 NumPy 的資料分析工具，裡面預置了大量函數庫函數和標準資料結構，可以高效率地操作大類型資料集。Pandas，連同其下層的 NumPy，是使 Python 成為強大而高效的資料分析工具的重要因素之一。

Pandas 中的預置資料結構有下面幾種。

- Series：1D 陣列，它與 NumPy 中的一維陣列（array）類似。這兩者與 Python 基本的資料結構串列（list）也很相似。
- TimeSeries：以時間為索引的 Series。
- DataFrame：2D 的表格類型資料結構，Series 的容器。
- Panel：三維的陣列，DataFrame 的容器。

我們這個課程裡面 Pandas 資料結構用得不多，只用到了 2D 的資料結構 DataFrame，這種資料結構用來儲存表格式的資料非常方便，可以直接被機器學習模型所讀取。比如，剛才的加州房價機器學習專案，就先把資料檔案讀取一個 DataFrame，然後把 DataFrame 匯入了線性回歸模型進行學習。

2. NumPy

NumPy 是 Python 進行科學計算的基礎函數庫，有人稱它為 Python 的數學擴充套件。它提供了一個強大的多維陣列物件 array，還提供了大量 API 支援陣列運算。

本課程中將重點使用的資料結構就是 NumPy 中的陣列。

NumPy 所附帶的向量化運算功能在機器學習中也屬於不可或缺的技能。目前的 CPU 和 GPU 都有平行處理的處理器，能夠無縫銜接 NumPy 的向量化運算，大幅度提升機器學習的效率。

後面我們會專門講 NumPy 的陣列（在機器學習中稱為張量）及其基本運算這部分內容。

3. Matplotlib

Matplotlib 是 Python 及其數學擴充套件 NumPy 的視覺化操作介面，透過應用程式介面（API）向應用程式提供嵌入式繪圖功能。其中還有針對其他圖型處理函數庫（如開放圖形函數庫 OpenGL）的介面。

Matplotlib 的設計與 MATLAB 的繪圖功能十分類似（名字都很相似！），然而它是開放原始碼的、免費的。這自然令大家覺得物超所值。

Matplotlib 好用又強大。剛才的實戰過程中匯入 Matplotlib 的繪圖工具後，透過短短幾行程式，就把加州房價分佈的散點圖和機器學習到的模型呈現出來了。

4. Seaborn

Seaborn 是在 Matplotlib 基礎上設計出的繪圖函數庫，因此是更進階的視覺化工具，可以畫出特別酷炫的數學統計圖形。

5. Scikit-learn

Scikit-learn 剛才也已經用過了，以下段程式所示。用於預測加州房價的機器學習模型 Linear Regression 就是直接從那裏「拎」出來的。

```
from sklearn.linear_model import LinearRegression #匯入線性回歸演算法模型
model = LinearRegression() #使用線性回歸演算法
```

它簡稱 Sklearn, 是一個相當強大的 Python 機器學習函數庫，也是簡單有效的資料採擷和資料分析工具。Sklearn 基於 NumPy、SciPy 和 Matplotlib 建置，其功能涵蓋了從資料前置處理到訓練模型，再到性能評估的各方面。

Scikit-learn 真的太好用了，它裡面包含的大量可以直接使用的機器學習演算法，這節省了很多時間。因為不必重複編寫演算法，更多的精力可以放在問題定義、資料分析、調整參數、模型性能最佳化等這些具體專案相關的工作上面。**本課程的機器學習模型，大多透過呼叫 Scikit-learn 函數庫來實現。**

6. TensorFlow

Sklearn 是機器學習的工具集，而 TensorFlow 則是深度學習的設計利器。據説 Google 主要產品的開發過程都有 TensorFlow 的參與，並且它以某種形式進行機器學習。很驚訝吧。

但對新手來説有個小小遺憾：TensorFlow 程式設計建立在「圖」這個抽象的概念之上，據説其難度比起其他的深度學習框架更高，至少要研究幾天才能搞清楚入門內容。這太耗時了！我們學機器學習和深度學習，目標是幾個小時以內上手。因此，本課程的案例不採用 TensorFlow 進行設計。

　　小冰焦急地問：「你不是説 TensorFlow 是很強大的深度學習工具嗎？不用 TensorFlow，那你用什麼講課？」

　　咖哥回答："Keras!"

7. Keras

Keras 建立在 TensorFlow、CNTK 或 Theano 這些後端框架之上。這也就是説，Keras 比 TensorFlow 更進階。在電腦領域，進階是「**簡單**」的代名詞。進階表示易學好用。

Keras 才出來沒兩年時,就已經大受歡迎,到現在已經是除 TensorFlow 外最流行的、排行第二位的深度學習框架。

搞機器學習的人,就喜歡簡單好用的工具。

其實,寫 Keras 的時候是在對其後端進行呼叫,相當於還是在 TensorFlow 上運行程式,只不過將程式經過 Keras 中轉了一下變成 TensorFlow 聽得懂的語言,再交給 TensorFlow 處理。

鑑於 Keras 好用且高效的特點,**本課程的深度學習模型,都使用 Keras 來實現**。

8. PyTorch

PyTorch 是 TensorFlow 的競爭對手,也是一個非常「優雅」的機器學習框架。相對 TensorFlow 而言,Facebook 開發的 PyTorch 上手相對簡單一些,裡面所有的演算法都是用 Python 寫的,原始程式也很簡潔。近期 PyTorch 使用者量的增長也是相當迅速的。

• 1.5 機器學習專案實戰架構

今天課程的最後,我們來重點講解如何進行機器學習專案的實戰:如何開始、關鍵的步驟有哪些,以及每個步驟中要注意些什麼。

李宏毅老師曾用將大象裝進冰箱來比喻機器學習。大象怎麼被裝進冰箱?這分為 3 個步驟:打開冰箱門,將大象放進去,關閉冰箱門。機器學習也就是個「三部曲」:選擇函數模型,評估函數的優劣,確定最佳的函數,如下圖所示。

這個比喻非常精彩,但它主要聚焦於「建模」過程,未強調機器學習專案其他環節。機器學習專案的實際過程要更複雜一些,大致分為以下 5 個環節。

(1)問題定義。
(2)資料的收集和前置處理。
(3)模型(演算法)的選擇。

（4）選擇機器學習模型。

（5）超參數調整和性能最佳化。

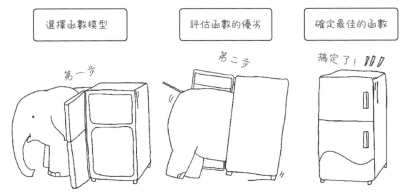

▲ 機器學習建模三部曲：選擇函數模型，評估函數的優劣，確定最佳的函數

這 5 個環節，每一步的處理是否得當，都直接影響機器學習專案的成敗。而且，如下圖所示，這些步驟還需要在專案實戰中以疊代的方式反覆進行，以實現最佳的效果。

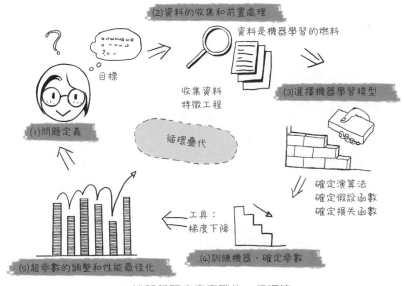

▲ 機器學習專案實戰的 5 個環節

現在就詳細說說機器學習專案實戰中的每個具體環節都在做些什麼。

1.5.1 第 1 個環節：問題定義

機器學習專案是相當直觀的。換句話説，機器學習專案都是為了解決實際的問題而存在。

第一個環節是對問題的建置和概念化。同學們想像一下一個醫生接到一個病人後，如果不仔細研究病情，分析問題出在何處，就直接開藥、動手術，後果會如何呢？在心理諮詢領域，有一個名詞叫作「個案概念化」。它的意思是心理諮詢師透過觀察分析，先評估界定來訪者的問題，以指導後續的諮詢執行緒；不然可能很多次的諮詢、治療，都是在原地繞圈。

我們做機器學習專案，道理也很類似。如果每個團隊成員都知道專案要解決的是什麼問題，那麼專案也許已經成功了一半，然而有很多人其實是不知道大方向所在的。

因此，不是一開始就建立模型，而是首先建置你的問題。反覆問一問自己、問一問客戶和其他專案關係人，目前的痛點是什麼、要解決的問題是什麼、目標是什麼。對這些關鍵問題的回答可以説是相當重要的，但是很奇怪的是在現實中最關鍵的內容反而最有可能被忽略。

舉例來説，看一下下面這個問題的定義。

- 痛點：某商家準備推出一系列促銷活動，目的是增加顧客忠誠度，降低流失率。但是如果促銷活動的參與度不高，就不會有好的效果，力氣也就白費。因此，只有設計出來的活動是顧客所感興趣的，才會造成作用。
- 現狀：已經收集了過去幾年顧客的資訊及其行為模式資料，如顧客所購買商品的價格、數量、頻率等。
- 目標：根據已有的顧客行為模式資料，推斷（學習）出最佳的商品和折扣項目，以確保設計出來的活動有較高的參與度。

這就是一個定義比較清楚，有可能造成作用的機器學習專案。再看一下下面這個問題的定義。

- 痛點：股票市場的波動性大，難以預測。
- 現狀：已經收集了股票市場過去 10 年的詳細資訊，例如每一檔股票每天的收盤價、月報、季報等。

■ 目標:透過學習歷史資料,預測股市。

這個「預測股市」,看起來也許是機器學習問題,實際上可能是一個偽機器學習問題。因為對目標的定義太不具體了。預測股市的什麼內容?是某檔股票的第二天的價格,還是未來一個月整體的走勢?而且機器學習是否能在股市預測中發揮作用?似乎不大可能。我們可以運用這樣一個簡單的方法去評判機器學習是否會生效:如果機器學習無法預測歷史,它就無法預測未來。這是因為機器學習只能辨識出它曾經見過的東西。要想在過去的資料的基礎上預測未來,其實存在一個假設,就是未來的規律與過去相同。但對於股價而言,事實往往並非如此[6]。也就是説,即使用 1998——2007 年的全部資料去訓練機器,機器也不能預測出 2008 年的金融危機,因此它也不大可能成功預測未來。

小冰點頭稱是。

咖哥接著說:「下面我們一邊講,一邊同步進行另一個機器學習專案的實戰。」

這裡要向大家介紹 **MNIST 資料集**。這個資料集相當於是機器學習領域的 Hello World,非常的經典,裡面包含 60000 張訓練圖型和 10000 張測試圖型,都是 28px×28px 的手寫數字灰階圖型,如下圖所示。」

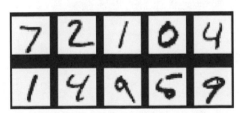

▲ MNIST 資料集中的手寫數字灰階圖型

此處要解決的問題是:將手寫數字灰階圖型分類為 0,1,2,3,4,5,6,7,8,9,共 10 個類別。

6　肖萊·Python 深度學習 [M]·張亮,譯·北京:人民郵電出版社,2018。

咖哥發言

灰階圖型與黑白圖型不同哦,黑白圖型只有黑、白兩種顏色,對應的畫素的值是 0 和 1;而灰階圖型在黑色與白色之間還有許多灰階等級,設定值為 0 ～ 255。

1.5.2 第 2 個環節:資料的收集和前置處理

資料是機器學習的燃料。機器學習專案的成敗,資料很可能是關鍵。

下面主要介紹以下內容。

- 原始資料的準備。
- 資料的前置處理。
- 特徵工程和特徵提取。
- 載入 MNIST 資料集。

1. 原始資料的準備

原始資料如何獲得呢?有時候是自有的資料(如網際網路公司擁有的大量的客戶資料、購物行為歷史資訊),或需要上網爬取資料;有時候是去各種開放原始碼資料網站下載(ImageNet、Kaggle、Google Public Data Explorer,甚至 Youtube 和維基百科,都是機器學習的重要資料來源),或可以購買別人的資料。

2. 資料的前置處理

從本機或網路中載入原始資料之後,前置處理工作包括以下幾個部分。

- **視覺化(visualization)**:要用 Excel 表和各種資料分析工具(如前面説的 Matplotlib 或 Seaborn)從各種角度(如列表、長條圖、散點圖等)看一看資料。對資料有了基本的了解,才方便進一步分析判斷。
- **資料向量化(data vectorization)**:把原始資料格式化,使其變得機器可以讀取。舉例來説,將原始圖片轉為機器可以讀取的數字矩陣,將文字轉為 one-hot 編碼,將文字類別(如男、女)轉換成 0、1 這樣的數值。
- **處理壞資料和遺漏值**:一筆資料可不是全部都能用,要利用資料處理工具

來把「搗亂」的「壞資料」（容錯資料、離群資料、錯誤資料）處理掉，把遺漏值補充上。

- **特徵縮放（feature scaling）**：特徵縮放方法有很多，包括資料**標準化**（standardization）和**規範化**（normalization）等。
  - 標準化，是對資料特徵分佈的轉換，目標是使其符合正態分佈（平均值為 0，標準差為 1）。因為如果資料特徵不符合正態分佈的話，就會影響機器學習效率。在實踐中，會去除特徵的平均值來轉換資料，使其置中，然後除以特徵的標準差來縮放。
  - 標準化的一種變形是將特徵壓縮到指定的最小值和最大值之間，通常為 0～1。因此這種特徵縮放方法也叫**歸一化**。歸一化不會改變資料的分佈狀態。
  - 規範化，則是將樣本縮放為具有單位範數的過程，然後放入機器學習模型，這個過程消除了資料中的離群值。
  - 在 Sklearn 的 preprocessing 工具中可以找到很多特徵縮放的方法。在實戰中，要根據資料集和專案特點選擇適宜的特徵縮放方法。

資料前置處理的原則如下。

- 全部資料應轉換成數字格式（即向量、矩陣、3D、4D、5D）的陣列（張量）。
- 大範圍資料值要壓縮成較小值，分佈不均的資料特徵要進行標準化。
- 異質資料要同質化（homogenous），即同一個特徵的資料類型要儘量相同。

3. 特徵工程和特徵提取

特徵工程和特徵提取仍然是在機器對資料集學習之前進行的操作，廣義上也算資料前置處理。

- 特徵工程是使用資料的領域知識來創建使機器學習演算法起作用的特徵的過程。特徵工程是機器學習的重要環節，然而這個環節實施困難又負擔昂貴，相當費時費力。
- 特徵提取（feature extraction）則是透過子特徵的選擇來減少容錯特徵，使初始測量資料更簡潔，同時保留最有用的資訊。

為什麼要對資料的特徵進行處理？因為機器學習之所以能夠學到好的演算法，關鍵看特徵的品質。那就需要思考下面的問題。

（1）如何選擇最有用的特徵給機器進行學習？（進行特徵提取。）

（2）如何把現有的特徵進行轉換、強化、組合，創建出來新的、更好的特徵？（進行特徵工程。）

比如，對於圖像資料，可以透過計算長條圖來統計圖像中畫素強度的分佈，得到描述圖型顏色的特徵。又比如，透過調整原始輸入資料的座標軸的方向（座標變換），就有可能使問題得到更好的描述。總而言之，就是透過各種手段讓資料更進一步地為機器所用。

在深度學習時代，對於一部分機器學習問題，自動化的特徵學習可以減少對手動特徵工程的需求。但特徵工程在另一些機器學習問題中，仍然是不可或缺的環節。

4. 載入 MNIST 資料集

下面用 1.2.4 節中介紹過的方法新建一個 Kaggle Notebook，並在其中直接載入 Keras 附帶的 MNIST 資料集，以下段程式所示（注意，需要打開螢幕右側 Settings 的 Internet 選項才能載入該資料集，如下圖所示）。

```
import numpy as np    # 匯入NumPy函數庫
import pandas as pd   # 匯入Pandas函數庫
from keras.datasets import mnist #從Keras中匯入MNIST資料集
#讀取訓練集和測試集
(X_train_image, y_train_lable), (X_test_image, y_test_lable) = mnist.load_data()
```

▲ Kaggle Notebook 的 Internet 選項

點擊 Kaggle Notebook 中的 ▶ 圖示運行上面的程式後，這個資料集裡面的資料就被讀取以下 NumPy 張量。

- X_train_image：訓練集特徵——圖片。
- y_train_lable：訓練集標籤——數字。
- X_test_image：測試集特徵——圖片。
- y_test_lable：測試集標籤——數字。

資料向量化的工作 MNIST 資料集已經為我們做好了，可以直接顯示這些張量裡面的內容：

```
print ("資料集張量形狀:", X_train_image.shape) #用shape方法顯示張量的形狀
print ("第一個資料樣本:\n", X_train_image[0]) #注意Python的索引是從0開始的
```

程式運行後的輸出結果如下：

```
資料集張量形狀: (60000,28,28)
第一個資料樣本:
[[ 0   0   0   0   0   0   0   0   0   0   0   0   0   0   0   0   0   0   0
   0   0   0   0   0   0   0   0   0]
  ... ...
  ... ...
 [ 0   0   0   0   0   0   0   0  30  36  94 154 170 253 253 253 253 253
 225 172 253 242 195  64   0   0   0   0]
 [ 0   0   0   0   0   0   0  49 238 253 253 253 253 253 253 253 253 251
  93  82  82  56  39   0   0   0   0   0]
  ... ...
  ... ...
 [ 0   0   0   0   0   0   0   0   0   0   0   0   0   0   0   0   0   0   0
   0   0   0   0   0   0   0   0   0]]
```

shape 方法顯示的是 X_train_image 張量的形狀。灰階圖像資料集是三維張量，第一個維度是樣本維（也就是一張一張的圖片，共 60000 張），後面兩個是特徵維（也就是圖片的 28px×28px 的矩陣）。因為 28px×28px 的矩陣太大，這裡省略了部分輸入內容，你們可以發現灰階資訊主要集中在矩陣的中部，邊緣部分都是 0 填充，是圖片的背景。數字矩陣的內容差不多如下圖所示。

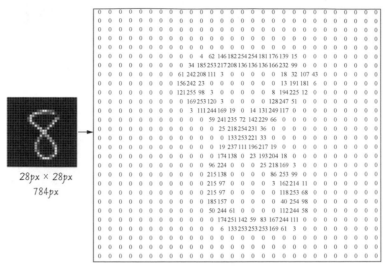

28px × 28px
784px

▲ 數字矩陣儲存圖片資訊的方式——這個矩陣就是機器需要學習的內容

再看一下標籤的格式：

```
print ("第一個資料樣本的標籤:", y_train_lable[0])
```

輸出顯示數字 8——上面這麼大的數字矩陣，到頭來只變成一個簡單的資訊 8：

```
第一個資料樣本的標籤:8
```

上面的資料集在輸入機器學習模型之前還要做一些資料格式轉換的工作：

```
from keras.utils import to_categorical # 匯入keras.utils工具函數庫的類別轉換工具
X_train = X_train_image.reshape(60000, 28, 28, 1) # 給標籤增加一個維度
X_test = X_test_image.reshape(10000, 28, 28, 1) # 給標籤增加一個維度
y_train = to_categorical(y_train_lable, 10) # 特徵轉為one-hot編碼
y_test = to_categorical(y_test_lable, 10) # 特徵轉為one-hot編碼
print ("訓練集張量形狀:", X_train.shape) # 訓練集張量的形狀
print ("第一個資料標籤:", y_train[0]) # 顯示標籤集的第一個資料
```

輸出新的資料格式：

```
訓練集張量形狀:(60000, 28, 28, 1)
第一個資料標籤:[0. 0. 0. 0. 0. 0. 0. 0. 1. 0.]
```

解釋一下為何需要新的格式。

（1）Keras 要求圖像資料集匯入卷積網路模型時為 4 階張量，最後一階代表色彩深度，灰階圖型只有一個顏色通道，可以設定其值為 1。

（2）在機器學習的分類問題中，標籤 [0. 0. 0. 0. 0. 0. 0. 0. 1. 0.] 就代表著類別值 8。這是等會兒還要提到的 one-hot 編碼。

1.5.3 第 3 個環節：選擇機器學習模型

第 3 個環節先是選擇機器學習模型的演算法類型，然後才開始訓練機器確定參數。

各種 Python 機器學習框架中有很多類型的演算法，主要包括以下幾種。

- 線性模型（線性回歸、邏輯回歸）。
- 非線性模型（支援向量機、k 最鄰近分類）。
- 基於樹和整合的模型（決策樹、隨機森林、梯度提升樹等）。
- 神經網路（類神經網路、卷積神經網路、長短期記憶網路等）。

那麼究竟用哪個呢？

答案是——這與要解決的問題有關。沒有最好的演算法，也沒有最差的演算法。隨機森林也許處理回歸類型問題很給力，而神經網路則適合處理特徵量巨大的資料，有些演算法還能夠透過整合學習的方法組織在一起使用。只有透過實踐和經驗的累積，深入地了解各個演算法，才能慢慢地形成「機器學習直覺」。遇見的多了，一看到問題，就知道大概何種演算法比較適合。

那麼我們為 MNIST 資料集手寫數字辨識的問題選擇什麼演算法作為機器學習模型呢？這裡挑一個圖片處理最強的工具，就是大名鼎鼎的卷積神經網路。

　　咖哥此處忽然笑了兩聲。小冰說：「你笑什麼呢？」咖哥說：「卷積神經網路處理這個 MNIST 小問題，我都覺得『殺雞用牛刀』了。下面看看程式吧。」

```
from keras import models # 匯入Keras模型, 以及各種神經網路的層
from keras.layers import Dense, Dropout, Flatten, Conv2D, MaxPooling2D
model = models.Sequential() # 用序列方式建立模型
model.add(Conv2D(32, (3, 3), activation='relu',  # 增加Conv2D層
          input_shape=(28, 28, 1)))              # 指定輸入資料樣本張量的類型
```

```
model.add(MaxPooling2D(pool_size=(2, 2)))        # 增加MaxPooling2D層
model.add(Conv2D(64, (3, 3), activation='relu')) # 增加Conv2D層
model.add(MaxPooling2D(pool_size=(2, 2)))        # 增加MaxPooling2D層
model.add(Dropout(0.25))                         # 增加Dropout層
model.add(Flatten())                             # 展平
model.add(Dense(128, activation='relu'))         # 增加全連接層
model.add(Dropout(0.5))                          # 增加Dropout層
model.add(Dense(10, activation='softmax')) # Softmax分類啟動, 輸出10維分類碼
# 編譯模型
model.compile(optimizer='rmsprop',               # 指定最佳化器
              loss='categorical_crossentropy',   # 指定損失函數
              metrics=['accuracy'])              # 指定驗證過程中的評估指標
```

這裡先簡單地解釋一下程式中都做了些什麼（當然更多的細節要以後再說）。
這段程式把資料集放入卷積神經網路進行處理。這個網路中包括兩個 Conv2D
（二維卷積）層，兩個 MaxPooling2D（最大池化）層，兩個 Dropout 層用於防
止過擬合，還有 Dense（全連接）層，最後透過 Softmax 分類器輸出預測標籤
y' 值，也就是所預測的分類值。這個 y' 值，是一個 one-hot（即「一位有效編
碼」）格式的 10 維向量。我們可以將 y' 與標籤真值 y 進行比較，以計算預測
的準確率。整個過程如下圖所示。

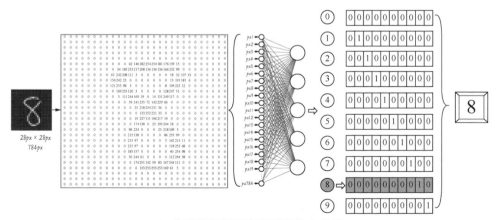

▲ 卷積神經網路實現手寫數字辨識

咖哥發言

我當然知道上面這段話裡面出現了很多生詞，比如 Softmax、卷積、最大池化、過擬合、one-hot、10 維向量等，我們後面將一點一點把這些詞語全部搞明白。現在的目的主要是解釋專案實戰的流程，所以大家先不要害怕新概念，耐心一點跟著我往下走。

1.5.4 第 4 個環節：訓練機器，確定參數

確定機器學習模型的演算法類型之後，就進行機器的學習，訓練機器以確定最佳的模型內部參數，並使用模型對新資料集進行預測。之所以說在這一環節中確定的是模型**內部參數**，是因為機器學習中還有超參數的概念。

- **內部參數**：機器學習模型的具體參數值，例如線性函數 $y=2x+1$，其中的 2 和 1 就是模型內參數。在機器學習裡面這叫作**權重**（weight）和**偏置**（bias）。神經網路也類似，每一個節點都有自己的權重（或稱 kernel），網路的每一層也有偏置。模型內參數在機器的訓練過程中被確定，機器學習的過程就是把這些參數的最佳值找出來。

- **超參數**（hyperparameter）：位於機器學習模型的外部，屬於訓練和調整過程中的參數。機器學習應該疊代（被訓練）多少次？疊代時模型參數改變的速率（即學習率）是多大？正規化參數如何選擇？這些都是超參數的例子，它們需要在反覆調整的過程中被最終確定。這是機器學習第 5 個環節中所著重要做的工作。

下面用 fit（擬合）方法，開始對機器進行 5 輪的訓練：

```
model.fit(X_train, y_train,          # 指定訓練特徵集和訓練標籤集
     validation_split = 0.3,          # 部分訓練集資料拆分成驗證集
     epochs=5,                        # 訓練輪次為5輪
     batch_size=128)                  # 以128為批次進行訓練
```

在上面的訓練過程中，fit 方法還自動地把訓練集預留出 30% 的資料作為驗證集（馬上就會講到什麼是驗證集），來驗證模型準確率。

輸出結果如下：

```
Train on 42000 samples, validate on 18000 samples
Epoch 1/5
42000/42000 [==============================] - 62s 1ms/step - loss: 0.9428 -
accuracy: 0.8827 - val_loss: 0.1172 - val_accuracy: 0.9677
Epoch 2/5
42000/42000 [==============================] - 61s 1ms/step - loss: 0.1422 -
accuracy: 0.9605 - val_loss: 0.0917 - val_accuracy: 0.9726
Epoch 3/5
42000/42000 [==============================] - 62s 1ms/step - loss: 0.1065 -
accuracy: 0.9700 - val_loss: 0.0735 - val_accuracy: 0.9807
Epoch 4/5
42000/42000 [==============================] - 61s 1ms/step - loss: 0.0885 -
accuracy: 0.9756 - val_loss: 0.0602 - val_accuracy: 0.9840
Epoch 5/5
42000/42000 [==============================] - 61s 1ms/step - loss: 0.0813 -
accuracy: 0.9779 - val_loss: 0.0692 - val_accuracy: 0.9842
```

以上顯示的 5 輪訓練中，準確率逐步提高。

- accuracy：代表訓練集上的預測準確率，最後一輪達到 0.9779。
- val_accuracy：代表驗證集上的預測準確率，最後一輪達到 0.9842。

　　小冰發問：「剛才預測加州房價也是用 fit 方法，怎麼沒看見程式輸出這個一輪一輪的訓練過程資訊呢？」咖哥說：「我們現在訓練的是神經網路，訓練一次稱為一輪。剛才用的是 Sklearn 裡面的 LinearRegression 模型，訓練的過程也是經過了多次疊代，只是該過程已經完全封裝在方法內部了，並沒有顯示出來。」

　　小冰又問：「那麼訓練 5 輪之後，我們這個卷積神經網路模型的模型內參數都是什麼呢？怎麼看呢？」咖哥說：「那是看不到的，因為卷積神經網路中的參數太多了，以萬為計。但是我們可以把訓練好的模型保存下來，以供將來呼叫。」

1.5.5 第 5 個環節：超參數調整和性能最佳化

機器學習**重在評估**，只有透過評估，才能知道當前模型的效率，才能在不同模型或同一模型的不同超參數之間進行比較。舉例來說，剛才的訓練輪次──5 輪，是一個超參數。我們想知道對當前的卷積神經網路模型來說，訓練多少輪對於 MNIST 資料集最為合適。這就是一個調整超參數的例子，而這個過程中需要各種評估指標作為調整過程的「風向球」。正確的評估指標相當重要，因為如果標準都不對，最終模型的效果會南轅北轍，性能最佳化更是無從談起。

下面介紹兩個重要的評估點。

■ 在機器訓練過程中，對於模型內部參數的評估是透過**損失函數**進行的。以後還要詳細介紹各種損失函數，例如回歸問題的均方誤差函數、分類問題的交叉熵（就是本例中的 categorical_crossentropy）函數，都是內部參數的評估方法。這些損失函數指出了當前模型針對訓練集的預測誤差。這個過程在第 4 個環節中，呼叫 fit 方法後就已經完成了。

■ 在機器訓練結束後，還要進行**驗證**，驗證過程採用的評估方式包括前面出現過的 R2 分數以及均方誤差函數、平均絕對誤差函數、交叉熵函數等各種標準。目前的這個卷積神經網路模型中的參數設定項目 metrics=['accuracy']，指明了以 accuracy，即分類的準確率作為驗證指標。驗證過程中的評估，既評估了模型的內部參數，也評估了模型的超參數。

1. 訓練集、驗證集和測試集

為了進行模型的評估，一般會把資料劃分成 3 個集合：訓練資料集、驗證資料集和測試資料集，簡稱**訓練集**（trainsing set）、**驗證集**（validation set）和**測試集**（test set）。在訓練集上訓練模型，在驗證集上評估模型。感覺已經找到最佳的模型內部參數和超參數之後，就在測試集上進行最終測試，以確定模型。

　　小冰問：「一個訓練集和一個測試集還不夠嗎？」

　　咖哥答道：「也許簡單的機器學習專案，2 個集合也就夠了。但是大型主機器學習專案，至少需要 3 個集合」。

機器學習模型訓練時，會自動調節模型內部參數。這個過程中經常出現**過擬合**（overfit）的現象。過擬合現在是個新名詞，不過後面我們幾乎隨時都要和過擬合現象作戰。目前來說，大家可以把過擬合瞭解為模型對當前資料集的針對性過強了，雖然對訓練集擬合效果很好，但是換一批新資料就不靈了。這叫作模型的**泛化能力弱**。

解決了在訓練集上的過擬合問題之後，在繼續最佳化模型的過程中，又需要反覆地調整模型外部的超參數，這個過程是在訓練集和驗證集中共同完成的。這個調整、驗證過程會導致模型在驗證集上也可能過擬合，因為調整超參數本身也是一種訓練。這個現象叫作**資訊洩露**（information leak）。也就是說，即使我們選擇了對驗證集效果最好的超參數，這個好結果也不一定真的能泛化到最終的測試集。

即使得到的模型在驗證集上的性能已經非常好，我們關心的還是模型在全新資料上的性能。因此，我們需要使用一個完全不同的、前所未見的資料集來對模型進行最終的評估和校正，它就是測試集。在最終驗證之前，我們的模型一定不能讀取任何與測試集有關的任何資訊，一次也不行。

下面就在 MNIST 測試集上進行模型效率的驗證，以下段程式所示。這個測試集的任何資料資訊都沒有在模型訓練的過程中曝露過。

```
score = model.evaluate(X_test, y_test) # 在驗證集上進行模型評估
print('測試集預測準確率:', score[1]) # 輸出測試集上的預測準確率
```

結果顯示測試準確率達到 0.9838，成績相當不錯：

```
測試集預測準確率: 0.9838
```

2. K 折驗證

上面的測試集測試結果相當不錯，但問題是，如果最終驗證結果仍不盡如人意的話，那麼繼續調整和最佳化就會導致這個最終的測試集又變成了一個新的驗證集。因此需要大量新資料的供給，以創造出新的測試資料集。

資料，很多時候都是十分珍貴的。因此，如果有足夠的資料可用，一般來說按照 60%、20%、20% 的比例劃分為訓練集、驗證集和測試集。但是如果資料本身已經不大夠用，還要拆分出 3 個甚至更多個集合，就更令人頭疼。而

且樣本數量過少，學習出來的規律會失去代表性。因此，機器學習中有重用同一個資料集進行多次驗證的方法，即 K 折驗證，如下圖所示。

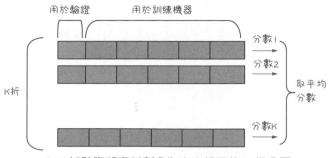

▲ K 折驗證將資料劃分為大小相同的 K 個分區

K 折驗證（K-fold validation）的想法是將資料劃分為大小相同的 K 個分區，對於每個分區，都在剩餘的 K-1 個分區上訓練模型，然後在留下的分區上評估模型。最終分數等於 K 個分數的平均值。對於資料集的規模比較小或模型性能很不穩定的情況，這是一種很有用的方法。注意 K 折驗證仍需要預留獨立的測試集再次進行模型的校正[7]。

3. 模型的最佳化和泛化

最佳化（optimization）和泛化（generalization），這是機器學習的兩個目標。它們之間的關係很微妙，是一種此消彼長的狀態。

- 如何成功地擬合已有的資料，這是性能的**最佳化**。
- 但是更為重要的是如何把當前的模型**泛化**到其他資料集。

模型能否泛化，也許比模型在當前資料集上的性能最佳化更重要。經過訓練之後 100 張貓圖片都能被認出來了，但是也沒什麼了不起，因為這也許是透過死記硬背實現的，再給幾張新的貓圖片，就不認識了。這就有可能是出現了「過擬合」的問題──機器學習到的模型過於關注訓練資料本身。

關於最佳化、泛化和過擬合，這裡就先蜻蜓點水式地簡單說說它們的概念。在後面的課程中還會很詳細地講如何避免過擬合的問題。而對於目前的 MNIST

7　肖萊・Python 深度學習 [M]・張亮，譯・北京：人民郵電出版社，2018。

資料集，卷積神經網路模型是沒有出現過擬合的問題的，因為在訓練集、驗證集和測試集中，評估後的結果都差不多，預測準確率均為 98% 以上，所以模型泛化功能良好。

這時小冰又開口了：「我憋了半天，一直想問一個問題呢。這裡預測準確率是列出來了，但是具體的預測結果在什麼地方呢？你說的百分之九十八點多少，我也沒看見啊？怎麼證明呢？」

小冰一說，其他同學頻頻點頭。

4. 怎麼看預測結果

其實在測試集上進行評估之後，機器學習專案就大功告成了。想知道具體的預測結果，可以使用 predict 方法得到模型的預測值。下面看看程式吧。

```
pred = model.predict(X_test[0].reshape(1, 28, 28, 1)) # 預測測試集第一個資料
print(pred[0], "轉換一下格式得到:", pred.argmax()) # 把one-hot編碼轉為數字
import matplotlib.pyplot as plt # 匯入繪圖工具套件
plt.imshow(X_test[0].reshape(28, 28), cmap='Greys') # 輸出這個圖片
```

前兩行程式，是對測試集第一個資料（Python 索引是從 0 開始的）進行預測，並輸出預測結果。argmax 方法就是輸出陣列裡面最大元素的索引，也就是把 one-hot 編碼轉為實際數值。

輸出結果如下：

```
[[0. 0. 0. 0. 0. 0. 0. 1. 0. 0.]]轉換一下格式得到：7
```

後面的 plt.imshow 函數則輸出原始圖片，如下圖所示。

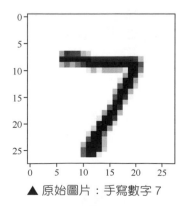

▲ 原始圖片：手寫數字 7

果然是正確答案 7，與預測結果的 one-hot 編碼相匹配，證明預測對了！

5. 偵錯過程出錯怎麼辦

前面的實戰過程都比較順利，那是因為程式都是現成的。然而，在同學們自己進行 Python 程式偵錯、運行的時候，難免遇到系統顯示出錯。這些資訊有時只是 Warning（警告），説明一些參數或設定可能要過時了，但是目前還能用。這些警告資訊暫時可以忽略，也可以跟著 Python 的提示進行修正。

然而，如果出現類似下圖所示的 Error 資訊，説明程式碼出錯了。這時不要著急，Python 會用箭頭指出出錯的敘述，接著列出出錯的具體原因。跟著這些資訊，需要進行對應的程式修改。

```
IndexError                                Traceback (most recent call last)
<ipython-input-72-bdb554fec32a> in <module>()
      3 plt.imshow(X_test[0].reshape(28, 28),cmap='Greys')
      4 pred = model.predict(X_test[0].reshape(1, 28, 28, 1))
----> 5 print(pred[1],"转换一下格式得到: ",pred.argmax())

IndexError: index 1 is out of bounds for axis 0 with size 1
```

▲ Error 資訊

很難預測到具體實戰時會出現什麼樣的錯誤。此時，不要恐慌，冷靜分析是第一步。如果多次嘗試也無法解決問題，去 Google 搜索一下顯示出錯的內容，可能就會得到答案，或，鼓起勇氣請教身邊的 Python「專家」吧。

在本節的最後，再強調一下，在機器學習實戰開始之前，以及過程當中，應反覆問問自己以下幾個問題。

- 要解決的問題是什麼，即機器學習專案的最終目標是什麼？
- 我們目前擁有或要搜集的資料集是哪種類型？數值型、類型還是圖型？
- 有現成的資料嗎？資料集搜集整理過程中可能會遇到哪些困難？
- 以目前的知識來看，哪些演算法可能是比較好的選擇？
- 如何評判演算法的優劣，即如何定義和衡量機器學習的「準確率」？

那麼如果機器學習模型的偵錯過程中出現了問題，原因會出在哪裡呢？可能出在任何一個環節：問題定義得不好，資料集品質不好，模型選得不好，機

器訓練得不好，評估偵錯得不好，都有可能使機器學習專案停止，無法進一步最佳化。

• 1.6 本課內容小結

同學們，祝賀大家終於學完了這最為基礎的一課。萬事起頭難，本課中理論的東西有點多，目前大家瞭解起來應該是挺辛苦的。因為基於長期實踐複習出來的東西，對沒有上過手的人來說，難免學起來是一頭霧水。這是正常的現象。也許上完全部課程後，回過頭來複習，你們會有更多的感悟。

下面是本課中的重點內容。

（1）首先是機器學習的內涵：機器學習的關鍵內涵在於從大量的資料中發現一個「模型」，並透過它來模擬現實世界事物間的關係，從而實現預測或判斷的功能。

- 從這個定義出發，機器學習可以分為監督學習、無監督學習、半監督學習，以及深度學習、強化學習等類型。這些學習類型之間的界限是比較模糊的，彼此之間有交集，也可以相互組合。比如，深度學習和強化學習技術同時運用，可以形成深度強化學習模型。
- 我們也列出了最基本的機器學習術語，如特徵、標籤和模型等。

（2）透過線上的 Jupyter Notebook，可以方便快捷地進行機器學習實戰。Colab和 Kaggle，是兩個提供免費 Jupyter Notebook 的平台，可以在其中透過 Python編寫機器學習原始程式碼。

機器學習是一個有很強共用精神的領域，不僅免費線上開發工具多，無論是資料集、演算法，還是函數庫函數和框架方面，都有很多開放原始碼的專案可供選擇。

- Scikit-learn 是重點介紹的機器學習演算法函數庫。
- Keras 是重點介紹的深度學習演算法函數庫。

（3）最後列出了機器學習專案實戰流程中的 5 個環節，指導我們進行實戰，具體包括問題定義、資料的收集和前置處理、選擇機器學習模型、訓練機器，確定參數、超參數調整和性能最佳化，如下圖所示。

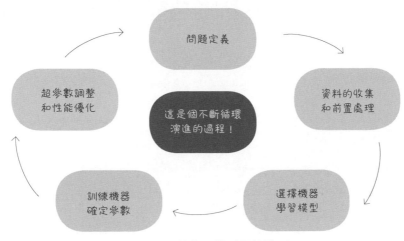

▲ 不斷最佳化，找到最佳模型

總而言之，機器學習實戰的各個環節就像機器學習模型訓練一樣，是一個反覆疊代的過程。只有不斷最佳化，才能找到最完整的模型、達到最佳狀態，這也是符合敏捷（agile）和 DevOps 那種快捷的、疊代式 IT 產品開發原則的。其秘密就是：迅速拿出一個可用產品的雛形，然後持續完善它。嗯，跑題了，下課吧。不過，別忘記完成課後的練習哦。

• 1.7 課後練習

練習一：請同學們列舉出機器學習的類型，並説明分類的標準。

練習二：解釋機器學習術語：什麼是特徵，什麼是標籤，什麼是機器學習模型。

練習三：我們已經見過了 Google 中的加州房價資料集和 Keras 附帶的 MNIST 資料集，請同學們自己匯入 Keras 的波士頓房價（boston_housing）資料集，並判斷其中哪些是特徵欄位，哪些是標籤欄位。

（提示：使用敘述 from keras.datasets import boston_housing 匯入波士頓房價資料集。）

練習四：參考本課中的兩個機器學習專案程式，使用 LinearRegression 線性回歸演算法對波士頓房價資料集進行建模。

第 2 課　數學和 Python 基礎知識 ── 一天搞定

在第 1 課中，小冰學到了如何透過機器學習預測房價、如何實現手寫數字辨識。於是小冰信心滿滿地問咖哥：「今天我們用機器學習解決什麼新問題？」

「先不要急，小冰。」咖哥說，「在系統地講解各種機器學習演算法之前，我們要先花一天的時間來看一下與機器學習密切相關的數學知識。所謂『不積跬步，無以至千里』，機器學習的數學基礎包括函數、線性代數、機率與統計、微積分，等等。」

聽到這裡，小冰的嘴已經張得很大：「天啊，這些知識我幾乎全還給老師了，你居然說只用一天時間看一下。」

▲ 小冰聯想到一大堆的數學符號，開始皺眉頭

「別急！我們要說的數學內容，重在瞭解而不重在推導，重在領悟而不重在計算。目的是幫你們建立起機器學習的直覺。」

「除了數學之外，機器學習的另一個基礎就是 Python 語法，尤其是和 NumPy 陣列操作相關的敘述，也要介紹一下。同樣地，還是先列出本課重點吧。」

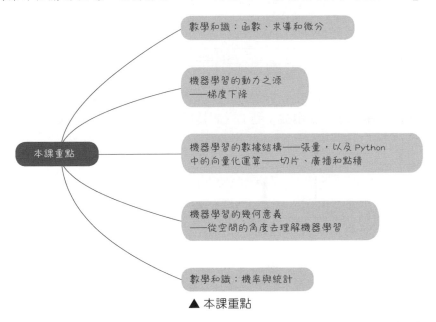

本課重點

- 數學和識：函數、求導和微分
- 機器學習的動力之源 ──梯度下降
- 機器學習的數據結構──張量，以及 Python 中的向量化運算──切片、廣播和點積
- 機器學習的幾何意義 ──從空間的角度去理解機器學習
- 數學和識：機率與統計

▲ 本課重點

• 2.1 函數描述了事物間的關係

「四方上下曰宇,往古來今曰宙。」我們所生活的世界上至無限蒼穹,下至微觀粒子,瞬息萬變。「仰觀宇宙之大,俯察品類別之盛。」想要把握其中的全部奧妙,難度極大。然而,人類一直在努力探尋事物之間的關聯和規律,從而把複雜的現象簡單化、抽象化,使之儘量變得有條理,變得可以預測。

整個科學系統就試圖整理出「宇宙的運行規則」。而函數,可以視為一種模型,這種模型是對客觀世界複雜事物之間的關係的簡單模擬。有了這種模擬,從已知到未知的運算、預測或判斷,就成為可能。

2.1.1 什麼是函數

函數描述了輸入與輸出的關係。在函數中,一個事物(輸出)隨著另一個(或一組)事物(輸入)的變化而變化,如下圖所示。

輸入	關係	輸出
0	平方	0
1	平方	1
2	平方	4
3	平方	9
…	…	…

▲ 輸入與輸出的關係

一般情況下,用 x(或 $x_1, x_2, x_3, \cdots$)表示輸入,用 y 表示輸出,並把它們叫作變數,同時用 $f(x)$ 來表示從 x 到 y 之間轉換的過程,它也是函數的名字,如下圖所示。

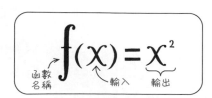

▲ 用解析式表述函數

上面這種表述函數的方法叫作解析式法,除此之外,還可以用列表法、圖型法和語言敘述法等表述函數。其中,最直觀的是透過圖型來描述引數和因變數之間的關係,如下圖所示。但並不一定所有的函數都能夠或需要用圖型來表述。

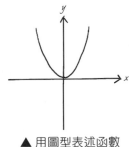

▲ 用圖型表述函數

函數的輸入和輸出,很多情況下都是數字,但是也不完全如此。函數可以反映非數字之間的關係。比如,函數的輸入可以是編號,輸出可以是人名,關係就是 "S1105560Z" →「黃先生」。在機器學習中,反映非數字之間的關係的函數就更常見了,比如,從狗的圖片(輸入)到狗的種類(輸出)。

因此需要用一個更強大的工具來幫助定義函數——集合。集合裡面的每個東西(如「數字 1」、「狗的圖片」或「黃先生」),不管是不是數字,都是集合成員或元素。所以,函數的輸入是一個集中的元素,透過對應法則來輸出另一個集中的元素。因此,大家可能還記得,國中的時候學過:定義域(也就是輸入集)、值域(也就是輸出集)和對應法則(也就是關係)被稱為函數三要素。

那麼説到此處,函數的定義就完善了嗎?還沒有。**函數把一個集裡的每一個元素關聯到另一個集裡一個獨一的值**(該定義參考自「數學樂」網站的文章《函數是什麼》)。這才算是較嚴謹的函數定義,如下圖所示。

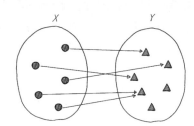

▲ 函數反映了兩個集合之間的對應關係

有以下兩點需要注意。

（1）**輸入集中的每一個元素** X 都要被「照顧」到（不過輸出集 Y 並不一定需要完全覆蓋。想像一下有一組狗的圖片，全部鑑別完之後，發現其中缺少一個類型的狗，這是可能的）。

（2）函數的**輸出**值是**獨一無二**的。一個輸入絕對不能夠對應多個輸出。比如，一張狗的圖片，鑑定後貼標籤時，認為既是哈士奇，又是德國牧羊犬。這種結果令人困惑，這樣的函數我們也不接受。

以下面左圖，是函數無疑；而右圖，雖然也表現了從輸入到輸出之間的關係，但是有的 X 值同時對應了幾個 Y 值，不滿足函數的定義，所以它不是函數。

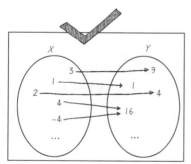 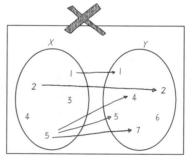

▲ 左圖滿足函數定義，右圖不滿足函數定義

2.1.2 機器學習中的函數

機器學習基本上相等於尋找函數的過程。機器學習的目的是進行預測、判斷，實現某種功能。透過學習訓練集中的資料，電腦得到一個從 x 到 y 的擬合結果，也就是函數。然後透過這個函數，電腦就能夠從任意的 x，推知任意的 y。這裡的引數 x，就是機器學習中資料集的特徵，而特徵的個數，通常會多於一個，記作 $x_1, x_2, \cdots, x_n$。如下圖中的範例：機器學習透過電影的成本、演員等特徵資料，推測這部電影可能收穫的票房。

$$f_{票房}\begin{pmatrix} x_{成本} \to 100\ 萬 \\ x_{演員} \to 大明星 \\ x_{廣告} \to 200\ 萬 \end{pmatrix} = 1\ 億元$$

機器學習到的函數，實現了從特徵到結果的特定推斷。

機器學習到的函數模型有時過於複雜，並不總是能透過集合、解析式或圖型描述出來。然而，不能直觀描述，並不等於函數就不存在了，機器學習所得到的函數正是事物之間的關係的表現，並發揮著預測功能。換句話說，巨量資料時代的機器學習，不是注重特徵到標籤之間的因果**邏輯**，而是注重其間的相關**關係**。

那麼如何衡量透過機器學習所得到的函數是不是好的函數呢？在訓練集和驗證集上預測準確，而且能夠泛化到測試集，就是好函數。對結果判斷的準確性，是機器學習函數的衡量標準，在這個前提之下，我們把科學系統中原本的核心問題「**為什麼**」，轉移到了「**是什麼**」這個更加實用的目標。

Kaggle 上面有一個很知名的競賽，其訓練集中包含鐵達尼號登船乘客的詳細資訊（這是特徵），以及生還與否的記錄（這是標籤），目標則是去預測測試集中的每一位乘客是存活還是死亡。這個競賽資料集的説明如下圖所示。

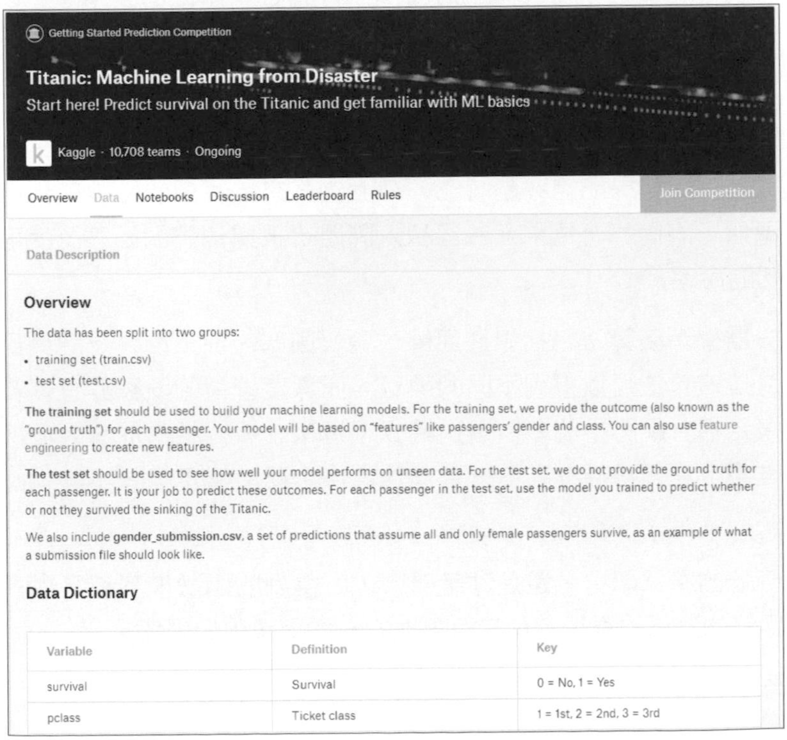

▲ 存活或死亡？——鐵達尼號機器學習競賽資料集

面對這樣的資料集，如何去尋找一個好的函數呢？你們可能聽說過，當時船長曾提議讓女士和兒童優先離船，登上救生艇。因此，如果預測女性全部存活，準確率會超過預測男性全部存活。「登船女性全部存活，男性全部遇難」，這也是從特徵到標籤的簡單映射關係，算是一個函數。而且應用這個函數大概可以得到 60% 的預測準確率。然而，這個函數過於簡單了，沒有含金量。

透過機器學習，可以實現更準確的預測，能夠更有效地找到資料特徵以及標籤之間錯綜複雜的關聯。也就是說，機器透過學習發現了一個更為複雜的函數，能夠從各種看似不相關的特徵 x 中，預測或推導出更加可靠的 y 值。

此時，從資料特徵到生還與否的結果間的關係透過機器學習演算法擬合到了極為細微的程度。比如，某個家庭的成員情況（如孩子的個數）、所住的艙位、所在的甲板，以及他們的生活習慣（如是否吸煙）等特徵資訊，都有可能在冥冥之中影響著乘客們的生命。這些很難用肉眼或統計學方法去發現的連結性，竟能夠透過機器學習演算法的推演，得到相當準確的答案。可以說，**機器學習演算法得到的函數，往往能看到資料背後隱藏著的、肉眼所不能發現的秘密**。

就這個競賽來說，「高手」的機器學習模型，甚至可達到 99% 以上的預測準確率。也就是說，如果能夠穿越時空，帶上機器交給我們的函數來到鐵達尼號啟航的碼頭，詢問每一位乘客幾個私人問題，根據他們的回答，就可以基本知曉他們的命運。

傳統的機器學習演算法包括線性回歸、邏輯回歸、決策樹、單純貝氏等，透過應用這些演算法可以得到不同的函數。而深度學習的函數具有複雜的神經網路拓撲結構，網路中的參數透過鏈式求導來求得，相當於一大堆線性函數的跨層堆疊。它們彷彿存在於一片混沌之中，雖然看不見摸不著，卻真實地存在著。

無論是傳統的機器學習，還是深度學習，所得到的函數模型都是對樣本集中特徵到標籤的關係的複習，是其相關性的一種函數化的表達。

下面簡單說說我們這次機器學習之旅中會見到的一些函數。

1. 線性函數

線性函數是線性回歸模型的基礎，也是很多其他機器學習模型中最基本的結構單元。線性函數是只擁有一個變數的一階多項式函數，函數圖型是一條直線。下圖列出了兩個線性函數。

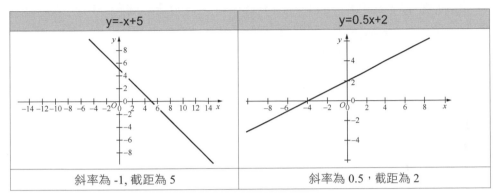

y=-x+5	y=0.5x+2
斜率為 -1，截距為 5	斜率為 0.5，截距為 2

▲ 兩個線性函數

線性函數適合模擬簡單的關係，比如，同一個社區房屋的面積和其售價之間可能會呈現線性的關係。

2. 二次函數和多次函數

函數中引數 x 中最大的指數被稱為函數的次數，比如 $y=x^2$ 就是二次函數。二次函數和多次函數的函數圖型更加複雜，因而可以擬合出更為複雜的關係，如下圖所示。

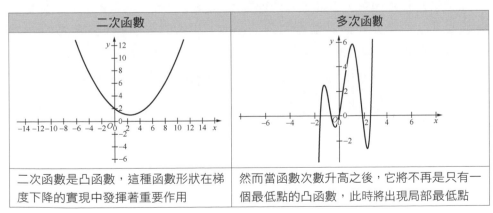

二次函數	多次函數
二次函數是凸函數，這種函數形狀在梯度下降的實現中發揮著重要作用	然而當函數次數升高之後，它將不再是只有一個最低點的凸函數，此時將出現局部最低點

▲ 二次函數和多次函數

3. 啟動函數

還有一組函數在機器學習中相當重要，它們是神經網路中的**啟動函數**（activation function）。這組函數我們在數學課上也許沒見過，但是它們都十分簡單，如下圖所示。它們的作用是在機器學習演算法中實現非線性的、步階性質的變換。其中的 Sigmoid 函數在機器學習的邏輯回歸模型中具有重要的作用。

步階函數	Sigmoid 函數	ReLU 函數	Leaky ReLU 函數
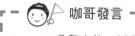			
$y=1(x>0)$ $y=0(x<0)$	$y(x)=\dfrac{1}{1+e^{-x}}$ 啟動函數	$y=\max(x,0)$	$y=\max(\varepsilon x, x)$ ε代表斜率

▲ 啟動函數

咖哥發言

Sigmoid 函數中的 e 叫自然對數，是一個無理數，約等於 2.72。

4. 對數函數

對數函數是指數函數（求冪）的逆運算。原來的指數就是對數的底。從幾何意義上說，對數是將數軸進行強力的縮放，再大的數字經對數縮放都會變小。對數函數圖型如下圖所示。

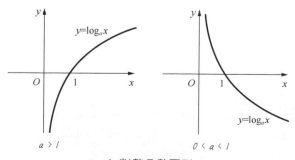

▲ 對數函數圖型

下面列出對數函數的 Python 程式範例：

```
import math # 匯入數學工具套件
y = math.log(100000000, 10)# 以10為底，在x值等於一億的情況下
print("以10為底，求一億的對數：", y) # 求出y的值為8
```

```
以10為底，求一億的對數：8.0
```

如果不指定對數的底，則稱 logx 為自然對數，是以自然對數 e 為底數的對數 [1]。在邏輯回歸演算法中，我們會見到自然對數作為損失函數而出現。

• 2.2 捕捉函數的變化趨勢

機器學習所關心的問題之一是捕捉函數的變化趨勢，也就是研究 y 如何隨著 x 而變，這個趨勢是透過求導和微分來實現的。

2.2.1 連續性是求導的前提條件

連續性是函數的性質之一，它是可以對函數求導的前提條件。

具有連續性的函數，y 值隨 x 值的變化是連貫不間斷的。並不是所有函數都具有連續性，像上面提到的步階函數從 -1 到 1 的躍遷明顯就不具有連續性。

然而，有連續性的函數對機器學習來說非常重要。因為機器學習的過程整體來說是對趨勢和函數的變化規律的學習。失去了連續性，趨勢和變化的規律也就難以用下面所要介紹的方法尋找了。

2.2.2 透過求導發現 y 如何隨 x 而變

導數（derivative）是定義在連續函數的基礎之上的。想要對函數求導，函數至少要有一段是連續的。導數的這個「導」字命名得好，導，是啟動，是導覽，它與函數上連續兩個點之間的變化趨勢，也就是與變化的方向相關。

---

1 此處及本書後續公式中 log 的底數為自然對數 e，標準寫法應該為 ln。不過，很多程式語言中都用 log() 函數來實現 ln()，所以程式設計教學過程中往往約定俗成，採用 log() 這一寫法。

看下面這張圖，在一段連續函數的兩個點 A、B 之間，y 值是怎麼從 A 點逐漸過渡到 B 點的？是因為 x 的變化，y 也隨之發生了變化，這個變化記作 dx，dy。

為了演示得比較清楚，A、B 兩點離得比較遠，透過一條割線，就可以把 dx，dy 割出來。這個割線列出的方向，就是從 A 點到 B 點的變化，也就是割線的斜率。國中數學講過，直線的斜率就是它相對於橫軸的傾斜程度，求法是 dy/dx，也相等於從 A 點到 B 點的變化方向。

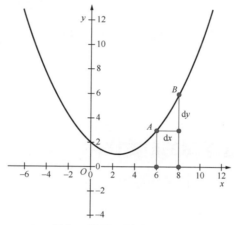

▲ x 變化，導致 y 隨之發生了變化

那麼當 A 點和 B 點的距離越來越小，兩個點無限接近，逼近極限的時候，在即將重合而又未重合的一剎那，割線就變成切線了，如下圖所示。

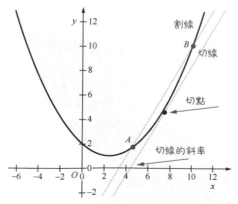

▲ 對切點求導所得的值，就是切線的斜率

而此時，對切點求導所得的值，就是切線的斜率。

- 當斜率為正的時候，說明函數目前變化趨勢是在上升。
- 當斜率為負的時候，說明函數目前變化趨勢是在下降。
- 當斜率為 0 的時候，說明函數正處於全域或局部的最低點，趨勢即將發生改變。

複習一下：函數變化的趨勢至少由兩個點表現，即當 A 趨近於 B 的時候，求其變換的極限，這就是導數。導數的值和它附近的一小段連續函數有關。如果沒有那麼一段連續的函數，就無法計算其切線的斜率，函數在該點也就是不可導的。

透過求導，實現了以直代曲，也發現了 y 值隨 x 值而變化的方向。引申到機器學習領域，透過導數就可以得到標籤 y 隨特徵 x 而變化的方向。

導數是針對一個變數而言的函數變化趨向。而對於多元（即多變數）的函數，它關於其中一個變數的導數為偏導數，此時保持其他變數恒定。如果其中所有變數都允許變化，則稱為全導數。

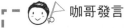

咖哥發言

我們經常聽說 n 元 n 次方程式，或 n 元 n 次函數，其中的「元」，指的是引數 x 的個數；其中的「次」，指的是 x 的指數的最大值。

在微積分中，可微函數是指那些在定義域中所有點都存在導數的函數。

右圖所示為一個可微的二元函數（對應機器學習中特徵軸是二維的情況），這時候對函數求導，切線就變成了切面。

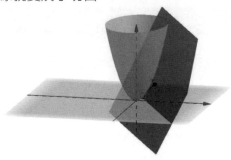

▲ 一個可微的二元函數

2.2.3 凸函數有一個全域最低點

凹凸性也是函數的性質之一（函數還有很多其他性質，如交錯性、單調性、週期性等），在這裡只説説什麼是凸函數。凸函數的定義比較抽象，這裡只透過函數圖形從直觀上去瞭解。首先，函數形狀必須是連續的，而非斷續的。其次，函數平滑，只存在一個最低點，整個函數呈現碗狀。而非凸函數，可能呈現各種形狀，有很多個底部（機器學習裡面叫作局部最低點）。下圖所示的函數 f_1 就是一個凸函數，而函數 f_2 就不是一個凸函數。

在連續函數圖型上的局部或全域最低點對函數求導，導數值都為 0。

▲ 凸函數和非凸函數

為什麼要特別講這個凸函數呢？因為在機器學習的梯度下降過程中，只有凸函數能夠確保下降到全域最低點。你們可能注意到我在上面的圖型裡面畫了一個小球，凸函數的小球不管初始位置放在哪裡，都可以**沿著導數列出的方向滾到最低點**；而在其他非凸函數中，小球就可能卡在半路，也就是那個叫作局部最低點的地方。在機器學習中，無法達到全域最低點是很不理想的情況（這是後話，暫且不講解）。

• 2.3 梯度下降是機器學習的動力之源

經過前面兩節內容的鋪陳，我們可以開始講一講機器學習的動力之源：梯度下降。

梯度下降並不是一個很複雜的數學工具，其歷史已經有 200 多年了，但是人們可能不曾料到，這樣一個相對簡單的數學工具會成為諸多機器學習演算法的基礎，而且還配合著神經網路點燃了深度學習革命。

2.3.1 什麼是梯度

對多元函數的各參數求偏導數，然後把所求得的各個參數的偏導數以向量的形式寫出來，就是梯度。

具體來說，兩個引數的函數 $f(x_1, x_2)$，對應著機器學習資料集中的兩個特徵，如果分別對 x_1, x_2 求偏導數，那麼求得的梯度向量就是 $(\partial f / \partial x_1, \partial f / \partial x_2)^\mathrm{T}$，在數學上可以表示成 $\triangle f(x_1, x_2)$。

那麼計算梯度向量的意義何在呢？其幾何意義，就是函數變化的方向，而且是變化最快的方向。對函數 $f(x)$，在點（x_0, y_0），梯度向量的方向也就是 y 值增加最快的方向。也就是說，沿著梯度向量的方向 $\triangle f(x_0)$，能找到函數的最大值。反過來說，沿著梯度向量相反的方向，也就是 $-\triangle f(x_0)$ 的方向，梯度減少最快，能找到函數的最小值。如果某一個點的梯度向量的值為 0，那麼也就是來到了導數為 0 的函數最低點（或局部最低點）了。

2.3.2 梯度下降：下山的隱喻

在機器學習中用下山來比喻梯度下降是很常見的。想像你們站在一座大山上某個地方，看著遠處的地形，一望無際，只知道遠處的位置比此處低很多。你們想知道如何下山，但是只能一步一步往下走，那也就是在每走到一個位置的時候，求解當前位置的梯度。然後，沿著梯度的負方向，也就是往最陡峭的地方向下走一步，繼續求解新位置的梯度，並在新位置繼續沿著最陡峭的地方向下走一步。就這樣一步步地走，直到山腳，如下圖所示。

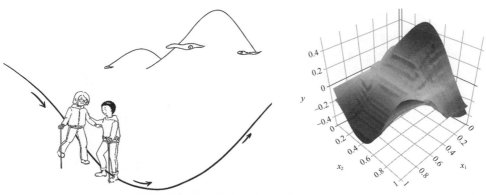

▲ 梯度下降的隱喻和一個二元函數的立體圖像

從上面的解釋中,就不難瞭解為何剛才我們要提到函數的凹凸性了。因為,在非凸函數中,有可能還沒走到山腳,而是到了某一個山谷就停住了。也就是說,對應非凸函數梯度下降不一定總能夠找到全域最佳解,有可能得到的只是一個局部最佳解。然而,如果函數是凸函數,那麼梯度下降法理論上就能得到全域最佳解。

2.3.3 梯度下降有什麼用

梯度下降在機器學習中非常有用。簡單地說,可以注意以下幾點。

- 機器學習的本質是找到最佳的函數。
- 如何衡量函數是否最佳?其方法是儘量減小預測值和真值間的誤差(在機器學習中也叫損失值)。
- 可以建立誤差和模型參數之間的函數(最好是凸函數)。
- 梯度下降能夠啟動我們走到凸函數的全域最低點,也就是找到誤差最小時的參數。

也許上面的說明還是挺抽象的,不要著急,在第 3 課線性回歸的梯度下降實現部分,我將保證你們會完全瞭解梯度下降在機器學習中的意義。

• 2.4 機器學習的資料結構——張量

咖哥說:「下面開始介紹與機器學習程式設計相關的一些基礎知識。機器學習,是針對資料集的學習。因此,機器學習相關的程式設計,我認為有兩大部分:一是對資料的操作,二是機器學習演算法的實現。演算法,是本書後續課程中的重點。而在本課中,先介紹如何用 Python 操作資料。資料操作的基礎是資料結構。還記得線性代數『矩陣』這個概念嗎?還有資料結構課程中的『陣列』,這些對我們來說並不陌生,對嗎?」

「對,矩陣和陣列,我都有印象。」小冰回答,「我記得矩陣也就是二維陣列。」

咖哥說,「在機器學習中,把用於儲存資料的結構叫作張量(tensor),矩陣是二維陣列,機器學習中就叫作 2D 張量。」

2.4.1 張量的軸、階和形狀

張量是機器學習程式中的數字容器，本質上就是各種不同維度的陣列，如下圖所示。我們把張量的維度稱為軸（axis）（就是數學中的 x 軸 , y 軸 , ……），軸的個數稱為**階**（rank）（也就是俗稱的維度，但是為了把張量的維度和每個階的具體維度區分開，這裡統一把張量的維度稱為張量的階。NumPy 中把它叫作陣列的軼）。

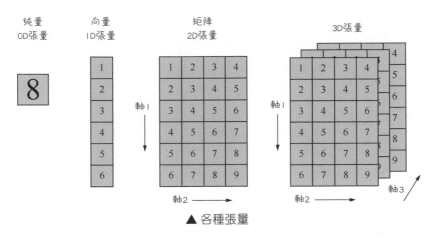

純量　　　向量　　　　矩陣　　　　　　　　　3D張量
0D張量　　1D張量　　　2D張量

▲ 各種張量

張量的**形狀**（shape）就是張量的階，加上每個階的維度（每個階的元素數目）。

張量都可以透過 NumPy 來定義、操作。因此，把 NumPy 數學函數程式庫裡面的陣列用好，就可以搞定機器學習裡面的資料結構。

2.4.2 純量——0D（階）張量

我們從最簡單的資料結構開始介紹。僅包含一個數字的張量叫作純量（scalar），即 0 階張量或 0D 張量。

純量的功能主要在於程式流程控制、設定參數值等。

下面創建一個 NumPy 純量：

```
import numpy as np #匯入NumPy函數庫
X = np.array(5) #創建0D張量，也就是純量
```

```
print("X的值", X)
print("X的階", X.ndim) #ndim屬性顯示純量的階
print("X的資料類型", X.dtype) #dtype屬性顯示純量的資料類型
print("X的形狀", X.shape) #shape屬性顯示純量的形狀
```

輸出結果如下：

```
X的值5
X的階0
X的資料類型int64
X的形狀()
```

此處純量的形狀為 ()，即純量的階為 0，同學們要習慣一下這個表達形式。

 咖哥發言

注意了，NumPy 中，不管是階的索引，還是陣列的索引，永遠是從 0 開始的。

剛才的程式用 array 函數創建了純量，其實對於純量往往直接設定值即可，以下面這段程式透過 for 迴圈敘述操作純量 n：

```
n = 0
for gender in [0, 1]:
    n = n + 1 #Python中用4個空格表示敘述區塊縮排
```

 咖哥發言

Python 中用 4 個空格表示敘述區塊縮排，而且它的縮排決定了程式的作用域範圍。也就是說，相同縮排的相鄰程式都隸屬於同一個敘述區塊。這和 C++、Java 中透過大括號 { } 確定程式區塊的方式有很大不同。還要注意，不要用 Tab 鍵代替空白鍵處理縮排。

2.4.3 向量——1D（階）張量

由一組數字組成的陣列叫作向量（vector），也就是一階張量，或稱 1D 張量。一階張量只有一個軸。

下面創建一個 NumPy 向量：

```
X = np.array([5, 6, 7, 8, 9]) #創建1D張量, 也就是向量
print("X的值", X)
print("X的階", X.ndim) #ndim屬性顯示向量的階
print("X的形狀", X.shape) #shape屬性顯示向量的形狀
```

輸出結果如下：

```
X的值[5 6 7 8 9]
X的階1
X的形狀 (5, )
```

創建向量的時候要把數字素放進中括號裡面，形成一個包含 5 個元素的 1D 張量。需要再次強調的是，機器學習中**把 5 個元素的向量稱為 5 維向量**。千萬不要把 **5 維**向量和 **5 階**張量混淆。

 咖哥發言

向量的維度，這的確是機器學習過程中比較容易讓人感到混亂的地方。其原因在於維度（dimensionality）（也就是英文字母 D）可以表示沿著某個軸上的元素個數（如 5D 向量），也可以表示張量中軸的個數（如 5D 張量）。還是那句話，為了區別兩者，把 5D 張量稱為 5 階張量，而不稱為 5 維張量。

再看一下 X 向量的形狀（5,）。這個描述方式也是讓初學者比較困惑的地方，如果沒有後面的逗點，可能看起來更舒服一點。但是我們要習慣，（5,）就表示它是一個 1D 張量，元素數量是 5，也就是 5 維向量。

下面這個敘述又創建了一個向量，這個向量是一個 1 維向量：

```
X = np.array([5])   #1維向量, 也就是1D陣列裡面只有一個元素
```

這個敘述和剛才創建純量的敘述 "X = np.array(5)" 的唯一區別只是數字 5 被中括號括住了。正是因為這個中括號，這個敘述創建出來的就不是數字純量，而是一個向量，即 1D 張量。它的軸的個數是 1, 形狀是 (1,)，而非 ()。

1. 機器學習中的向量資料

向量非常的重要。在機器學習中，普通的連續數值資料集中的每一個獨立樣本都是一個向量，因此普通的連續數值資料集也可以叫作**向量資料集**。而資料集中的標籤列也可以視為一個向量。

咖哥發言

同學們注意，向量資料集說的是資料集中的每一行，或每一列，都可以視為向量，但是資料集整體是一個矩陣。

現在，我們載入一個機器學習資料集來看一看：

```
from keras.datasets import boston_housing #波士頓房價資料集(需要打開Internet
選項)
(X_train, y_train), (X_test, y_test) = boston_housing.load_data()
print("X_train的形狀:", X_train.shape)
print("X_train中第一個樣本的形狀:", X_train[0].shape)
print("y_train的形狀:", y_train.shape)
```

這個是 Keras 內建的波士頓房價資料集，是一個 2D 的普通數值資料集。

輸出結果如下：

```
X_train的形狀 (404, 13)
X_train中第一個樣本的形狀 (13, )
y_train的形狀 (404, )
```

X_train 是一個 2D 矩陣，是 404 個樣本資料的集合。而 y_train 的形狀，正是一個典型的向量，它是一個 404 維的標籤向量。其實幾乎所有的標籤集的形狀都是向量。

X_train[0] 又是什麼意思呢？它是 X_train 訓練集的第一行資料，這一行資料，是一個 13 維向量（也是 1D 張量）。也就是説，訓練集的每行資料都包含 13 個特徵。

同學們也可以用 print(X_test)、print(y_test) 敘述輸出測試集中波士頓房價的資訊。

 咖哥發言

初學者在進行機器學習程式偵錯過程中，要堅持不懈地輸出檢查向量的維度，以及張量的形狀。因為一旦維度或張量形狀出錯了，機器學習建模過程是難以繼續的……切記！

2. 向量的點積

兩個向量之間可以進行乘法運算，而且不止一種，有點積（dot product）（也叫點乘）和叉積（cross product）（也叫叉乘），其運算法則不同。這裡介紹一下在機器學習中經常出現的點積運算。

向量的點積運算法則如下圖所示。

$$\begin{bmatrix} a_1 \\ a_2 \\ \cdot \\ \cdot \\ \cdot \\ a_{n-1} \\ a_n \end{bmatrix} \cdot \begin{bmatrix} b_1 \\ b_2 \\ \cdot \\ \cdot \\ \cdot \\ b_{n-1} \\ b_n \end{bmatrix} = a_1b_1 + a_2b_2 + \cdots + a_{n-1}b_{n-1} + a_nb_n$$

▲ 向量的點積運算法則

簡單地說，就是兩個相同維度的向量對應元素先相乘，後相加，形成等號右邊的多項式。

這裡透過一小段程式展示一下兩個向量點積運算的 Python 實現：

```
weight = np.array([1, -1.8, 1, 1, 2]) #權重向量(也就是多項式的參數)
X = np.array([1, 6, 7, 8, 9]) #特徵向量(也就是一個特定樣本中的特徵值)
y_hat = np.dot(X, weight)        #通過點積運算建置預測函數
print('函數返回結果:', y_hat) #輸出預測結果
```

輸出結果如下：

```
函數返回結果：23.2
```

下面的敘述也可以實現相同的功能：

```
y_hat = weight.dot(X) # X.dot(weight)也可以實現同樣效果
```

注意向量點積的結果是一個值，也就是一個純量，而非一個向量。

 咖哥發言

透過向量、矩陣等資料結構進行向量化運算是機器學習中的關鍵技術。而 Python 能夠方便地實現向量化運算，正是 Python 核心優勢之一。在上面兩段程式中，點積運算就是透過向量化運算直接實現的，過程中沒有出現任何 for 迴圈敘述。

另外,在向量的點積運算中,$A \cdot B = B \cdot A$,向量可以互換位置。不過,下面要介紹的矩陣間的點積,或矩陣和向量之間的點積,就沒有這麼隨意了。

這裡提前透露一點下一課中的內容:機器學習中最基礎的線性回歸方法就是根據線性函數去擬合特徵和標籤的關係,其中的參數 w 是一個向量,x 也是一個向量,x 是特徵向量,w 是權重向量。透過將**特徵向量(一個樣本)和權重向量做點積,就得到針對該樣本的預測目標值** y'。其公式如下:

$$y' = w_0 x_0 + w_1 x_1 + w_2 x_2 + \cdots + w_n x_n$$

2.4.4 矩陣 —— 2D(階)張量

矩陣(matrix)是一組一組向量的集合。矩陣中的各元素橫著、豎著、斜著都能組成不同的向量。而矩陣,也就是 2 階張量,或稱 2D 張量,其形狀為 (m, n)。比如,右圖所示是一個形狀為 $(4, 3)$ 的張量,也就是 4 行 3 列的矩陣。

$$\begin{bmatrix} 1 & 2 & 5 \\ 3 & 5 & 0 \\ 6 & 8 & 4 \\ 7 & 9 & 3 \end{bmatrix}$$

▲ 矩陣

矩陣裡面水平的元素組稱為「行」,垂直的元素組稱為「列」。一個矩陣從左上角數起的第 i 行第 j 列上的元素稱為第 (i, j) 項,通常記為 $a(i, j)$。

1. 機器學習中的矩陣資料

機器學習中的矩陣資料比比皆是,因為普通的向量資料集都是讀取矩陣後進行處理。

矩陣是 2D 張量,形狀為(**樣本,特徵**)。第一個軸是**樣本軸**,第二個軸是**特徵軸**。

我們來看一看剛才載入的波士頓房價資料集的特徵矩陣,這個矩陣的形狀是 $(404, 13)$,也就是 404 個樣本,13 個特徵:

```
print("X_train的內容:", X_train) #X_train是2D張量, 即矩陣
```

每一行實際包括 13 個特徵,輸出時透過省略符號忽略了中間 8 個特徵列的輸出。整個張量共 404 行(中間的資料樣本也透過省略符號忽略了):

X_train 的內容：

```
[[1.23247e+00 0.00000e+00 8.14000e+00 ... 3.96900e+02 1.87200e+01]
 [2.17700e-02 8.25000e+01 2.03000e+00 ... 3.95380e+02 3.11000e+00]
               ...
 [2.14918e+00 0.00000e+00 1.95800e+01 ... 2.61950e+02 1.57900e+01]
 [1.43900e-02 6.00000e+01 2.93000e+00 ... 3.76700e+02 4.38000e+00]]
```

除房價資料集外，再舉兩個其他類似資料集的例子。

■ 公司客戶資料集，用於分析客戶，包括客戶的姓名、年齡、銀行帳戶、消費資料等 4 個特徵，共 10000 個客戶。此資料集形成的張量形狀為（10000, 4）。

■ 城市交通資料集，用於研究交通狀態，包括城市的街道名、經度、維度、交通事故數量等 28 個交通資料特徵，共 800 個街道。此資料集形成的張量形狀為（800, 28）。

這些資料集讀取機器之後，都將以 2D 張量，也就是矩陣的格式進行儲存。

2. 矩陣的點積

矩陣之間也可以進行點積。具體來說，是第一個矩陣的行向量，和第二個矩陣的列向量進行點積，然後把結果純量放進新矩陣，作為結果矩陣中的元素。這個規則如右圖所示。

請注意，當兩個矩陣相乘時，第一個矩陣的列數必須等於第二個矩陣的行數。即形狀為 (m, n) 的矩陣乘以形狀為 (n, m) 的矩陣，結果得到一個矩陣 (m, m)。也就是說，如果一個矩陣 A 的形狀是 $(1, 8)$，一

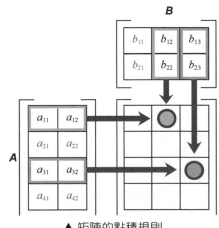

▲ 矩陣的點積規則

個矩陣 B 的形狀是 $(3, 2)$，那麼它們之間就無法進行點積運算。

一個可行的解決方案是，將 A 矩陣變形為 4x2 矩陣，並將 B 變形為 2x3 矩陣，而後進行點積，就得到一個形狀為 $(4, 3)$ 的 4x3 矩陣。在 Python 中可以用 reshape 方法對矩陣進行變形操作。

和向量的點積一樣，矩陣的點積也是透過 NumPy 的 dot 方法實現，這節省了很多的 for 迴圈敘述。不然矩陣的運算是需要循環巢狀結構迴圈才能實現的。

2.4.5 序列資料 ——3D（階）張量

在矩陣資料的基礎上再增加一個階，就形成了 3D 張量，像一個類似下圖的數字立方體。

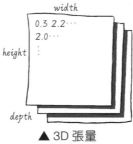

▲ 3D 張量

NumPy 的 3D 張量資料結構是這樣定義的：

```
# 創建3D張量
X = np.array([[[1, 22, 4, 78, 2],
               [2, 59, 6, 56, 1],
               [3, 31, 8, 54, 0]],
              [[4, 56, 9, 34, 1],
               [5, 78, 8, 35, 2],
               [6, 34, 7, 36, 0]],
              [[7, 45, 5, 34, 5],
               [8, 53, 6, 35, 4],
               [9, 81, 4, 36, 5]]])
```

　　咖哥說：「下面問題來了：我們知道，一般的資料集，都是兩階，一個軸代表特徵，一個軸代表資料樣本。那麼機器學習中什麼樣的資料集會形成 3D 張量？小冰同學，你回答一下。」

　　小冰想了一下，答：「是不是 MNIST 那樣的圖像資料集？」

　　咖哥回答說：「想法正確。不過圖像資料集除去長、寬，還多了一個深度軸，因此再加上資料軸，就形成了 4D 張量。雖然灰階圖像資料集深度軸只有 1 維，理論上可以通過 3D 張量處理，但是機器學習中統一把灰階圖型和彩色圖型視為 4D 張量。在實際應用中，序列資料集才是機器學習中的 3D 張量。而時

間序列（time series）（簡稱時序）是最為常見的序列資料集，其資料結構如下圖所示。」

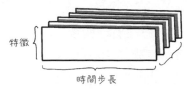

特徵

時間步長

▲ 時間序列資料集的張量結構

咖哥又問：「剛才說到的 2D 資料集是哪兩個軸來的？」

一個同學高聲說：「樣本軸，特徵軸。」

咖哥說：「好，記得不錯。這種重複正是在鞏固我們的機器學習知識。」

那麼序列資料多出來哪個軸呢？就是序列的步進值。對時間序列資料來說，就是時間戳記（timestamp），也叫時間步。

舉個例子來看，假如已經記錄了北京市區一年的天氣情況，這個資料集在 Excel 表格中大概如下圖所示。

▲	A	B	C	D	E	F	G	H	I	J	K	L	M	N	O
1	日期	0点0分-温度	0点0分-湿度	0点0分-风力	0点15分-温度	0点15分-湿度	0点15分-风力	0点30分-温度	0点30分-湿度	0点30分-风力	...	...	23点45分-温度	23点45分-湿度	23点45分-风力
2	1	数据	数据	数据	数据	数据	数据	数据	数据	数据	数据	数据	数据	数据	数据
3	2	数据	数据	数据	数据	数据	数据	数据	数据	数据	数据	数据	数据	数据	数据
4	3	数据	数据	数据	数据	数据	数据	数据	数据	数据	数据	数据	数据	数据	数据
5	4	数据	数据	数据	数据	数据	数据	数据	数据	数据	数据	数据	数据	数据	数据
6	5	数据	数据	数据	数据	数据	数据	数据	数据	数据	数据	数据	数据	数据	数据
7	6	数据	数据	数据	数据	数据	数据	数据	数据	数据	数据	数据	数据	数据	数据
8	7	数据	数据	数据	数据	数据	数据	数据	数据	数据	数据	数据	数据	数据	数据
9	8	数据	数据	数据	数据	数据	数据	数据	数据	数据	数据	数据	数据	数据	数据
10	9	数据	数据	数据	数据	数据	数据	数据	数据	数据	数据	数据	数据	数据	数据
11	10	数据	数据	数据	数据	数据	数据	数据	数据	数据	数据	数据	数据	数据	数据
12	11	数据	数据	数据	数据	数据	数据	数据	数据	数据	数据	数据	数据	数据	数据
13	12	数据	数据	数据	数据	数据	数据	数据	数据	数据	数据	数据	数据	数据	数据
14	13	数据	数据	数据	数据	数据	数据	数据	数据	数据	数据	数据	数据	数据	数据
15	14	数据	数据	数据	数据	数据	数据	数据	数据	数据	数据	数据	数据	数据	数据
16	15	数据	数据	数据	数据	数据	数据	数据	数据	数据	数据	数据	数据	数据	数据
17	16	数据	数据	数据	数据	数据	数据	数据	数据	数据	数据	数据	数据	数据	数据
18	17	数据	数据	数据	数据	数据	数据	数据	数据	数据	数据	数据	数据	数据	数据
19	18	数据	数据	数据	数据	数据	数据	数据	数据	数据	数据	数据	数据	数据	数据
20	...	数据	数据	数据	数据	数据	数据	数据	数据	数据	数据	数据	数据	数据	数据
21	...	数据	数据	数据	数据	数据	数据	数据	数据	数据	数据	数据	数据	数据	数据
22	364	数据	数据	数据	数据	数据	数据	数据	数据	数据	数据	数据	数据	数据	数据
23	365	数据	数据	数据	数据	数据	数据	数据	数据	数据	数据	数据	数据	数据	数据

▲ 帶時間戳記的資料集

因為增加了時間戳記，所以表裡面的行列結構顯得更為複雜。讀取入機器進行處理時，需要把行裡面的時間步拆分出來。

■ 第一個軸——樣本軸，一年記錄下來的資料共 365 個，也就是 365 維。

■ 第二個軸——時間步軸，每天一共是 24 小時，每小時 4 個 15 分鐘，共 96 維。

■ 第三個軸——特徵軸，一共是溫度、濕度、風力 3 個維度。

因此，這個資料集讀取機器之後的張量形狀是（365, 96, 3）。

也就是說，時序資料集的形狀為 3D 張量：（**樣本，時間戳記，標籤**）。

同理，還有文字序列資料集。假設有一些客戶的評論資料，每筆評論編碼成 100 個字組成的序列，而每個字來自 1000 個中文字的簡易字典。在這種情況下，每個字元可以被編碼為 1000 位元組的二進位向量（只有在該字元對應的索引位置，值為 1，其他二進位位元值都為 0，這種編碼就是 one-hot 編碼）。那麼每筆評論就被編碼為一個形狀為（100, 1000）的 2D 張量。如果收集了

10000 筆的客戶評論，這個客戶評論資料集就可以儲存在一個形狀為（10000, 100, 1000）的張量中，供機器去學習。

此時，文字序列資料集的形狀為 3D 張量：（**樣本，序號，字編碼**）。

2.4.6 圖像資料 ──4D（階）張量

圖像資料本身包含高度、寬度，再加上一個色彩深度通道。MNIST 資料集中是灰階圖型，只有一個色彩深度通道；而 GRB 格式的彩色圖型，色彩深度通道的維度為 3。

因此，對圖像資料集來說，長、寬、深再加上資料集大小這個維度，就形成了 4D 張量（如下圖所示），其形狀為（**樣本，圖型高度，圖型寬度，色彩深度**），如 MNIST 特徵資料集的形狀為（60000, 28, 28, 1）。

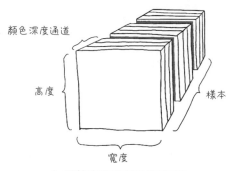

▲ 圖像資料集的張量結構

在機器學習中，不是對上萬個資料樣本同時進行處理，那樣的話機器也受不了，而是一批一批地平行處理，比如指定批次大小為 64。此時每批的

100px×100px 的彩色圖型張量形狀為（64, 100, 100, 3），如果是灰階圖型，則為（64, 100, 100, 1）。

2.4.7 視訊資料——5D（階）張量

機器學習的初學者很少有機會見到比 4D 更高階的張量。如果有，視訊資料的結構是其中的一種。

視訊可以看作是由一幀一幀的彩色圖型組成的資料集。

- 每一幀都保存在一個形狀為（高度，寬度，色彩深度）的 3D 張量中。
- 一系列幀則保存在一個形狀為（幀，高度，寬度，色彩深度）的 4D 張量中。

因此，視訊資料集需要 5D 張量才放得下，其形狀為（**樣本，幀，高度，寬度，色彩深度**）。

可以想像，視訊資料的資料量是非常大的（舉例來説，一個 10 分鐘的普通視訊，每秒取樣 3 ～ 4 幀，這個視訊轉換成機器能處理的張量後，可能包含上億的資料量）。面對這種規模的資料，普通的機器學習模型會感到手足無措，只有深度學習模型才能夠搞定。

2.4.8 資料的維度和空間的維度

1. 資料的維度

前面説過，「維度」這個概念有時會造成一些混淆。因為我們會聽到，一維陣列、二維陣列、三維陣列之類的話。而在機器學習中，又時常聽説資料集中的特徵，是一個向量，可能是一維、二維、三維、一百維甚至一萬維的向量。

迷惑來了——向量不應該都是一維（1D）的陣列嗎？怎麼又説是一百維、一萬維的向量？好奇怪！到底是多少維？

其實，在機器學習中，維度指的是在一個資料軸上的許多點，也就是樣本的個數（樣本軸上點的個數）或特徵的個數（特徵軸上點的個數）。一萬個不同的特徵，就是一萬維；而一萬個資料樣本，也同樣可稱為一萬維。

為了標準化敘述，我們把張量的每一個資料軸，統稱為階。因此，我們說一階（1D）向量、二階（2D）矩陣、三階（3D）張量，而非說維。

但事實上，很多機器學習的教學也沒有實現這種統一的標準化敘述。因此，在外面聽到一維向量、二維矩陣、三維陣列這樣的叫法也毫不奇怪，而且這些叫法也沒有錯，只是容易讓人混淆而已。

2. 空間的維度

還有一點需要注意，在實際專案中，特徵（也就是引數 x）的個數，都是很多的。然而在畫圖說明的時候，大多以一個特徵 x 或兩個特徵 x_1、x_2 為例來表現 x 和 y 的關係，很少畫出超過兩個特徵維度的情況，這是為什麼呢？

因為僅有一個特徵的資料集，關係很容易被展示，從房屋面積到房價，很直接，x 軸特徵，y 軸標籤。此時一個特徵維，加上一個標籤維，就是二維圖形，在紙面上顯示沒有難度。

如果有兩個特徵，x_1 代表房屋面積，x_2 代表樓層，這兩個特徵和房價 y 之間的函數，怎麼展示？那麼可以畫出一個有深度的平面顯示 x_1、x_2 座標，立體顯示 y 值。這是從二維的平面上顯示三維圖形，已經需要一些透視法的作圖技巧。

對於分類問題，也可以 x_1 作為一個軸，x_2 作為一個軸，用圈、點、叉，或不同顏色的點顯示 y 的不同分類值。這是另一種用平面顯示三維資訊的方法。

那麼特徵再多一維呢？很難展示。比如，凸函數，一維特徵的凸函數，是一條曲線，而二維特徵的凸函數，就像一個碗。三維特徵的凸函數是什麼樣的呢？我們不知道。如果非要描繪 x_1、x_2、x_3 與 y 的關係，就需要先應用降維（dimensionality reduction）演算法處理資料，把維度降到二維以內。

這個侷限來自空間本身只有 3 個維度，長、寬、深。繪圖的時候，如果特徵有兩維，再加一維標籤 y，就把三維空間佔全了。因此，我們既無法想像，也無法描繪更多維的函數形狀。

儘管空間結構限制了人類的展示能力和想像力，同學們仍然要相信：多維特徵的函數圖型是存在的（也許存在於其他空間中），多元凸函數也一定可以梯度下降到全域最低點……

• 2.5 Python 的張量運算

了解了機器學習的資料結構——張量之後，再講一下如何操作張量。

2.5.1 機器學習中張量的創建

我們知道，**機器學習中的張量大多是透過 NumPy 陣列來實現的**。NumPy 陣列和 Python 的內建資料類型串列不同。串列的元素在系統記憶體中是分散儲存的，透過每個元素的指標單獨存取，而 NumPy 陣列內各元素則連續的儲存在同一個區塊中，方便元素的遍歷，並可利用現代 CPU 的向量化計算進行整體平行作業，提升效率。因此 NumPy 陣列要求元素都具有相同的資料類型，而串列中各元素的類型則可以不同。

下面的程式創建串列和陣列，並把串列轉為陣列：

```
import numpy as np # 匯入NumPy函數庫
list=[1, 2, 3, 4, 5] # 創建串列
array_01=np.array([1, 2, 3, 4, 5]) # 串列轉為陣列
array_02=np.array((6, 7, 8, 9, 10)) # 元組轉為陣列
array_03=np.array([[1, 2, 3], [4, 5, 6]]) # 串列轉為2D陣列
print ('串列:', list)
print ('串列轉為陣列:', array_01)
print ('元組轉為陣列:', array_02)
print ('2D陣列:', array_03)
print ('陣列的形狀:', array_01.shape)
print ('串列的形狀:', list.shape) # 串列沒有形狀，程式會顯示出錯
```

輸出結果如下：

```
串列:[1, 2, 3, 4, 5]
串列轉為陣列:[1 2 3 4 5]
元組轉為陣列:[ 6  7  8  9 10]
2D陣列:[[1 2 3]
       [4 5 6]]
陣列的形狀:(5, )
```

這裡顯示了一些串列和元組轉化成的 NumPy 陣列，其中也包括 2D 陣列。

最後一行程式會顯示出錯，以下段程式所示。這是因為串列沒有 shape 屬性，不能用它查看形狀。

```
AttributeError: 'list' object has no attribute 'shape'
```

同學們請注意，直接設定值而得來的是 Python 內建的串列，要用 **array 方法轉換才能得到 NumPy 陣列**。

　　「等一下！」小冰喊道，「第 4 行裡面的括號是怎麼回事？其他的陣列、串列都是中括號括起來的。」

　　咖哥說：「小冰觀察很細緻。那是 Python 附帶的另一種資料格式：元組（tuple）。它很像串列，區別是其中的元素不可修改。」

上面都是使用 NumPy 的 array 方法把元組或串列轉為陣列，而 NumPy 也提供了一些方法直接創建一個陣列：

```
array_04=np.arange(1, 5, 1) # 透過arange函數生成陣列
array_05=np.linspace(1, 5, 5) # 透過linspace函數生成陣列
print (array_04)
print (array_05)
```

arange（a, b, c）函數產生 a ～ b（不包括 b），間隔為 c 的陣列；而 linspace（a, b, c）函數是把 a ～ b（包括 b），平均分成 c 份。

輸出結果如下：

```
[1 2 3 4]
[1. 2. 3. 4. 5.]
```

當然，機器學習的資料集並不是在程式裡面創建的，大多是先從文字檔中把所有樣本讀取至 Dataframe 格式的資料，然後用 array 方法或其他方法把 Dataframe 格式的資料轉為 NumPy 陣列，也就是張量，再進行後續操作。

2.5.2 透過索引和切片存取張量中的資料

可以透過**索引**（indexing）和**切片**（slicing）這兩種方式存取張量，也就是 NumPy 陣列元素。索引，就是存取整數個資料集張量裡面的某個具體資料；切片，就是存取一個範圍內的資料。

直接看程式範例：

```
array_06 = np.arange(10)
print (array_06)
index_01 = array_06[3] # 索引──第4個元素
print ('第4個元素', index_01)
index_02 = array_06[-1] # 索引──最後一個元素
print ('第-1個元素', index_02)
slice_01 = array_06[:4] # 從0到4切片
print ('從0到4切片', slice_01)
slice_02 = array_06[0:12:4] # 從0到12切片，步進值為4
print ('從0到12切片，步進值為4', slice_02)
```

輸出結果如下：

```
[0 1 2 3 4 5 6 7 8 9]
第4個元素3
第-1個元素9
從0到4切片[0 1 2 3]
從0到12切片，步進值為4 [0 4 8]
```

「同學們能夠瞭解嗎？需要解釋嗎？」咖哥問。

小冰說：「基本明白，但我覺得『第 4 個元素』那裡，有點奇怪，索引不是 3 嗎？」

咖哥說：「別忘了陣列無論是生成的時候，還是存取的時候，都是從 0 開始的。索引 3，就是第 4 個元素。」

小冰又問：「還有那個 -1，和那個冒號是什麼意思？」

咖哥解釋說：「負號，表示針對當前軸終點的相對位置，因此這裡 -1 指的就是倒數第一個元素。冒號，是指區間內的所有元素，如果沒限定區間，就代表軸上面的所有元素。反正 Python 的語法挺靈活的，你們甚至可以用 3 個點（省略符號）來代替多個冒號。」

這是對一階張量操作，如果是對多階張量進行切片，只需要將不同軸上的切片操作用逗點隔開就好了。舉例來說，對 MNIST 資料集中間的 5000 個資料樣本進行切片：

```
from keras.datasets import mnist #需要打開Internet選項
(X_train, y_train), (X_test, y_test) = mnist.load_data()
```

```
print (X_train.shape)
X_train_slice = X_train[10000:15000, :, :]
```

10000:15000，就是把樣本軸進行了切片。而後面兩個冒號的意思是，剩下
的兩個軸裡面的資料，全都保留（對這個圖片樣本集，如果後面兩個軸也切
片，圖片的 28px×28px 的結構就被破壞了，相當於把圖片進行了裁剪）。

再列出一個稍複雜一些的陣列存取例子：

```
array_07 = np.array([[1, 2, 3], [4, 5, 6]])
print (array_07[1:2], '它的形狀是', array_07[1:2].shape)
print (array_07[1:2][0], '它的形狀又不同了', array_07[1:2][0].shape)
```

輸出結果如下：

```
[[4 5 6]]它的形狀是 (1, 3)
 [4 5 6]它的形狀又不同了 (3, )
```

此範例意在提高大家對陣列（即張量）形狀和階數的敏感度。同樣都是 4、
5、6 這 3 個數字形成的張量，[[4 5 6]] 被兩個中括號括起來，[4 5 6] 被一個中
括號括起來，兩者階的數目就不一樣。還是那句話，張量是機器學習的資料
結構，其形狀是資料處理的關鍵，這是不能馬虎的。

2.5.3 張量的整體操作和逐元素運算

張量的算數運算，包括加、減、乘、除、次方等，既可以整體進行，也可以
逐元素進行。

舉例來說，下面的敘述就是對張量的所有元素進行整體操作：

```
array_07 += 1 # 陣列內全部元素加1
print (array_07)
```

輸出結果如下：

```
[[2 3 4]
 [5 6 7]]
```

這相等於透過迴圈巢狀結構實現的逐元素操作：

```
for i in range(array_07.shape[0]):
    for j in range(array_07.shape[1]):
        array_07[i, j] += 1
```

也可以對所有元素整體進行函數操作：

```
print (np.sqrt(array_07)) #輸出每一個元素的平方根
```

這個敘述會輸出陣列每一個元素的平方根。

這種整體性的元素操作，省時、省力、速度快，是大規模平行計算優越性的實現。

2.5.4 張量的變形和轉置

張量變形（reshaping）也是機器學習中的常見操作，可以透過 NumPy 中的 reshape 方法實現。什麼是變形？怎麼變形？很簡單。一個形狀為 (2, 3) 的矩陣，可以變形為 (3, 2) 的矩陣。元素還是那些元素，但是形狀變了。請看下面的程式：

```
print (array_07, '形狀是', array_07.shape)
print (array_07.reshape(3, 2), '形狀是', array_07.reshape(3, 2).shape)
```

輸出結果如下：

```
[[1 2 3]
 [4 5 6]]形狀是 (2, 3)
[[1 2]
 [3 4]
 [5 6]]形狀是 (3, 2)
```

另外注意，呼叫 reshape 方法時，變形只是暫時的，呼叫結束後，張量本身並無改變。如果要徹底地改變張量的形狀需要下面這樣的設定值操作：

```
array_07 = array_07.reshape(3, 2) #進行設定值才能改變陣列本身
```

剛才的這種 2D 張量變形是行變列，列變行（2×3 變成 3×2）。這種特殊的變形也叫作矩陣轉置（transpose），更簡單的方法是直接使用 T 操作：

```
array_07 = array_07.T # 矩陣的轉置
```

再看一個張量變形的例子，操作剛才的 0 ～ 9 陣列 array_06：

```
array_06 = np.arange(10)
print (array_06, '形狀是', array_06.shape, '階為', array_06.ndim)
array_06 = array_06.reshape(10, 1)
print (array_06, '形狀是', array_06.shape, '階為', array_06.ndim)
```

輸出結果如下：

```
[0 1 2 3 4 5 6 7 8 9]形狀是 (10, ) 階為1
[[0]
 [1]
 [2]
 [3]
 [4]
 [5]
 [6]
 [7]
 [8]
 [9]]形狀是 (10, 1) 階為2
```

儘管從資料集本身來說，仍然是 0 ～ 9 這 10 個數字，但變形前後的張量形狀和階數有很大差別。這個**從 1 階到 2 階的張量變形**過程，在下一課線性回歸中還會見到。我當年在這裡可是吃過虧的，就是因為沒有注意張量到底是幾階，把資料集放入機器學習演算法時總是出差錯。

2.5.5 Python 中的廣播

機器學習領域有這種說法，如果使用很多的 for 迴圈敘述，那麼說明此人還未了解機器學習的精髓。

為什麼這麼說呢？你們看看前面我們完成的兩個專案。一個波士頓房價預測，一個 MNIST 圖片辨識，這兩個資料集，裡面都包含成百上千乃至上萬個資料樣本。你們看見任何一行 for 語行程式碼了嗎？處理如此大的資料集而不需要迴圈敘述，用傳統的程式設計思維瞭解起來是不是很離奇呢？

下面說明一下。

首先利用了 Python 對於陣列，也就是張量整體地平行作業。很大、很高階的資料集，讀取 NumPy 陣列之後，並不需要迴圈巢狀結構來處理，而是作為一個整體，直接加減乘除、設定值、存取。這種操作極佳地利用了現代 CPU 以及 GPU/TPU 的平行計算功能，效率提升不少。

另外一個技巧，就是 Python 的**廣播**（broadcasting）功能。這是 NumPy 對形狀不完全相同的陣列間進行數值計算的方式，可以自動自發地把一個數變成一排的向量，把一個低維的陣列變成高維的陣列。

舉例來說，你們看陣列的算數運算通常在對應的元素上進行。這要求兩個陣列 a 和 b 形狀相同，也就是 a.shape = b.shape，那麼 $a+b$ 的結果就是 a 與 b 陣列對應位相加。這要求張量的階相同，且每個軸上的維度（長度）也相同。減、乘（不是指點乘）、除等算數運算，也都是如此。

廣播，就是跟著對應階中維度較大，也就是較為複雜的張量進行填充。用圖展示就更為清楚了，如下圖所示。圖中 a 的形狀是 (4, 3)，是二階張量，b 的形狀是 (1, 3)，也是二階張量，那麼結果就是把張量 b 的行進行複製，伸展成一個形狀為 (4, 3) 的張量，然後再與張量 a 相加。

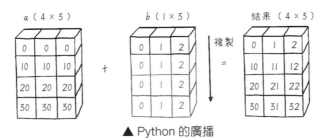

▲ Python 的廣播

就此例來說，不僅是形狀為（1, 3），b 如果是（4, 1）、（1, 1）、（4,）、（1,）的任何一種形狀，甚至是純量或串列，都可以經過廣播和 a 直接做算數運算。結果張量的形狀總是和 a 相同。

下面列出廣播操作的範例程式：

```
array_08 = np.array([[0, 0, 0], [10, 10, 10], [20, 20, 20], [30, 30, 30]])
array_09 = np.array([[0, 1, 2]])
array_10 = np.array([[0], [1], [2], [3]])
list_11 = [[0, 1, 2]]
```

```
print ('array_09的形狀:', array_09.shape )
print ('array_10的形狀:', array_10.shape )
array_12 = array_09.reshape(3)
print ('array_12的形狀:', array_12.shape )
array_13 = np.array([1])
print ('array_13的形狀:', array_13.shape )
array_14 = array_13.reshape(1, 1)
print ('array_14的形狀:', array_14.shape )
print ('08 + 09結果:', array_08 + array_09)
print ('08 + 10結果:', array_08 + array_10)
print ('08 + 11結果:', array_08 + list_11)
print ('08 + 12結果:', array_08 + array_12)
print ('08 + 13結果:', array_08 + array_13)
print ('08 + 14結果:', array_08 + array_14)
```

各種廣播後輸出結果如下:

```
array_08的形狀: (4, 3)
array_09的形狀: (1, 3)
array_10的形狀: (4, 1)
array_12的形狀: (3, )
array_13的形狀: (1, )
array_14的形狀: (1, 1)
08 + 09結果:[[ 0  1  2]
             [10 11 12]
             [20 21 22]
             [30 31 32]]
08 + 10結果:[[ 0  0  0]
             [11 11 11]
             [22 22 22]
             [33 33 33]]
08 + 11結果:[[ 0  1  2]
             [10 11 12]
             [20 21 22]
             [30 31 32]]
08 + 12結果:[[ 0  1  2]
             [10 11 12]
             [20 21 22]
```

```
                [30 31 32]]
08 + 13結果：[[  1   1   1]
                [11 11 11]
                [21 21 21]
                [31 31 31]]
08 + 14結果：[[  1   1   1]
                [11 11 11]
                [21 21 21]
                [31 31 31]]
```

可以這樣複習廣播的規則：

對兩個陣列，從後向前比較它們的每一個階(若其中一個陣列沒有當前階則忽略此階的運算)
對於每一個階，檢查是否滿足下列條件：
if當前階的維度相等
　　then可以直接進行算術操作；
else if當前階的維度不相等，但其中一個的值是1
　　then透過廣播將值為1的維度進行「複製」(也形象地稱為「伸展」)後，進行算術操作；
else if, 上述條件都不滿足，那麼兩個陣列當前階不相容，不能夠進行廣播操作
　　then拋出 "ValueError: operands could not be broadcast together" 異常；

不是很難瞭解吧。在 Python 中，處處可見這種既省力、實用，又高效的功能。

 咖哥發言

如果兩個張量出現形狀不匹配而不能廣播的情況，系統會顯示出錯。此時可以透過
reshape 方法轉換其中一個張量的形狀。

2.5.6 向量和矩陣的點積運算

點積運算，剛才講向量和矩陣的時候已經提過了，這裡重複講一下，因為這個運算在機器學習中是非常重要的。

1. 向量的點積運算

對於向量 *a* 和向量 *b*：

$$a=[a_1, a_2, \cdots, a_n]$$
$$b=[b_1, b_2, \cdots, b_n]$$

其點積運算規則如下：
$$a \cdot b = a_1b_1 + a_2b_2 + \cdots + a_nb_n$$

這個過程中要求向量 a 和向量 b 的維度相同。向量點積的結果是一個純量，也就是一個數值。

因為 Python 要求相對寬鬆，在實際應用中有下述各種情況。

- 形狀為 $(n,)$ 和形狀為 $(n,)$ 的 1D 向量可以進行點積——結果是一個純量，即數字，且 $a \cdot b = b \cdot a$。

- 形狀為 $(n,)$ 的 1D 向量和形狀為 $(1, n)$ 的 2D 張量可以進行點積 (其實 $(1, n)$ 形狀的張量已經是矩陣了，但因為矩陣中有一個階的維度是 1, 廣義上也可以看作向量)——結果是一個 1D 形狀的數字。

- 形狀為 $(1, n)$ 的 2D 張量和形狀為 $(n,)$ 的 1D 向量可以進行點積——結果是一個 1D 形狀的數字。

- 形狀為 $(1, n)$ 和形狀為 $(n, 1)$ 的 2D 張量也可以進行點積——結果是一個 1D 形狀的數字。

- 形狀為 $(1, n)$ 和形狀為 $(1, n)$ 的 2D 張量不能進行點積——系統會顯示出錯 shapes $(1, n)$ and $(1, n)$ not aligned: n (dim 1) ！= 1 (dim 0)。

- 形狀為 $(n, 1)$ 和形狀為 $(n, 1)$ 的 2D 張量不能進行點積——系統會顯示出錯 shapes $(n, 1)$ and $(n, 1)$ not aligned: 1 (dim 1) ！= n (dim 0)。

形狀為 $(n,)$、$(n, 1)$、$(1, n)$ 的張量和形狀為 $(1,)$ 的向量或純量也可以進行點積——Python 對後面的向量或純量進行廣播，但是結果會有所不同。

下面列出向量點積的範例程式：

```
vector_01 = np.array([1, 2, 3])
vector_02 = np.array([[1], [2], [3]])
vector_03 = np.array([2])
vector_04 = vector_02.reshape(1, 3)
print ('vector_01的形狀:', vector_01.shape)
print ('vector_02的形狀:', vector_02.shape)
print ('vector_03的形狀:', vector_03.shape)
print ('vector_04的形狀:', vector_04.shape)
print ('01和01的點積:', np.dot(vector_01, vector_01))
print ('01和02的點積:', np.dot(vector_01, vector_02))
```

```
print ('04和02的點積:', np.dot(vector_04, vector_02))
print ('01和數字的點積:', np.dot(vector_01, 2))
print ('02和03的點積:', np.dot(vector_02, vector_03))
print ('02和04的點積:', np.dot(vector_02, vector_04))
print ('01和03的點積:', np.dot(vector_01, vector_03))
print ('02和02的點積:', np.dot(vector_02, vector_02))
```

輸出結果如下：

```
vector_01的形狀：(3, )
vector_02的形狀：(3, 1)
vector_03的形狀：(1, )
vector_04的形狀：(1, 3)
01和01的點積：14
01和02的點積：[14]
04和02的點積：[[14]]
01和數字的點積：[2 4 6]
02和03的點積：[2 4 6]
02和04的點積：[[1 2 3]
            [2 4 6]
            [3 6 9]]
```

輸出結果中有以下細節要注意。

- 前 3 個輸出，結果雖然都是一個值，但是形狀不同，第 1 個是純量，第 2 個是形狀為 1D 張量的值，第 3 個是形狀為 2D 張量的值。
- 而後面 3 個輸出，都不再是一個值，而是向量或矩陣，遵循的是矩陣點積的規則。
- 最後兩個點積，01 和 03，以及 02 和 02，由於不滿足張量之間點積的規則，系統會顯示出錯。

張量的各種形狀的確讓人眼花繚亂，因此才更要不時地查看，以確保得到的是所要的資料結構。

2. 矩陣的點積運算

關於矩陣和矩陣之間的點積，大家就只需要牢記一個原則：第一個矩陣的第 1 階，一定要和第二個矩陣的第 0 階維度相同。即，形狀為 (a, b) 和 (b, c) 的兩

個張量中相同的 b 維度值，是矩陣點積實現的關鍵，其點積結果矩陣的形狀為 (a, c)。

其運算規則如下圖所示。

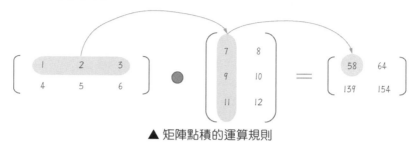

▲ 矩陣點積的運算規則

結果矩陣的第 (i, j) 項元素，就是第一個矩陣的第 i 行，和第二個矩陣的第 j 列，進行點積之後得到的純量。

下面列出矩陣點積的範例程式：

```
matrix_01 = np.arange(0, 6).reshape(2, 3)
matrix_02 = np.arange(0, 6).reshape(3, 2)
print(matrix_01)
print(matrix_02)
print ('01和02的點積:', np.dot(matrix_01, matrix_02))
print ('02和01的點積:', np.dot(matrix_02, matrix_01))
print ('01和01的點積:', np.dot(matrix_01, matrix_01))
```

輸出顯示，(2, 3) 和 (3, 2) 點積成功，(2, 3) 和 (2, 3) 點積失敗，系統會顯示出錯：

```
[[0 1 2]
 [3 4 5]]
[[0 1]
 [2 3]
 [4 5]]
01和02的點積: [[10 13]
             [28 40]]
02和01的點積: [[ 3  4  5]
             [ 9 14 19]
             [15 24 33]]
```

```
----> 7 print ('01和01的點積:', np.dot(matrix_01, matrix_01))
ValueError: shapes (2, 3) and (2, 3) not aligned: 3 (dim 1) != 2 (dim 0)
```

矩陣的點積操作，常常出現在神經網路的權重計算中。

2.6 機器學習的幾何意義

Python 的語法介紹暫告一段落。接下來同學們思索一個較為抽象的問題：如何用幾何（形狀、大小、圖形的相對位置等空間區域）的方式去表述機器學習的本質呢？這個題目很大，我在這裡做一點點粗淺的嘗試。

2.6.1 機器學習的向量空間

張量，可以被解釋為某種幾何空間內點的座標。這樣，機器學習中特徵向量就形成了特徵空間，這個空間的維度和特徵向量的維度相同。

現在考慮這樣一個二維向量：$A = (0.5, 1)$。

這個向量可以看作二維空間中的點，一般將它描繪成原點到這個點的箭頭，如下左圖所示。那麼更高維的向量呢？應該也可以想像為更高維空間的點。像這樣把平面數字轉為空間座標的思考方式其實是很有難度的。

張量運算都有幾何意義。舉個例子，我們來看二維向量的加法，如下右圖所示。向量的加法在幾何上表現為一個封閉的圖形。兩個向量的和形成一個平行四邊形，結果向量就是起點到終點的對角線。

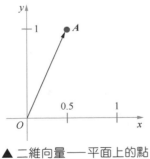

▲ 二維向量——平面上的點

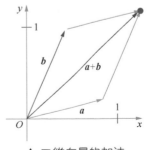

▲ 二維向量的加法

咖哥發言

不知道你們是否還記得國中物理中曾講過的向量相加的效果：對於力、位移、速度、加速度等向量，其相加後的效果等於幾個分向量的效果之和。

而二維向量的點積的幾何意義則是兩個向量之間的夾角，以及在 b 向量和 a 向量方向上的投影（如右圖所示）：

$$a \cdot b = |a||b|\cos\theta$$

其中 θ 是 a 向量與 b 向量的夾角，點積結果則是 a（或 b）向量在 b（或 a）向量上的投影長度，是一個純量。

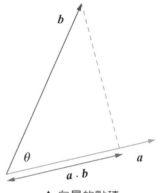

▲ 向量的點積

這些例子展示了平面中一些二維向量操作的幾何意義，推而廣之：機器學習模型是在更高維度的幾何空間中對特徵向量操作、變形，計算其間的距離，並尋找從特徵向量到標籤之間的函數擬合——這就是從幾何角度所說明的機器學習本質。

幾種常見的機器學習模型都可以透過特徵空間進行幾何描述，如下圖所示。

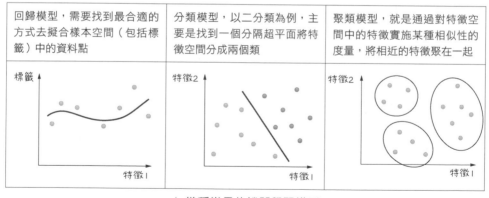

| 回歸模型，需要找到最合適的方式去擬合樣本空間（包括標籤）中的資料點 | 分類模型，以二分類為例，主要是找到一個分隔超平面將特徵空間分成兩個類 | 聚類模型，就是通過對特徵空間中的特徵實施某種相似性的度量，將相近的特徵聚在一起 |

▲ 幾種常見的機器學習模型

2.6.2 深度學習和資料流形

下面繼續介紹深度學習的幾何意義。前面我們也提過，深度學習的過程，實際上也就是一個資料淨化的過程。資料從比較粗放的格式，到逐漸變得「電腦友善」。

資料為什麼需要淨化呢？主要還是因為特徵維度過高，導致特徵空間十分複雜，進而導致機器學習建模過程難度過大。有一種想法是透過流形（manifold）學習將高維特徵空間中的樣本分佈群「延展」至一個低維空間，同時能保存原高維空間中樣本點之間的局部位置相關資訊。

原始資料特徵空間中的樣本分佈可能極其扭曲，延展之後將更有利於樣本之間的距離度量，其距離將能更進一步地反映兩個樣本之間的相似性。原始空間中相鄰較近的點可能不是同一種點，而相鄰較遠的點有可能是同一種，「延展」至低維空間後就能解決這一問題。

> ### 咖哥發言
> 流形，其概念相當的抽象，屬於比較高端的數學。我查閱過資料，坦白說，不能完全瞭解。「流形」這個漂亮的翻譯來自北大數學系老教授江澤涵，江教授的靈感則來自文天祥的名作《正氣歌》中「天地有正氣，雜然賦流形」。

在傳統的機器學習中，流形學習主要用於特徵提取和資料降維，特徵提取使特徵變得更加友善，降維是因為高維資料通常有容錯。

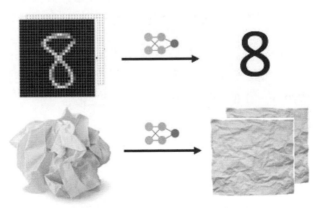

▲ 透過神經網路展開資料流形

而在深度學習出現之後，有一種說法認為神經網路能夠自動自發地將複雜的特徵資料流形展開，從而減少了特徵提取的需要。從直觀上，這個展開過程可以用一團揉皺了的紙來解釋，如上圖所示。

如果有好幾張揉皺了的紙上寫滿了數字，要讀取上面的資訊是不可能的事。但把這樣的紙展開，而又不損害紙，也挺麻煩。因此，現代的深度神經網路（Deep Neural Networks，DNN）透過參數學習，展開了高維資料的流形——這可以說是深度學習的幾何意義[2]。

• 2.7 機率與統計研究了隨機事件的規律

在本課的最後，我想用很短的篇幅複習一下機率和統計的基礎。這些內容在機器學習領域時有出現，同學們需要簡單了解。

2.7.1 什麼是機率

事件分為以下兩種。

- 一種是確定性事件。確定性事件又分為以下兩種。
  - 必然事件：如太陽從東方升起，或水在 0℃ 會結冰。
  - 不可能事件：如擲一個正常的六面骰子，得到的點數是 7。
- 有大量事件在一定條件下能否發生，是無法確定的，它們是隨機事件。比如，擲一枚硬幣得到的是正面還是反面、明天大盤是漲還是跌等。

因此，對於隨機事件，我們很想知道「這件事情會發生嗎？」，然而很多情況下，答案是不確定的。而機率則回答的是「我們有多確定這件事情會發生？」，然後試圖用 0 ～ 1 的數字來表示事件的確定程度。

表 2-1 列出了機率的定義和計算公式。

2　肖萊・Python 深度學習 [M]・張亮，譯・北京：人民郵電出版社，2018。

表 2-1　機率的定義和計算公式

事件	機率
A	$P(A)\in[0,1]$（ A 發生的機率）
非 A	$P(\overline{A})=1-P(A)$（ A 不發生的機率）
A 和 B	$P(A\cap B)=P(A|B)P(B)=P(B|A)P(A)$ $P(A\cap B)=P(A)P(B)$（如果 A、B 是獨立事件）
A 或 B	$P(A\cup B)=P(A)+P(B)-P(A\cap B)$ $P(A\cup B)=P(A)+P(B)$（如果 A、B 是互斥事件）
B 的情況下 A 的機率	$P(A|B)=\dfrac{P(A\cap B)}{P(B)}=\dfrac{P(B|A)P(A)}{P(B)}$

表中公式都不難瞭解，簡單解釋一下最後一個公式 $P(A|B)$ 的意義。公式中的 $P(A|B)$ 叫作條件機率，也叫後驗機率。也就是說已知事件 B 發生的時候，A 的機率。

舉個例子來解釋：某公司男生、女生各佔 50%，抽菸者佔總人數的 10%，而女抽菸者則佔總人數的 1%。那麼問題來了：現在遇到了一個抽菸者，這個抽菸者是女生的可能性有多大？

現在是已知 3 個機率後，能夠算出來第 4 個機率，根據條件機率公式進行推導計算，需要注意以下幾個地方。

- 事件 B——抽菸者。
- 事件 A——女生。
- $P(B)$——10%，隨便遇到一個抽菸者的機率。
- $P(A)$——50%，隨便遇到一個女生的機率。
- $P(B|A)$——1%，已知 100 個人裡面才有一個女抽菸者。
- $P(A|B)$——現在遇到一個抽菸者（事件 B 發生了），是女生的可能性有多大？

答案：（1%×50%）/10% = 5%。這個答案可以這樣解釋，隨便在該公司遇到一個抽菸者，95% 的可能性都是男生，只有 5% 的可能性是女生。

關於上面的例子，還有以下幾點需要說明。

（1）其實這個條件機率公式就是簡化版的貝氏定理──一個很老牌的統計學習模型。

（2）如果把 $P(A|B)$ 中的 A 換成 Y，把 B 換成 X，那麼這個公式就可以用作機器學習的模型，X 就變成了特徵，Y 就變成要預測的標籤──我們不就是要根據已有的特徵（已發生事件），來預測目標嗎？

（3）$P(A)$，也就是 $P(Y)$，叫作先驗機率，是發生 B 事件之前觀測到的發生 A 事件的可能性。

（4）$P(B)$，也就是 $P(x)$，是 B 發生的機率，也就是資料特徵 X 出現的機率。它與 Y 是獨立的存在，而且機器學習多數情況下可以忽略。

（5）$P(B|A)$，這個叫作似然，或似然函數。什麼是似然？就是當事情 A 發生時（女生），B 發生的機率。現在已經知道了標籤（女生 Y），回去尋找特徵（抽菸者 X）出現的機率。訓練集就可以提供這個似然。似然和後驗機率，兩者並不是一回事，它們之間可以透過貝氏定理相互轉換。

關於機率，就先介紹這麼多。在機器學習中，機率的概念常常出現（例如邏輯回歸中的分類問題）。

2.7.2 正態分佈

正態分佈（normal distribution）這個詞你們肯定聽起來很耳熟，但是也許不知道它的確切定義。其實，所謂分佈就是一組機率的集合，是把一種常見的機率分佈用連續的函數曲線顯示出來的方式。而正態分佈，又名高斯分佈（Gaussian distribution），則是一個非常常見的連續機率分佈。

比如，顯示一下全國學生的學測成績，如果分數範圍是 0 ～ 100 分，繪製一下機率，你們就會發現，60 ～ 70 分的中間人數最多（得 60 ～ 70 分的機率大），考 0 分的少，考 100 分的也少（得 100 分的機率小）。繪製出的這種曲線，就符合正態分佈，中間高，兩邊低。

正態分佈也叫機率分佈的鐘形曲線（bell curve），因為曲線的形狀就像一口懸掛的大鐘，如下圖所示。

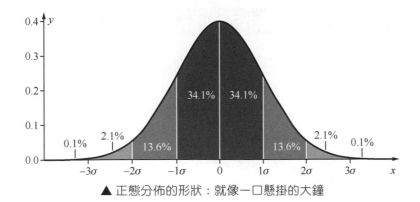

▲ 正態分佈的形狀：就像一口懸掛的大鐘

但在某些情況下分佈並不是常態的。比如，某個數學資優班的學生去做一套普通學校的試卷，全部學生都考了 90 分以上。這種分佈畫出來就不是很像鐘形，其原因就在於這套試卷對於這批學生是沒有什麼鑑別力的。

2.7.3 標準差和方差

上面正態分佈示意圖中出現了一個奇怪的符號 σ，這個符號代表**標準差**（Standard Deviation, SD），讀作 sigma。標準差，也稱均方差（mean square error），是反映研究整體內個體之間差異程度的一種統計指標。

標準差是根據方差計算出來的。而**方差**（variance）是一組資料中各實際數值與其算術平均數（即**平均值**（mean），也叫期望值）的差值做平方結果相加之後，再除以總數而得。標準差是方差的算術平方根。方差和標準差，描述的都是資料相對於其期望值的離散程度。

標準差在機器學習中也經常出現，比如，當進行資料前置處理時，常常要涉及資料標準化。在該步驟中，最常見的做法就是對樣本特徵減去其平均值，然後除以其標準差來進行縮放。

• 2.8 本課內容小結

機器學習相關數學知識和 Python 語法的介紹就結束了。本課的內容很多，下面複習一些重點內容。

（1）我們介紹函數的定義並列出幾種類型的函數圖型，目的是讓大家從直觀上去瞭解機器學習如何透過函數對特徵和標籤之間的連結性進行擬合。然後介紹的對函數進行求導、微分以及梯度下降方法則是機器學習進行參數最佳化的最基本原理。具體的細節在下一課中介紹。

（2）機器學習中的資料結構稱為張量，下面是幾種重要的張量格式，用於處理不同類型的資料集。

- 普通向量資料集結構：2D 張量，形狀為（樣本，標籤）。
- 時間序列資料集或序列資料集：3D 張量，形狀為（樣本，時間戳記，特徵）。
- 圖像資料集：4D 張量，形狀為（樣本，圖型高度，圖型寬度，色彩深度）。

（3）Python 敘述操作方面，NumPy 陣列的操作都是重點內容。
張量的切片操作。

- 用 reshape 進行張量變形。
- Python 的廣播功能。
- 向量和矩陣的點積操作之異同，向量的點積得到的是一個數。
- 要記得不定時地檢查張量的維度。

在下一課中，我們就要開始講真正的機器學習演算法和專案的實戰了。我曾經反覆說過機器學習是非常接地氣的技術，大家先思索一下你們生活中有沒有什麼具體的問題，是可以應用機器學習演算法的，如果你們有資料，可以拿來共同探討，甚至當成教學及實戰的案例。

• 2.9 課後練習

練習一：變數 (x, y) 的集合 {(-5,1), (3,-3), (4,0), (3,0), (4,-3)} 是否滿足函數的定義？為什麼？

練習二：請同學們畫出線性函數 $y=2x+1$ 的函數圖型，並在圖中標出其斜率和 y 軸上的截距。

練習三：在上一課中，我們曾使用敘述 from keras.datasets import boston_housing 匯入了波士頓房價資料集。請同學們輸出這個房價資料集對應的資料張量，並說出這個張量的形狀。

練習四：對波士頓房價資料集的資料張量進行切片操作，輸出其中第 101 ～ 200 個資料樣本。

（提示：注意 Python 的資料索引是從 0 開始的。）

練習五：用 Python 生成形狀以下的兩個張量，確定其階的個數，並進行點積操作，最後輸出結果。

A = [1, 2, 3, 4, 5]
B = [[5], [4], [3], [2], [1]]

第 3 課　線性回歸——預測網店的銷售額

　　咖哥讓同學們思考一下自己的生活中有沒有可以應用機器學習演算法來解決的問題。小冰回家之後突然想起自己和朋友開的網店，這個店的基本情況是這樣的：正式營運一年多，流量、訂單數和銷售額都顯著增長。經過一段時間的觀察，小冰發現網店商品的銷量和廣告推廣的力度息息相關。她在微信公眾號推廣，也透過微博推廣，還在一些其他網站上面投放廣告。當然，投入推廣的資金越多，則商品總銷售額越多。

　　小冰問咖哥：「能不能透過機器學習演算法，根據過去記錄下來的廣告投放金額和商品銷售額，來預測在未來的某個節點，一個特定的廣告投放金額對應能實現的商品銷售額？」

　　咖哥說：「真是巧了，本課要講的線性回歸演算法正適合對連續的數值進行預測。」咖哥說著，在白板上畫起了圖：「你們看這個例子，假設你去年沒有孩子，今年有一個孩子，根據這兩個資料樣本，透過線性回歸預測，5 年之後你就有 5 個孩子，10 年之後就 10 個孩子……」

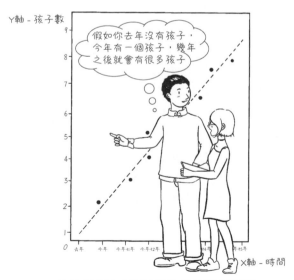

▲ 線性回歸適合對連續的數值進行預測

　　小冰說：「咖哥，你這個模型不可靠吧。」

　　咖哥說：「哈哈，開個玩笑，這麼少的資料量當然無法準確建模了。不過，線性回歸是機器學習中一個非常基礎，也十分重要的內容，本課要講的內容不少，大家要集中精力、心無旁騖，才能跟上我講解的想法。」

　　從本課開始，我們會完整地講解一個演算法，並應用於機器學習實戰。課程內容將完全按照第 1 課中所介紹的機器學習實戰架構來規劃，具體如下圖所示。

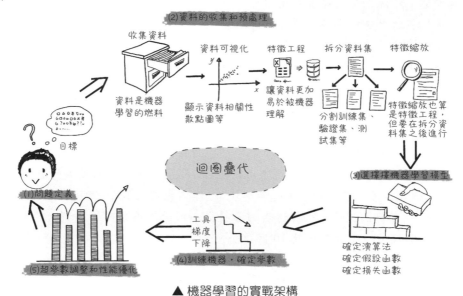

▲ 機器學習的實戰架構

　　（1）明確定義所要解決的問題—網店銷售額的預測。

　　（2）在資料的收集和前置處理環節，分 5 個小節完成資料的前置處理工作，分別如下。

- 收集資料—需要小冰提供網店的相關記錄。
- 將收集到的資料視覺化，顯示出來看一看。
- 做特徵工程，使資料更容易被機器處理。
- 拆分資料集為訓練集和測試集。
- 做特徵縮放，把資料值壓縮到比較小的區間。

　　（3）選擇機器學習模型的環節，其中有 3 個主要內容。

- 確定機器學習的演算法—這裡也就是線性回歸演算法。
- 確定線性回歸演算法的假設函數。
- 確定線性回歸演算法的損失函數。

（4）透過梯度下降訓練機器，確定模型內部參數的過程。

（5）進行超參數調整和性能最佳化。

為了簡化模型，上面的 5 個機器學習環節，將先用於實現單變數（僅有一個特徵）的線性回歸，在本課最後，還會擴充到多元線性回歸。此處，先看看本課重點。

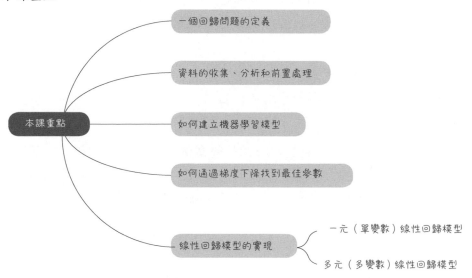

咖哥說：「小冰，下面就由你來定義一下你要解決的具體問題吧。」

• 3.1 問題定義：小冰的網店廣告該如何投放

小冰已經準備好了她的問題。這些問題都與廣告投放金額和商品銷售額有關，她希望透過機器學習演算法找出答案。

（1）各種廣告和商品銷售額的相關度如何？

（2）各種廣告和商品銷售額之間表現出一種什麼關係？

（3）哪一種廣告對於商品銷售額的影響最大？

（4）分配特定的廣告投放金額，預測出未來的商品銷售額。

咖哥說：「問題定義得不錯。廣告投放金額和商品銷售額之間，明顯呈現出一種相關性。」

機器學習演算法正是透過分析已有的資料，發現兩者之間的關係，也就是發現一個能由「此」推知「彼」的函數。本課透過回歸分析來尋找這個函數。所謂回歸分析（regression analysis），是確定兩種或兩種以上變數間相互依賴的定量關係的一種統計分析方法，也就是研究當引數 x 變化時，因變數 y 以何種形式在變化。在機器學習領域，回歸應用於被預測物件具有連續值特徵的情況（如客流量、降雨量、銷售量等），所以用它來解決小冰的這幾個問題非常合適。

最基本的回歸分析演算法是線性回歸，它是透過線性函數對變數間定量關係進行統計分析。比如，一個簡單函數 $y=2x+1$，就表現了一個一元（只有一個引數）的線性回歸，其中 2 是斜率，1 是 y 軸上的截距。

機器學習的初學者經常見到的第一個教學案例就是對房價的預測。不難暸解，房屋的售價與某些因素呈現比較直接的線性關係，比如房屋面積越大，售價越高。如下圖所示，線性函數對此例的擬合效果比較好。

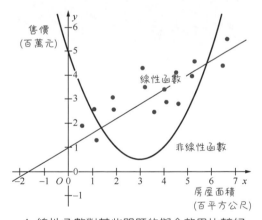

▲ 線性函數對某些問題的擬合效果比較好

在機器學習的線性回歸分析中，如果只包括一個引數（特徵 x）和一個因變數（標籤 y），且兩者的關係可用一條直線近似表示，這種回歸分析就稱為一元線性回歸分析。如果回歸分析中包括兩個或兩個以上的引數，且因變數和引數之間是線性關係，則稱為多元線性回歸分析。

那麼小冰帶來的這個銷售額預測問題是一元線性回歸還是多元線性回歸呢？我們先來看一看她收集的資料吧。

• 3.2 資料的收集和前置處理

3.2.1 收集網店銷售額資料

小冰已經把過去每週的廣告投放金額和銷售額資料整理成一個 Excel 表格（如下圖所示），並保存為 advertising.csv 檔案（這是以逗點為分隔符號的一種檔案格式，比較容易被 Python 讀取）。基本上每週的各種廣告投放金額和商品銷售額都記錄在案。

	A	B	C	D
1	微信公众号广告投放金额	微博广告投放金额	其他类型广告投放金额	商品销售额（千元）
2	304.4	93.6	294.4	9.7
3	1011.9	34.4	398.4	16.7
4	1091.1	32.8	295.2	17.3
5	85.5	173.6	403.2	7
6	1047	302.4	553.6	22.1
7	940.9	41.6	155.2	17.2
8	1277.2	111.2	296	16.1
9	38.2	217.6	16.8	5.7
10	342.6	162.4	260	11.3
11	347.6	6.4	118.4	9.4
12	980.1	188.8	460.8	17.1
13	39.1	16.8	8	4.8
14	39.6	391.2	600	7.2
15	889.1	381.6	423.2	22.4
16	633.8	116	81.6	13.4
17	527.8	61.6	184.8	11
18	203.4	206.4	164.8	10.1

▲ 過去每週的廣告投放金額和商品銷售額的清單（原始格式）

咖哥說：「不錯，這個重要的資料記錄是實現本課的機器學習專案的基礎。沒有準確的歷史資料，我們什麼都做不了。」

在這個資料集中，主要包含以下內容。

- 微信公眾號廣告投放金額（由於篇幅限制，下文用「微信」代指）、微博廣告投放金額（下文用「微博」代指）、其他類型廣告投放金額（下文用「其他」代指），這 3 個欄位是**特徵**（也是開店的人可以調整的）。
- 商品銷售額（下文用「銷售額」代指）是**標籤**（也是開店的人希望去預測的）。

每一個類型廣告的廣告投放金額都是一個特徵，因此這個資料集中含有 3 個特徵。也就是說，它是一個多元回歸問題。

下一步，在「第 3 課 線性回歸 \ 教學使用案例網店廣告 \ 資料集」中找到 advertising.csv 檔案（該檔案中，中文欄位名稱已經轉為英文），用以前介紹過的方法在 Kaggle 中創建一個新資料集，也就是把這個檔案上傳到 Kaggle 的 Dataset 中，如下圖所示。

▲ 選擇 New Dataset，用小冰的網店資料新建一個資料集

還有更簡單的方法：直接基於我在 Kaggle 的資料集創建新的 Notebook，在 Kaggle 的資料集中搜索關鍵字 Advertising Simple Dataset，找到我的資料集（如下圖所示），並在你自己或我的資料集頁面選擇 "New Notebook"，輸入 Notebook 的名字（這個名字你們可以自己隨便取）。

▲ 為網店資料集新建一個 Notebook

基於這個資料整合功創建 Kaggle Notebook 之後，會看到頁面右側的 Data → input 資訊欄中顯示了資料集的目錄名稱和檔案名稱，如下圖所示。

▲ 資訊欄中顯示了資料集的目錄名稱和檔案名稱

咖哥發言

請同學們注意，新建資料集名稱中的大寫字母被 Kaggle 自動轉為小寫的目錄名稱，同時空格轉為連字元號，即 advertising-simple-dataset。在程式碼中指定檔案目錄時要遵循被轉換之後的格式。

3.2.2 資料讀取和視覺化

首先進行**資料視覺化**的工作，就是先看看資料大概是什麼樣。

透過下面的程式把資料檔案讀取 Python 運行環境，並運行這段程式：

```
import numpy as np    #匯入NumPy函數庫
import pandas as pd   #匯入Pandas函數庫
#讀取資料並顯示前面幾行的內容，確保已經成功地讀取資料
#範例程式是Kaggle 的資料集讀取檔案，如果在本機中則需要指定具體本地路徑
#如，當資料集和程式檔案位於相同本地目錄，路徑名稱應為'./advertising.csv'，或直接為'advertising.
# csv'亦可
df_ads = pd.read_csv('../input/advertising-simple-dataset/advertising.csv')
df_ads.head()
```

這裡的變數命名為 df_ads，df 代表這是一個 Pandas Dataframe 格式資料，ads 是廣告的縮寫。輸出結果（如右圖所示）顯示資料已經成功地讀取了 Dataframe。

	微信	微博	其它	銷售額
0	304.4	93.6	294.4	9.7
1	1011.9	34.4	398.4	16.7
2	1091.1	32.8	295.2	17.3
3	85.5	173.6	403.2	7.0
4	1047.0	302.4	553.6	22.1

▲ 顯示前 5 行資料

3.2.3 資料的相關分析

然後對資料進行相關分析（correlation analysis）。相關分析後我們可以透過相關性係數了解資料集中任意一對變數 (a, b) 之間的相關性。相關性係數是一個 -1 ～ 1 的值，正值表示正相關，負值表示負相關。數值越大，相關性越強。如果 a 和 b 的相關性係數是 1，則 a 和 b 總是相等的。如果 a 和 b 的相關性係數是 0.9，則 b 會顯著地隨著 a 的變化而變化，而且變化的趨勢保持一

致。如果 a 和 b 的相關性係數是 0.3，則說明兩者之間並沒有什麼明顯的關聯。

在 Python 中，相關分析用幾行程式即可實現，並可以用熱力圖（heatmap）的方式非常直觀地展示出來：

```
# 匯入資料視覺化所需要的函數庫
import matplotlib.pyplot as plt #Matplotlib為Python畫圖工具函數庫
import seaborn as sns #Seaborn為統計學資料視覺化工具函數庫
#對所有的標籤和特徵兩兩顯示其相關性的熱力圖
sns.heatmap(df_ads.corr(), cmap="YlGnBu", annot = True)
plt.show() #plt代表英文plot，就是畫圖的意思
```

輸出結果如下圖所示。

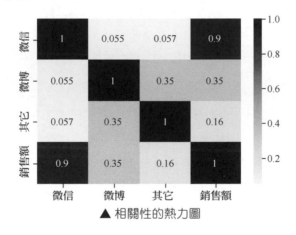

▲ 相關性的熱力圖

運行程式之後，3 個特徵加一個標籤共 4 組變數之間的相關性係數全部以矩陣形式顯示，而且相關性越高，對應的顏色越深。此處相關性分析結果很明確地向我們顯示──將有限的金錢投放到微信公眾號裡面做廣告是最為合理的選擇。

　　咖哥說：「小冰啊，看起來你的其他兩種廣告的投放對網店銷售額的影響甚微啊。」

　　小冰大叫：「哎呀！我辛辛苦苦賺的錢放在微博和其他網站做廣告，都白花了！！咖哥，我怎麼沒早點來找你呢？」

3.2.4 資料的散點圖

下面，透過散點圖（scatter plot）兩兩一組顯示商品銷售額和各種廣告投放金額之間的對應關係，來將重點聚焦。散點圖是回歸分析中，資料點在直角座標系平面上的分佈圖，它是相當有效的資料視覺化工具。

```
#顯示銷售額和各種廣告投放金額的散點圖
sns.pairplot(df_ads,
         x_vars=['wechat', 'weibo', 'others'],
         y_vars='sales',
         height=4, aspect=1, kind='scatter')
plt.show()
```

輸出結果如下圖所示。

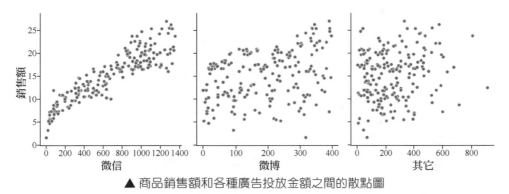

▲ 商品銷售額和各種廣告投放金額之間的散點圖

程式運行之後輸出的散點圖清晰地展示出了銷售額隨各種廣告投放金額而變化的大致趨勢，根據這個資訊，就可以選擇合適的函數對資料點進行擬合。

3.2.5 資料集清洗和規範化

透過觀察相關性和散點圖，發現在本案例的 3 個特徵中，微信廣告投放金額和商品銷售額的相關性比較高。因此，為了簡化模型，我們將暫時忽略微博廣告和其他類型廣告投放金額這兩組特徵，只留下微信廣告投放金額資料。這樣，就把多變數的回歸分析簡化為單變數的回歸分析。

下面的程式把 df_ads 中的微信公眾號廣告投放金額欄位讀取一個 NumPy 陣列 X，也就是清洗了其他兩個特徵欄位，並把標籤讀取陣列 y：

```
X = np.array(df_ads.wechat) #建置特徵集，只含有微信公眾號廣告投放金額一個特徵
y = np.array(df_ads.sales) #建置標籤集，銷售額
print ("張量X的階:", X.ndim)
print ("張量X的形狀:", X.shape)
print ("張量X的內容:", X)
```

輸出以下段程式所示，結果顯示特徵集 X 是階為 1 的 1D 張量，這個張量總共包含 200 個樣本，都是每週的微信廣告投放金額資料。

```
張量X的階: 1
張量X的形狀: (200, )
張量X的內容:
[304.4 1011.9 1091.1   85.5 1047.  940.9 1277.2   38.2  342.6  347.6
  980.1   39.1   39.6  889.1  633.8  527.8  203.4  499.6  633.4  437.7

  428.6  173.8 1037.4  712.5  172.9  456.8  396.8 1332.7  546.9  857.2
  905.9  475.9  959.1  125.1  689.3  869.5 1195.3  121.9  343.5  796.7]
```

　　咖哥說：「相信同學們已經熟悉了（200,）這種表述形式。一位同學回答：「明白，這代表一個有 200 個樣本資料為 1 階的張量陣列，也就是一個向量。」

　　咖哥突然提問：「目前 X 陣列中只有一個特徵，張量的階為 1，那麼這個 1D 的特徵張量，是機器學習演算法能夠接受的格式嗎？」

　　同學們面面相覷，不是很明白咖哥這個問題的意圖，因此都沉默著。

其實前面講過，對於回歸問題的數值類類型資料集，機器學習模型所讀取的**規範格式應該是 2D 張量**，也就是矩陣，其形狀為（樣本數，標籤數）。其中的行是資料，而**其中的列是特徵**。大家可以把它想像成 Excel 表格的格式。那麼就現在的特徵張量 X 而言，則是要把它的形狀從（200,）變成（200, 1），然後再進行機器學習。因此需要用 reshape 方法給上面的張量變形：

```
X = X.reshape((len(X), 1)) #透過reshape方法把向量轉為矩陣，len函數返回樣本個數
y = y.reshape((len(y), 1)) #透過reshape方法把向量轉為矩陣，len函數返回樣本個數
print ("張量X的階:", X.ndim)
print ("張量X的形狀:", X.shape)
print ("張量X的內容:", X)
```

此時的張量 X 升階了，變成一個 2D 矩陣，每一個資料樣本就佔據矩陣的一行：

```
張量x的階: 2
張量x的維度: (200, 1)
張量x的內容:
  [[304.4]
   [1011.9]
   ... ...
   [343.5]
   [796.7]]
```

現在資料格式從（200,）變成了（200, 1）。儘管還是 200 個數字，**但是資料的結構從一個 1D 陣列變成了有行有列的矩陣**。再次強調，對於常見的連續性數值資料集（也叫向量資料集），輸入特徵集是 2D 矩陣，包含兩個軸。

- 第一個軸是樣本軸（NumPy 裡面索引為 0），也叫作矩陣的行，本例中一共 200 行資料。
- 第二個軸是特徵軸（NumPy 裡面索引為 1），也叫作矩陣的列，本例中只有 1 個特徵。

對於標籤張量 y，第二個軸的維度總是 1，因為標籤值只有一個。這裡也可以把它轉為 2 階張量。你們可以自己輸出 y 張量來看一看它的形狀和內容。

3.2.6 拆分資料集為訓練集和測試集

在開始建模之前，還需要把資料集拆分為兩個部分：**訓練集**和**測試集**。在普通的機器學習專案中，至少要包含這兩個資料集，一個用於訓練機器，確定模型，另一個用於測試模型的準確性。不僅如此，往往還需要一個**驗證集**，以在最終測試之前增加驗證環節。目前這個問題比較簡單，資料量也少，我們簡化了流程，合併了驗證和測試環節。

這兩個資料集需要隨機分配，兩者間不可以出現明顯的差異性。因此，在拆分之前，要注意資料是否已經被排序或分類，如果是，還要先進行打亂。

使用下面的程式碼片段將資料集進行 80%（訓練集）和 20%（測試集）的分割：

```
#將資料集進行80%(訓練集)和20%(測試集)的分割
from sklearn.model_selection import train_test_split
```

```
X_train, X_test, y_train, y_test = train_test_split(X, y,
                        test_size = 0.2, random_state=0)
```

Sklearn 中的 train_test_split 函數,是機器學習中拆分資料集的常用工具。

■ test_size=0.2,表示拆分出來的測試集佔總樣本數的 20%。

■ 同學們如果用 print 敘述輸出拆分之後的新資料集(如 X_train、X_test)的內容,會發現這個工具已經為資料集進行了亂數(重新隨機排序)的工作,因為其中的 shuffle 參數預設值為 True。

■ 而其中的 random_state 參數,則用於資料集拆分過程的隨機化設定。如果指定了一個整數,那麼這個數叫作隨機化種子,每次設定固定的種子能夠保證得到同樣的訓練集和測試集,否則進行隨機分割。

3.2.7 把資料歸一化

同學們是否還記得第 1 課中曾經介紹過幾種特徵縮放的方法,包括標準化、資料的壓縮(也叫歸一化),以及規範化等。特徵縮放對於機器學習特別重要,可以讓機器在讀取資料的時候感覺更「舒服」,訓練起來效率更高。

這裡就對資料進行歸一化。歸一化是按比例的線性縮放。資料歸一化之後,資料分佈不變,但是都落入一個小的特定區間,比如 0 ～ 1 或 -1 ～ +1, 如下圖所示。

▲ 資料的歸一化

常見的歸一化公式如下:

$$x' = \frac{x - \min(x)}{\max(x) - \min(x)}$$

透過 Sklearn 函數庫中 preprocessing(資料前置處理)工具中的 MinMaxScaler 可以實現資料的歸一化。不過這裡呢,我們用 Python 程式自己來定義一個歸一化函數:

```
def scaler(train, test): #定義歸一化函數，進行資料壓縮
    min = train.min(axis=0) #訓練集最小值
    max = train.max(axis=0) #訓練集最大值
    gap = max - min #最大值和最小值的差
    train -= min #所有資料減去最小值
    train /= gap #所有資料除以最大值和最小值的差
    test -= min #把訓練集最小值應用於測試集
    test /= gap #把訓練集最大值和最小值的差應用於測試集
    return train, test #返回壓縮後的資料
```

這個函數的功能也相等於下面的虛擬程式碼：

```
# 資料的歸一化
x_norm = (x_data - np.min(x_data)) / (np.max(x_data) - np.min(x_data)).values
```

上面的程式中，特別需要注意的是歸一化過程中的最大值（max）、最小值（min），以及最大值和最小值之間的差（gap），全都來自訓練集。**不能使用測試集中的資料資訊進行特徵縮放中間步驟中任何值的計算。**舉例來說，如果訓練集中的廣告投放金額最大值是 350，測試集中的廣告投放金額最大值是 380，儘管 380 大於 350，但歸一化函數還是要以 350 作為最大值，來處理訓練集和測試集的所有資料。

為什麼非要這樣做呢？因為，在建立機器學習模型時，理論上測試集還沒有出現，所以這個步驟一定要在拆分資料集之後進行。有很多人先對整個資料集進行特徵縮放，然後拆分資料集，這種做法是不謹慎的，會把測試集中的部分資訊洩露到機器學習的建模過程之中。下面的程式使用剛才定義的歸一化函數對特徵和標籤進行歸一化。

```
X_train, X_test = scaler(X_train, X_test) #對特徵歸一化
y_train, y_test = scaler(y_train, y_test) #對標籤也歸一化
```

下面的程式顯示資料被壓縮處理之後的散點圖，形狀和之前的圖完全一致，只是數值已被限制在一個較小的區間：

```
#用之前已經匯入的matplotlib.pyplot中的plot方法顯示散點圖
plt.plot(X_train, y_train, 'r.', label='Training data') # 顯示訓練資料
plt.xlabel('wechat') # x軸標籤
plt.ylabel('sales') # y軸標籤
```

```
plt.legend() # 顯示圖例
plt.show() # 顯示繪圖結果
```

如果根據這個散點圖手工繪製一條線，大概如下圖所示的樣子，這顯示出微信公眾號廣告投放金額和銷售額的線性關係。這個線性函數斜率和截距的最佳值是多少呢？這還需要在機器學習的過程中才能具體確定。

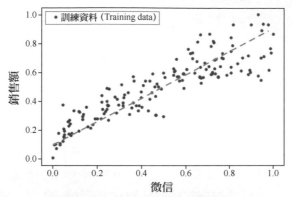

▲ 手工畫一條 x 和 y 之間的線性回歸直線
（數值已經歸一化，從兩三百壓縮到比較小的值）

目前的資料準備、分析，包括簡單的特徵工程工作已經全部完成，下面進入機器學習建模與訓練機器的關鍵環節。

● 3.3 選擇機器學習模型

機器學習模型的確立過程中有兩個主要環節。

（1）確定選用什麼類型的模型。
（2）確定模型的具體參數。

先聚焦於第一個問題。

3.3.1 確定線性回歸模型

對於這個案例，使用什麼模型我們早就心中有數了。雖然上圖中的函數直線並未精確無誤地穿過每個點，但已經能夠反映出特徵（也就是微信公眾號廣

告投放金額）和標籤（也就是商品銷售額）之間的關係，擬合程度還是挺不錯的。

這個簡單的模型就是一元線性函數（如右圖所示）：

$$y=ax+b$$

其中，參數 a 的數學含義是直線的斜率（陡峭程度），b 則是截距（與 y 軸相交的位置）。

在機器學習中，會稍微修改一下參數的代號，把模型表述為：

$$y=wx+b$$

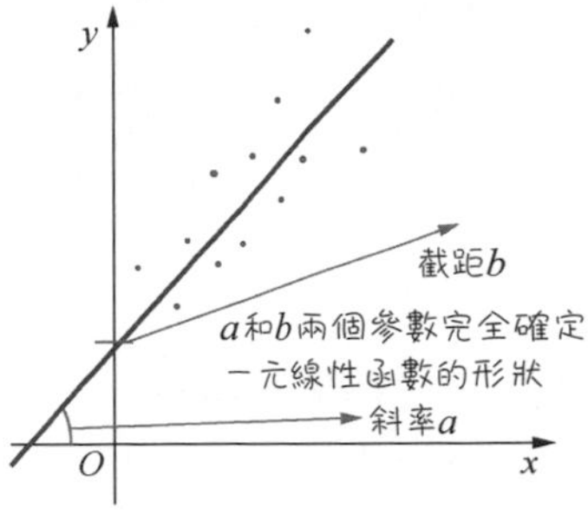

▲ 一元線性函數

此處，方程式中的 a 變成了 w，在機器學習中，這個參數代表權重。因為在多元變數（多特徵）的情況下，一個特徵對應的 w 參數值越大，就表示權重越大。而參數 b，在機器學習中稱為偏置。

不要小看這個簡單的線性函數，在後續的機器學習過程中，此函數會作為一個基本運算單元反覆地發揮威力。

咖哥發言

小冰提問：「咖哥，說到模型的參數，我也看過一些文件，經常聽見有人說西塔、西塔（θ）什麼的，這是怎麼一回事？」

咖哥解釋：「有些機器學習教學中，用 θ（讀作 theta）表示機器學習的參數，也會使用 θ_0 和 θ_1 來代表此處的 w 和 b，還有用其他字母表示機器學習參數的情況。我覺得此處使用 w 和 b 來表示這些參數會使它們的意義更清晰一些：weight 是權重，bias 是偏置，各取字首。你們看其他機器學習資料的時候，要懂得 θ_0、θ_1 和這裡的 w、b 其實是一回事。」

3.3.2 假設（預測）函數──h(x)

確定以線性函數作為機器學習模型之後，我們接著介紹假設函數的概念。先來看一個與線性函數稍有差別的方程式：

$$y'=wx+b$$

也可以寫成：

$$h(x)=wx+b$$

其中，需要注意以下兩點。

- y' 指的是所預測出的標籤，讀作 y 帽（y-hat）或 y 撇。
- $h(x)$ 就是機器學習所得到的函數模型，它能根據輸入的特徵進行標籤的預測。

我們把它稱為**假設函數**，英文是 hypothesis function（所以選用字首 h 作為函數符號）。

　　小冰疑惑了：「這不就是線性函數嗎？為什麼又要叫假設函數 $h(x)$ ？」

　　咖哥笑答：「這的確就是線性函數。不過，機器學習的過程，是一個不斷假設、探尋、最佳化的過程，在找到最佳的函數 $f(x)$ 之前，現有的函數模型不一定是很準確的。它只是很多種可能的模型之中的一種——因此我們強調，假設函數得出的結果是 y'，而非 y 本身。所以假設函數有時也被叫作預測函數（predication function）。在機器學習中看到 $h(x)$、$f(x)$ 或 $p(x)$，基本上它們所要做的都是一回事，就是根據微信公眾號廣告投放金額 x 推斷（或預測）銷售額 y'。」

所以，機器學習的具體目標就是確定假設函數 $h(x)$。

- 確定 b，也就是 y 軸截距，這裡稱為偏置，有些機器學習文件中，稱它為 w_0（或 θ_0）。
- 確定 w，也就是斜率，這裡稱為特徵 x 的權重，有些機器學習文件中，稱它為 w_1（或 θ_1）。

一旦找到了參數 w 和 b 的值，整個函數模型也就被確定了。那麼這些參數 w 和 b 的具體值怎麼得到呢？

3.3.3 損失（誤差）函數——L（w, b）

在繼續尋找最佳參數之前，需要先介紹損失和損失函數。

如果現在已經有了一個假設函數，就可以進行標籤的預測了。那麼，怎樣才能夠量化這個模型是不是足夠好？比如，一個模型是 3x+5，另一個是 100x+1，怎樣評估哪一個更好？

這裡就需要引入**損失**（loss）這個概念。

損失，是對糟糕預測的懲罰。損失也就是**誤差**，也稱為**成本**（cost）或**代價**。名字雖多，但都是一個意思，也就是當前預測值和真實值之間的差距的表現。它是一個數值，表示對於單一樣本而言模型預測的準確程度。如果模型的預測完全準確，則損失為 0；如果不準確，就有損失。在機器學習中，我們追求的當然是比較小的損失。

不過，模型好不好還不能僅看單一樣本，而是要針對所有資料樣本找到一組平均損失「較小」的函數模型。樣本的損失的大小，從幾何意義上基本上可以視為 y 和 y' 之間的幾何距離。平均距離越大，說明誤差越大，模型越離譜。如下圖所示，左邊模型所有資料點的平均損失很明顯大過右邊模型。

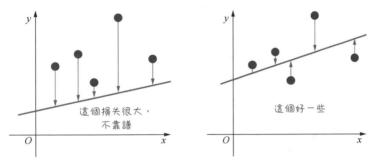

▲ 左邊是平均損失較大的模型，右邊是平均損失較小的模型

因此，針對每一組不同的參數，機器都會針對樣本資料集算一次平均損失。計算平均損失是每一個機器學習專案的必要環節。

損失函數（loss function）$L(w, b)$ 就是用來計算平均損失的。

 咖哥發言

有些地方把損失函數記作 $J(\theta)$，也叫代價函數、成本函數（cost function）。剛才說過，θ 就是 w 和 b，$J(\theta)$ 就是 $L(w, b)$，符號有別，但意思相同。

這裡要強調一下：損失函數 L 是參數 w 和 b 的函數，不是針對 x 的函數。我們會有一種思維定勢，總覺得函數一定是表示 x 和 y 之間的關係。現在需要大家換一個角度去思考問題，暫時忘掉 x 和 y，聚焦於參數。對一個指定的資料

集來説，所有的特徵和標籤都是已經確定的，那麼此時損失值的大小就只隨著參數 w 和 b 而變。也就是説，現在 x 和 y 不再是變數，而是定值，而 w 和 b 在損失函數中成為了變數。

　　「這裡有點不好瞭解，大家能聽得懂嗎？」咖哥問。

　　其中一位同學思考了一下，説：「大概還跟得上你的想法，接著講吧。」

計算資料集的平均損失非常重要，簡而言之就是：**如果平均損失小，參數就好；如果平均損失大，模型或參數就還要繼續調整。**

這個計算當前假設函數所造成的損失的過程，就是前面提到過的**模型內部參數的評估**的過程。

機器學習中的損失函數很多，主要包括以下幾種。

- 用於回歸的損失函數。
  - 均方誤差（Mean Square Error，MSE）函數，也叫平方損失或 L2 損失函數。
  - 平均絕對誤差（Mean Absolute Error，MAE）函數，也叫 L1 損失函數。
  - 平均偏差誤差（mean bias error）函數。
- 用於分類的損失函數。
  - 交叉熵損失（cross-entropy loss）函數。
  - 多分類 SVM 損失（hinge loss）函數。

一般來説，選擇最常用的損失函數就可以達到評估參數的目的。下面列出線性回歸模型的常用損失函數——**均方誤差函數**的實現過程。

- 首先，對於每一個樣本，其預測值和真實值的差異為 $(y-y')$，而 $y'=wx+b$，所以損失值與參數 w 和 b 有關。
- 如果將損失值 $(y-y')$ 誇張一下，進行平方 (平方之後原來有正有負的數值就都變成正數)，就變成 $(y-y')^2$。我們把這個值叫作單一樣本的平方損失。
- 然後，需要把所有樣本 (如本章範例一共記錄了 200 周的資料，即 200 個樣本) 的平方損失都相加，即 $(y(x^{(1)})-y'(x^{(1)}))^2+(y(x^{(2)})-y'(x^{(2)}))^2+\cdots+(y(x^{(200)})-y'(x^{(200)}))^2$。

寫成求和的形式就是：

$$\sum_{(x,y)\in D}(y-h(x))^2$$

 咖哥發言

同學們注意一下，此處公式裡帶小括號的上標 $x^{(1)}$，代表樣本的維度索引，即整個資料集中的第幾個樣本。那麼大家是否還記得 $x1$ 中的索引代表什麼？那是標籤的維度索引，即第幾個標籤。這個例子中目前只有一個標籤，因此省略了索引。

最後，根據樣本的數量求平均值，則損失函數 L 為：

$$L(w,b)=MSE=\frac{1}{2N}\sum_{(x,y)\in D}(y-h(x))^2$$

關於以上公式，説明以下幾點。

■ (x, y) 為樣本，x 是特徵（微信公眾號廣告投放金額），y 是標籤（銷售額）。

■ $h(x)$ 是假設函數 $wx+b$，也就是 y'。

■ D 指的是包含多個樣本的資料集。

■ N 指的是樣本數量（此例為 200）。N 前面還有常數 2，是為了在求梯度的時候，抵消二次方後產生的係數，方便後續進行計算，同時增加的這個常數並不影響梯度下降的最佳結果。

■ 而 L 呢，**對於一個指定的訓練樣本集而言，它是權重 w 和偏置 b 的函數，它的大小隨著 w 和 b 的變化而變。**

下面用 Python 定義一個 MSE 函數，並將其封裝起來，以後會呼叫它。

 咖哥發言

其實，MSE 函數也不需要我們自己寫程式來實現，直接呼叫 Python 數學函數庫函數也是可以的，但這是我們的第一個專案，多練練手吧。

還有一點要告訴大家的，使用 MSE 函數做損失函數的線性回歸演算法，有時被稱為最小平方法。

下面是本例的核心程式碼片段之一:

```
def loss_function(X, y, weight, bias): # 手工定義一個均方誤差函數
    y_hat = weight*X + bias # 這是假設函數,其中已經應用了Python的廣播功能
    loss = y_hat-y  # 求出每一個y'和訓練集中真實的y之間的差異
    cost = np.sum(loss**2)/2*len(X) # 這是均方誤差函數的程式實現
    return cost # 返回當前模型的均方誤差值
```

其中,利用了 Python 的廣播功能及向量化運算。下面是程式中涉及的內容。

- 在 weight*X + bias 中,X 是一個 2D 張量,共 200 行,1 列,但是此處 X 可以直接與純量 weight 相乘,並與純量 bias 相加,之後仍然得到形狀為 (200, 1) 的 2D 張量。在運行期間 weight 和 bias 自動複製自身,形成 X 形狀匹配的張量。這就是上一課中講過的廣播。
- y_hat 是上面廣播計算的結果,形狀與標籤集 y 相同。同學們如果對當前張量形狀有疑惑,可以透過 shape 方法輸出其形狀。y_hat 可以和 y 進行直接的向量化的加減運算,不需要任何 for 迴圈參與。這種向量化運算既減少了程式量,又提高了運算效率。
- 損失函數程式中的 loss 或 cost,都代表當前模型的誤差(或稱為損失、成本)值。

np.sum(loss**2)/2*len(x) 是 MSE 函數的實現,其中包含以下內容。

- loss**2 代表對誤差值進行平方。
- sum(loss**2) 是對張量所有元素求和。
- len(x) 則返回資料集大小,例如 200。

有了這個損失函數,我們就可以判斷不同參數的優與劣了。MSE 函數值越小越好,越大就說明誤差越大。

下面隨便設定了兩組參數,看看其均方誤差大小:

```
print ("當權重為5, 偏置為3時, 損失為:",
loss_function(X_train, y_train, weight=5, bias=3))
print ("當權重為100, 偏置為1時, 損失為:",
loss_function(X_train, y_train, weight=100, bias=1))
```

呼叫剛才定義好的損失函數，運行後結果如下：

```
當權重為5，偏置為3時，損失為：25.592781941560116
當權重為100，偏置為1時，損失為：3155.918523006111
```

因此，線性函數 y=3x+5 相對於線性函數 y=100x+1 而言是更優的模型。

　　同學們紛紛表示基本瞭解了損失函數的重要性。但小冰提出一個疑問：「這個 MSE 函數，為什麼非要平方呢？y-y' 就是預測誤差，取個絕對值之後直接相加不就行了嗎？」

　　咖哥表揚道：「好問題，這個疑惑我以前也曾經有過。均方損失函數，並不是唯一可用的損失函數。為什麼這裡要選用它呢？如果目的僅是計算損失，把誤差的絕對值加起來取平均值就足夠了（即平均絕對誤差函數）。但是之所以還要平方，是為了讓 $L(w, b)$ 形成相對於 w 和 b 而言的凸函數，從而實現梯度下降。下面馬上就要講到這個關鍵之處了。」

• 3.4 透過梯度下降找到最佳參數

現在，資料集已讀取張量，我們也選定了以線性回歸作為機器學習模型，並且準備好了損失函數 MSE，下面要正式開始訓練機器。

3.4.1 訓練機器要有正確的方向

所謂訓練機器，也稱擬合的過程，也就是確定模型內部參數的過程。具體到線性模型，也就是確定 y'=wx+b 函數中的 w 和 b。那麼怎樣才能知道它們的最佳值呢？剛才我們隨便設定了兩組參數，（3, 5）和（100, 1），透過損失函數來比較兩組參數帶來的誤差，發現（3, 5）這一組參數好一些。對於這種簡單的線性關係，數學功力強的人，透過觀察資料和直覺也許就能夠列出比較好的參數值。

但機器沒有直覺，只能透過演算法減小損失。一個最簡單無腦的演算法是讓電腦隨機生成一萬個 w 和 b 的不同組合，然後逐一計算損失函數，最後確定其中損失最小的參數，並宣佈：這是一萬個組合裡面的最佳模型。這也是一種演算法，也許結果還真不錯。

如下圖所示，每生成一組參數就透過假設函數求 y'，然後計算損失，記錄下來並更新參數，形成新的假設函數——這是一個不斷循環的疊代過程。

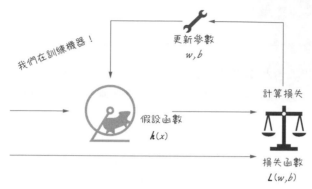

▲ 計算參數更新的過程是一個疊代過程，也就是訓練機器的過程

小冰開始皺眉頭：「難道這就是機器學習尋找參數的方式？這也太沒有含金量了。」

咖哥繼續解釋：「漫無目的去猜測一萬次，然後列出一個損失最小的模型，告訴別人說這個是我隨機猜測一萬次裡面最好的結果，這實在是談不上任何『智慧』。如果機器是利用它們天文級的『算力』做這樣的事情，那簡直太讓人失望了。因此，比較理想的情況是，每一次猜測都應該比上一次更好，更接近真相，也就是每次的損失都應該減小，而非好一次，壞一次地亂猜。好消息是，對線性回歸來說，有一種方法可以使猜測沿著正確的方向前進，因此總能找到比起上一次猜測時誤差更小的 w 和 b 組合。這種方法就是針對損失函數的梯度下降（gradient descent）。」

 咖哥發言

梯度下降可以說是整個機器學習的精髓，堪稱機器學習之魂。在我們身邊發生的種種機器學習和深度學習的奇蹟，歸根結底都是拜梯度下降所賜。

這就是方向的重要性。

咖哥喟歎：「不僅人生需要方向，連機器也需要正確的方向……」

3.4.2 凸函數確保有最小損失點

咖哥接著說：「只是前進的方向對了，這還不夠，還有另外一個關鍵點，就是你要知道什麼時候停下來最合適。」

小冰說：「這是跑馬拉松嗎？還要知道什麼時候停。」

咖哥說：「這就是原來說過的凸函數和全域最低點的重要性所在了。」

讓我們回憶一下均方誤差函數：

$$MSE = L(w,b) = \frac{1}{2N} \sum_{(x,y) \in D} (y - (wx + b))^2$$

前面已經強調過，函數方程式中的 x, y 都可以視為常數，則 L 就只隨著 w 和 b 而變，而函數是連續的平滑曲線，每一個微小的 w 和 b 的改變都會帶來微小的 L 的改變，而且這個函數很顯然是個二次函數（w 和 b 被平方）。為了簡化描述，方便繪圖，先忽略參數 b。對指定的資料集來說，平均損失 L 和 w 的對應關係如下圖所示。

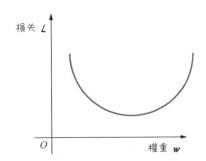

▲ 均方誤差函數的損失曲線是一個凸函數

我們將這個函數圖型稱為**損失曲線**，這是一個凸函數。凸函數的圖型會流暢、連續地形成相對於 y 軸的全域最低點，也就是說**存在著全域最小損失點。這也是此處選擇 MSE 作為線性回歸的損失函數的原因。**

 咖哥發言

如果同學們回憶一下第 2 課中提到過的線性函數和多次函數圖型，就會發現它們不滿足凸函數的要求。

如果畫出 w 和 b 共同作用時的三維圖型，就可以把它想像成一個有底（最低點）的碗，如下圖所示。

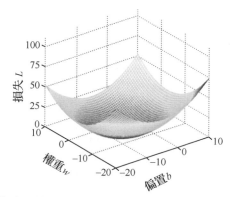

▲ 均方誤差函數——w 和 b 共同作用時的三維圖型

這種「**存在著底部最低點**」的函數為梯度下降奠定了基礎。不管再增加多少個維度（特徵，也就是對應地增加參數 w 的個數），二次函數都是有最低點的。如果沒有這個最低點，那麼梯度下降到了一定程度，停是停了，但是根本沒法判斷此時的損失是不是最小的。

 咖哥發言

一隻在二維平面上爬來爬去的螞蟻，永遠也無法想像如果它站起來以後的空間是什麼樣子。前面說過，我們現在身處於三維空間，因此不能夠描述四維以上的空間。所以，如果再多一個參數，其圖型就無法展示了。但還是可以推知，對於多維特徵的多變數線性回歸的均方誤差函數，仍然會存在著底部最低點。

3.4.3 梯度下降的實現

梯度下降的過程就是在程式中一點點變化參數 w 和 b，使 L，也就是損失值，逐漸趨近最低點（也稱為機器學習中的**最佳解**）。這個過程經常用「下山」來比喻：想像你站在一座山的山腰上，正在尋找一條下山的路，這時你環望四周，找到一個最低點並向那個方向邁出一步；接著再環望四周，朝最低點方向再邁出一步⋯⋯一步接一步，走到最低點。

這裡用圖來詳細解釋比較清楚，為了簡化說明，還是暫時只考慮權重 w 和損

失 L 之間的關係。給 w 隨機分配一個初值（如 5）的時候，損失曲線上對應的點就是下圖中有小猴子的地方。

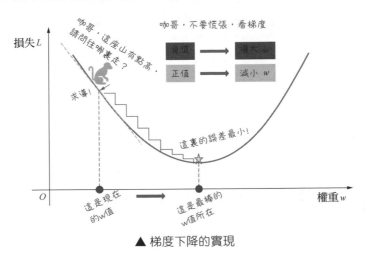

▲ 梯度下降的實現

此時 w 等於 5，下一步要進行新的猜測了，w 應該往哪個方向移動，才能得到更小的損失 L？也就是說，w 應該是增大（5.01）還是減小（4.99），L 才能更快地趨近最小損失點（五角星）？

　　咖哥問同學們：「如果圖中的小猴子代表損失值的大小，那麼它應該是往左走，還是往右走呢？機器能不能告訴它正確的方向？」

　　小冰大叫一聲：「求導！」

　　咖哥嚇了一次轉發：「對！上一課學的東西看來是記住了。」

秘密武器正是**導數**。導數描述了函數在某點附近的變化率（L 正在隨著 w 增大而增大還是減小），而這正是進一步猜測更好的權重時所需要的全部內容。

程式中用梯度下降法透過求導來計算損失曲線在起點處的梯度。此時，**梯度**就是損失曲線導數的向量，它可以讓我們了解哪個方向距離目標「更近」或「更遠」。

- 如果求導後梯度為正值，則說明 L 正在隨著 w 增大而增大，應該減小 w，以得到更小的損失。

- 如果求導後梯度為負值，則說明 L 正在隨著 w 增大而減小，應該增大 w，以得到更小的損失。

咖哥發言

此處在單一權重參數的情況下，損失相對於權重的梯度就稱為導數；若考慮偏置，或存在多個權重參數時，損失相對於單一權重的梯度就稱為偏導數。

因此，透過對損失曲線進行求導之後，就獲得了梯度。梯度具有以下兩個特徵。

- 方向（也就是梯度的正負）。
- 大小（也就是切線傾斜的幅度）。

這兩個重要的特徵，尤其是方向特徵確保了梯度始終指向損失函數中增長最為迅速的方向。**梯度下降法會沿著負梯度的方向走一步，以降低損失**，如下圖所示。

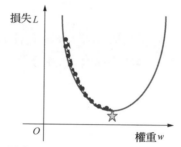

▲ 梯度下降：找到損失最小時的權重

透過梯度下降法，如果初始估計的 w 值落在最佳值左邊，那麼梯度下降會將 w 增大，以趨近最低值；如果初始估計的 w 值落在最佳值右邊，那麼梯度下降會將 w 減小，以趨近最低值。這個逐漸趨近於最佳值的過程也叫作損失函數的**收斂**。

用數學語言描述梯度計算過程如下：

$$梯度 = \frac{\partial}{\partial w}L(w) = \frac{\partial}{\partial w}\frac{1}{2N}\sum_{(x,y)\in D}(y-h(x))^2 = \frac{1}{2N}\sum_{(x,y)\in D}(y-(w \cdot x)) \cdot x$$

也可以寫成

$$梯度 = \frac{1}{2N}\sum_{i=1}^{N}(y^{(i)}-(w \cdot x^{(i)})) \cdot x^{(i)}$$

此處的 N 是資料集的數目。符號代表對所有訓練資料集中的特徵和標籤進行處理並求和，這是已經推導出來的求梯度的具體步驟。如果不熟悉導數（也就是對損失函數的微分）的演算也沒有什麼影響。因為梯度的計算過程都已經封裝在各種機器學習框架中，並不用我們自己寫程式實現。

而且即使要透過 Python 來實現梯度下降公式，程式同樣是非常的簡潔：

```
y_hat  = weight*X + bias # 這是向量化運算實現的假設函數
loss = y_hat-y # 這是中間過程，求得的是假設函數預測的y'和真正的y值之間的差值
derivative_wight = X.T.dot(loss)/len(X) # 對權重求導，len(X)就是樣本總數
derivative_bias = sum(loss)*1/len(X)    # 對偏置求導，len(X)就是樣本總數
```

簡單地解釋一下這段程式。

- weight*X 是求出 X 資料集中的全部資料的 y' 值，就是 $w \cdot x^{(i)}$ 的實現，是對陣列的整體操作，不用透過迴圈去分別操作每一個資料。
- 對 weight 求導的過程中，使用了上一課中介紹過的多項式點積規則──兩個相同維度的向量對應元素先相乘，後相加。這其中的兩個向量是 X 和 loss，也就是 $y^{(i)} - (w \cdot x^{(i)})) \cdot x^{(i)}$ 的實現。
- 對偏置 b 求導並不需要與特徵 X 相乘，因為偏置與權重不同，它與特徵並不相關。另外還有一種想法，是把偏置看作 w_0，那麼就需要給 X 特徵矩陣增加一行數字 1，形成 x_0，與偏置相乘，同時確保偏置值不變──我們會在多變數線性回歸的程式中試一下這個技巧。

3.4.4 學習率也很重要

最關鍵的問題已經透過求導的方法解決了，我們知道權重 w 應該往哪個方向走。下一個問題是小猴子應該以多快的速度下山。這在機器學習中被稱為**學習率**（learning rate）的確定。學習率也記作 α，讀作 alpha。

學習率乘以損失曲線求導之後的微分值，就是一次梯度變化的**步進值**（step size）。它控制著當前梯度下降的節奏，或快或慢，w 將在每一次疊代過程中被更新、最佳化。

引入學習率之後，用數學語言描述參數 w 隨梯度更新的公式如下：

$$w = w - \alpha \cdot \frac{\partial}{\partial w}L(w)$$

即

$$w = w - \frac{\alpha}{N}\sum_{i=1}^{N}(y^{(i)} - (w \cdot x^{(i)})) \cdot x^{(i)}$$

Python 程式實現如下：

```
weight = weight - alpha*derivative_wight # 結合學習率alpha更新權重
bias = bias - alpha*derivative_bias # 結合學習率alpha更新偏置
```

 咖哥發言

本課中，為了學習過程中的瞭解，列出了求導、梯度下降的實現、損失函數的計算的細節。然而在實戰中，這些內容基本不需要程式設計人員自己寫程式實現。而大多數機器學習從業者真正花費相當多的時間來調整的，是像學習率、疊代次數這樣的參數，我們稱這種位於模型外部的人工可調節的參數為超參數。而權重 w、偏置 b，當然都是模型內部參數，由梯度下降負責最佳化，不需要人工調整。

如果所選擇的學習率過小，機器就會花費很長的學習時間，需要疊代很多次才能到達損失函數的最底點，以下面左圖所示。相反，如果學習率過大，導致 L 的變化過大，越過了損失曲線的最低點，則下一個點將永遠在 U 形曲線的底部隨意彈跳，損失可能越來越大，以下面右圖所示。在機器學習實戰中，這種損失不僅不會隨著疊代次數減小，反而會越來越大的情況時有發生。

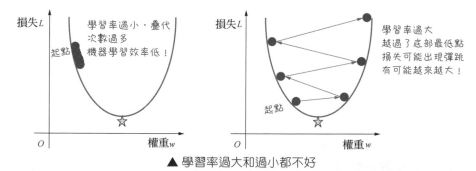

▲ 學習率過大和過小都不好

最佳學習率（如下圖所示）與具體問題相關。因為在不同問題中，損失函數的平坦程度不同。如果我們知道損失函數的梯度較小，則可以放心地試著採用更大的學習率，以補償較小的梯度並獲得更大的步進值。

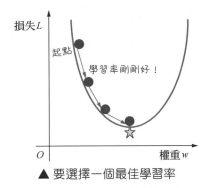

▲ 要選擇一個最佳學習率

尋找最佳學習率很考驗經驗和感覺。一個常見的策略是，在機器學習剛剛開始的時候，學習率可以設定得大一些，快速幾步達到接近最佳權重的位置，當逐漸地接近最佳權重時，可以減小學習率，防止一下子越過最佳值。

下面列出梯度下降的完整程式（已經封裝在一個自訂的函數 gradient_descent 中）：

```
def gradient_descent(X, y, w, b, lr, iter): # 定義一個實現梯度下降的函數
    l_history = np.zeros(iter) # 初始化記錄梯度下降過程中損失的陣列
    w_history = np.zeros(iter) # 初始化記錄梯度下降過程中權重的陣列
    b_history = np.zeros(iter) # 初始化記錄梯度下降過程中偏置的陣列
    for i in range(iter): # 進行梯度下降的疊代，就是下多少級台階
        y_hat = w*X + b # 這是向量化運算實現的假設函數
        loss = y_hat-y # 這是中間過程，求得的是假設函數預測的y'和真正的y值
間的差值
        derivative_w = X.T.dot(loss)/len(X) # 對權重求導，len(X)是樣本總數
        derivative_b = sum(loss)*1/len(X) # 對偏置求導
        w = w - lr*derivative_w # 結合學習率alpha更新權重
        b = b - lr*derivative_b # 結合學習率alpha更新偏置
        l_history[i] = loss_function(X, y, w, b)# 梯度下降過程中損失的歷史記錄
        w_history[i] = w # 梯度下降過程中權重的歷史記錄
        b_history[i] = b # 梯度下降過程中偏置的歷史記錄
    return l_history, w_history, b_history # 返回梯度下降過程中的資料
```

注意梯度下降的程式在程式中實現時，會被置入一個迴圈中，比如下降 50 次、100 次甚至 10000 次，偵錯工具時，需要觀察損失曲線是否已經開始收

斂。具體疊代多少次合適，和學習率一樣，需要具體問題具體分析，還需要根據程式運行情況及時調整，這是在下一小節中即將詳細介紹的內容。

• 3.5 實現一元線性回歸模型並調整超參數

下面繼續透過 Python 程式實現回歸模型並調整模型。

3.5.1 權重和偏置的初值

在線性回歸中，權重和偏置的初值的選擇可以是隨機的，這對結果的影響不大，因為我們知道無論怎麼選擇，梯度下降總會帶領機器「走」到最佳結果（差別只是步數的多少而已）。透過下面的程式設定初始參數值：

```
# 首先確定參數的初值
iterations = 100;# 疊代100次
alpha = 1;# 初始學習率設為1
weight = -5 # 權重
bias = 3 # 偏置
# 計算一下初始權重和偏置值所帶來的損失
print ('當前損失:', loss_function(X_train, y_train, weight, bias))
```

上面的程式設定各個參數的初值並透過損失函數 loss_function, 求出初始損失：

```
當前損失:1.343795534906634
```

下面畫出當前回歸函數的圖型：

```
# 繪製當前的函數模型
plt.plot(X_train, y_train, 'r.', label='Training data') # 顯示訓練資料
line_X = np.linspace(X_train.min(), X_train.max(), 500) # X值域
line_y = [weight*xx + bias for xx in line_X] # 假設函數y_hat
plt.plot(line_X, line_y, 'b--', label='Current hypothesis') # 顯示當前假設函數
plt.xlabel('wechat') # x軸標籤
plt.ylabel('sales') # y軸標籤
plt.legend() # 顯示圖例
plt.show() # 顯示函數圖型
```

輸出函數圖型如下所示。

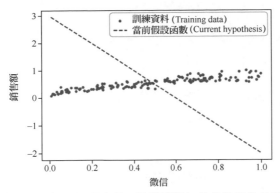

▲ 還沒有開始機器學習之前：隨機選擇初始參數時的函數圖型

「哇！」一位同學看了一愣,「咖哥,這個好像和剛才你手繪的 L-W 線有很大差異!」

咖哥哈哈大笑,說:「因為初始權重和偏置的值都是隨機選擇的。而且我是故意讓當前這個擬合結果顯得很離譜,目的就是在後面的步驟中更進一步地顯示出梯度下降的效果。」

3.5.2 進行梯度下降

下面就基於這個平均損失比較大的初始參數值,進行梯度下降,也就是開始訓練機器,擬合函數。呼叫剛才已經定義好的梯度下降函數 gradient_descent,並疊代 100 次(在上一節參數初始化的程式中已設定),也就是下 100 級台階:

```
# 根據初始參數值,進行梯度下降,也就是開始訓練機器,擬合函數
loss_history, weight_history, bias_history = gradient_descent(
            X_train, y_train, weight, bias, alpha, iterations)
```

在訓練機器的過程中,已經透過變數 loss_history 記錄了每一次疊代的損失值。下面把損失大小和疊代次數的關係透過函數圖型顯示出來,看看損失是不是如同所預期的那樣,隨著梯度下降而逐漸減小並趨近最佳狀態。透過下面的程式繪製損失曲線:

```
plt.plot(loss_history, 'g--', label='Loss Curve') # 顯示損失曲線
plt.xlabel('Iterations') # x 軸標籤
plt.ylabel('Loss') # y 軸標籤
plt.legend() # 顯示圖例
plt.show() # 顯示損失曲線
```

程式運行後，發現很奇怪的現象，圖中（如下圖所示）顯示出來的損失竟隨著梯度下降的疊代而變得越來越大，從很小的值開始，越來越大，後來達到好幾萬。

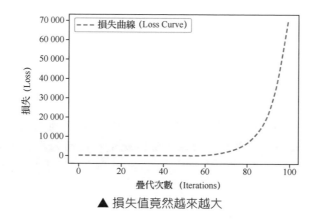

▲ 損失值竟然越來越大

如果在這時畫出當前的線性函數圖型，也會特別離譜，根本就沒有與資料集形成擬合：

```
# 繪製當前的函數模型
plt.plot(X_train, y_train, 'r.', label='Training data') # 顯示訓練資料
line_X = np.linspace(X_train.min(), X_train.max(), 500) # X值域
# 關於weight_history[-1]，這裡的索引[-1]，就代表疊代500次後的最後一個W值
line_y = [weight_history[-1]*xx + bias_history[-1] for xx in line_X] # 假設函數
plt.plot(line_X, line_y, 'b--', label='Current hypothesis') # 顯示當前假設函數
plt.xlabel('wechat') # x 軸標籤
plt.ylabel('sales') # y 軸標籤
plt.legend() # 顯示圖例
plt.show() # 顯示函數圖型
```

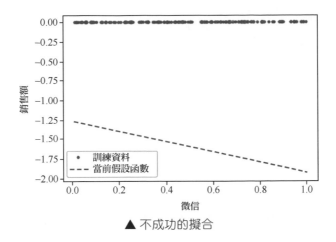

▲ 不成功的擬合

梯度下降並沒有得到我們所期望的結果。原因何在呢？

　　咖哥說：「考驗我們的經驗和解決問題的能力的時刻來了！同學們說一說自己的看法吧。」

　　此時，同學們卻都沉默了。

　　咖哥說：「其實，根據剛剛講過的內容，應該可以猜出問題大概出在哪裡。這個資料集比較簡單，沒有什麼潛在的資料問題。而且模型也比較簡單，如果損失函數、梯度下降程式和求導過程都沒有出現錯誤的話，那麼此處基本上可以確定，問題出在學習率 α 的設定方面。」

3.5.3 調整學習率

現在的 α 值，也就是梯度下降的速率在參數初始化時設定為 1，這個值可能太大了。我們可以在 0 到 1 之間進行多次嘗試，以找到最合適的 α 值。

當把 α 從 1 調整為 0.01 後，損失開始隨著疊代次數而下降，但是似乎下降的速度不是很快，疊代 100 次後沒有出現明顯的收斂現象，以下面左圖所示。反覆調整 α，發現在 α=0.5 的情況下損失曲線在疊代 80 ～ 100 次之後開始出現比較好的收斂現象，以下面右圖所示。此時梯度已經極為平緩，接近凸函數的底部最佳解，對權重求導時斜率幾乎為 0，因此繼續增加疊代次數，損失值也不會再發生什麼大的變化。

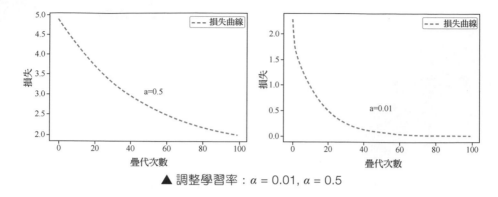

▲ 調整學習率：$\alpha = 0.01$, $\alpha = 0.5$

將 α 設為 0.5，疊代 100 次後，繪製新的線性函數圖型，就呈現出了比較好的擬合狀態，如下圖所示。

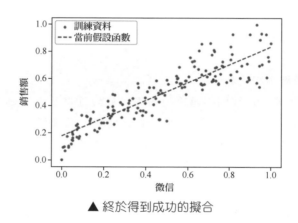

▲ 終於得到成功的擬合

看到這條漂亮的虛線，同學們一顆顆原本懸著的小心臟都落了地。

3.5.4 調整疊代次數

對疊代次數進行調整的主要目的是確認損失值已經收斂，因為收斂之後再繼續疊代下去，損失值的變化已經微乎其微。

確定損失值已經收斂的主要方法是觀察不同疊代次數下形成的損失曲線。下圖是 $\alpha = 0.5$ 時，疊代 20 次、100 次、500 次的損失曲線圖像。

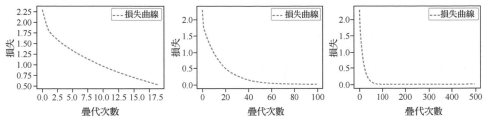

▲ 將疊代次數從 100 次增加至 500 次後，損失並沒有明顯減小

從圖型顯示可知，疊代 20 次顯然太少了，損失值還在持續減少，訓練不應停止。大概在疊代 80 ～ 100 次之後，損失已經達到了比較小的值，繼續疊代下去沒有太大意義，只是浪費資源，所以疊代 500 次沒有什麼必要。

就此例而言，以 0.5 的學習率來說，為了安全起見，我們疊代 100 ～ 200 次差不多就可以了，最後確定疊代 200 次吧。

下面就輸出 α=0.5 時，疊代 200 次之後的損失值，以及參數 w 和 b 的值：

```
print ('當前損失：', loss_function(X_train, y_train,
                weight_history[-1], bias_history[-1]))
print ('當前權重：', weight_history[-1])
print ('當前偏置：', bias_history[-1])
```

這裡的索引 [-1]，前面講過，是相對索引，它代表疊代 200 次後的最後一次的 w 和 b 值，這兩個值就是機器學習基於訓練資料集得到的結果：

```
當前損失： 0.00465780405531404
當前權重： 0.6552253409192808
當前偏置： 0.176903410094724888
```

3.5.5 在測試集上進行預測

現在，在疊代 200 次之後，我們認為此時機器學習已經列出了足夠好的結果，對於訓練集的均方誤差函數的損失值已經非常小，幾乎接近 0。那麼，是不是在測試集上，這個函數模型效果也一樣好呢？

下面在測試集上進行預測和評估：

```
print ('測試集損失：', loss_function(X_test, y_test,
                weight_history[-1], bias_history[-1]))
```

輸出結果如下：

測試集損失：0.00458180938024721

結果顯示當前的測試集的損失值約為 0.00458，甚至還要好過訓練集。測試集損失比訓練集損失還低，這種情形並不是機器學習的常態，但在比較小的資料集上是有可能出現的。

我們還可以同時描繪出訓練集和測試集隨著疊代次數而形成的損失曲線，如下圖所示。

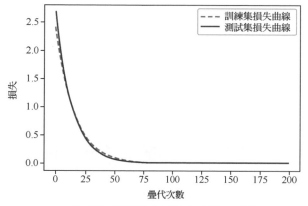

▲ 同時顯示測試集與訓練集的損失曲線

結果顯示，測試集與訓練集的損失隨疊代次數的增加，呈現相同的下降趨勢，說明我們的機器學習模型是成功的。在訓練的初期，訓練集上的損失明顯小於測試集上的損失，但是這種差距會隨著學習的過程而逐漸變小，這也是機器學習過程正確性的表現。

因此，最終確定了一個適合預測小冰的網店銷售額的最佳線性回歸模型：

$$w = 0.6608381748731955$$
$$b = 0.17402747570052432$$

函數模型：y'=0.66x+0.17

而我們剛才所做的全部工作，就是**利用機器學習的原理，基於線性回歸模型，透過梯度下降，找到了兩個最佳的參數值而已**。

3.5.6 用輪廓圖描繪 L、w 和 b 的關係

至此，機器學習建模過程已經完成。這裡我再多講一個輔助性的工具，叫作
輪廓圖（contour plot）。損失曲線描繪的是損失和疊代次數之間的關係，而輪
廓圖則描繪的是 L、w 和 b 這 3 者之間的關係，這樣才能夠清楚地知道損失值
是怎樣隨著 w 和 b 的變化而逐步下降的。

這個輪廓圖，其實大概就是等高線 + 地形圖。

　　小冰插嘴：「等高線和地形圖地理課學過啊，我知道怎麼回事。」
　　咖哥說：「那就比較容易瞭解了。」

介紹梯度下降的時候，我們反覆講全域最低點，如果只有一個參數 w，那麼損
失函數的圖型就是二次函數曲線。

如果考慮兩個參數 w 和 b，就是類似右側上圖的三維立體圖像，像一個碗。而
輪廓圖，就是這個三維的碗到二維平面的投影，如下圖右側所示。

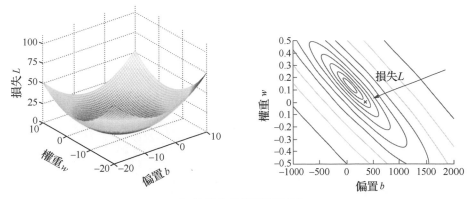

▲ 從損失曲線到輪廓圖

在輪廓圖中，每一個圈圈上的各個點，損失值都相同，也就是說，這些點所
對應的 w 和 b，帶來的 L 是相等的。而 L 的最小值，就投影到了同心橢圓的
中心點，也就是全域最佳解，此時只有一個最佳的 w 和 b 的組合。

因此，這個輪廓圖可以方便、直觀地觀察損失函數和模型內部參數之間關係。

　　小冰突然發問：「如果參數超過兩個呢？又怎麼畫輪廓圖？」
　　咖哥「痛苦」地回答：「輪廓圖，費了好大的力氣，把三維的關係降到二

維平面上進行顯示，你又想再多加一維，那是又在挑戰人類的極限了。這裡請瞭解一下，不要鑽牛角尖了。其實在紙面上是比較難畫出更多個參數的輪廓圖的。」

針對這個案例，我在訓練機器的過程中繪製出了輪廓圖，程式比較長，基於篇幅，我就不進行展示了，你們可以去原始程式套件裡面看一看。程式顯示了線性函數圖型從初始狀態到最佳狀態的漸變和損失在輪廓圖中逐漸下降到最低點的軌跡，這把訓練機器的過程描繪得非常直觀，如下圖所示。

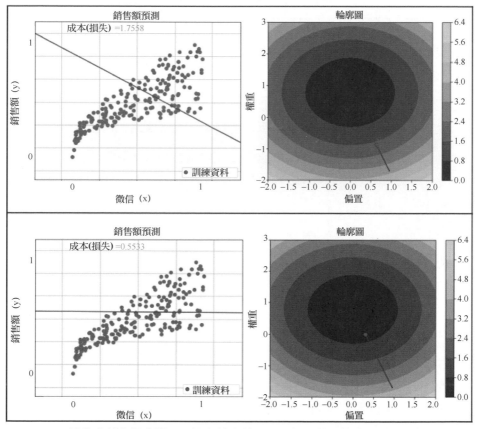

▲ 隨著參數的擬合過程，損失越來越小，最終下降到輪廓圖的中心點

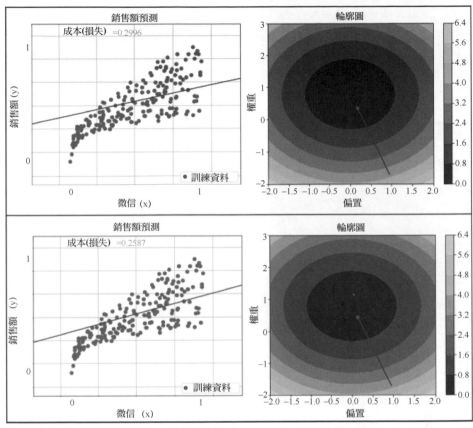

▲ 隨著參數的擬合過程，損失越來越小，最終下降到輪廓圖的中心點（續）

從圖中可以分析出，當 w 在 0.66 附近，b 在 0.17 附近時，L 值接近輪廓圖顏色最深的底部中心點，也就是最佳解。

「休息 10 分鐘，」咖哥說，「之後講如何實現多變數的線性回歸。」

3.6 實現多元線性回歸模型

多元，即多變數，也就是特徵是多維的。我們用索引（例如 w_1 和 x_1）代表特徵的編號，即特徵的維度。多個特徵，可以用來表示更複雜的機器學習模型。同學們不要忘了，小冰所帶來的原始資料集，本來就是具有 3 個特徵的模型。只是為了簡化教學，才只選擇了微信公眾號廣告投放金額作為唯一的

特徵，建置單變數線性迴歸模型。現在重新引入 x_2 代表微博廣告投放金額，x_3 代表其他類型廣告投放金額，採用以下多元（多變數）的線性方程式來構造假設函數：

$$y'=h(x)=b+w_1x_1+w_2x_2+w_3x_3$$

3.6.1 向量化的點積運算

在機器學習的程式設計中，這個公式可以被向量化地實現，以表示任意維的特徵：

$$y'=h(x)=w^{\mathrm{T}} \cdot x+b$$

其中，$w^{\mathrm{T}} \cdot x$ 就是 $w_1x_1+w_2x_2+w_3x_3+\cdots+w_Nx_N$。

點積前面講過：如果 w 是一個向量，x 也是一個向量，兩個向量做乘法，會得到一個純量，也就是數值 y'。兩個向量，你點積我，我點積你，結果是相同的。因此 $w^{\mathrm{T}} \cdot x$ 等於 $x \cdot w^{\mathrm{T}}$。

但是，為什麼公式裡面有一個矩陣轉置符號 T 呢？這是因為 w 和 x 這兩個張量的實際形狀為 $(N, 1)$ 的矩陣，它們直接相乘是不行的。其中一個需要先轉置為 $(1, N)$，才能進行點積操作，這就是為什麼公式中特別強呼叫 w^{T}。

而且，要注意以下幾點。

- 張量形狀 $(1, N)$ 點積 $(N, 1)$，就得到 1×1 的純量。
- 張量形狀 $(N, 1)$ 點積 $(1, N)$，那就得到 (N, N) 的矩陣，就不是我們想要的 y'。
- 張量形狀 $(1, N)$ 點積 $(1, N)$，或 $(N, 1)$ 點積 $(N, 1)$，就會出錯。

 咖哥發言

要注意輸入張量的維度和目標張量的維度，維度的錯誤會導致得不到想要的結果。公式裡的 y' 是一個值，也就是純量。而在本例的程式碼中，因為整個資料集是一起進行向量化運算的，所以 y' 應該是一個形狀為（200, 1）的張量，裡面包含 200 個值。偵錯工具時要記得多輸出張量的形狀。

還可以把公式進一步簡化，就是把 b 也看作權重 w_0，那麼需要引入 x_0，這樣公式就是：

$$y'=h(x)=w_0x_0+w_1x_1+w_2x_2+w_3x_3$$

引入 x_0，就是給資料集增加一個新的啞（dummy）特徵，值為 1，b 和這個虛擬特徵相乘，值不變：

$$w_0x_0=b\times1=b$$

新的公式變為：

$$y'=h(x)=w^{\mathrm{T}}x$$

習慣上，對於多元參數，會把 W 和 X 大寫，突出它們是一個陣列，而非純量：

$$X=\begin{bmatrix}x_0\\x_1\\\cdot\\\cdot\\x_{n-1}\\x_n\end{bmatrix}\quad W=\begin{bmatrix}w_0\\w_1\\\cdot\\\cdot\\w_{n-1}\\w_n\end{bmatrix}\quad W^{\mathrm{T}}=[w_0,w_1,\cdots,w_{n-1},w_n]$$

$$y'=W^{\mathrm{T}}\cdot X=w_0x_0+w_1x_1+\cdots+w_{n-1}x_{n-1}+w_nx_n$$

上面的表述形式令多元回歸的程式實現過程更為簡潔。多元回歸的程式實現和剛才的單變數回歸十分類似，只有幾個部分需要注意（下面只列出重點程式碼片段，完整程式參閱程式套件中的原始程式碼）。

首先，在建置特徵資料集時，保留所有欄位，包括 wechat、weibo、others，然後用 NumPy 的 delete 方法刪除標籤欄位：

```
X = np.array(df_ads) # 建置特徵集, 包含全部特徵
X = np.delete(X, [3], axis = 1) # 刪除標籤
y = np.array(df_ads.sales) #建置標籤集, 銷售額
print("張量X的階:", X.ndim)
print("張量X的維度:", X.shape)
print(X)
```

輸出結果如下：

```
張量X的階: 2
張量X的維度: (200, 3)
[[ 304.4    93.6   294.4]
 [1011.9    34.4   398.4]
 ... ...
 [ 343.5    86.4    48. ]
 [ 796.7   180.    252. ]]
```

因為 X 特徵集已經是 2 階的，不需要再進行 reshape 操作，所以只需要把標籤張量 y 進行 reshape 操作：

```
y = y.reshape(-1, 1) #透過reshape方法把向量轉為矩陣, -1相等於len(y), 返回樣本個數
```

目前輸入資料集是 2D 矩陣，包含兩個軸，樣本軸和特徵軸，其中樣本軸共200 行資料，特徵軸中有 3 個特徵。

多變數線性回歸實現過程中的重點就是 W 和 X 點積運算的實現，因為 W 不再是一個純量，而是變成了一個 1D 向量 $[w_0, w_1, w_2, w_3]$。此時，假設函數 $f(x)$ 在程式中的實現就變成了一個迴圈，其虛擬程式碼如下：

```
for i in N: # N為特徵的個數
    y_hat = y_hat + weight[i]*X[i]
    y_hat = y_hat + bias
```

但是，我們已經知道，NumPy 工具集中的點積運算可以避免類似的迴圈敘述出現。

而且，有以下兩種實現想法。

- 一種是 W 和 X 點積，再加上偏置。
- 另一種是給 X 最前面加上一列（一個新的維度），這個維度所有數值全都是1，是一個虛擬特徵，然後把偏置看作 w_0。

第二種實現的程式比較整齊。為 X 訓練集增加 x_0 維特徵的程式如下：

```
x0_train = np.ones((len(X_train), 1)) # 構造X長度的全1陣列配合對偏置的點積
X_train = np.append(x0_train, X_train, axis=1) #把X增加一系列的1
```

```
print ("張量X的形狀:", X_train.shape)
print (X_train)
```

輸出結果如下:

```
張量X的形狀: (160, 4)
[[1.        0.39995488 0.1643002  0.42568162]
 [1.        0.72629521 0.83975659 0.34564644]
 [1.        0.22746071 0.31845842 0.35620053]
 --- ---
 [1.        0.31949771 0.14807302 0.06068602]]
```

類似的 x_0 維特徵也需要增加至測試集。

3.6.2 多變數的損失函數和梯度下降

損失函數也透過向量化來實現:

```
def loss_function(X, y, W): # 手工定義一個均方誤差函數, W此時是一個向量
    y_hat = X.dot(W.T) # 點積運算h(x)=w0x0+w1x1+w2x2+w3x3
    loss = y_hat.reshape((len(y_hat), 1))-y # 中間過程,求出當前W和真值的差值
    cost = np.sum(loss**2)/(2*len(X)) # 這是平方求和過程,均方誤差函數的程式實現
    return cost # 返回當前模型的均方誤差值
```

梯度下降的公式仍然是:

$$w = w - \frac{\alpha}{2N} \sum_{i=1}^{N} (y^{(i)} - (w \cdot x^{(i)})) \cdot x^{(i)}$$

封裝進一個梯度下降函數:

```
def gradient_descent(X, y, W, lr, iter): # 定義梯度下降函數
    l_history = np.zeros(iter) # 初始化記錄梯度下降過程中損失的陣列
    W_history = np.zeros((iter, len(W))) # 初始化記錄梯度下降過程中權重的陣列
    for i in range(iter): # 進行梯度下降的疊代, 就是下多少級台階
        y_hat = X.dot(W) # 這是向量化運算實現的假設函數
        loss = y_hat.reshape((len(y_hat), 1))-y # 中間過程, 求出y_hat和y真值的
差值
        derivative_W = X.T.dot(loss)/(2*len(X)) #求出多項式的梯度向量
        derivative_W = derivative_W.reshape(len(W))
```

```
        W = W - alpha*derivative_W # 結合學習率更新權重
        l_history[i] = loss_function(X, y, W) # 梯度下降過程中損失的歷史記錄
        W_history[i] = W # 梯度下降過程中權重的歷史記錄
    return l_history, W_history # 返回梯度下降過程中的資料
```

3.6.3 建置一個線性回歸函數模型

在訓練機器之前，建置一個線性回歸函數，把梯度下降和訓練過程封裝至一個函數。這可以透過呼叫線性回歸模型來訓練機器，程式顯得比較整齊：

```
# 定義線性回歸模型
def linear_regression(X, y, weight, alpha, iterations):
    loss_history, weight_history = gradient_descent(X, y,
                                                     weight,
                                                     alpha, iterations)
    print("訓練最終損失:", loss_history[-1]) # 輸出最終損失
    y_pred = X.dot(weight_history[-1]) # 進行預測
    traning_acc = 100 - np.mean(np.abs(y_pred - y))*100 # 計算準確率
    print("線性回歸訓練準確率: {:.2f}%".format(traning_acc))  # 輸出準確率
    return loss_history, weight_history # 返回訓練歷史記錄
```

這個模型中呼叫了梯度下降函數來訓練機器，同時計算了最終損失並基於訓練集列出了在訓練集上的預測準確率。

3.6.4 初始化權重並訓練機器

下面初始化權重，這時候 weight 變成了一個陣列，bias 變成了其中的 w[0]：

```
#首先確定參數的初值
iterations = 300 ;# 疊代300次
alpha = 0.15 ;#學習率設為0.15
weight = np.array([0.5, 1, 1, 1]) # 權重向量, w[0] = bias
#計算一下初值的損失
print ('當前損失:', loss_function(X_train, y_train, weight))
```

下面透過呼叫前面定義好的線性回歸模型訓練機器，並列出最終損失，以及基於訓練集的預測準確率：

```
# 呼叫剛才定義的線性回歸模型
loss_history, weight_history = linear_regression(X_train, y_train,
                              weight, alpha, iterations) #訓練機器
```

輸出結果如下：

```
訓練最終損失：0.004334018335124016
線性回歸訓練準確率：74.52%
```

還可以輸出返回的權重歷史記錄以及損失歷史記錄：

```
print("權重歷史記錄：", weight_history)
print("損失歷史記錄：", loss_history)
```

損失歷史記錄顯示，疊代 200 次之後，基本收斂。疊代 300 次之後，weight 的值如下：

```
[-0.04161205  0.6523009  0.24686767  0.37741512]
```

這表示 w_0 約為 -0.004，w_1 約為 0.65，w_2 約為 0.25，w_3 約為 0.38。

最後，回答本課開始時，小冰同學提出的問題：在未來的某周，當我將各種廣告投放金額做一個分配（比如，我決定用 250 元、50 元、50 元）來進行一周的廣告投放時，我將大概實現多少元的商品銷售額？

```
X_plan = [250,50,50] # 要預測的X特徵資料
X_train,X_plan = scaler(X_train_original,X_plan) # 對預測資料也要歸一化縮放
X_plan = np.append([1], X_plan ) # 加一個虛擬特徵X0 = 1
y_plan = np.dot(weight_history[-1],X_plan) # [-1] 即模型收斂時的權重
# 對預測結果要做反向縮放，才能得到與原始廣告費用對應的預測值
y_value = y_plan*23.8 + 3.2 #23.8是當前y_train中最大值和最小值的差，3.2是最小值
print ("預計商品銷售額：",y_value, "千元")
```

透過上面的機器學習函數列出的預測參數向量，可以計算出預計商品銷售額約為 6 千元：

```
預計商品銷售額：6.088909584694067千元
```

　　同學們都轉頭去看小冰，眼神很詫異。咖哥也忍不住了，開口問道：「350元的廣告費用，就能賣出 6 千多元的商品，你真的確定你需要學 AI 才能養家糊口嗎？」小冰白了咖哥一眼：「咖哥，人家這個是商品銷售額，不是利潤。這 6 千元裡面，大部分是成本。」

　　小冰接著說：「再說，這個模型預測得就一定很準嗎？」

● 3.7 本課內容小結

本課完成了第一個機器學習模型的專案設計，實現了整個機器學習流程。我們學到了以下內容。

- 資料的收集與分析。
- 機器學習模型的確定。
- 假設函數——$h(x)=wx+b$ 或寫成 $h(x)=w_0+w_1x$，很多地方使用 $h(x)=\theta_0+\theta_1x$。
- 損失函數——$MSE = L(w,b) = \dfrac{1}{N}\sum_{(x,y)\in D}(y-h(x))^2$，很多地方使用 $J(\theta_0, \theta_1)$ 表示損失函數。
- 透過梯度下降訓練機器，目標是最小化 $L(w, b)$，即 $J(\theta_0, \theta_1)$。
- 權重和偏置的初始化。
- 參數的確定與調整：學習率、疊代次數。
- 針對測試集應用機器學習的訓練結果（即得到的模型）。

下面回答本課初始時小冰提出的幾個問題。

（1）各種廣告和商品銷售額的相關度如何？答案：如相關性熱力圖所示。

（2）各種廣告和商品銷售額之間表現出一種什麼關係？答案：線性關係。

（3）哪一種廣告對於商品銷售額的影響最大？答案：微信公眾號廣告。

（4）在未來的某周，當我將各種廣告投放金額做一個分配（比如我決定用 250 元、50 元、50 元）進行一周的廣告投放，我將大概實現多少元的商品銷售額？答案：根據機器學習得到的線性函數，可以預測出的銷售額為 6 千元。

• 3.8 課後練習

練習一：在這一課中，我們花費了一些力氣自己從頭建構了一個線性回歸
模型，並沒有借助 Sklearn 函數庫的線性回歸函數。這裡請大家用
Sklearn 函數庫的線性回歸函數完成同樣的任務。怎麼做呢？同學們
回頭看看第 1 課 1.2.3 節中的「用 Google Colab 開發第一個機器學習
程式」的加州房價預測問題就會找到答案。

（提示：學完本課內容之後，面對線性回歸問題，有兩個選擇，不是自己建置模
型，就是直接呼叫機器學習函數程式庫裡現成的模型，然後用 fit 方法訓練機
器，確定參數。）

練習二：在 Sklearn 函數庫中，除了前面介紹過的 Linear Regression 線性回歸
演算法之外，還有 Ridge Regression（嶺回歸）和 Lasso Regression
（套索回歸）這兩種變形。請大家嘗試參考 Sklearn 線上文件，找到
這兩種線性回歸演算法的說明文件，並把它們應用於本課的資料集。

Ridge Regression 和 Lasso Regression 與普通的線性回歸在細節上有
何不同？下一課中會簡單地介紹。

練習三：匯入第 3 課的練習資料集：Keras 附帶的波士頓房價資料集，並使用
本課介紹的方法完成線性回歸，實現對標籤的預測。

第 4 課

邏輯回歸——給病患和鳶尾花分類

我們已經透過線性回歸模型成功解決了回歸問題，本課就來處理分類問題。分類問題與回歸問題，是機器學習兩大主要應用。

分類問題覆蓋面很廣泛：有二元分類，如根據考試成績推斷是否被錄取、根據消費記錄判斷信用卡是否可以申請，以及預測某天是否將發生地震等；有多元分類，如消費群眾的劃分、個人信用的評級等；還有圖型辨識、語音辨識等，在本質上也是很多個類別的分類問題。

▲ 垃圾分類器幫助市民確定垃圾的類別

本課要講的專用於分類的機器學習演算法，叫邏輯回歸（logistic regression），簡稱 Logreg。

「等等，咖哥。」小冰問道，「你剛才說，機器學習兩大主要應用是回歸問題和分類問題，可你又說這個邏輯回歸演算法，專用於分類問題，這我就不明白了，專用於分類問題的演算法，為什麼叫邏輯回歸，不叫『邏輯分類』演算法呢？」

「哈哈。」咖哥說，「你這就有點咬文嚼字了。邏輯回歸演算法的本質其實仍然是回歸。這個演算法也是透過調整權重 w 和偏置 b 來找到線性函數來計算資料樣本屬於某一種的機率。比如二元分類，一個樣本有 60% 的機率屬於 A 類別，有 20% 的機率屬於 B 類別，演算法就會判斷樣本屬於 A 類別。」

咖哥接著說：「不過，在介紹這些細節之前，還是先看本課重點吧。」

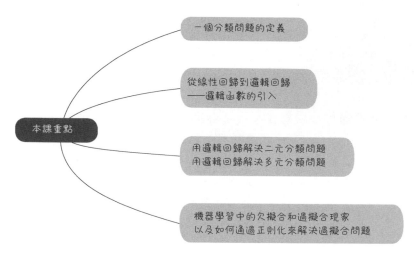

「Stop！咖哥」，小冰聽說了邏輯回歸能解決各種分類問題之後，突然喊道，「我想到了我的朋友現在正在做的醫療產品，也許這個邏輯回歸機器學習模型可以幫到他！」

「好啊，那不妨先聽一聽你的具體需求吧。」咖哥回答。

• 4.1 問題定義：判斷客戶是否患病

小冰告訴咖哥，最近，因為她的網店做得有聲有色，朋友們也紛紛找她來合作，其中一位朋友就請她幫著推銷一種新型的血壓計。為了使自己的推廣更有針對性，小冰在自己的朋友圈發了 1000 份調查問卷，讓朋友們完成心臟健康狀況的測評，並收到了大概幾百個結果。當然，這個調查問卷中的問題是她的朋友提供的專業內容，涉及醫學知識，很多名詞小冰也看不懂。

	A	B	C	D	E	F	G	H	I	J	K	L	M	N
1	age	sex	cp	trestbps	chol	fbs	restecg	thalach	exang	oldpeak	slope	ca	thal	target
2	63	1	3	145	233	1	0	150	0	2.3	0	0	1	1
3	37	1	2	130	250	0	1	187	0	3.5	0	0	2	1
4	41	0	1	130	204	0	0	172	0	1.4	2	0	2	1
5	56	1	1	120	236	0	1	178	0	0.8	2	0	2	1
6	57	0	0	120	354	0	1	163	1	0.6	2	0	2	1
7	57	1	0	140	192	0	1	148	0	0.4	1	0	1	1
8	56	0	1	140	294	0	0	153	0	1.3	1	0	2	1
9	44	1	1	120	263	0	1	173	0	0	2	0	3	1
10	52	1	2	172	199	1	1	162	0	0.5	2	0	3	1
11	57	1	2	150	168	0	1	174	0	1.6	2	0	2	1
12	54	1	0	140	239	0	1	160	0	1.2	2	0	2	1
13	48	0	2	130	275	0	1	139	0	0.2	2	0	2	1
14	49	1	1	130	266	0	1	171	0	0.6	2	0	2	1
15	64	1	3	110	211	0	0	144	1	1.8	1	0	2	1

▲ 心臟健康狀況問卷調查結果

以下是測評中各列數值的中文含義。

- age：年齡。
- sex：性別。
- cp：胸痛類型。
- trestbps：休息時血壓。
- chol：膽固醇。
- fbs：血糖。
- restecg：心電圖。

- thalach：最大心率。
- exang：運動後心絞痛。
- oldpeak：運動後 ST 段壓低。
- slope：運動高峰期 ST 段的斜率。
- ca：主動脈螢光造影染色數。
- thal：缺陷種類。
- target：0 代表無心臟病，1 代表有心臟病。

在這個問卷中要注意以下兩點。

- 從 A 欄到 M 欄，是調查的資訊，包括年齡、性別、心臟功能的一些指標等，從機器學習的角度看就是特徵欄位。
- 問卷的最後一欄，第 N 欄的 target 欄位，是調查的目標，也就是潛在客戶患病還是未患病，這是標籤欄位。

在收回的問卷中，有以下 3 種情況。

- 有一部分人已經是心臟病患者，這批人是我們的潛在客戶群，則 target = 1。
- 有一部分人確定自己沒有心臟問題，那麼目前他們可能就不大需要血壓計這個產品，則 target = 0。
- 還有一部分人只填好了調查表的前一部分，但是最後一個問題，是否有心臟病？他們沒有填寫答案，target 欄位是空白的。可能他們自己不知道，也可能他們不願意提供這個答案給我們。**這些資料就是無標籤的資料。**

小冰問：「咖哥你看，現在我已經掌握了這麼多『有標籤』的資料，那麼能不能用剛才你所說的邏輯回歸模型，對沒有提供答案的人以及未來的潛在客戶進行是否有心臟病的推測。如果能夠推知這些潛在客戶是否患心臟病，就等於知道這些潛在客戶是否需要心臟保健相關產品（血壓計）。這是多麼精準的行銷策略啊！」

「當然可以。」咖哥回答，「只要你的資料是準確的，這個情況就很適合用邏輯回歸來解決。你剛才說問卷中的很多專業性內容你不是很懂，那沒有關係。

機器學習的一大優勢，就是可以對我們本身並不是特別瞭解的資料，也產生精準的洞見。」

　　咖哥又說：「我看了一下，這幾百張已收回的有標籤（就是已經回答了最後一個問題：是否患心臟病？）的調查問卷，正是珍貴的機器學習『訓練集』和『驗證集』。下面就讓邏輯回歸演算法來完成一個專業醫生才能夠做出的判斷。」

• 4.2 從回歸問題到分類問題

介紹演算法之前，同學們先思考一下什麼是事物的「類別」。

4.2.1　機器學習中的分類問題

事物的**類別**，這個概念並不難瞭解。正確的分類觀是建立科學系統、訓練邏輯思維能力的重要一步。從小學自然科學課，老師就開始教孩子們如何給各種事物、現象分類。

機器學習中的分類問題的覆蓋面要比我們所想像的還廣泛得多，下面舉幾個例子。

- 根據客戶的收入、存款、性別、年齡以及流水，為客戶的信用等級分類。
- 讀取圖片，為圖片內容分類（貓、狗、虎、兔）。
- 手寫數字辨識，輸出類別 0 ～ 9。
- 手寫文字辨識，也是分類問題，只是輸出類別有很多，有成千上萬個類別。

而機器學習的分類方法，也是要找到一個合適的函數，擬合輸入和輸出的關係，輸入一個或一系列事物的特徵，輸出這個事物的類別。

對電腦來說，輸入的特徵必須是它所能夠辨識的。舉例來說，我們無法把人（客戶、患者）輸入電腦，那麼只能找到最具代表性的特徵（年齡、血壓、帳戶存款餘額等）轉換成數值後輸入模型。

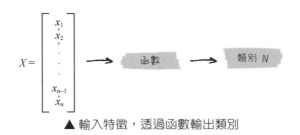

▲ 輸入特徵,透過函數輸出類別

咖哥發言

所有的特徵,都要轉換成數值形式,才易於被機器學習,機器不能夠辨識「男」、「女」,只能辨識 "1"、"2"。這種文字到數值的轉換是必做的特徵工程。

而輸出,則是離散的數值,如 0、1、2、3 等分別對應不同類別。舉例來説,二元分類中的成功 / 失敗、健康 / 患病,及多元分類中的貓、狗、長頸鹿等。這些類別之間是互斥關係,如一個動物是狗,就不能同時是貓;一個患者被診斷為患心臟病,就不能同時被認為是健康的。

這裡先給一點邏輯回歸的演算法細節,在輸出明確的離散分類值之前,演算法首先輸出的其實是一個**可能性**,你們可以把這個可能性瞭解成一個機率。

- 機器學習模型根據輸入資料判斷一個人患心臟病的可能性為 80%,那麼就把這個人判定為「患病」類別,輸出數值 1。
- 機器學習模型根據輸入資料判斷一個人患心臟病的可能性為 30%,那麼就把這個人判定為「健康」類別,輸出數值 0。

機器學習的分類過程,也就是確定某一事物隸屬於某一個類別的**可能性大小**的過程。

4.2.2 用線性回歸 + 步階函數完成分類

溫故而知新,學習邏輯回歸模型先從複習線性回歸模型開始。同學們看看下頁這兩個圖有何區別。左邊的 x 和 y 之間明顯呈現出連續漸變的特徵,是線性關係,適合用回歸模型建模;而右邊的 x 是 0 ～ 100 的值,代表成績,y 則不是 0 ～ 1 的連續值,y 只有兩個結果,不是考試及格($y=1$),就是考試不及格($y=0$)。

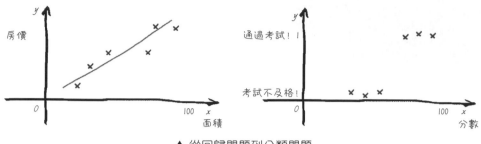

▲ 從回歸問題到分類問題

此時小冰舉手,說:「咖哥,這個分類問題建模太簡單了,我一眼就判斷出來了。這個模型就是兩句話,x 大於等於 60,y 為 1;x 小於 60,y 為 0。這個模型和回歸有點像,也能用一條直線表示,你看。」說著,小冰在圖中畫上了一條分隔號,如下圖所示。

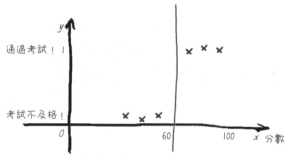

▲ 小冰畫了條分隔號作為回歸函數

咖哥說:「小冰啊,還是要虛心一些。你說這個分類問題簡單,倒是不錯,但是你畫的這條回歸線,可是大錯特錯了。如果用線性回歸來擬合這個考試及格與否的問題,最佳的回歸線應該這樣去畫。」說著,咖哥畫出了另外一條回歸線,以下面左圖所示。

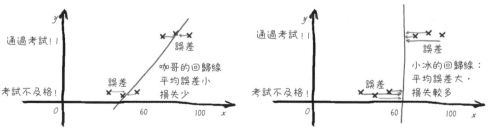

▲ 咖哥畫的線比小冰畫的平均誤差小

小冰說：「為什麼你這條回歸線就比我那個好呢？我那個多清楚啊。」

咖哥回答：「小冰啊，上一課教你的東西都還給我了？一個線性回歸函數是 w 和 b 參數來定義的，不是隨手畫出來的。而且函數的目標是什麼？」

小冰還在思考，另一個同學回答：「減少損失！」

咖哥說：「答得好！損失，就是各個資料點到回歸線的距離。我畫的這條線均勻穿過了各個資料點，平均誤差，也就是圖中各個箭頭長度的平均值比較短。而你畫的那條線，只是一個分界線，不是好的回歸線。你看箭頭顯示出的誤差值，在你的函數圖型中明顯是長得多的。」

小冰靜靜地思考，似乎聽明白了咖哥的話。

咖哥繼續講：「那麼，怎麼把這條線性回歸函數線轉換成邏輯分類器呢？這就要涉及這一課中最重要的邏輯函數了。」

咖哥說：「講邏輯函數之前，還是先仔細看看這條線性圖型。這條線上，有一個神奇的點，能透過成績來預測考試成功還是失敗。你們猜猜是哪個點呢？」

這時候，小冰反而不敢開口了。咖哥看著小冰說：「呵呵。剛才你為什麼在 60 分那裡畫了一條分隔號，現在又不敢說話了？其實，60 分這個點在這個例子中，的確是相當重要的點。也就是說，當考試成績在 60 分左右的時候，考試成功的機率突然增大了。我們注意到在 60 分左右的兩個人，一個通過了考試，一個則不及格了。那麼根據此批資料，在 60 分這個點，考試通過的機率為 50%。而 60 分這個 x 點，用線性回歸函數做假設函數時，所對應的 y 值剛好是 0.5，也就是 50%（如下圖所示）。」

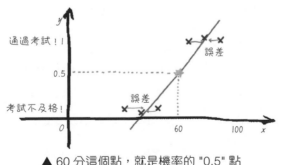

▲ 60 分這個點，就是機率的 "0.5" 點

「複習一下：我們是用線性回歸的方法，對這個分類問題進行擬合，獲得了一個回歸函數。這個函數的參數如何確定，前面已經講過。但是，這個模型很明顯還是不大理想的，對大多數具體的點來說效果不太好。這是因為 y 值的分佈連續性很差，所以要額外處理一下。」

「如何處理呢？大家思考一下分類問題和回歸問題的本質區別：對分類問題來說，儘管分類的結果和資料的特徵之間仍呈現相關關係，但是 y 的值不再是連續的，是 0～1 的躍遷。但是在這個過程中，什麼仍然是連續的呢？」

小冰弱弱地說：「機率？」

咖哥開心地說：「正確！其實，隨著成績的上升，考試及格的機率是逐漸升高的，當達到一個關鍵點（設定值），如此例中的 60 分的時候，考試及格的機率就超過了 0.5。那麼從這個點開始，之後 y 的預測值都為 1。」

因此，只要將線性回歸的結果做一個簡單的轉換，就可以得到分類器的結果。這個轉換如下圖所示。

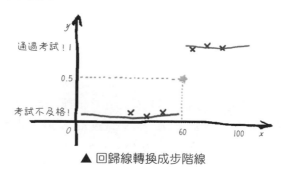

▲ 回歸線轉換成步階線

這可以分為以下兩種情況。

- 線性回歸模型輸出的結果大於 0.5，分類輸入 1。
- 線性回歸模型輸出的結果小於 0.5，分類輸入 0。

這就是我們在第 2 課中所見過的**步階函數**。首先利用線性回歸模型的結果，找到了機率為 0.5 時所對應的特徵點（分數 =60 分），然後把線性的連續值，轉為 0/1 的分類值，也就是 true/false 邏輯值，去更進一步地擬合分類資料。

 咖哥發言

對於分類編碼為 0、1 的標籤，一般分類設定值取 0.5；如果分類編碼為 -1、+1，則分類設定值取 0。透過這個設定值把回歸的連續性結果轉換成了分類的步階性、離散性結果。

對目前這個根據考試成績預測結果的問題，分類成功率為 100%。

至此，似乎任務完成了！

實則不然。直接應用線性回歸＋步階函數這個組合模型作為分類器還是會有局限性。你們看看下圖這個情況。如果在這個資料集中，出現了一個意外：有一位同學考了 0 分！

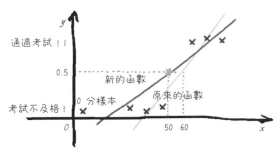

▲ 一個 0 分離群樣本（特例）竟然讓模型的透過分數產生大幅移動

這個同學考了 0 分不要緊，但是因為資料集的樣本數量本來就不多，一個離群的樣本會造成線性回歸模型發生改變。為了減小平均誤差，回歸線現在要往 0 分那邊稍作移動。因此，機率 0.5 這個設定值點所對應的 x 分數也發生了移動，目前變成了 50 分。這樣，如果有一個同學考了 51 分，本來是沒有及格，卻被這個模型判斷為及格（考試及格的機率高於 0.5）。這個結果與我們的直覺不符。

4.2.3 透過 Sigmiod 函數進行轉換

因此，我們需要想出一個辦法對當前模型進行修正，使之既能夠更進一步地擬合以機率為代表的分類結果，又能夠抑制兩邊比較接近 0 和 1 的極端例子，使之鈍化，同時還必須保持函數擬合時對中間部分資料細微變化的敏感度。

要達到這樣效果的函數是什麼樣的呢？請看下面的圖。

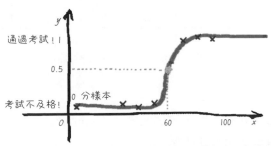

▲ 如果有一個對分類值域兩邊不敏感的函數，就再也不懼離群樣本了

如果有這種 S 形的函數，不管有多少個同學考 0 分，都不會對這個函數的形狀產生大的影響。因為這個函數對於接近 0 分和 100 分附近的極端樣本是很不敏感的，類似樣本的分類機率將無限逼近 0 或 1, 樣本個數再多也無所謂。但是在 0.5 這個分類機率臨界點附近的樣本將對函數的形狀產生較大的影響。也就是說，樣本越接近分類設定值，函數對它們就越敏感。

 咖哥發言

這種 S 形的函數，被稱為 logistic function, 翻譯為邏輯函數。在機器學習中，logistic function 被廣泛應用於邏輯回歸分類和神經網路啟動過程。

大家注意，還有另一種邏輯函數，英文是 logic function, 就是我們也很熟悉的與、或、非等，它們是一種返回值為邏輯值 true 或邏輯值 false 的函數。logic function 和 logistic function 不是同一回事。

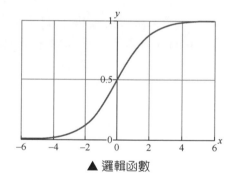

▲ 邏輯函數

而且，這個函數像是線性函數和步階函數的結合，如下圖所示。

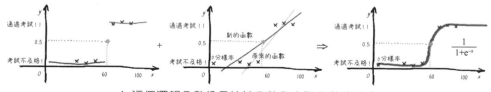

▲ 這個邏輯函數像是線性函數和步階函數的結合

有這樣的函數嗎？

恰好，有一個符合需要的函數，這個函數叫 Sigmoid 函數。第 2 課曾介紹過，它是最為常見的機器學習邏輯函數。

Sigmoid 函數的公式為：

$$g(z) = \frac{1}{1 + e^{-z}}$$

為什麼這裡引數的符號用的是 z 而非 x ？因為它是一個中間變數，代表的是線性回歸的結果。而這裡 $g(z)$ 輸出的結果是一個 0 ～ 1 的數字，也代表著分類機率。

Sigmoid 函數的程式實現很簡單：

```
y_hat = 1/(1+ np.exp(-z)) # 輸入中間變數z, 返回y'
```

透過 Sigmoid 函數就能夠比步階函數更進一步地把線性函數求出的數值，轉為一個 0 ～ 1 的分類機率值。

4.2.4 邏輯回歸的假設函數

有了 Sigmoid 函數，就可以開始正式建立邏輯回歸的機器學習模型。上一課説過，建立機器學習的模型，重點要確定假設函數 $h(x)$，來預測 y'。

複習一下上面的內容，把線性回歸和邏輯函數整合起來，形成邏輯回歸的假設函數。

（1）首先透過線性回歸模型求出一個中間值 z，$z = w_0 x_1 + w_1 x_1 + \cdots + w_n x_n + b = \boldsymbol{W}^{\mathrm{T}} X$。它是一個連續值，區間並不在 [0, 1] 之間，可能小於 0 或大於 1，範圍從無限小到無限大。

（2）然後透過邏輯函數把這個中間值 z 轉化成 0 ～ 1 的機率值，以提高擬合效果 $g(z) = \frac{1}{1 + e^{-z}}$。

（3）結合步驟（1）和（2），把新的函數表示為假設函數的形式：

$$h(x) = \frac{1}{1 + e^{-(\boldsymbol{W}^{\mathrm{T}} X)}}$$

這個值也就是邏輯回歸演算法得到的 y'。

（4）最後還要根據 y' 所代表的機率，確定分類結果。

- 如果 $h(x)$ 值大於等於 0.5，分類結果為 1。
- 如果 $h(x)$ 值小於 0.5，分類結果為 0。

因此，邏輯回歸模型包含 4 個步驟，如下圖所示。

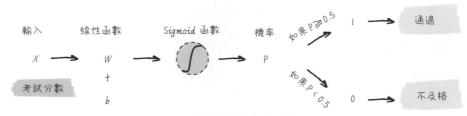

▲ 邏輯回歸模型示意

綜上，邏輯回歸所做的事情，就是把線性回歸輸出的任意值，透過數學上的轉換，輸出為 0 ～ 1 的結果，以表現二元分類的機率（嚴格來說為後驗機率）。

上述過程中的關鍵在於選擇 Sigmoid 函數進行從線性回歸到邏輯回歸的轉換。Sigmoid 函數的優點如下。

- Sigmoid 函數是連續函數，具有單調遞增性（類似遞增的線性函數）。
- Sigmoid 函數具有可微性，可以進行微分，也可以進行求導。
- 輸出範圍為 [0, 1]，結果可以表示為機率的形式，為分類輸出做準備。
- 抑制分類的兩邊，對中間區域的細微變化敏感，這對分類結果擬合效果好。

4.2.5 邏輯回歸的損失函數

「同學們，現在有了邏輯回歸的假設函數，下一步我們將做什麼？」咖哥問。

大家回答：「確定函數的具體參數。」

咖哥說：「答得非常好。下一步是確定函數參數的過程，也同樣是透過計算假設函數帶來的損失，找到最佳的 w 和 b 的過程，也就是把誤差最小化。拿小冰同學的客戶是否患心臟病的例子來說，對於已經被確診的患者，假設函數 $h(x)$ 預測出來的機率 P，其實也就是 y'，越接近 1, 則誤差越小；對於健康的患者，假設函數 $h(x)$ 預測出來的機率 P，即 y'，越接近 0, 則誤差越小。那麼如何確定損失？」

大家回答：「還需要一個損失函數。」

咖哥點頭。

把訓練集中所有的預測所得機率和實際結果的差異求和,並取平均值,就可以得到平均誤差,這就是邏輯回歸的損失函數:

$$L(w,b) = \frac{1}{N} \sum_{(x,y) \in D} Loss(h(x), y) = \frac{1}{N} \sum_{(x,y) \in D} Loss(y', y)$$

這個損失函數和線性回歸的損失函數是完全一致的。那麼同學們是否還記得線性回歸的損失函數是什麼?

是均方誤差函數 MSE。

然而,在邏輯回歸中,不能使用 MSE。因為經過了一個邏輯函數的轉換之後,MSE 對於 w 和 b 而言,不再是一個凸函數,這樣的話,就無法透過梯度下降找到全域最低點,如下圖所示。

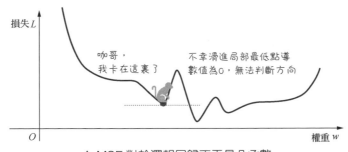

▲ MSE 對於邏輯回歸不再是凸函數

為了避免陷入局部最低點,我們為邏輯回歸選擇了符合條件的新的損失函數,公式如下:

$$\begin{cases} y = 1, Loss(h(x), y) = -\log(h(x)) \\ y = 0, Loss(h(x), y) = -\log(1 - h(x)) \end{cases}$$

有人可能想問,怎麼一下子出來兩個函數?這麼奇怪!

應該說,這是一個函數在真值為 0 或 1 的時候的兩種情況。這不就是以自然對數為底數的對數嗎?而且,從圖形上看(如下圖所示),這個函數將對錯誤的猜測造成很好的懲罰效果。

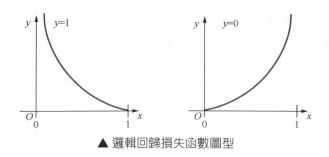

▲ 邏輯回歸損失函數圖型

- 如果真值是 1，但假設函數預測機率接近於 0 的話，得到的損失值將是巨大的。
- 如果真值是 0，但假設函數預測機率接近於 1 的話，同樣將得到天價的損失值。

而上面這種對損失的懲罰力度正是我們所期望的。

整合起來，邏輯回歸的損失函數如下：

$$L(w,b) = -\frac{1}{N} \sum_{(x,y)\in D} \left[y*\log(h(x)) + (1-y)*\log(1-h(x)) \right]$$

這個公式其實相等於上面的損失函數在 0、1 時的兩種情況，同學們可以自己代入 $y=0$ 和 $y=1$ 兩種設定值分別推演一下。

下面是邏輯回歸的損失函數的 Python 實現：

```
loss = - (y_train*np.log(y_hat) + (1-y_train)*np.log(1- y_hat))
```

4.2.6 邏輯回歸的梯度下降

我們所選擇的損失函數經過 Sigmoid 變換之後是可微的，也就是說每一個點都可以求導，而且它是凸函數，存在全域最低點。梯度下降的目的就是把 w 和 b 調整、再調整，直到最低的損失點。

邏輯回歸的梯度下降過程和線性回歸一樣，也是先進行微分，然後把計算出來的導數乘以一個學習率 α，透過不斷的疊代，更新 w 和 b，直到收斂。

邏輯回歸的梯度計算公式如下：

$$梯度 = h'(x) = \frac{\partial}{\partial w} L(w,b) = \frac{\partial}{\partial w} \left\{ -\frac{1}{N} \sum_{(x,y)\in D} \left[y*\log(h(x)) + (1-y)*\log(1-h(x)) \right] \right\}$$

這裡省略了大量計算微分的細節，直接列出推導後的結果：

$$梯度 = \frac{1}{N}\sum_{i=1}^{N}(y^{(i)} - h(x^{(i)})) \cdot x^{(i)}$$

這個公式和線性回歸的梯度公式形式非常一致。一致性強，就讓人覺得舒服，這就是數學之美。因此，有哲學家（畢達哥拉斯）認為數學就是整個世界運轉的唯一邏輯，他認為：萬物皆數。這說得有點遠了。

言歸正傳，引入學習率之後，參數隨梯度變化而更新的公式如下：

$$w = w - \alpha \cdot \frac{\partial}{\partial w}L(w)$$

即

$$w = w - \frac{\alpha}{N}\sum_{i=1}^{N}(y^{(i)} - (w \cdot x^{(i)})) \cdot x^{(i)}$$

下面的程式碼片段實現了一個完整的邏輯回歸的梯度下降過程：

```
def gradient_descent(X, y, w, b, lr, iter) : #定義邏輯回歸梯度下降函數
    l_history = np.zeros(iter) # 初始化記錄梯度下降過程中誤差值(損失)的陣列
    w_history = np.zeros((iter, w.shape[0], w.shape[1])) # 初始化記錄梯度下降
過程中權重的陣列
    b_history = np.zeros(iter) # 初始化記錄梯度下降過程中偏置的陣列
    for i in range(iter): #進行機器訓練的疊代
        y_hat = sigmoid(np.dot(X, w) + b) #Sigmoid邏輯函數+線性函數(wX+b)得到y'
        loss = -(y*np.log(y_hat) + (1-y)*np.log(1-y_hat)) # 計算損失
        derivative_w = np.dot(X.T, ((y_hat-y)))/X.shape[0]  # 給權重向量求導
        derivative_b = np.sum(y_hat-y)/X.shape[0] # 給偏置求導
        w = w - lr * derivative_w # 更新權重向量，lr即學習率alpha
        b = b - lr * derivative_b  # 更新偏置，lr即學習率alpha
        l_history[i] =  loss_function(X, y, w, b) # 梯度下降過程中的損失
        print ("輪次", i+1 , "當前輪訓練集損失:", l_history[i])
        w_history[i] = w # 梯度下降過程中權重的歷史記錄，請注意w_history和w
的形狀
        b_history[i] = b # 梯度下降過程中偏置的歷史記錄
    return l_history, w_history, b_history
```

這段程式和上一課中線性回歸的梯度下降函數程式碼片段整體結構一致，都是對 weight.T 進行點積。此處只是增加了 Sigmoid 函數的邏輯轉換，然後使

用了新的損失函數。在實戰環節中，我還會更為稍微詳細地解釋裡面的一些細節。

到此為止，邏輯回歸的理論全部講完了。其實，除了引入一個邏輯函數，調整了假設函數和損失函數之外，邏輯回歸的想法完全遵循線性回歸演算法。其中的重點在於把 y' 的值壓縮到了 [0, 1] 區間，並且最終以 0 或 1 的形式輸出，形成二元分類。

　　咖哥問：「考一考你們，邏輯回歸中用於計算損失的 y' 的值，是 [0, 1] 區間的機率值，還是最終的分類結果 0、1 值呢？」

　　小冰回答：「最終的分類結果。」

　　咖哥說：「答錯了。用於計算損失的 y' 是邏輯函數列出的機率值 P，不是最終輸出的分類結果 0 或 1。如果以 0 或 1 作為 y' 計算損失，那是完全無法求導的。因此，邏輯回歸的假設函數 $h(x)$，也就是 y'，列出的是 [0, 1] 區間的機率值，不是最終的 0、1 分類結果。這一點大家仔細思考清楚，如果還不明白的話可以課後找我單獨討論。同學們先休息一下，之後開始介紹二元分類的案例，二元分類是多元分類的基礎。至於多元分類如何處理，等我們講完二元分類再說。」

● 4.3 透過邏輯回歸解決二元分類問題

小冰帶來的那個心臟健康狀況調查問卷的案例就是一個二元分類問題——因為標籤欄位只有兩種可能性：患病或健康。

 咖哥發言

這個資料集其實是一個心臟病科學研究資料集。在 Kaggle 的 Datasets 頁面中搜索關鍵字 "heart" 就可以找到它，也可以下載原始程式套件中的檔案並新建一個 Heart Dataset 資料集。

4.3.1 資料的準備與分析

這個資料集的收集工作完成得不錯，尤其難能可貴的是所有的資料都已經數字化，減少了很多格式轉換的工作。其中包含以下特徵欄位。

- age：年齡。
- sex：性別（1 = 男性，0 = 女性）。
- cp：胸痛類型。
- trestbps：休息時血壓。
- chol：膽固醇。
- fbs：血糖（1 = 超過標準，0 = 未超過標準）。
- restecg：心電圖。
- thalach：最大心跳。
- exang：運動後心絞痛（1 = 是，0 = 否）。
- oldpeak：運動後 ST 段壓低。
- slope：運動高峰期 ST 段的斜率。
- ca：主動脈螢光造影染色數。
- thal：缺陷種類。

標籤是 target 欄位：0 代表無心臟病，1 代表有心臟病。

1. 資料讀取

用下列程式讀取資料：

```
import numpy as np # 匯入NumPy函數庫
import pandas as pd # 匯入Pandas函數庫
df_heart = pd.read_csv("../input/heart-dataset/heart.csv")  # 讀取檔案
df_heart.head() # 顯示前5行資料
```

前 5 行資料顯示如下圖所示。

	age	sex	cp	trestbps	chol	fbs	restecg	thalach	exang	oldpeak	slope	ca	thal	target
0	63	1	3	145	233	1	0	150	0	2.3	0	0	1	1
1	37	1	2	130	250	0	1	187	0	3.5	0	0	2	1
2	41	0	1	130	204	0	0	172	0	1.4	2	0	2	1
3	56	1	1	120	236	0	1	178	0	0.8	2	0	2	1
4	57	0	0	120	354	0	1	163	1	0.6	2	0	2	1

▲ 心臟病資料集的前 5 行資料

用 value_counts 方法輸出資料集中患心臟病和沒有患心臟病的人數：

```
df_heart.target.value_counts() # 輸出分類值, 及各個類別數目
```

```
1    165
0    138
Name: target, dtype: int64
```

這個步驟是必要的。因為如果某一種別比例特別低（例如 300 個資料中只有 3 個人患病），那麼這樣的資料集直接透過邏輯回歸的方法做分類可能是不適宜的。

本例中患病和沒有患病的人數比例接近。

還可以對某些資料進行相關性的分析，例如可以顯示年齡／最大心跳這兩個特徵與是否患病之間的關係：

```
import matplotlib.pyplot as plt # 匯入繪圖工具
# 以年齡+最大心跳作為輸入, 查看分類結果散點圖
plt.scatter(x=df_heart.age[df_heart.target==1],
            y=df_heart.thalach[(df_heart.target==1)], c="red")
plt.scatter(x=df_heart.age[df_heart.target==0],
            y=df_heart.thalach[(df_heart.target==0)], marker='^')
plt.legend(["Disease", "No Disease"]) # 顯示圖例
plt.xlabel("Age") # x軸標籤
plt.ylabel("Heart Rate") # y軸標籤
plt.show() # 顯示散點圖
```

輸出結果如下圖所示。

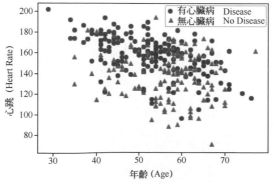

▲ 散點圖顯示年齡／最大心跳和標籤之間的關係

輸出結果顯示出心跳（Heart Rate）越高，患心臟病的可能性看起來越大，因為代表患病樣本的小數點，多集中在圖的上方。

2. 建置特徵集和標籤集

下面的程式建置特徵張量和標籤張量，並輸出張量的形狀：

```
X = df_heart.drop(['target'], axis = 1) # 建置特徵集
y = df_heart.target.values # 建置標籤集
y = y.reshape(-1, 1) # -1是相對索引, 相等於len(y)
print("張量X的形狀:", X.shape)
print("張量X的形狀:", y.shape)
```

輸出結果如下：

```
張量x的形狀: (303, 13)
張量y的形狀: (303, 1)
```

3. 拆分資料集

按照 80%/20% 的比例準備訓練集和測試集：

```
from sklearn.model_selection import train_test_split
X_train, X_test, y_train, y_test = train_test_split(X, y, test_size = 0.2)
```

資料準備部分的這幾段程式大多數在上一課中已經出現過了。

4. 資料特徵縮放

在第 3 課中，我們曾自訂了一個函數，進行資料的歸一化。下面用 Sklearn 中內建的資料縮放器 MinMaxScaler，進行資料的歸一化：

```
from sklearn.preprocessing import MinMaxScaler # 匯入資料縮放器
scaler = MinMaxScaler() # 選擇歸一化資料縮放器MinMaxScaler
X_train = scaler.fit_transform(X_train) # 特徵歸一化訓練集fit_transform
X_test = scaler.transform(X_test) # 特徵歸一化測試集transform
```

這裡有一個很值得注意的地方，就是對資料縮放器要進行兩次呼叫。針對 X_train 和 X_test，要使用不同的方法，一個是 fit_transform（先擬合再應用），一個是 transform（直接應用）。這是因為，所有的最大值、最小值、平均值、標準差等資料縮放的中間值，都要從訓練集得來，然後同樣的值應用到訓練集和測試集。

本例中當然不需要對標籤集進行歸一化,因為標籤集所有資料已經在 [0, 1] 區間了。

 咖哥發言

僅就這個資料集而言,MinMaxScaler 進行的資料特徵縮放不僅不會提高效率,似乎還會令預測準確率下降。大家可以嘗試一下使用和不使用 MinMaxScaler,觀察其對機器學習模型預測結果所帶來的影響。這個結果提示我們:沒有絕對正確的理論,實踐才是檢驗真理的唯一標準。

4.3.2 建立邏輯回歸模型

資料準備工作結束後,下面建置邏輯回歸模型。

1. 邏輯函數的定義

首先定義 Sigmoid 函數,一會兒會呼叫它:

```
# 首先定義一個Sigmoid函數, 輸入Z, 返回y'
def sigmoid(z):
    y_hat = 1/(1+ np.exp(-z))
    return y_hat
```

這函數接收中間變數 z(線性回歸函數的輸出結果),返回 y',即 y_hat。

2. 損失函數的定義

然後定義損失函數:

```
# 然後定義損失函數
def loss_function(X, y, w, b):
    y_hat = sigmoid(np.dot(X, w) + b) # Sigmoid邏輯函數 + 線性函數(wX+b)得到y'
    loss = -((y*np.log(y_hat) + (1-y)*np.log(1-y_hat))) # 計算損失
    cost = np.sum(loss) / X.shape[0]  # 整個資料集的平均損失
    return cost # 返回整個資料集的平均損失
```

敘述 y_hat = sigmoid(np.dot(X, w)+ b)中並沒有把偏置當作 w_0 看待,因此,X 特徵集也就不需要在前面加一行 1。這裡的線性回歸函數是多變數的,因此(X, w)點積操作之後,用 Sigmoid 函數進行邏輯轉換生成 y'。

y' 生成過程中需要注意的仍然是點積操作中張量 X 和 W 的形狀。

- X——（242, 13），2D 矩陣。
- W——（13, 1），也是 2D 矩陣，因為第二階為 1，也可以看作向量，為了與 X 進行矩陣點積操作，把 W 直接建置成 2D 矩陣。

那麼點積之後生成的 y_hat，就是一個形狀為（242, 1）的張量，其中儲存了每一個樣本的預測值。

之後的兩個敘述是損失函數的具體實現：

$$L(w,b) = -\frac{1}{N} \sum_{(x,y) \in D} [y*\log(h(x)) + (1-y)*\log(1-h(x))]$$

- 敘述 loss = -((y*np.log(y_hat) + (1-y)*np.log(1-y_hat)) 計算了每一個樣本的預測值 y' 到真值 y 的誤差，其中用到了 Python 的廣播功能，比如 1-y 中的純量 1 就被廣播為形狀（242, 1）的張量。
- 敘述 cost = np.sum（loss）/ X.shape[0] 是將所有樣本的誤差取平均值，其中 X.shape[0] 就是樣本個數，cost，英文意思是成本，也就是資料集中各樣本的平均損失。

有了這個函數，無論是訓練集還是測試集，輸入任意一組參數 w、b，都會返回針對當前資料集的平均誤差值（也叫損失或成本）。這個值我們會一直監控它，直到它收斂到最小。

3. 梯度下降的實現

下面建置梯度下降的函數，這也是整個邏輯回歸模型的核心程式。這個函數共 6 個輸入參數，除了模型內部參數 w、b，資料集 X、y 之外，還包含我們比較熟悉的兩個超參數，學習率 lr（learning rate，也就是 alpha）和疊代次數 iter：

```
# 然後建置梯度下降的函數
def gradient_descent(X, y, w, b, lr, iter) : #定義邏輯回歸梯度下降函數
    l_history = np.zeros(iter) # 初始化記錄梯度下降過程中誤差值(損失)的陣列
    w_history = np.zeros((iter, w.shape[0], w.shape[1])) # 初始化記錄梯度下降
過程中權重的陣列
```

```
b_history = np.zeros(iter) # 初始化記錄梯度下降過程中偏置的陣列
for i in range(iter): #進行機器訓練的疊代
    y_hat = sigmoid(np.dot(X, w) + b) #Sigmoid邏輯函數+線性函數(wX+b)得到y'
    loss = -(y*np.log(y_hat) + (1-y)*np.log(1-y_hat)) # 計算損失
    derivative_w = np.dot(X.T, ((y_hat-y)))/X.shape[0]  # 給權重向量求導
    derivative_b = np.sum(y_hat-y)/X.shape[0] # 給偏置求導
    w = w - lr * derivative_w # 更新權重向量, lr即學習率alpha
    b = b - lr * derivative_b  # 更新偏置, lr即學習率alpha
    l_history[i] =  loss_function(X, y, w, b) # 梯度下降過程中的損失
    print ("輪次", i+1, "當前輪訓練集損失:", l_history[i])
    w_history[i] = w # 梯度下降過程中權重的歷史記錄,請注意w_history和w
的形狀
    b_history[i] = b # 梯度下降過程中偏置的歷史記錄
return l_history, w_history, b_history
```

這段程式在疊代過程中，求 y_hat 和損失的過程與損失函數中的部分程式相同。關鍵在於後面求權重 w 和偏置 b 的梯度（導數）部分，也就是下面公式的程式實現：

$$梯度 = \frac{1}{N}\sum_{i=1}^{N}(y^{(i)} - h(x^{(i)})) \cdot x^{(i)}$$

注意權重和偏置梯度的求法，之所以有差別，是因為偏置 b 不需要與 x 特徵項進行點積。（我們説過了，如果把偏置看作 w_0，就還需要加上一維值為 1 的 x_0，本例並沒有這麼做，而是分開處理。）

還要注意權重的梯度是一個形狀為（13, 1）的張量，其維度和特徵軸維度相同，而偏置的梯度則是一個值。

求得導數之後，就透過學習率對權重和偏置，分別進行更新，也就是用程式實現了下面的梯度下降公式。

$$w = w - \alpha \cdot \frac{\partial}{\partial w}L(w)$$

這樣梯度下降基本上就完成了。

之後返回的是梯度下降過程中每一次疊代的損失，以及權重和偏置的值，這些資料將幫助我們建置損失函數隨疊代次數而變化的曲線。

w_history 和 b_history 返回疊代過程中的歷史記錄。這裡需要注意的是 w_history 是一個 3D 張量，因為 w 已經是一個 2D 張量了，因此敘述 w_history[i] = w，就是把權重設定值給 w_history 的後兩個軸。而 w_history 的第一個軸則是疊代次數軸。張量階數高的時候，資料操作的邏輯顯得有點複雜，同學們在偵錯程式時可以不時地觀察這些張量的 shape 屬性，並輸出其內容。

4. 分類預測的實現

梯度下降完成之後，就可以直接呼叫 gradient_descent 進行機器的訓練，返回損失、最終的參數值：

```
#梯度下降，訓練機器，返回權重，偏置以及訓練過程中損失的歷史記錄
loss_history, weight_history, bias_history = gradient_descent(X_train, y_train,
                                                              weight, bias,
                                                              alpha, iteration)
```

但是我們先不急著開始訓練機器，先定義一個負責分類預測的函數：

```
def predict(X, w, b): # 定義預測函數
    z = np.dot(X, w) + b # 線性函數
    y_hat = sigmoid(z) # 邏輯函數轉換
    y_pred = np.zeros((y_hat.shape[0], 1)) # 初始化預測結果變數
    for i in range(y_hat.shape[0]):
        if y_hat[i, 0] < 0.5:
            y_pred[i, 0] = 0 # 如果預測機率小於0.5, 輸出分類0
        else:
            y_pred[i, 0] = 1 # 如果預測機率大於等於0.5, 輸出分類0
    return y_pred # 返回預測分類的結果
```

這個函數就透過預測機率設定值 0.5，把 y_hat 轉換成 y_pred，也就是把一個機率值轉換成 0 或 1 的分類值。y_pred 是一個和 y 標籤集同樣維度的向量，透過比較 y_pred 和真值，就可以看出多少個預測正確，多少個預測錯誤。

4.3.3 開始訓練機器

首先把上面的所有內容封裝成一個邏輯回歸模型：

```
def logistic_regression(X, y, w, b, lr, iter): # 定義邏輯回歸模型
    l_history, w_history, b_history = gradient_descent(X, y, w, b, lr, iter)
```

```
#梯度下降
    print("訓練最終損失:", l_history[-1]) # 輸出最終損失
    y_pred = predict(X, w_history[-1], b_history[-1]) # 進行預測
    traning_acc = 100 - np.mean(np.abs(y_pred - y_train))*100 # 計算準確率
    print("邏輯回歸訓練準確率: {:.2f}%".format(traning_acc))  # 輸出準確率
    return l_history, w_history, b_history # 返回訓練歷史記錄
```

程式中的變數 traning_acc，計算出了分類的準確率。對於分類問題而言，**準確率**也就是正確預測數相對於全部樣本數的比例，這是最基本的評估指標。

等會兒我們會呼叫這個函數，實現邏輯回歸。

訓練機器之前，還要準備好參數的初值：

```
#初始化參數
dimension = X.shape[1] # 這裡的維度len(X)是矩陣的行的數目，維度是列的數目
weight = np.full((dimension, 1), 0.1) # 權重向量，向量一般是1D，但這裡實際上
創建了2D張量
bias = 0 # 偏置值
#初始化超參數
alpha = 1 # 學習率
iterations = 500 # 疊代次數
```

下面呼叫邏輯回歸模型，訓練機器：

```
# 用邏輯回歸函數訓練機器
loss_history, weight_history, bias_history =  \
        logistic_regression(X_train, y_train, weight, bias, alpha, iterations)
```

這個函數封裝了剛才定義的梯度下降、損失函數以及分類函數等功能，返回訓練後的損失和準確率。(程式中有一個斜線 \ ，意思是一行寫不下的話，下一行接著寫。)：

```
輪次1當前輪訓練集損失：0.6689739955914328
輪次2當前輪訓練集損失：0.6420075896841597
…  …  …  …  …  …  …  …  …  …  …  …  …
輪次499當前輪訓練集損失：0.3359285294420745
輪次500當前輪訓練集損失：0.33590992489690324
訓練最終損失: 0.33590992489690324
邏輯回歸訓練準確率: 86.36%
```

訓練過程十分順利,損失隨著疊代次數的上升逐漸下降,最後呈現收斂狀態。訓練 500 輪之後的預測準確率為 86.36%。成績不錯!

4.3.4 測試分類結果

上面的 86.36% 只是在訓練集上面形成的預測準確率,還並不能說明模型具有泛化能力,我們還需要在準備好的測試集中對這個模型進行真正的考驗。

下面的程式用訓練好的邏輯回歸模型對測試集進行分類預測:

```
y_pred = predict(X_test, weight_history[-1], bias_history[-1]) # 預測測試集
testing_acc = 100 - np.mean(np.abs(y_pred - y_test))*100 # 計算準確率
print("邏輯回歸測試準確率: {:.2f}%".format(testing_acc))
```

結果顯示,測試集上的準確率顯著低於訓練集的準確率。這也是正常的。

```
邏輯回歸測試準確率: 81.97%
```

如果要親眼看一看分類預測的具體值,可以呼叫剛才定義的 predict 函數把 y_pred 顯示出來:

```
print ("邏輯回歸預測分類值:", predict(X_test, weight_history[-1],
bias_history[-1]))
```

輸出結果如下:

```
邏輯回歸預測分類值:
[[1.]
 [1.]
 [1.]
 [0.]
 ...]]
```

┌─ 🧑 咖哥發言 ─────────────────────────────┐

不要小看這些 1、0 的數字,對小冰的那位銷售血壓計的朋友來說,它們就是金錢!
他不是說有很多沒有標籤的資料問卷嗎?讓他應用這個模型進行分類預測,然後用
Excel 把 X 集和所得的 y' 一對一拼接起來,這樣他就知道哪些人是潛在的心臟病患者
了。而且,這個模型有 81.97% 的準確率呢!

└──────────────────────────────────────┘

4.3.5 繪製損失曲線

還可以繪製出針對訓練集和測試集的損失曲線：

```
loss_history_test = np.zeros(iterations) # 初始化歷史損失
for i in range(iterations): #求訓練過程中不同參數帶來的測試集損失
    loss_history_test[i] = loss_function(X_test, y_test,
                            weight_history[i], bias_history[i])
index = np.arange(0, iterations, 1)
plt.plot(index, loss_history, c='blue', linestyle='solid')
plt.plot(index, loss_history_test, c='red', linestyle='dashed')
plt.legend(["Training Loss", "Test Loss"])
plt.xlabel("Number of Iteration")
plt.ylabel("Cost")
plt.show() # 同時顯示訓練集和測試集損失曲線
```

可以明顯地觀察到，在疊代 80 ~ 100 次後，訓練集的損失進一步下降，越來越小，但是測試集的損失並沒有跟著下降，反而顯示呈上升趨勢（如下圖所示）。這是明顯的過擬合現象。因此疊代應該在 100 次之前結束。

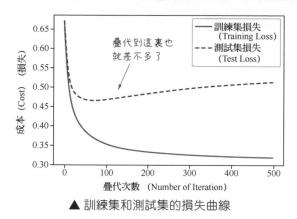

▲ 訓練集和測試集的損失曲線

因此，損失曲線告訴我們，對於這個案例，最佳疊代次數是 80 ~ 100 次，才能夠讓訓練集和測試集都達到比較好的預測效果。這是模型在訓練集上面最佳化，在測試集上泛化的折中方案。

4.3.6 直接呼叫 Sklearn 函數庫

咖哥發問：「大家覺得邏輯回歸的實現複雜嗎？」

小冰答道：「還好吧。感覺 Python 整個程式設計、偵錯的過程都挺簡單的。」

咖哥有點欲言又止的樣子，但他仍然接著說道：「真正做專案的時候，其實沒多少人這麼去寫程式。」

小冰吃驚了：「什麼意思，不這麼寫，怎麼寫？」

咖哥回答：「上面的所有程式，目的還是讓大家瞭解邏輯回歸演算法實現的細節。但真正要實現邏輯回歸、線性回歸之類的，比上面講的過程還簡單得多。大概兩三行程式就可以搞定。」

小冰說：「哦，我明白了，你的意思是說直接呼叫函數庫函數，對吧？」

咖哥說：「沒錯，看程式吧。」

```
from sklearn.linear_model import LogisticRegression #匯入邏輯回歸模型
lr = LogisticRegression()   # lr, 就代表是邏輯回歸模型
lr.fit(X_train, y_train)    # fit, 就相當於是梯度下降
print("SK learn邏輯回歸測試準確率{:.2f}%".format(lr.score(X_test, y_test)*100))
```

同學們看到輸出結果如下。

```
Sklearn邏輯回歸測試準確率: 86.89%
```

咖哥說：「這就是 Sklearn 函數庫函數的厲害之處，裡面封裝了很多邏輯。這節省了很大的工作量。同學們請注意，這裡的 fit 方法就相等於我們在前面花了大力氣編寫的梯度下降程式。」

小冰突然發問：「為什麼這個 Sklearn 的測試準確率比我們的 81.97% 高這麼多，是我們的演算法哪裡出問題了？」

咖哥回答：「大概有兩點是可以最佳化的，你們猜猜呢？」

小冰說：「一個可能是你剛才說的過擬合的問題，把疊代次數從 500 調整到 100 以內可能會好一點。」

咖哥回答：「真聰明。說中了一點。根據上面的損失函數圖型，過擬合的確是目前的問題，可以考慮減少疊代次數。而另外一個影響效率的原因是這個資料集裡面的某些資料格式其實不對，需要做一點小小的特徵工程。」

4.3.7 虛擬特徵的使用

你們可能注意到資料集中的性別資料是 0、1 兩種格式。我們提到過,如果原始資料是男、女這種字元,首先要轉換成 0、1 資料格式。那麼你們再觀察像 'cp'、'thal' 和 'slope' 這樣的資料,它們也都代表類別。比如,cp 這個欄位,它的意義是「胸痛類型」,設定值為 0、1、2、3。這些分類值,是大小無關的。

但是問題在於,電腦會把它們瞭解為數值,認為 3 比 2 大,2 比 1 大。這種把「胸痛類型」的類別像「胸部大小」的尺碼一樣去解讀是不科學的,會導致誤判。因為這種類別值只是一個代號,它的意義和年齡、身高這種連續數值的意義不同。

解決的方法,是把這種**類別特徵拆分成多個虛擬特徵**,比如 cp 有 0、1、2、3 這 4 大類,就拆分成個 4 特徵,cp_0 為一個特徵、cp_1 為一個特徵、cp_2 為一個特徵、cp_3 為一個特徵。每一個特徵都還原成二元分類,答案是 Yes 或 No,也就是數值 1 或 0。

 咖哥發言

這個過程是把一個變數轉換成多個虛擬變數(dummy variable),也叫虛擬變數、名義變數的過程。虛擬變數用以反映質的屬性的人工變數,是量化了的質變量,通常設定值為 0 或 1。

下面看一下程式和拆分結果可能就更明白這種特徵工程在做什麼了:

```
# 把3個文字型變數轉為虛擬變數
a = pd.get_dummies(df_heart['cp'], prefix = "cp")
b = pd.get_dummies(df_heart['thal'], prefix = "thal")
c = pd.get_dummies(df_heart['slope'], prefix = "slope")
# 把虛擬變數增加進dataframe
frames = [df_heart, a, b, c]
df_heart = pd.concat(frames, axis = 1)
df_heart = df_heart.drop(columns = ['cp', 'thal', 'slope'])
df_heart.head() # 顯示新的dataframe
```

增加虛擬特徵之後的資料集如下圖所示。

	age	sex	trestbps	chol	fbs	restecg	thalach	exang	oldpeak	ca	target	cp_0	cp_1	cp_2	cp_3	thal_0	thal_1	thal_2	thal_3
0	63	1	145	233	1	0	150	0	2.3	0	1	0	0	0	1	0	1	0	0
1	37	1	130	250	0	1	187	0	3.5	0	1	0	0	1	0	0	0	1	0
2	41	0	130	204	0	0	172	0	1.4	0	1	0	1	0	0	0	0	1	0
3	56	1	120	236	0	1	178	0	0.8	0	1	0	1	0	0	0	0	1	0
4	57	0	120	354	0	1	163	1	0.6	0	1	1	0	0	0	0	0	1	0

▲ 增加虛擬特徵之後的資料集

原本的 'cp'、'thal' 和 'slope' 變成了虛擬變數 'cp_0'、'cp_1'、'cp_2'，等等，而且設定值全部是 0 或 1。這樣電腦就不會把類別誤當大小相關的值處理。

把這個小小的特徵工程做好之後，特徵的數目雖然增多了，不過重新運行我們自己做的邏輯回歸模型，會發現模型的效率將有顯著的提升。

邏輯回歸測試集準確率：85.25%

• 4.4 問題定義：確定鳶尾花的種類

　　咖哥帶著大家搞定了二元分類問題之後，馬不停蹄地開始介紹多元分類。

　　咖哥說：「還是老規矩，先介紹要解決的問題，然後講方法。下面要解決一個經典機器學習教學案例：確定鳶尾花的種類。這也是一個典型的多分類問題。資料來自 R.A. Fisher 1936 年發表的論文，已開放原始碼供機器學習同好下載。同學們也可以從原始程式碼套件中找到這個資料集。」

▲ 梵谷名畫：鳶尾花（彩圖 2）

資料集中的鳶尾花（iris）共 3 大類，分別是山鳶尾（iris-setosa）、雜色鳶尾（iris-versicolor）和維吉尼亞鳶尾（iris-virginica）。整個資料集中一共只有 150 個資料，已經按照標籤類別排序，每種 50 個資料，其中有一種可以和其他兩種進行線性的分割，但另外兩種無法根據特徵線性分割開。

鳶尾花資料集的特徵和標籤欄位如表 4-1 所示。

- Id：序號。
- SepalLengthCm：花萼長度。
- SepalWidthCm：花萼寬度。
- PetalLengthCm：花瓣長度。
- PetalWidthCm：花瓣寬度。
- Species：類別（這是標籤）。

表 4-1　鳶尾花資料集中的特徵和標籤欄位

	ID	SepalLengthCm	SepalWidthCm	PetalLengthCm	PetalWidthCm	Species
0	1	5.1	3.5	1.4	0.2	Iris-setosa
1	2	4.9	3.0	1.4	0.2	Iris-setosa

● 4.5　從二元分類到多元分類

複習一下剛才解決二元分類問題的基本想法：透過邏輯回歸演算法確定一個種類或一種情況出現的機率。除了我們剛才舉的例子客戶是否患病之外，類似的應用還可以用來判斷一種商品是否值得進貨，結果大於等於 0.5 就進貨（類別 1），小於 0.5 就不進貨（類別 0），諸如這種，等等。

然而，在實際生活中，分類並不總是二元的。多元分類就是多個類別，而且每一個類別和其他類別都是互斥的情況。也就是説，最終所預測的標籤只能屬於多個類別中的某一個。如右圖所示，同樣是郵件分類問題，可以存在二元或多元的應用場景。

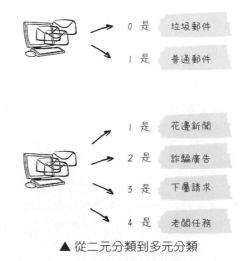

▲ 從二元分類到多元分類

4.5.1 以一對多

咖哥說:「用邏輯回歸解決多元分類問題的想法是『以一對多』,英文是 one vs all 或 one vs rest。」

小冰打斷咖哥:「別說英文,說英文我更糊塗,還是用中文解釋吧。」

「唔……」咖哥說,「意思就是,有多個類別的情況下,如果確定一個資料樣本屬於某一個類別(1),那麼就把其他所有類別看成另一種(0)。」

小冰說:「還是不懂!」

咖哥接著解釋:「也就是說,有多少類別,就要訓練多少二元分類器。每次選擇一個類別作為正例,標籤為 1,其他所有類別都視為負例,標籤為 0,依此類推至所有的類別。訓練好多個二元分類器之後,做預測時,將所有的二元分類器都運行一遍,然後對每一個輸入樣本,選擇最高可能性的輸出機率,即為該樣本多元分類的類別。」

即

$$類別 = {}^{\max}_{i} h^{(i)}(x)$$

下圖就是多元分類示意。

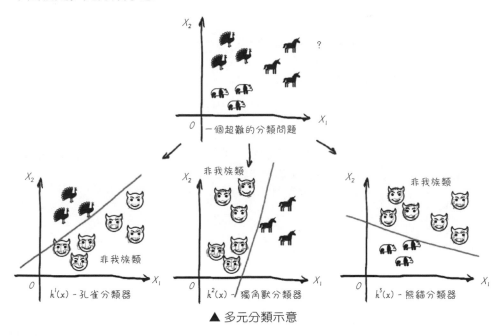

▲ 多元分類示意

舉例來說，如果對 3 個二元分類器分別做一次邏輯回歸，機器的分類結果告訴我們，資料 A 是孔雀的可能性為 0.5，是熊貓的可能性為 0.1，是獨角獸的可能性為 0.4。那就會判斷資料 A 是孔雀。儘管是獨角獸的機率和是孔雀的機率相差不多，但它已經是孔雀了，就不可能同時是獨角獸。

這就是多分類問題的解決想法。

 咖哥發言

還有另外一種分類叫作「多標籤分類」，指的是如果每種樣本可以分配多個標籤，就稱為多標籤分類。比如，一個圖片標注任務，貓和狗同時出現在圖片中，就需要同時標注「貓」、「狗」。這是更為複雜的分類任務，但基本原理也是一樣的。

4.5.2 多元分類的損失函數

多元分類的損失函數的選擇與輸出編碼，與標籤的格式有關。

多元分類的標籤共有以下兩種格式。

- 一種是 one-hot 格式的分類編碼，比如，數字 0 ～ 9 分類中的數字 8，格式為 [0, 0, 0, 0, 0, 0, 0, 1, 0]。
- 一種是直接轉為類別數字，如 1、2、3、4。

因此損失函數也有以下兩種情況。

- 如果透過 one-hot 分類編碼輸出標籤，則應使用分類交叉熵（categorical crossentropy）作為損失函數。
- 如果輸出的標籤編碼為類別數字，則應使用稀疏分類交叉熵（sparse categorical crossentropy）作為損失函數。

• 4.6 正規化、欠擬合和過擬合

在開始解決鳶尾花的多元分類之前，先插播**正規化（regularization）**這個重要的機器學習概念，因為後面除了實現多元分類之外，還將特別聚焦於正規化相關的參數調整。

4.6.1 正規化

溫故而知新，先複習一下舊的概念。

咖哥問：「小冰同學，資料的規範化和標準化，還記得嗎？」

小冰一愣，說：「好像都是特徵縮放相關的技術，具體差別很難說。」

咖哥說：「規範化一般是把資料限定在需要的範圍，比如 [0, 1]，從而消除了資料量綱對建模的影響。標準化一般是指將資料正態分佈，使平均值為 0，標準差為 1。它們都是針對資料做手腳，消除過大的數值差異，以及離群資料所帶來的偏見。經過規範化和標準化的資料，能加快訓練速度，促進演算法的收斂。」

小冰說：「那正規化也是一種對資料做手腳的方法嗎？」

咖哥說：「不是。正規化不是對資料的操作。機器學習中的正規化是在損失函數裡面加懲罰項，增加建模的模糊性，從而把捕捉到的趨勢從局部細微趨勢，調整到整體大概趨勢。雖然一定程度上地放寬了建模要求，但是能有效防止過擬合的問題，增加模型準確性。它影響的是模型的權重。」

 咖哥發言

regularization、和 normalization 和 standardization 這 3 個英文單字因為看起來相似，常常混淆。標準化、規範化，以及歸一化，是調整資料，特徵縮放；而正規化，是調整模型，約束權重。

4.6.2 欠擬合和過擬合

正規化技術所要解決的過擬合問題，連同欠擬合（underfit）一起，都是機器學習模型最佳化（找最佳模型）、參數調整（找模型中的最佳參數）過程中的主要阻礙。

下面用圖來描述欠擬合和過擬合。這是針對一個回歸問題的 3 個機器學習模型，如下圖所示。

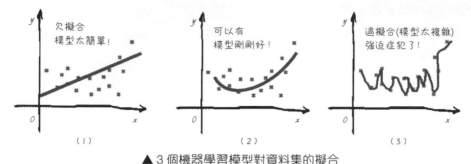

▲ 3 個機器學習模型對資料集的擬合

同學們可以想一想，這 3 個機器學習模型，哪一個的誤差最小？

正確答案是第 3 個。

在開展一個機器學習專案的初期，會傾向於用比較簡單的函數模型去擬合訓練資料集，比如線性函數（上圖第 1 個）。後來發現簡單的函數模型不如複雜一點的模型擬合效果好，所以調整模型之後，有可能會得到更小的均方誤差（上圖第 2 個）。但是，電腦專業的總會有點小強迫症，這是我們的職業病啊。如果繼續追求更完美的效果，甚至接近於 0 的損失，可能會得到類似上圖第 3 個函數圖形。

那麼上圖第 3 個函數好不好呢？

好不好，不能單看訓練集上的損失。或説，不能主要看訓練集上的損失，更重要的是看測試集上的損失。讓我們畫出機器學習模型最佳化過程中的誤差圖型，如下圖所示。

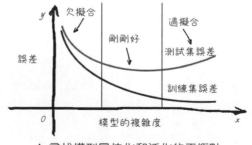

▲ 尋找模型最佳化和泛化的平衡點

看得出來，一開始模型「很爛」的時候，訓練集和測試集的誤差都很大，這是**欠擬合**。隨著模型的最佳化，訓練集和測試集的誤差都有所下降，其中訓練集的誤差值要比測試集的低。這很好瞭解，因為函數是根據訓練集擬合的，泛化到測試集之後表現會稍弱一點。但是，如果此處繼續增加模型對訓練集的擬合程度，會發現測試集的誤差將逐漸升高。這個過程就被稱作**過擬合**。

- ─ 🙂🚩 **咖哥發言** ─────────────────
注意，這裡的模型的複雜度可以代表疊代次數的增加（內部參數的最佳化），也可以代表模型的最佳化（特徵數量的增多、函數複雜度的提高，比如從線性函數到二次、多次函數，或說決策樹的深度增加，等等）。

所以，過擬合就是機器學習的模型過於依附於訓練集的特徵，因而模型**泛化**能力降低的表現。泛化能力，就是模型從訓練集移植到其他資料集仍然能夠成功預測的能力。

分類問題也會出現過擬合，如下圖所示，過於細緻的分類邊界也造成了過擬合。

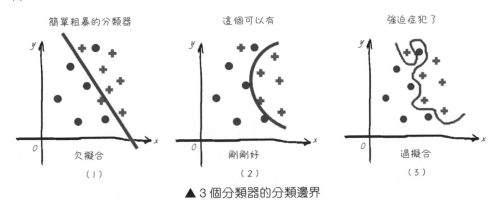

▲ 3 個分類器的分類邊界

過擬合現象是機器學習過程中怎麼甩都甩不掉的陰影，影響著模型的泛化功能，因此我們幾乎在每一次機器學習實戰中都要和它作戰！

剛才用邏輯回歸模型進行心臟病預測的時候，我們也遇見了過擬合問題。那麼，有什麼方法解決嗎？

降低過擬合現象通常有以下幾種方法。

- 增加資料集的資料個數。資料量太小時，非常容易過擬合，因為小資料集很容易精確擬合。
- 找到模型最佳化時的平衡點，比如，選擇疊代次數，或選擇相對簡單的模型。
- **正規化**。為可能出現過擬合現象的模型增加正則項，透過降低模型在訓練集上的精度來提高其泛化能力，這是非常重要的機器學習思維之一。

4.6.3　正規化參數

機器學習中的正規化透過引入模型參數 λ（lambda）來實現。

加入了正規化參數之後的線性回歸均方誤差損失函數公式被更新成下面這樣：

$$L(w,b) = MSE = \frac{1}{N}\sum\nolimits_{(x,y)\in D}(y - h(x))^2 + \frac{\lambda}{2N}\sum\nolimits_{i=1}^{n}w_i^2$$

加入了正規化參數之後的邏輯回歸均方誤差損失函數公式被更新成下面這樣：

$$L(w,b) = -\frac{1}{N}\sum\nolimits_{(x,y)\in D}[y*\log(h(x)) + (1- y)*\log(1-h(x))] + \frac{\lambda}{2N}\sum\nolimits_{j=1}^{n}w_j^2$$

現在的訓練最佳化演算法是一個由兩項內容組成的函數：一個是**損失項**，用於衡量模型與資料的擬合度；另一個是**正規化項**，用於調解模型的複雜度。

公式看起來有點小複雜，但也不用特別介意，因為正規化參數已經被嵌入 Python 的函數庫函數內部。從直觀上不難看出，將正規化機制引入損失函數之後，當權重大的時候，損失被加大，λ 值越大，懲罰越大。這個公式啟動著機器在進行擬合的時候不會隨便增加權重。

記住，正規化的目的是幫助我們減少過擬合的現象，而它的本質是約束（限制）要最佳化的參數。

其實，正規化的本質，就是**崇尚簡單化**。同時以最小化損失和複雜度為目標，這稱為**結構風險最小化**。

咖哥發言

奧卡姆的威廉是 14 世紀的修士和哲學家,是極簡主義的早期代言人。他提出的奧卡姆剃刀定律認為科學家應該優先採用更簡單的公式或理論。將該理論應用於機器學習,就表示越簡單的模型,有可能具有越強的泛化能力。

選擇 λ 值的目標是在簡單化和訓練集資料擬合之間達到適當的平衡。

- 如果 λ 值過大,則模型會非常簡單,將面臨資料欠擬合的風險。此時模型無法從訓練資料中獲得足夠的資訊來做出有用的預測。而且 λ 值越大,機器收斂越慢。
- 如果 λ 值過小,則模型會比較複雜,將面臨資料過擬合的風險。此時模型由於獲得了過多訓練資料特點方面的資訊而無法泛化到新資料。
- 將 λ 設為 0 可徹底取消正規化。在這種情況下,訓練的唯一目的是最小化損失,此時過擬合的風險較高。
- 正規化參數通常有 L1 正規化和 L2 正規化兩種選擇。
- L1 正規化,根據權重的絕對值的總和來懲罰權重。在依賴稀疏特徵(後面會講什麼是稀疏特徵)的模型中,L1 正規化有助使不相關或幾乎不相關的特徵的權重正好為 0,從而將這些特徵從模型中移除。
- L2 正規化,根據權重的平方和來懲罰權重。L2 正規化有助使離群值(具有較大正值或較小負值)的權重接近於 0,但又不會正好為 0。在線性模型中,L2 正規化比較常用,而且在任何情況下都能夠造成增強泛化能力的目的。

同學們可能注意到了,剛才列出的正規化公式實際上是 L2 正規化,因為權重 w 正規化時做了平方。

 咖哥發言

正規化不僅可以應用於邏輯回歸模型,也可以應用於線性回歸和其他機器學習模型。應用 L1 正規化的回歸又叫 Lasso Regression(套索回歸),應用 L2 正規化的回歸又叫 Ridge Regression(嶺回歸)。

而最佳 λ 值則取決於具體資料集,需要手動或自動進行調整。下面就透過多元分類的案例來解釋正規化參數的調整。

● 4.7 透過邏輯回歸解決多元分類問題

下面就開始用邏輯回歸來解決之前介紹過的鳶尾花的分類問題：根據花萼和花瓣的長度資料來判斷其類別。

4.7.1 資料的準備與分析

同學們可以在原始程式套件中找到這個資料集，而且 Sklearn 也附帶這個資料集。這個資料集中，有 4 個特徵，為了方便視覺化，我們將特徵兩兩組合。我將主要使用花萼長度和花萼寬度這兩個特徵來判斷其分類，剩下兩個特徵組成的花瓣特徵集則留給同學們自己來嘗試做類似的工作。

```
import numpy as np # 匯入NumPy
import pandas as pd # 匯入Pandas
from sklearn import datasets # 匯入Sklearn的資料集
iris=datasets.load_iris() # 匯入iris
X_sepal = iris.data[:, [0, 1]]
      # 花萼特徵集：兩個特徵長度和寬度
X_petal = iris.data[:, [2, 3]]
      # 花瓣特徵集：兩個特徵長度和寬度
y = iris.target # 標籤集
```

現在我們擁有兩個獨立的特徵集，一個特徵集包含花萼長度、花萼寬度，另一個包含花瓣長度、花瓣寬度。

如果根據花萼長度、花萼寬度這兩個特徵將 3 種鳶尾花的分類視覺化，會得到如下圖所示的結果。此時每一個特徵代表一個軸，類別（即標籤）則透過小數點、叉、三角等不同的形狀進行區分。

下面進行花萼資料集的分割和標準化，分成訓練集和測試集：

```
from sklearn.model_selection import train_test_split # 匯入拆分資料集工具
from sklearn.preprocessing import StandardScaler # 匯入標準化工具
X_train_sepal, X_test_sepal, y_train_sepal, y_test_sepal = \
  train_test_split(X_sepal, y, test_size=0.3, random_state=0) # 拆分資料集
print("花瓣訓練集樣本數: ", len(X_train_sepal))
print("花瓣測試集樣本數: ", len(X_test_sepal))
```

```
scaler =    StandardScaler() # 標準化工具
X_train_sepal = scaler.fit_transform(X_train_sepal) # 訓練集資料標準化
X_test_sepal = scaler.transform(X_test_sepal) # 測試集資料標準化
# 合併特徵集和標籤集，留待以後資料展示之用
X_combined_sepal = np.vstack((X_train_sepal, X_test_sepal)) # 合併特徵集
Y_combined_sepal = np.hstack((y_train_sepal, y_test_sepal)) # 合併標籤集
```

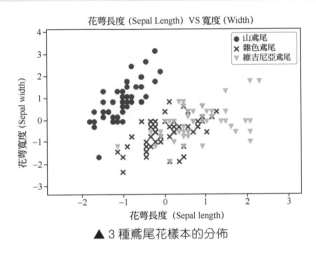

▲ 3 種鳶尾花樣本的分佈

4.7.2 透過 Sklearn 實現邏輯回歸的多元分類

下面直接透過 Sklearn 的 LogisticRegression 函數實現多元分類功能：

```
from sklearn.linear_model import LogisticRegression # 匯入邏輯回歸模型
lr = LogisticRegression(penalty='l2', C = 0.1) # 設定L2正規化和C參數
lr.fit(X_train_sepal, y_train_sepal) # 訓練機器
score = lr.score(X_test_sepal, y_test_sepal) # 驗證集分數評估
print("SKlearn邏輯回歸測試準確率 {:.2f}%".format(score*100))
```

得到的準確率：

```
Sklearn邏輯回歸測試準確率：66.67%
```

這裡採用了剛才介紹的 L2 正規化，這是透過 penalty 參數設定的。

但是，另外一個參數 *C* 又是什麼東西呢？

L2 正規化，只是選擇了正規化的參數類別，但是用多大的力度進行呢？此時要引入另外一個配套用的正規化相關參數 C。C 表示正規化的力度，它與 λ 剛好成反比。C 值越小，正規化的力度越大。

 咖哥發言

同學們，如果你們搜索 "sklearn.linear_model"、"LogisticRegression" 這兩個關鍵字，很容易找到 Sklearn 的官方文件（如下圖所示），在那裡可以學習函數庫函數，了解各個參數的全面資訊。

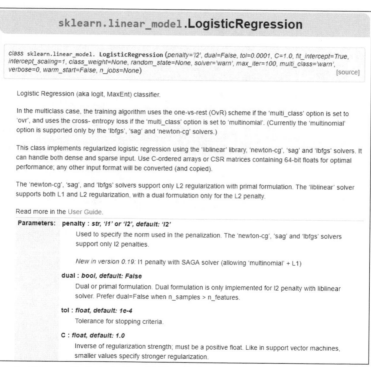

▲ Sklearn 的官方文件，提供函數庫函數和各個參數的全面資訊

4.7.3 正規化參數──C 值的選擇

下面就用繪圖的方式顯示出採用不同的 C 值，對於鳶尾花分類邊界的具體影響。這樣做的目的是進一步了解正規化背後的意義，以及對此問題採用什麼樣的正規化參數才是最佳的選擇。這也即是超參數調整的又一次實戰。

首先定義一個繪圖的函數：

```
import matplotlib.pyplot as plt # 匯入Matplotlib函數庫
from matplotlib.colors import ListedColormap # 匯入ListedColormap
def plot_decision_regions(X, y, classifier, test_idx=None, resolution=0.02):
    markers = ('o', 'x', 'v')
    colors = ('red', 'blue', 'lightgreen')
    color_Map = ListedColormap(colors[:len(np.unique(y))])
    x1_min = X[:, 0].min() - 1
    x1_max = X[:, 0].max() + 1
    x2_min = X[:, 1].min() - 1
    x2_max = X[:, 1].max() + 1
    xx1, xx2 = np.meshgrid(np.arange(x1_min, x1_max, resolution),
                   np.arange(x2_min, x2_max, resolution))
    Z = classifier.predict(np.array([xx1.ravel(), xx2.ravel()]).T)
    Z = Z.reshape(xx1.shape)
    plt.contour(xx1, xx2, Z, alpha=0.4, cmap = color_Map)
    plt.xlim(xx1.min(), xx1.max())
    plt.ylim(xx2.min(), xx2.max())
    X_test, Y_test = X[test_idx, :], y[test_idx]
    for idx, cl in enumerate(np.unique(y)):
        plt.scatter(x = X[y == cl, 0], y = X[y == cl, 1],
                alpha = 0.8, c = color_Map(idx),
                marker = markers[idx], label = cl)
```

然後使用不同的 C 值進行邏輯回歸分類，並繪製分類結果：

```
from sklearn.metrics import accuracy_score # 匯入準確率指標
C_param_range = [0.01, 0.1, 1, 10, 100, 1000]
sepal_acc_table = pd.DataFrame(columns = ['C_parameter', 'Accuracy'])
sepal_acc_table['C_parameter'] = C_param_range
plt.figure(figsize=(10, 10))
j = 0
for i in C_param_range:
    lr = LogisticRegression(penalty = 'l2', C = i, random_state = 0)
    lr.fit(X_train_sepal, y_train_sepal)
    y_pred_sepal = lr.predict(X_test_sepal)
    sepal_acc_table.iloc[j, 1] = accuracy_score(y_test_sepal, y_pred_sepal)
```

```
j += 1
plt.subplot(3, 2, j)
plt.subplots_adjust(hspace = 0.4)
plot_decision_regions(X = X_combined_sepal, y = Y_combined_sepal,
                 classifier = lr, test_idx = range(0, 150))
plt.xlabel('Sepal length')
plt.ylabel('Sepal width')
plt.title('C = %s'%i)
```

運行上面的程式碼片段，繪製出各個不同 C 值情況下的分類邊界，如下圖所示。

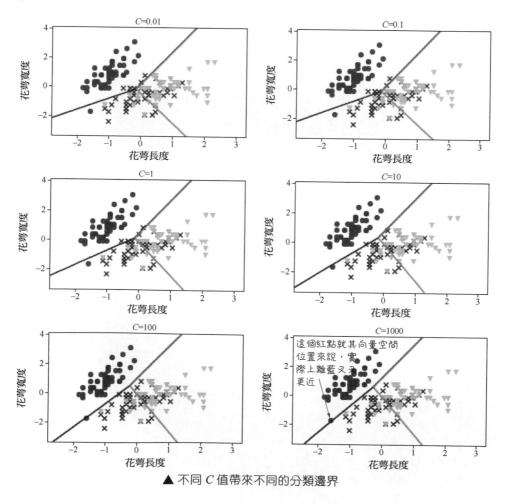

▲ 不同 C 值帶來不同的分類邊界

上面圖中不同的 *C* 值所展現出的分類邊界線和分類的結果告訴了我們以下一些資訊。

（1）*C* 設定值越大，分類精度越大。注意，當 *C*=1000 時圖中左下方的小數點，本來按照其特徵空間的位置來説，應該被放棄納入小數點類別，但是演算法因為正規化的力度過小，過分追求訓練集精度而將其劃至山鳶尾集（小數點類別），導致演算法在這裡過擬合。

（2）而當 *C* 值設定值過小時，正規化的力度過大，為了追求泛化效果，演算法可能會失去區分度。

還可以繪製出測試精度隨著 *C* 參數的不同設定值而變化的學習曲線（learning curve），如下圖所示。這樣，可以更清晰地看到 *C* 值是如何影響訓練集以及測試集的精度的。

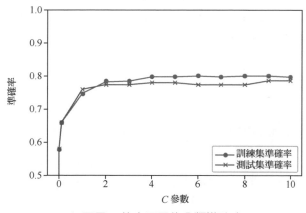

▲ 不同 *C* 值來不同的分類準確率

該如何選擇 *C* 值呢？學者們認為應該有以下兩點考量因素。

（1）一個因素是應該觀察比較高的測試集準確率。

（2）另一個因素是訓練集和測試集的準確率之差比較小，通常會暗示更強的泛化能力。

如果選擇 *C* 值為 10 重做邏輯回歸：

```
lr = LogisticRegression(penalty='l2', C = 10) # 設定L2正規化和C參數
lr.fit(X_train_sepal, y_train_sepal) # 訓練機器
score = lr.score(X_test_sepal, y_test_sepal) # 測試集分數評估
print("Sklearn邏輯回歸測試準確率 {:.2f}%".format(score*100))
```

此時測試準確率會有所提高：

```
Sklearn邏輯回歸測試準確率：68.89%
```

• **4.8 本課內容小結**

　　「本課內容就這麼多，」咖哥說，「最重點的內容，是要記住邏輯回歸只不過是在線性回歸的基礎上增加了一個 Sigmoid 邏輯函數，把目標值的輸出限制在 [0, 1] 區間而已。除此之外，整個流程即細節都和線性回歸十分類似。當然其假設函數和損失函數和線性回歸是不同的。」

邏輯回歸的假設函數如下：

$$h(x) = \frac{1}{1 + e^{-(W^\top X)}}$$

邏輯回歸的損失函數如下：

$$\begin{cases} y = 1, Loss(h(x), y) = -\log(h(x)) \\ y = 0, Loss(h(x), y) = -\log(1 - h(x)) \end{cases}$$

另外需要牢記的是，這兩種基本的機器學習演算法中，線性回歸多用於解決回歸問題（可簡單瞭解為數值預測型問題），而邏輯回歸多用於解決分類問題。

大家不要以為線性回歸和邏輯回歸在深度學習時代過時了。2017 年 Kaggle 的調查問卷顯示（如下圖所示），在目前資料科學家的工作中，線性回歸和邏輯回歸的使用率仍然高居榜首，因為這兩種演算法可以快速應用，作為其他解決方案的基準模型。

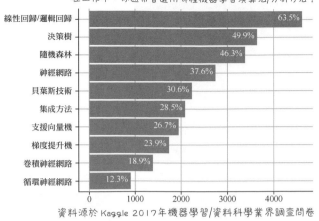

▲ 別小看線性回歸和邏輯回歸

　　咖哥正說著，突然問：「小冰，超參數的調整是否讓你覺得有些麻煩，一個小小的 C 參數怎麼花那麼大力氣畫各種各樣的圖來觀察？」

　　小冰說：「就是啊，怎麼這麼麻煩？」

　　咖哥說：「其實也是有自動調參的方法。」

　　小冰說：「快說說。」

　　咖哥說：「這個以後再講吧。先記住已經學的基礎知識。」

　　機器學習解決現實問題的超強能力讓小冰新奇而又興奮，她真的覺得過癮極了。機器學習的兩個模型已經解決了困擾著她的兩個非常實際的業務問題，那麼下一課，咖哥又將介紹一些什麼新的模型呢？她迫不及待地想要知道。

• 4.9　課後練習

練習一：根據第 4 課的練習案例資料集：鐵達尼資料集（見原始程式套件），
　　　　並使用本課介紹的方法完成邏輯回歸分類。

　　　　（提示：在進行擬合之前，需要將類別性質的欄位進行類別到虛擬變數的轉換。）

練習二：在多元分類中，我們基於鳶尾花萼特徵，進行了多元分類，請同學
　　　　們用類似的方法，進行花瓣特徵集的分類。

練習三：請同學們基於花瓣特徵集，進行正規化參數 C 值的調整。

第 5 課

深度神經網路——找出可能流失的客戶

咖哥看起來情緒高漲，他說：「我們的課程即將進入深度學習的環節——本課講深度神經網路。」

小冰問：「神經網路和人腦結構有什麼關係嗎？」

貓還是狗呢？

▲ 機器學習中的神經網路和人腦中的神經網路有什麼關係？

咖哥回答：「類神經網路的問世，的確是受了生物神經網路結構的啟發。生物神經系統的功能單元是神經元（neuron）——基本上由水、離子、氨基酸和蛋白質組成，它具有電化學特性。我們的心智體驗（感知、記憶和想法）來自神經元雙層脂膜上的鹽分水準的漲落（啟動過程）。神經元之間透過突觸傳導電流，從而建立了連接。一個神經元所能做的事情有限，而上億個神經元互聯，就形成了生物的神經系統。」

咖哥又接著說：「類神經網路的結構也是從簡單（一個邏輯回歸單元）到複雜（深度神經網路），中間包含權重調整和非線性啟動過程。然而，具體到技術細節層面，此神經網路（機器學習）和彼神經網路（生物學）之間的關聯是有些牽強的，關係不是很大。初學者沒必要去特意了解生物學中的神經網路。」

下面看看本課重點。

本課重點
- 神經網路的簡單歷史及原理
- 用 Keras 來建構神經網路預測銀行客戶流失的可能性
  - 使用單隱層神經網路
  - 使用深度神經網路
- 深度神經網路的調整及性能優化

5.1 問題定義：咖哥接手的金融專案

這次的實戰，來看一個我最近接手的金融領域專案，我的團隊正是用神經網路，也就是深度學習模型，解決了這個問題。

該專案的具體需求是根據已知的一批客戶資料（當然客戶姓名我都進行了隱藏），來預測某個銀行的客戶是否會流失。透過學習歷史資料，如果機器能夠判斷出哪些客戶很有可能在未來兩年內結束在該銀行的業務（這當然是銀行所不希望看到的），那麼銀行的工作人員就可以採取對應的、有針對性的措施來挽留這些高流失風險的客戶。其實這個問題和上一課的心臟病預測問題一樣，本質上都是分類，我們看看用神經網路來解決這種問題有何優勢。

從第 5 課原始程式套件的「教學使用案例 銀行客戶流失」目錄中找到 Bank Customer.csv 檔案之後，讀取本機的 Python 環境，或在 Kaggle 網站搜索 Jacky Huang 的 "Bank Customer" 資料集

（如下圖所示）或根據原始程式套件中的檔案新建 Dataset，然後創建 Notebook。

▲ 銀行客戶資料集

5.2 神經網路的原理

5.2.1 神經網路極簡史

神經網路其實有一段「悠久」的歷史。早在 1958 年，電腦科學家羅森布拉特（Rosenblatt）就提出了一種具有單層網路特性的神經網路結構，稱為「感知器」（perceptron）。感知器出現之後很受矚目，大家對它的期望很高。然而好

景不長──一段時間後，人們發現感知器的實用性很弱。1969 年，AI 的創始人之一馬文·明斯基（Marvin Minsky）指出簡單神經網路只能運用於線性問題的求解。這之後神經網路就逐漸被遺忘了。

直到 1985 年，傑佛瑞·辛頓（Geoffrey Hinton, 深度學習「三巨頭」之一）和特倫斯·謝諾夫斯基（Terrence Sejnowski）提出了一種隨機神經網路模型──受限玻爾茲曼機。緊接著，Rumelhart、Hinton、Williams 提出了 BP 演算法，即多層感知器的梯度反向傳播演算法。這也是神經網路的核心演算法，人們以此為基礎架設起幾乎現代所有的深度網路模型。因此，可以説神經網路的理論基礎在 20 世紀 60 年代出現，並在 80 年代幾乎完全形成。

在工程界，當時神經網路也已經有了應用。楊立昆（Yann LeCun, 深度學習「三巨頭」之一）於 20 世紀 80 年代末在貝爾實驗室研發出了卷積神經網路，他將其應用到手寫辨識和 OCR，並在美國廣泛應用於手寫郵遞區號、支票的讀取。然而後來，另一種理論相當完整的機器學習技術支援向量機（Support Vector Machine，SVM）被發明出來，成為了業界「新寵」，神經網路再一次被遺忘了。

大約 2009 年，電腦最終有了足夠的算力進行深度計算，神經網路開始在語音和圖型辨識方面戰勝傳統演算法。傑佛瑞·辛頓、楊立昆和約書亞·本吉奧（Yoshua Bengio）3 人聯合提出深度學習的概念。這是新瓶裝舊酒，名稱變了，技術還是一樣的技術。然而時代也已經改變，此時深度神經網路開始實證性地在工程界展示出絕對的優勢。2012 年年底，基於卷積神經網路模型的 Inception 結構在 ImageNet 圖片分類競賽中獲勝。此後深度學習火山爆發式發展，科技「巨頭」們開始在這個領域投資：電腦視覺、語音辨識、自然語言處理、棋類別競賽和機器人技術，這些應用領域的突破一個接著一個出現……

其實，從一開始就不是神經網路不行，而是原來的資料量和計算速度兩方面都跟不上。在這個資料氾濫的時代，巨量資料的獲取不再是什麼難事。可以預見，在 5G 時代，深度學習必然還會有更大發展的空間……

講完歷史，咖哥拋出了一個問題讓大家去思索──機器學習應用領域，也就是回歸和分類這兩大區塊，既然有了線性回歸和邏輯回歸兩大機器學習基礎演

算法，這兩種問題都可解了。那麼，為什麼還需要神經網路？它有什麼特別的優勢？

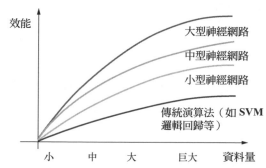

▲ 在巨量資料領域，神經網路的效能顯著地領先於其他演算法

5.2.2 傳統機器學習演算法的局限性

先說一說傳統機器學習演算法的局限性。首先，越簡單的關係越容易擬合。比如，第 3 課中的廣告投放金額和商品銷售額的例子，一個線性函數就能輕鬆地搞定。然而對於一個非線性的問題（如下圖所示），就需要透過更複雜的函數模型（如高階多項式）去擬合。此時，單純線性回歸明顯不給力，因而我們把特徵重新組合，變化出新的特徵。比如，一次函數不夠用時，可以把 x_1 做平方變成 x_1^2，做立方變成 x_1^3，甚至可以和 x_2 做組合，變成 x_1x_2、$x_1^2x_2$ 等，不斷創造出新的特徵，構造新的函數，直到把訓練集的資料擬合好為止。

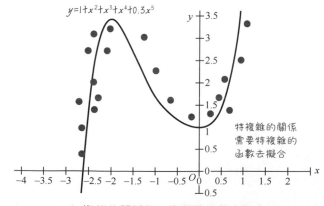

▲ 複雜的關係需要複雜的函數去擬合

這種對特徵的變換、升階,以及多個特徵相互組合形成新特徵的過程,就是機器學習過程中既耗時又耗力的**特徵工程**的例子。

當特徵的維度越來越大時,特徵之間相互組合的可能性將以幾何級數遞增,特徵空間急劇膨脹,對應的假設空間也隨之膨脹。此時,你們會驚奇地發現,單純用線性回歸和邏輯回歸模型進行的機器學習會顯得越來越力不從心,因為特徵工程本身就已經把機器「累死」了。

 咖哥發言

特徵空間是資料特徵所形成的空間,特徵維度越高,特徵空間越複雜。而假設空間則是假設函數形成的空間,特徵越多,特徵和標籤之間的對應的關係越難擬合,假設空間也就越複雜。

此時,要進一步擴充機器學習的應用領域,我們就需要更強的系統去減少對特徵工程的需求,去解決巨大特徵量的問題,這就是……

「等一下。」小冰發問,「有這樣多特徵的實際問題嗎?前面介紹的房價預測、銷售額預測、客戶分類等,感覺特徵的數量兩隻手都能比劃出來,房屋面積、廣告投放金額、胸痛類型、休息時血壓等,也就這些東西,怎麼就難了?」

「啊,原來你是這麼想的。」咖哥說,「那我再多解釋一下。」

前幾課中我們處理的問題,都是**結構化資料**。這種結構化資料有一個特點,就是人弄起來很麻煩,但是電腦會很快搞定。比如一堆堆的血壓、脈搏計數,讓很有經驗的醫生去分析,如果資料量很大的話,他也得看一陣子。因為人腦在處理數字、運算時是有局限性的,和電腦比的話既不夠快也不夠準。

那麼什麼是**非結構化資料**呢?就是沒有什麼預先定義的資料結構,不方便用資料庫儲存,也不方便用 Excel 表格來表現的資料。比如,辦公文件、文字、圖片、網頁、各種圖型 / 音訊 / 視訊資訊等,都是非結構化資料。你們可能看出來了,這些資料大都和人類的感覺、知覺相關。籠統地說,也可稱為**感知類別資料**。人腦瞭解和處理感知類別資料在深度學習出現之前比電腦好用。比如一隻貓的圖片,我們不會根據一個個畫素點去分析特徵,哪個畫素點是耳朵的一部分,哪個畫素點是鼻子的一部分,哪個畫素點應該是紅色,哪個畫素點應該是黑色。小孩子看了,也能輕而易舉地知道圖片裡面的內容是貓。因為可能很多「**深度**」的經驗已經整合在人腦的潛意識裡面了。

對於這種類型的問題,傳統的機器學習模型比如線性回歸或邏輯回歸,就不大好用。因為要訓練一個分類器來判斷圖片是否為一隻貓時,電腦實際上看到的是一個巨大的數字矩陣(如下圖所示),矩陣中的每一個數字代表一個畫素的強度(亮度、顏色)值,比如貓眼睛處畫素值對應為黑色、貓的嘴處為紅色等。我們會輸入大量的貓圖片樣本集,希望經過學習之後,模型知道大概什麼地方會出現什麼樣的畫素,比如貓眼睛是什麼樣,或是貓耳朵是什麼樣的,等等。

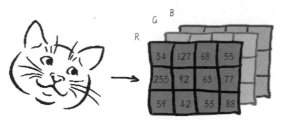

▲ 人眼看貓,電腦看數字矩陣

即使圖片很小,長寬也各有 50 畫素,也就是有 2500 個特徵 。如果是 RGB 彩色圖型,那麼特徵的數目就是 7500 了。如果特徵之間還可以組合,特徵空間可以達到上百萬的等級。不僅是圖片,其他感知類別資料如文字、網頁,都出現類似特徵維度超大的現象。對傳統機器學習演算法來說,計算成本太高了。而且,這些畫素特徵和分類結果之間的擬合過於複雜,如果透過手工特徵工程來輔助機器學習的建模,這個特徵工程本身的難度也將是巨大的。

 咖哥發言

機器學習中有個術語叫「維度災難」,即高維度帶來了超高的複雜度和超巨大的特徵空間。比如,對圍棋來說,特徵維度是 19×19,但是它的有效狀態數量超過了 10^{170}。

而神經網路就是專門為了解決這種超高特徵維度的感知類別問題而生的。數學上已經證明,淺層神經網路可以模擬任何連續函數。而深層神經網路更是可以用更少的參數來學到更好的擬合。特徵數量越大,神經網路優勢越明顯。機器學習,學的就是對客觀世界事物之間關係的擬合,誰的擬合能力更強,實現起來更簡便,誰就是「王者」。因而,神經網路,尤其是深度神經網路,在巨量資料時代肩負著處理超高維特徵問題以及減少特徵工程兩大重任,是處理感知類別問題的一把利刃。

5.2.3 神經網路的優勢

還是借著剛才這個貓的例子，說說神經網路是怎麼做到這種不懼巨大特徵量的「深度學習」的。

假設我們是在傳統 AI 模型上弄一個貓辨識器，首先需要花大量的時間來幫機器定義什麼是「貓」──2 個眼睛，4 條腿，尖尖的耳朵，軟軟的毛…… 這些資訊輸入機器，組合起來組成了一隻貓。然後對圖片裡面的特徵進行分解，拆分成一小區塊一小區塊的元素，眼睛、毛髮顏色、鬍鬚、爪子，等等。最後將這些元素和機器記憶中的資訊進行比對，如果大多數都吻合了，那麼這就是一隻貓。

而現在用神經網路去辨識貓可就省力多了。不必手工去編寫貓的定義，它的定義只存在於網路中大量的「**分道器**」之中。這些分道器負責控制在網路的每一個分岔路口把圖片往目的地輸送。而神經網路就像一張無比龐大、帶有大量分岔路的鐵軌網，如右圖所示。

在這密密麻麻的鐵軌的一邊是輸入的圖片，另一邊則是對應的輸出結果，也就是道路的終點。網路會透過調整其中的

▲ 網路把貓全都輸送到貓站，狗全都輸送到狗站

每一個分道器來確保輸入映射到正確的輸出。訓練資料越多，這個網路中的軌道越多，分岔路口越多，網路也就越複雜。一旦訓練我們就擁有了大量的預定軌道，對新圖片也能做出可靠的預測，這就是神經網路的自我學習原理（本小節內容部分參考了《Google 大腦養成記》，由公眾號機器之心編譯）。

　　小冰插嘴：「咦？好像這個神經網路的原理和線性回歸或邏輯回歸完全相同，不就是透過不斷地訓練尋找最佳的參數嘛！」

　　咖哥答：「你說得簡直太正確了！它們本來就是一回事，唯一的不同是，神經網路的參數多、層級深，需要的資料量也多。」

那麼為什麼這個網路需要如此多的神經元和資料呢？

因為這是訓練機器的必需項。到底是貓是狗，由網路中成千上萬個「分道器」神經元決定。拿出一張貓圖片問：這是什麼？鐵軌大網經過重重分叉，在第一次判斷中把它輸送到了狗站。

機器告訴鐵軌大網：不對，這是貓。你再弄一次。

然後，網路中負責統計的人員回頭檢查各個神經元的分道情況。因為錯誤的回答，神經元的參數，也就是權重 w，獲得了懲罰。而下一次呢？正確的結果將使參數得到強化和肯定。這樣不斷地調整，直到這個網路能夠對大多數的訓練資料得到正確的答案。所以重要的不是單一分道器，而是整個軌道網路中集體意見的組合結果。因此**資料越多，投票者越多，就能獲得越多的模式。如果有數百萬個投票者，就能獲得數十億種模式**。每一種模式都可以對應一種結果，都代表著一種極為具體的從輸入到輸出的函數。這些不同的模式使網路擁有歸類的能力。訓練的資料越多，網路就越了解一種模式屬於哪一個類別，就能在未來遇到沒有標籤的圖片時做出更準確的分類。

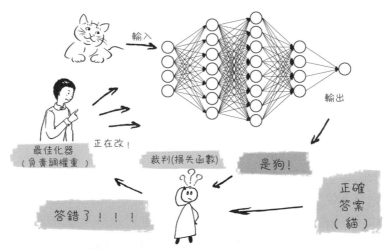

▲ 當得出錯誤結果時，神經元的權重會受懲罰

因此，深度學習並不是去嘗試定義到底什麼是一隻貓，而是透過大量的資料

和大量的投票器，把網路裡面的開關訓練成「貓通路」、「狗通路」。對資料量的需求遠遠勝過對具體「貓特徵」定義的需求。所以，程式設計師所做的是源源不斷地把資料登錄神經網路，讓它自己最佳化自己，而非堅持不懈地告訴神經網路，貓這裡有鬍鬚，一般是 8 根，有時候是 6 根。**這些機械化的定義在神經網路面前變得不再有任何用處。**

這裡你們也看得出樣本的重要性，資料樣本才是網路中每個投票器參數值的決定者（而非作為網路設計者的人類！）。如果這一批樣本中，所有的貓都有 8 根鬍鬚，那麼這個特徵──結果的線路，很可能被訓練得很強。突然之間，樣本中出現了一只有 6 根鬍鬚的貓。由於神經網路裡面什麼先驗知識也沒有。神經網路本來就是一張白紙，沒有人告訴它，有幾根鬍鬚的是貓。因此被這樣的訓練樣本訓練出來的網路也許會告訴我們有 6 根鬍鬚的貓不是貓。

所以，用精煉語言來複習一下神經網路，即深度學習的機制：它是用一串一串的函數，也就是層，堆疊起來，作用於輸入資料，進行**從原始資料到分類結果的過濾與淨化**。這些層透過權重來參數化，透過損失函數來判斷當前網路的效能，然後透過最佳化器來調整權重，尋找從輸入到輸出的最佳函數。注意以下兩點。

- 學習：就是為神經網路的每個層中的每個神經元尋找最佳的權重。
- 知識：就是學到的權重。

5.3 從感知器到單隱層網路

　　咖哥一下子講了那麼多原理，講累了，喝了一口水，接著說：「神經網路由神經元組成，最簡單的神經網路只有一個神經元，叫感知器。」

5.3.1 感知器是最基本的神經元

所謂「道生一，一生二，二生三，三生萬物」，萬事萬物都是從簡單到複雜的演進。神經網路也是。前面說到，感知器是神經網路的雛形，最初的神經網路也就是只有一個神經元的感知器。

右圖中的圓圈就代表一個神經元，它可以接收
輸入，並根據輸入提供一個輸出。

這個簡單的感知器可以做什麼呢？

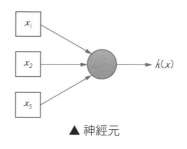

▲ 神經元

首先它可以成為一個「及閘」。及閘我們很熟
悉，它的邏輯就是只有當所有輸入值都為 1
時，輸出才為 1，否則輸出為 0。這個及閘邏
輯透過感知器的實現如下圖所示。

x_1	x_2	$z(x)$	$g(z(x))$	邏輯值
0	0	–30	0.00001	0
0	1	–10	0.00001	0
1	0	–10	0.00001	0
1	1	40	0.99999	1

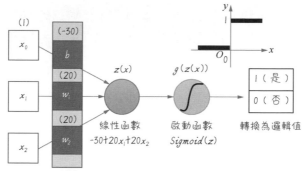

▲ 設定了權重，感知器可以用來做「與」邏輯判斷

　　小冰說：「這個感知器看起來的確有點像是邏輯回歸。」

　　咖哥說：「小冰，你說得很對，這就是一個邏輯回歸分類器。但它太簡單
了，只有兩個特徵（x_1 和 x_1），而且輸入也簡單，只有 0、1 兩種可能，共 4
組資料。因為資料量太小，所以很容易擬合。很多權重值的組合都可以實現
這個擬合，如果我們隨意分配兩個簡單的權重（w_1=20，w_2=20）和一個偏置
（b=-30）值，就能夠透過一個線性函數（$y=20x_1+20x_2-30$）加一個啟動函數
（$Sigmiod$（z）），對 4 組資料進行簡單的『與』邏輯判斷，其實也就是為一個小
小的資料集進行分類。這些都是在邏輯回歸裡面講過的內容。」

咖哥發言

Sigmiod 函數，在邏輯回歸中叫邏輯函數，在神經網路中則稱為啟動函數，用以類比人類神經系統中神經元的「啟動」過程。

如果換其他資料，比如再給 4 組符合「或」規則的資料（只要輸入中有一個值為 1，輸出就為 1，否則輸出為 0），感知器能不能夠完成這個新的邏輯判斷呢？當然可以。透過調整感知器的權重和偏置，比如設定 w_1=20，w_2=20，b=-10 後，就成功地實現了新規則（如下圖所示）。這樣，根據不同的資料登錄，感知器適當地調整權重，在不同的功能之間切換（也就是擬合），形成了一個簡單的自我調整系統，人們就說它擁有了「感知」事物的能力。

x_1	x_2	$z(x)$	$g(z(x))$	邏輯值
0	0	-10	0.00001	0
0	1	10	0.99999	1
1	0	10	0.99999	1
1	1	20	0.99999	1

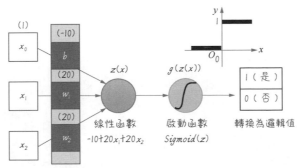

▲ 透過調整權重，感知器從「及閘」變成了「或閘」

5.3.2 假設空間要能覆蓋特徵空間

單神經元，也就是感知器，透過訓練可以用作邏輯回歸分類器，那麼它是如何進化成更為複雜的多層神經網路呢？

要瞭解從單層到多層這一「躍遷」的意義，我們需要重溫幾個概念。前面講過，機器學習中資料的幾何映射是空間；向量，也可以看作一個多維空間中

的點。由此,對輸入空間、輸出空間、特徵空間、假設空間進行以下的定義。

- 輸入空間:x,輸入值的集合。
- 輸出空間:y,輸出值的集合。一般來説輸出空間會小於輸入空間。
- 特徵空間:每一個樣本被稱作一個實例,通常由特徵向量表示,所有特徵向量存在的空間稱為特徵空間。特徵空間有時候與輸入空間相同,有時候不同。因為有時候經過特徵工程之後,輸入空間可透過某種映射生成新的特徵空間。
- 假設空間:假設空間一般是對於學習到的模型(即函數)而言的。模型表達了輸入到輸出的一種映射集合,這個集合就是假設空間。假設空間代表著**模型學習過程中能夠覆蓋的最大範圍**。

因為模型本身就是對特徵的一種函數化的表達,一個基本的原則是:模型的假設空間,一定要大到能覆蓋特徵空間,不然模型就不可能精準地完成任務。某些回歸問題,一定需要曲線模型進行擬合,如果堅持使用線性模型,就會因為其特徵空間覆蓋面有限,無論怎麼調整權重和偏置都不可能達到理想效果。下面的示意圖就描繪出函數的複雜度和其所能夠覆蓋的假設空間範圍之間的關係:函數越複雜,假設空間的覆蓋面越大,擬合能力就越強。

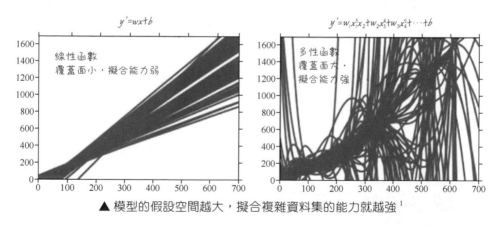

▲ 模型的假設空間越大,擬合複雜資料集的能力就越強 [1]

1　圖片參考了李宏毅老師的機器學習教學視訊。

5.3.3 單神經元特徵空間的局限性

其實,從拓撲結構來看,感知器,也就是説神經網路中的單一神經元所能夠解決的問題是線性可分的。剛才我們成功擬合的「與」和「或」兩個資料集,它們的輸入空間都滿足線性可分這個條件,如下圖所示。因此,如果模型的假設空間能夠覆蓋輸入空間,就可以搞定它們。

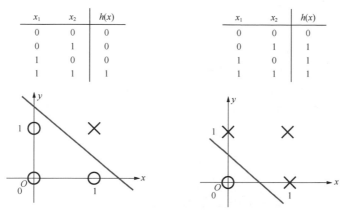

▲「與」和「或」的線性分界平面

但是,感知器沒有辦法擬合非線性的空間。再看看下圖中這個符合「同或」(XOR)邏輯的資料集,也是只有 2 個特徵,4 組資料而已。兩個輸入值不同時,輸出為 0。反之,輸出為 1。資料集雖然簡單,但「同或」邏輯是線性不可分的,我們再怎麼畫直線,也無法分割出一個平面來為其分界。因此,這個問題也就沒有辦法透過一個單節點感知器處理——**無論我們如何調整感知器的權重和偏置,都無法擬合「同或」資料集從特徵到標籤的邏輯。**

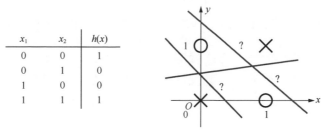

▲ 無論怎麼調整感知器的權重和偏置,都無法解決同或問題

所以，感知器是有局限性的。它連同或這樣簡單的任務都完成不了，又如何去模擬現實世界中更為複雜的關係？難怪感知器當年「紅火」一陣子後就消失在人們的視野了。

5.3.4 分層：加入一個網路隱層

那麼，機器學習如何解決這個問題？

有以下兩個想法。

- 第一個想法，進行手工特徵工程，就是對 x_1、x_2 進行各種各樣的組合變形，形成新的特徵，比如 x_3、x_4。然後對新特徵 x_3、x_4 做線性回歸。這種特徵工程本質上改變了資料集原本的特徵空間，目標是降低其維度，使其線性回歸演算法可解。
- 第二個想法，就是**將神經網路分層**。人們發現，如果在感知器的啟動函數後面再多加入一個新的神經網路層，以上一層神經元啟動後的輸出作為下一層神經元的輸入，此時模型的假設空間就會被擴充，神經網路就會從線性模型躍遷至非線性模型（如下圖所示），從而將本來線性不可分的函數圖型擬合成功！

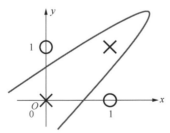

▲ 同或問題的特徵空間並不是線性可分的，需要引入非線性模型

第二個想法較之於第一個想法的優勢是什麼？省去了特徵工程。因為特徵的變換，特徵之間的組合的種種邏輯都是人工決定的，相當耗時耗力。所以，對特徵量巨大，而且特徵之間無明顯連結的非結構化資料做特徵工程是不實際的。

神經網路隱層的出現把**手工的特徵工程**工作丟給了**神經網路**，網路第一層的權重和偏置自己去學，網路第二層的權重和偏置自己去學，網路其他層的權

重和偏置也是自己去學。我們除了提供資料以及一些網路的初始參數之外，剩下的事情全部都讓網路自己完成。

因此，神經網路的自我學習功能實在是懶人的福音。

下圖展示的就是神經網路解決這個非線性的「同或」問題的具體過程。這個網路不但多出一層，每層還可以有多個神經元，具有充分的靈活性。哪怕特徵數量再大，特徵空間再複雜，神經網路透過**多層架構**也可以將其搞定。

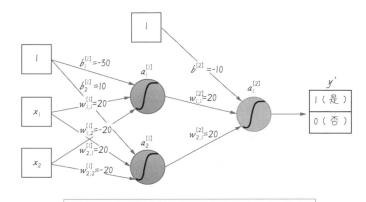

x_1	x_2	$a_1^{[1]}$	$a_2^{[1]}$	
0	0	0	1	1
0	1	0	0	0
1	0	0	0	0
1	1	1	0	1

▲ 加入網路隱層之後，同或資料集變得可以擬合了

咖哥發言

注意神經網路的上索引符號規則。神經網路中因為層數多，每層中節點（即神經元）數目也多，因此其中節點、權重的標誌規則變得複雜起來。舉例來說，此處，$w_{2,2}^{[1]}$ 中，中括號裡面的上標的數字代表第幾層；索引有兩個，第一個代表權重屬於哪一個特徵，即特徵的維度，第二個代表其所連接到的下層神經元的維度。

還要注意的就是每層會有多個權重，但每層只有 1 個偏置。

再多說一句，對資料集的特徵 x 來說，有時候也會出現這樣比較複雜的標誌 $x_1^{(1)}$，這裡的索引 1 代表特徵的維度，1 就是第 1 個特徵；而小括號裡面的上標的數字代表的是樣本的維度，1 也就是第 1 個樣本。

• 5.4 用 Keras 單隱層網路預測客戶流失率

前面說了不少理論，目的只是從直觀上去瞭解一個關鍵字：神經網路的「分層」。

層，是神經網路的基本元素。之所以這麼說，是因為在實際應用中，神經網路是透過不同類型的「層」來建置的，而這個建置過程並不需要具體到每層內部的神經元。

下面就開始實戰，直接看看如何透過單隱層神經網路解決具體問題。之後你們可能會發現，神經網路聽起來嚇人，但其實還挺容易上手的。

5.4.1 資料的準備與分析

在電子資源打開 BankCustomer.csv 這個檔案，打開觀察一下這個資料集的話，我們會發現裡面主要是客戶的個人資料以及在該銀行的歷史交易資訊，如信用評級等。具體包括以下資訊。

- Name：客戶姓名。
- Gender：性別。
- Age：年齡。
- City：城市。
- Tenure：已經成為客戶的時間。
- ProductsNo：擁有的產品數量。
- HasCard：是否有信用卡。
- ActiveMember：是否為活躍使用者。
- Credit：信用評級。
- AccountBal：銀行存款餘額。
- Salary：薪水。
- Exited：客戶是否已經流失。

這些資訊對於客戶是否會流失是具有指向性的。

首先讀取檔案：

```
import numpy as np     #匯入NumPy函數庫
import pandas as pd   #匯入Pandas函數庫
df_bank = pd.read_csv("../input/bank-customer/BankCustomer.csv")  # 讀取檔案
df_bank.head()  # 顯示檔案前5行資料
```

輸出的前 5 行資料如下圖所示。

	Name	Gender	Age	City	Tenure	ProductsNo	HasCard	ActiveMember	Credit	AccountBal	Salary	Exited
0	Kan Jian	Male	37	Tianjin	3	2	1	1	634	31937.37	137062	0
1	Xue Baochai	Female	39	Beijing	9	1	1	1	556	18144.95	110194	0
2	Mao Xi	Female	32	Beijing	9	1	1	1	803	10378.09	236311	1
3	Zheng Nengliang	Female	37	Tianjin	0	2	1	1	778	25564.01	129910	1
4	Zhi Fen	Male	55	Tianjin	4	3	1	0	547	3235.61	136976	1

▲ 銀行客戶資料集的前 5 行資料

顯示一下資料的分佈情況：

```
import matplotlib.pyplot as plt #匯入Matplotlib函數庫
import seaborn as sns #匯入Seaborn函數庫
# 顯示不同特徵的分佈情況
features=[ 'City', 'Gender', 'Age', 'Tenure',
          'ProductsNo', 'HasCard', 'ActiveMember', 'Exited']
fig=plt.subplots(figsize=(15, 15))
for i, j in enumerate(features):
    plt.subplot(4, 2, i+1)
    plt.subplots_adjust(hspace = 1.0)
    sns.countplot(x=j, data = df_bank)
    plt.title("No. of costumers")
```

輸出的資料的分佈情況如下圖所示。

從圖中大概看得出，北京的客戶最多，男女客戶比例大概一致，年齡和客戶數量呈現正態分佈（鐘形曲線，中間高兩邊低）。這個資料集還有一個顯著的特點，等會兒指出來。

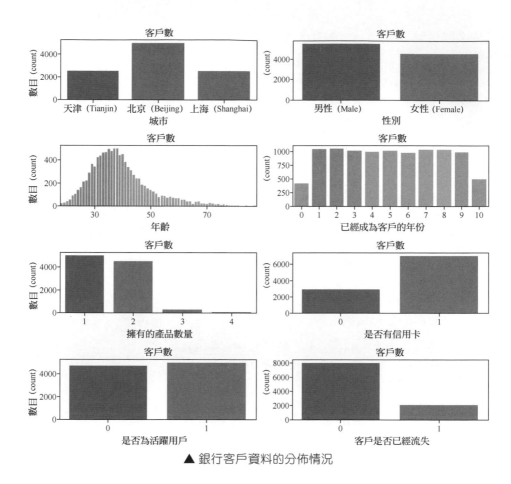

▲ 銀行客戶資料的分佈情況

對這個資料集，我們主要做以下 3 方面的清理工作。

（1）性別。這是一個二元類別特徵，需要轉為 0/1 程式格式進行讀取處理（機器學習中的文字格式資料都要轉為數字程式）。

（2）城市。這是一個多元類別特徵，應把它轉為多個二元類別虛擬變數（這個技術在上一課已使用過）。

（3）姓名這個欄位對於客戶流失與否的預測應該是完全不相關的，可以在進一步處理之前忽略。

當然，原始資料集中的標籤也應被移除，放置於標籤集 y：

```
# 把二元類別文字數字化
df_bank['Gender'].replace("Female", 0, inplace = True)
```

```
df_bank['Gender'].replace("Male", 1, inplace=True)
# 顯示數字類別
print("Gender unique values", df_bank['Gender'].unique())
# 把多元類別轉換成多個二元類別虛擬變數，然後放回原始資料集
d_city = pd.get_dummies(df_bank['City'], prefix = "City")
df_bank = [df_bank, d_city]
df_bank = pd.concat(df_bank, axis = 1)
# 建置特徵和標籤集合
y = df_bank ['Exited']
X = df_bank.drop(['Name', 'Exited', 'City'], axis=1)
X.head() #顯示新的特徵集
```

輸出的清理之後的資料集如下圖所示。此時新資料集的特徵數目是 12 個，即特徵維度是 12。

	Gender	Age	Tenure	ProductsNo	HasCard	ActiveMember	Credit	AccountBal	Salary	City_Beijing	City_Shanghai	City_Tianjin
0	1	37	3	2	1	1	634	31937.37	137062	0	0	1
1	0	39	9	1	1	1	556	18144.95	110194	1	0	0
2	0	32	9	1	1	1	803	10378.09	236311	1	0	0
3	0	37	0	2	1	1	778	25564.01	129910	0	0	1
4	1	55	4	3	1	0	547	3235.61	136976	0	0	1

▲ 清理之後的銀行客戶資料集

然後用標準方法拆分資料集為測試集和訓練集：

```
from sklearn.model_selection import train_test_split #拆分資料集
X_train, X_test, y_train, y_test = train_test_split(X, y,
                                    test_size=0.2, random_state=0)
```

5.4.2 先嘗試邏輯回歸演算法

上一課介紹的邏輯回歸演算法完全能夠解決這個「是」與「否」的分類問題。下面我們就在沒有進行任何特徵工程的情況下，先使用邏輯回歸直接進行機器學習，看看訓練之後的模型會帶來什麼樣的結果：

```
from sklearn.linear_model import LogisticRegression # 匯入Sklearn模型
lr = LogisticRegression() # 邏輯回歸模型
history = lr.fit(X_train, y_train) # 訓練機器
print("邏輯回歸預測準確率 {:.2f}%".format(lr.score(X_test, y_test)*100))
```

輸出結果如下：

邏輯回歸預測準確率：78.30%

結果顯示預測準確率為 78.30%。作為分類問題，這個準確率表面上看還算可以，比盲目猜測強很多。我們可以把它看作一個評估基準，看看採用神經網路的演算法進行機器學習之後，準確率會不會有所提高。

5.4.3 單隱層神經網路的 Keras 實現

如何建置出神經網路機器學習模型呢？透過 Keras 的深度學習 API 應該是最簡單的方法。

Keras 的特點是使用者友善，注重使用者體驗。它提供一致且簡單的 API，並力求減少常見案例所需的使用者操作步驟，同時提供清晰和可操作的回饋。

▲ Keras 的圖示

Keras 建置出來的神經網路模型透過模組（也就是 API）組裝在一起。各個深度學習元件都是 Keras 模組，比如神經網路層、損失函數、最佳化器、參數初始化、啟動函數、模型正規化，都是可以組合起來建置新模型的模組。

 咖哥發言

為什麼取名為 Keras？

Keras，最初是作為 ONEIROS（開放式神經電子智慧型機器人作業系統）專案研究工作的一部分而開發的。Keras 在希臘語中意為牛角、號角，來自古希臘史詩《奧德賽》中關於夢神（Oneiros）的故事。冥界的出口有兩扇門，一個是象牙之門，一個是牛角之門。夢神用虛幻的景象欺騙透過象牙之門抵達的人，而讓透過牛角之門的人將看到真相，到達真理的彼岸。

1. 用序列模型建置網路

單隱層神經網路的實現程式如下。

首先匯入 Keras 函數庫：

```
import keras # 匯入Keras函數庫
from keras.models import Sequential # 匯入Keras序列模型
from keras.layers import Dense # 匯入Keras全連接層
```

- **序列（sequential）模型**，也可以叫作**順序模型**，是最常用的深度網路層和層間的架構，也就是一個層接著一個層，順序地堆疊。
- **密集（dense）層**，是最常用的深度網路層的類型，也稱為**全連接層**，即當前層和其下一層的所有神經元之間全有連接。

然後架設網路模型：

```
ann = Sequential() # 創建一個序列ANN模型
ann.add(Dense(units=12, input_dim=11, activation = 'relu')) # 增加輸入層
ann.add(Dense(units=24, activation = 'relu')) # 增加隱層
ann.add(Dense(units=1, activation = 'sigmoid')) # 增加輸出層
ann.summary() # 顯示網路模型(這個敘述不是必需的)
```

運行上面的程式後，將輸出神經網路的結構資訊：

```
Layer (type)                    Output Shape              Param #
=================================================================
dense_01 (Dense)                (None, 12)                156

dense_02 (Dense)                (None, 24)                312

dense_03 (Dense)                (None, 1)                 25

=================================================================
Total params: 493
Trainable params: 493
Non-trainable params: 0
```

summary 方法顯示了神經網路的結構，包括每個層的類型、輸出張量的形狀、參數量以及整個網路的參數量。這個網路只有 3 層，493 個參數（就是每個神經元的權重等），這對神經網路來說，參數量已經算是很少了。

透過下面的程式，還可以展示出神經網路的形狀結構：

```
from IPython.display import SVG # 實現神經網路結構的圖形化顯示
from keras.utils.vis_utils import model_to_dot
SVG(model_to_dot(ann, show_shapes=True).create(prog='dot', format='svg'))
```

表 5-1 左邊就是所輸出的網路結構，表中也列出了對應層的生成敘述和簡單說明。

表 5-1 神經網路結構及對應層生成的敘述

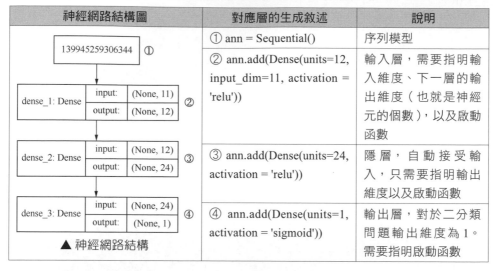

神經網路結構圖	對應層的生成敘述	說明
	① ann = Sequential()	序列模型
	② ann.add(Dense(units=12, input_dim=11, activation = 'relu'))	輸入層，需要指明輸入維度、下一層的輸出維度（也就是神經元的個數），以及啟動函數
	③ ann.add(Dense(units=24, activation = 'relu'))	隱層，自動接受輸入，只需要指明輸出維度以及啟動函數
	④ ann.add(Dense(units=1, activation = 'sigmoid'))	輸出層，對於二分類問題輸出維度為 1。需要指明啟動函數

解釋一下上面的程式。

■ 模型的創建：ann = Sequential() 創建了一個序列神經網路模型（其實就是一個 Python 的類別）。在 Keras 中，絕大多數的神經網路都是透過序列模型所創建的。與之對應的還有另外一種模型，稱為函數式 API，可以創建更為複雜的網路結構，後續課程中會略做介紹。

■ 輸入層：透過 add 方法，可開始神經網路層的堆疊，序列模型，也就是一層一層的順序堆疊。

• Dense 是層的類型，代表密集層網路，是神經網路層中最基本的層，也叫全連接層。在後面的課程中，我們還將看到 CNN 中的 Conv2D 層，RNN 中的 LSTM 層，等等。解決回歸、分類等普通機器學習問題，用全連接層就可以了。

• input_dim 是輸入維度，輸入維度必須與特徵維度相同。這裡指定的網路能接收的輸入維度是 11。如果和實際輸入網路的特徵維度不匹配，Python 就會顯示出錯。

• unit 是輸出維度，設定為 12。該參數也寫入為 output_dim=12，甚至忽

略參數名稱，寫為 Dense(12, input_dim=11, activation='relu')，這些都是正確格式。12 這個值目前是隨意選擇的，這代表了經過線性變化和啟動之後的假設空間維度，其實也就是神經元的個數。維度越大，則模型的覆蓋面也越大，但是模型也就越複雜，需要的計算量也多。對於簡單問題，12 維也許是一個合適的數字：太多的話容易過擬合，太少的話（不要少於特徵維度）則擬合能力不夠。

- activation 是啟動函數，這是每一層都需要設定的參數。這裡的啟動函數選擇的是 "relu"，而非 Sigmoid。relu 是神經網路中常用的啟動函數。（為什麼不用 Sigmoid，原因過一會兒再講。）

■ 隱層：仍然透過 add 方法。在輸入層之後的所有層都不需要重新指定輸入維度，因為網路能夠透過上一層的輸出自動地調整。這一層的類型同樣是全連接層。在輸入維度方面，我進一步擴充了神經網路的假設空間，神經元的個數從 12 增加到 24。隨著網路層級的加深，逐步地增大特徵空間，這是密集連接型網路的常見做法（但不是必需的做法）。

■ 輸出層：仍然是一個全連接層，指定的輸出維度是 1。因為對於二分類問題，輸出維度必須是 1。而對於多分類問題，有多少個類別，維度就是多少。啟動函數方面，最後一層中使用的是熟悉的 Sigmiod 啟動函數。**對於二分類問題的輸出層，Sigmoid 是固定的選擇。如果是用神經網路解決回歸問題的話，那麼輸出層不用指定任何啟動函數。**

下面編譯剛才建好的這個網路：

```
# 編譯神經網路，指定最佳化器、損失函數，以及評估指標
ann.compile(optimizer = 'adam',          #最佳化器
        loss = 'binary_crossentropy', #損失函數
        metrics = ['acc'])            #評估指標
```

用 Sequential 模型的 compile 方法對整個網路進行編譯時，需要指定以下幾個關鍵參數。

■ 最佳化器（optimizer）：一般情況下，"adam" 或 "rmsprop" 都是很好的最佳化器選項，但也有其他可選的最佳化器。等一會我們再稍微深入地說說最佳化器的選擇。

■ 損失函數（loss）：對二分類問題來説，基本上二元交叉熵函數（binary_
  crossentropy）是固定選項；如果是用神經網路解決線性的回歸問題，那麼
  均方誤差函數是合適的選擇。

■ 評估指標（metrics）：這裡採用預測準確率 acc（也就是 accuracy 的縮寫，
  兩者在程式中是相等的）作為評估網路性能的標準；而對於回歸問題，平
  均誤差函數是合適的選擇。準確率，也就是正確地預測佔全部資料的比
  重，是最為常用的分類評估指標。但它是不是唯一正確的分類評估指標
  呢？等一會還會深入分析這個問題。

2. 全連接層

關於神經網路的全連接層（Dense 層），再多説兩句。它是最常見的神經網路
層，用於處理最普通的機器學習向量資料集，即形狀為（樣本，標籤）的 2D
張量資料集。它實現的就是一個邏輯回歸功能：

$$Output=Activation（dot（input, kernel）+bias）$$

這公式中的 kernel，其實就是我們常説的權重。因為網路是多節點的，所以它
從向量升級為矩陣，把輸入和權重矩陣做點積，然後加上一個屬於該層的偏
置（bias），啟動之後，就獲得了全連接層往下一層的輸出了。另外，偏置在
神經網路層中是可有可無的，不是必需項。

其實，每層最基本的、必須設定的參數只有以下兩個。

■ units：輸出維度。

■ activation：啟動函數。

對於輸入層，當然還要多指定一個輸入維度。對於後面的隱層和輸出層，則
連輸入維度也可以省略了。

那麼在每一個全連接層中，還有一些參數，用於初始化權重和偏置，以及正
規化設定：

```
# Dense層中可設定的參數
keras.layers.Dense(units=12,
           activation=None,
           use_bias=True,
           kernel_initializer='glorot_uniform',
```

```
            bias_initializer='zeros',
            kernel_regularizer=None,
            bias_regularizer=None,
            activity_regularizer=None,
            kernel_constraint=None,
            bias_constraint=None)
```

層內參數通常都是由機器學習透過梯度下降自動最佳化的，因此除了上面提到的輸入輸出維度、啟動函數的選擇之外，初學者不必特別關注其他的初始化和正規化參數。

3. 神經網路中其他類型的層

有一位同學發問：「那麼其他類型的層是什麼樣的呢？」

咖哥回答：「全連接層，適用於 2D 張量資料集，其他類型的層則負責處理其他不同維度的資料集，解決不同類型的問題。」

下面介紹兩個其他類型的層。

- 循環層（如 Keras 的 LSTM 層），用於處理保存在形狀為（樣本，時間戳記，標籤）的 3D 張量中的序列資料。
- 二維卷積層（如 Keras 的 Conv2D 層），用於處理保存在形狀為（樣本，幀數，圖型高度，圖型寬度，色彩深度）的 4D 張量中的圖像資料。

其實，層就像是深度學習的樂高積木，將相互相容的、相同或不同類型的多個層拼接在一起，建立起各種神經網路模型，這也是深度學習的有趣之處。

5.4.4 訓練單隱層神經網路

下面開始訓練剛才編譯好的神經網路。

和其他傳統機器學習演算法一樣，神經網路的擬合過程也是透過 fit 方法實現的。在此，透過 history 變數把訓練過程中的資訊保存下來，留待以後分析：

```
history = ann.fit(X_train, y_train, # 指定訓練集
            epochs=30,              # 指定輪次
            batch_size=64,          # 指定批次大小
            validation_data=(X_test, y_test)) #指定驗證集
```

這裡，必須要指定的參數只是訓練集，以及訓練的輪次（epochs）。其他參數
包括以下幾個。

- batch_size：用於指定資料批次，也就是每一次梯度下降更新參數時所同時
  訓練的樣本數量。這是利用了 CPU/GPU 的平行計算功能，系統預設值是
  32。如果硬體給力，批次數目越大，每一輪訓練得越快。
- validation_data：用於指定驗證集。這樣就可以一邊用訓練集訓練網路，一
  邊驗證某評估網路的效果。這裡為了簡化模型，就直接使用測試集來做驗
  證了，因此本例中的 x_test, y_test 也就成了驗證集。但更規範的方法應該
  是把驗證集和測試集區分開。

下面運行一下程式。

然而運行之後，Python 竟然顯示出錯：

```
-------------------------------------------------------------------------
ValueError                Traceback (most recent call last)
<ipython-input-41-0861a0d8b533> in <module>()
----> 1 history = acc.fit(X_train, y_train, epochs=30, batch_size=10,
validation_data=(X_test, y_test))
......
ValueError: Error when checking input: expected dense_48_input to have shape
 (11,) but got array with shape (12, )
```

 咖哥發言

看到出錯，小冰嚇了一跳，但咖哥似乎很冷靜，面不改色，對同學們嚴肅地說道：「大
家可別以為出這個錯是我水準不行，此乃鄙人故意為之，目的就是提醒大家注意輸入
維度。」

回頭檢查一下剛才的程式，在透過 add 方法建置網路時，我們將第一層的輸入
維度設定為了 11：

```
ann.add(Dense(units=12, input_dim=11, activation = 'relu')) # 增加輸入層
```

但是，同學們數一數，這個資料集的實際特徵維度是多少維？是 12 維！因
此，Error 資訊中說得已經很明確了，神經網路所定義的輸入陣列形狀和資料
集實際的輸入陣列形狀不匹配。修改輸入維度如下：

```
ann.add(Dense(units=12, input_dim=12, activation = 'relu')) # 增加輸入層
```

調整了輸入維度之後,重新運行 fit 方法,神經網路的訓練就開始了!接著開始逐步輸出每個輪次的訓練集準確率和驗證集準確率,問題解決了。

┌───┐
│ 😊 咖哥發言   │
│   │
│ 大家鬆了一口氣。咖哥說:「還是那句話,遇到報錯,不必緊張,冷靜排查即可解決問 │
│ 題。」   │
└───┘

```
Train on 8000 samples, validate on 2000 samples
Epoch 1/30 8000/8000 [==============================]
- 4s 525us/step - loss: 3.5385 - acc: 0.7776 - val_loss: 3.2142 - val_acc:
0.7975
Epoch 2/30 8000/8000 [==============================]
- 2s 246us/step - loss: 3.2902 - acc: 0.7941 - val_loss: 3.2463 - val_acc:
0.7975
... ...
Epoch 29/29 8000/8000 [==============================]
- 2s 209us/step - loss: 0.5058 - acc: 0.7960 - val_loss: 0.5047 - val_acc:
0.7975
Epoch 30/30 8000/8000 [==============================]
- 2s 205us/step - loss: 0.5058 - acc: 0.7960 - val_loss: 0.5049 - val_acc:
0.7975
```

```
單隱層神經網路預測準確率: 79.75%
```

這樣我們的第一個神經網路的訓練就算是完成了。從表面上看,從 78.30% 到 79.75%,單隱層神經網路的預測準確率比邏輯回歸似乎有所提高。

5.4.5 訓練過程的圖形化顯示

訓練過程中輸出的資料包括每輪訓練的損失值、準確率等。但是這個輸出資訊有 30 輪的資料,很冗長、看起來特別費力。有沒有更直觀的方法來顯示這些資訊呢?

有。可以用下面的程式定義一個函數,顯示基於訓練集和驗證集的損失曲線,以及準確率隨疊代次數變化的曲線。

```python
# 這段程式參考了《Python深度學習》一書中的學習曲線的實現
def show_history(history): # 顯示訓練過程中的學習曲線
    loss = history.history['loss']
    val_loss = history.history['val_loss']
    epochs = range(1, len(loss) + 1)
    plt.figure(figsize=(12, 4))
    plt.subplot(1, 2, 1)
    plt.plot(epochs, loss, 'bo', label='Training loss')
    plt.plot(epochs, val_loss, 'b', label='Validation loss')
    plt.title('Training and validation loss')
    plt.xlabel('Epochs')
    plt.ylabel('Loss')
    plt.legend()
    acc = history.history['acc']
    val_acc = history.history['val_acc']
    plt.subplot(1, 2, 2)
    plt.plot(epochs, acc, 'bo', label='Training acc')
    plt.plot(epochs, val_acc, 'b', label='Validation acc')
    plt.title('Training and validation accuracy')
    plt.xlabel('Epochs')
    plt.ylabel('Accuracy')
    plt.legend()
    plt.show()
show_history(history) # 呼叫這個函數, 並將神經網路訓練歷史資料作為參數輸入
```

這種圖形化的顯示看起來就清晰多了, 如下圖所示(圖中準確率均以小數形式表示, 正文中以百分數形式表示)。

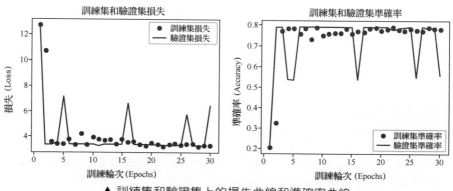

▲ 訓練集和驗證集上的損失曲線和準確率曲線

• 5.5 分類資料不平衡問題：只看準確率夠用嗎

　　曲線顯示 2、3 次疊代之後，訓練集的損失就迅速下降而且不再有大的變化，而驗證集的損失則反覆地振盪。這種不甚平滑的曲線形狀讓同學們都覺得有點奇怪，但是又不知道是否正常。小冰問道：「這個曲線顯示出來的情況有問題嗎？」

　　咖哥笑而不答，突然問了一個似乎不相關的問題：「79.75% 的預測準確率，小冰，你覺得滿意嗎？」

　　小冰說：「大概還行吧。」

　　咖哥笑了：「我閉著眼睛，不用任何機器學習演算法，也可以達到這個預測準確率。」

　　小冰說：「你在開玩笑吧。」

　　咖哥說：「我的方法就是預測全部客戶都不會離開，也就是標籤 y 值永遠為 0。由於這個資料集中的客戶流失率其實就是 20% 左右，因此我預測全部標籤 y 值為 0，就達到了 80% 的準確率。」

　　小冰回頭看看當初資料分析時繪製的分佈圖表中右下角的 "Exited" 小圖，也就是 y 值的分佈圖，說道：「真的耶，10000 個客戶裡面，大概是有 8000 個客戶，也就是 80% 左右的客戶沒有離開，只有 20% 的客戶流失──這就是你剛才所說的這個資料集的顯著的特點吧。」

　　咖哥說：「對，這種問題你們要注意，標籤的類別分佈是不均衡的。就這個 80%：20% 的比例來說，80% 以下的準確率等於機器什麼也沒做。這是無法令人滿意的。」

　　小冰思考了一下，覺得咖哥說得很有道理。但她又想不出如何去評估這種標籤類別不平衡資料集的預測結果。

　　咖哥似乎已經讀出了小冰的心思，他說：「對於這種問題，我們需要從每一個類別的預測精確率和召回率上面入手。」

5.5.1　混淆矩陣、精確率、召回率和 F1 分數

假設有一個手機生產廠商，每天生產手機 1000 部。某一天生產的手機中，出現了 2 個劣質品。目前要透過機器學習來分析資料特徵（如手機的重量、形狀規格等），鑑定劣質品樣本。其中資料集真值和機器學習模型的合格品和劣質品個數如表 5-2 所示。

表 5-2 資料集真值和機器學習模型預測的合格品／劣質品個數

真值／預測結果　　　　様本標籤	合格品（標籤 0）	劣質品（標籤 1）
資料集真值	998	2
預測結果	999	1

表中機器學習模型的預測結果顯示合格品 999 個，劣質品 1 個，則其準確率為 99.9%。因為準確率就是預測命中的資料個數／資料總數，即 999/1000。1000 個様本只猜錯一個，可以説是相當準的模型了。

然而從我們的目標來説，這個模型實際上是失敗了。這個模型本就是為了檢測劣質品而生（**劣質品即標籤值為 1 的陽性正様本**），但一共有 2 個劣質品，只發現了 1 個，有 50% 的正様本沒有測準。因此，模型的好與不好，是基於用什麼標準衡量。對於這種正様本和負様本比例極度不平衡的様本集，我們**需要引進新的評估指標**。

為了評估這種資料集，需要引入一個預測值與真值組成的矩陣，4 個象限從上到下、從左到右分別為真負（真值為負，預測為負，即 True Negative，TN）、假正（真值為負，預測為正，即 False Positive，FP）、假負（真值為正，預測為負，即 False Negative，FN）、真正（真值為正，預測為正，即 True Positive，TP）。

大家是否被這真真假假、正正負負的繞得頭暈？請看下面的表 5-3。

表 5-3 預測值和真值對照表

真值　　　　預測值	0	1
0	998 真負	0 假正
1	1 假負	1 真正

表格中顯示了我們所關心的劣質品檢驗的每一種情況，而不僅是結果的準確率。首先注意絕大多數様本都是負様本，也就是合格品。那麼這個預測值與真值的比較矩陣中，998 個合格品均被測準，也沒有劣質品被誤判為合格品，因此有 998 個真負，0 個假正。2 個劣質品中，有一個誤判，這個被標為假

負，因為此樣本真值不是合格品，不應為負。而另一個被測準，所以是真正。

上面這種矩陣，在機器學習中也是一種對模型的視覺化評估工具，在監督學習中叫作**混淆矩陣**（confusion matrix），如下圖所示。

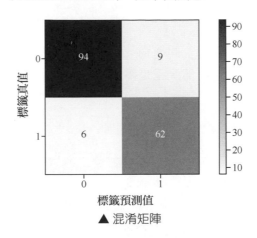

▲ 混淆矩陣

從這個混淆矩陣出發，又形成了一些新的評估指標，這裡介紹其中的幾個。

一個標準是**精確率**，也叫**查準率**，其公式是用「被模型預測為正的正樣本」除以「被模型預測為正的正樣本」與「被模型預測為負的正樣本」的和。公式如下：

$$Precision = \frac{TP}{TP + FP} = \frac{TP}{Total\ Predicted\ Postive}$$

對於上面的例子，就劣質品而言有以下幾種情況。

■ 真正：被模型判斷為劣質品的劣質品樣本數是 1。
■ 假正：被模型判斷為劣質品的合格品樣本數是 0。
■ 假負：被模型判斷為合格品的劣質品樣本數是 1。
■ 真負：被模型判斷為合格品的合格品樣本數是 998。

因此，精確率是對「假正」的測量。本例的精確率為 1/(1+0)＝100%。

這樣看來，這個模型相對於劣質品的精確率也不差。因為判定的劣質品果然是劣質品，而且沒有任何合格品被判為劣質品。

另一個標準是**召回率**，也叫**查全率**。你們聽說過「召回」這個名詞，就是劣質品蒙混過了質檢這關，「跑」出廠了，得召回來，銷毀掉。這和精確率是成對出現的概念。公式如下：

$$Recall = \frac{TP}{TP + FP} = \frac{TP}{Total\ True\ Postive}$$

召回率針對的是對於「假負」的衡量。意思是什麼呢？就是需要考慮被誤判為合格品的劣質品，而這種情況正是需要被「召回」的產品。本例的召回率為 1/(1+1) = 50%。

所以這個模型對劣質品來說，召回率不高。

把精確率和召回率結合起來，就得到 **F1 分數**。這是一個可以同時表現上面兩個評估效果的標準，數學上定義為精確率和召回率的調和平均值。它也是在評估這種樣本分類資料不平衡的問題時，所著重看重的標準。

$$F1 = 2 \cdot \frac{Precision \cdot Recall}{Precision + Recall}$$

 咖哥發言

這些名詞聽著的確有點暈。你們只要記住，對於這種大量標籤是普通值，一小部分標籤是特殊值的資料集來說，這 3 個標準的重要性在此時要遠遠高於準確率。

5.5.2 使用分類報告和混淆矩陣

了解了這種資料集的評估指標之後，現在就繼續用神經網路模型的 predict 方法預測測試集的分類標籤，然後把真值和預測值做比較，並利用 Sklearn 中的分類報告（classification report）功能來計算上面這幾種標準。

程式如下：

```
from sklearn.metrics import classification_report # 匯入分類報告
y_pred = ann.predict(X_test, batch_size=10) # 預測測試集的標籤
y_pred = np.round(y_pred) # 四捨五入，將分類機率值轉換成0/1整數值
y_test = y_test.values # 把Pandas series轉換成NumPy array
y_test = y_test.reshape((len(y_test), 1)) # 轉換成與y_pred相同的形狀
print(classification_report(y_test, y_pred, labels=[0, 1])) #呼叫分類報告
```

這段程式不是很複雜，只需要注意以下幾點。

■ 神經網路模型的 predict 方法列出的預測結果也是一個機率，需要基於 0.5 的設定值進行轉換，捨入成 0、1 整數值。

■ y_test 一直都是一個 Pandas 的 Series 格式資料，並沒有被轉為 NumPy 陣列。神經網路模型是可以接收 Series 和 Dataframe 格式的資料的，但是此時為了和 y_pred 進行比較，需要用 values 方法進行格式轉換。

■ y_test 轉換成 NumPy 陣列後，需要再轉為與 y_pred 形狀一致的張量，才輸入 classification_ report 函數進行評估。

這段程式需要在模型的 fit 擬合之後執行，運行之後將列出目前機器的預測結果：

```
              precision    recall  f1-score   support
           0       0.79      1.00      0.88      1583
           1       0.00      0.00      0.00       417
    accuracy                           0.79      2000
   macro avg       0.40      0.50      0.44      2000
weighted avg       0.63      0.79      0.70      2000
```

結果實在是讓人大跌眼鏡，果然不出咖哥所料。神經網路只是簡單地把所有的客戶判定為該銀行忠實的「鐵桿」支持者，沒有列出任何一例可能離開的客戶樣本。因此，儘管準確率達到 79%，但對於標籤為 1 的類別而言，精確率、召回率和 F1 分數居然都為 0。

如果此時輸出 y_pred 值，你們會看到清一色的 0 值。

下面畫出此時的混淆矩陣：

```
from sklearn.metrics import confusion_matrix # 匯入混淆矩陣
cm = confusion_matrix(y_test, y_pred) # 呼叫混淆矩陣
plt.title("ANN Confusion Matrix") # 標題:類神經網路混淆矩陣
sns.heatmap(cm, annot=True, cmap="Blues", fmt="d", cbar=False) # 熱力圖設定
plt.show() # 顯示混淆矩陣
```

混淆矩陣如下圖所示。

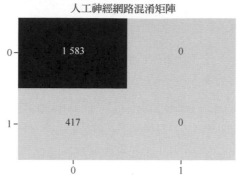

人工神經網路混淆矩陣

▲ 單隱層神經網路的混淆矩陣

混淆矩陣顯示 417 個客戶流失正樣本竟然一例都沒測中。這樣的神經網路儘管準確率為 79%，但實際上是訓練完全失敗了。

5.5.3 特徵縮放的魔力

小冰和同學們都陷入了深深的憂慮。傳說中神乎其神的神經網路，自己用起來竟然這麼「不順」。

「我倒覺得得到這個結果值得慶祝，」咖哥說，「因為現在我們明白問題出在哪裡了，也擁有了更為適合的評估指標，就是混淆矩陣、精確率、召回率，以及 F1 分數。既然方向已經有了，想辦法解決問題就可以了。」

其實解決問題的奧秘在面前的課程中已經多次提及了。

我們剛才忽略了一個步驟，就是特徵縮放。初學者必須牢記，**對於神經網路而言，特徵縮放（feature scaling）極為重要**。神經網路不喜歡大的設定值範圍，因此需要將輸入神經網路的資料標準化，把資料約束在較小的區間，這樣可消除離群樣本對函數形狀的影響。

數值過大的資料以及離群樣本的存在（如右圖所示）會使函數曲線變得奇形怪狀，從而影響梯度下降過程中的收斂。而特徵縮放，將可大量提高梯度下降（尤其是神經網路中常用的隨機梯度下降）的效率。

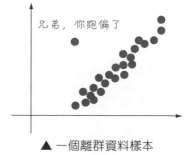

▲ 一個離群資料樣本

前面講過，特徵縮放有多種形式。這裡對資

料進行標準化。其步驟是：對於輸入資料的每個特徵（也就是輸入資料矩陣中的一整列），減去特徵平均值，再除以標準差，之後得到的特徵平均值為 0，標準差為 1。

公式如下：

$$x' = \frac{x - mean(x)}{std(x)}$$

程式如下：

```
mean = X_train.mean(axis=0)  # 計算訓練集平均值
X_train -= mean     # 訓練集減去訓練集平均值
std = X_train.std(axis=0)  # 計算訓練集標準差
X_train /= std      # 訓練集除以訓練集標準差
X_test -= mean      # 測試集減去訓練集平均值
X_test /= std       # 測試集除以訓練集標準差
```

也可以直接使用 StandardScaler 工具：

```
from sklearn.preprocessing import StandardScaler # 匯入特徵縮放器
sc = StandardScaler() # 特徵縮放器
X_train = sc.fit_transform(X_train) # 擬合併應用於訓練集
X_test = sc.transform (X_test) # 訓練集結果應用於測試集
```

無論採用哪種方法，特徵縮放的程式必須要放在資料集拆分之後。

縮放後的資料集特徵的值區間顯著減小，如下圖所示。

	Gender	Age	Tenure	ProductsNo	HasCard	ActiveMember	Credit	AccountBal	Salary	City_Beijing	City_Shanghai	City_Tianjin
0	-1.085110	0.682158	-1.037391	-0.909920	0.645120	0.975793	-1.518405	1.131457	1.395903	-1.002253	1.727444	-0.574079
1	0.921566	-0.086890	-0.000648	0.808532	0.645120	0.975793	0.335786	1.709147	0.455318	0.997753	-0.578890	-0.574079
2	-1.085110	0.009241	0.690514	0.808532	-1.550099	-1.024808	1.386495	0.015580	-1.228429	-1.002253	1.727444	-0.574079
3	0.921566	-0.183021	-1.382972	-0.909920	0.645120	-1.024808	-1.013653	-1.209377	-1.228429	0.997753	-0.578890	-0.574079

▲ 特徵縮放之後的資料

 咖哥發言

注意，平均值和標準差都是在訓練資料上計算而得的，然後將同樣的平均值和標準差應用於訓練集和測試集。在機器學習中，原則上不能使用在測試資料上計算得到的任何結果訓練機器或最佳化模型，造成的結果就是測試資料資訊洩露，儘管提高了測試集準確率，但影響了模型泛化效果。

測試集除了進行測試不能做其他用處，即使是計算平均值和標準差。

下面就來看看進行了特徵縮放之後，重新運行相同的邏輯回歸和單隱層神經網路模型，效果有何不同。

首先，邏輯回歸模型的準確率升至 80.50% —— 仍然不能令我們滿意。看來邏輯回歸模型對於本案例不大好用。

```
from sklearn.linear_model import LogisticRegression
lr = LogisticRegression() # 邏輯回歸模型
history = lr.fit(X_train, y_train) # 訓練機器
```

```
print("邏輯回歸預測準確率 {:.2f}%".format(lr.score(X_test, y_test)*100))
```

邏輯回歸預測準確率：80.50%

而重新訓練剛才的單隱層神經網路後，預測準確率就升至 86.15%，這比邏輯回歸模型的高出不少，此時神經網路的效率才開始得以表現：

```
history = ann.fit(X_train, y_train, # 指定訓練集
                  epochs=30,         # 指定輪次
                  batch_size=64,     # 指定批次大小
                  validation_data=(X_test, y_test)) #指定驗證集
```

```
單隱層神經網路預測準確率: 86.15%
```

如果顯示損失曲線和準確率曲線，會發現特徵縮放之後，曲線也變得比較平滑（如下圖所示），這是神經網路比較「訓」得起來的表現。

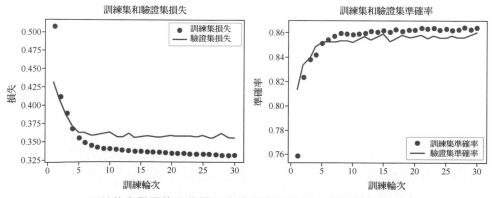

▲ 訓練集和驗證集上的損失曲線和準確率曲線（特徵縮放之後）

更為重要的精確率、召回率和 F1 分數也大幅提高,尤其是我們關注的陽性正樣本類別(標籤為 1)所對應的 F1 分數達到了 0.58,以下輸出結果所示。雖然仍不完美,但是比起原來的 0 值是一個飛躍。等一會兒再看看更深層的神經網路是否能夠繼續提高這個分數。

	precision	recall	f1-score	support
0	0.87	0.96	0.91	1583
1	0.75	0.47	0.58	417

混淆矩陣顯示(如下圖所示),目前有大概 180 個即將流失的客戶被貼上「陽性」的標籤,那麼銀行的工作人員就可以採取一些對應的措施,去挽留他們。然而,400 多個人中,還有 200 多個註定要離開的客戶沒有被預測出來,因此模型還有進步的空間。

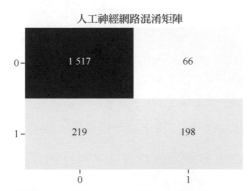

▲ 單隱層神經網路的混淆矩陣(特徵縮放之後)

5.5.4 設定值調整、欠取樣和過取樣

講到這裡,單隱層神經網路模型就完成了。不過在繼續講深度神經網路之前,我認為有必要針對這種分類資料不平衡的問題,再多說兩句。

之所以分類資料不平衡會影響機器學習模型的預測結果,是因為許多模型的輸出類別是基於設定值的,如邏輯回歸中小於 0.5 的為反例,大於等於 0.5 的則為正例。因此,在資料不平衡時,預設的設定值會導致模型輸出傾向於資料多的類別。

在面對資料極度不平衡的時候（本例還稱不上極度），實際上還有以下一些方法。

- 首先就是選擇合適的評估指標。除了我們剛才選用的 F1 分數，還有 ROC/AUC，以及 G-mean 等標準，大家有興趣的話課後可以自學。
- 然後還可以考慮調整分類設定值（例如把設定值從 0.5 下調到更接近 0 的值）。這樣，更多的客戶會被標注為 1 分類。這樣的做法使分類更傾向於類別較少的資料，更敏感地監控這些有可能離開的客戶（也就是「寧可錯殺一千，不可放過一個」的意思）。
- 還有一種方法是取樣（sampling）法，分為欠取樣（undersampling）和過取樣（oversampling）。
  - 過取樣：人為地重複類別較少的資料，使資料集中各種類別的資料大致數目相同。
  - 欠取樣：人為地捨棄大量類別較多的資料，使資料集中各種類別的資料大致數目相同。

這種方法看起來簡單有效，但是實際上容易產生模型過擬合的問題。因為少數類別樣本的特定資訊實際上是被放大了，過分強調它們，模型容易因此特別化而不夠泛化，所以應搭配正規化模型使用。

對過取樣法的一種改進方案是資料合成。常見的資料合成方法是 SMOTE（Synthetic Minority Oversampling Technique），其基本想法是基於少數類別樣本進行資料的構造，在臨近的特徵空間內生成與之類似的少數類別新樣本並增加到資料集，組成均衡資料集。

• 5.6 從單隱層神經網路到深度神經網路

現在話題重新回到神經網路的理論上來。那麼，當神經網路從單隱層繼續發展，隱層數目超過一個，就逐漸由「淺」入「深」，進入深度學習的領域（如下圖所示）。當然，所謂「深」，只是相對而言的。相較於單神經元的感知器，一兩個隱層的神經網路也可以稱得上「深」。而大型的深度神經網路經常達到成百上千層，則十幾層的網路也顯得很「淺」。

淺層神經網路就可以模擬任何函數，但是需要巨大的資料量去訓練它。深層神經網路解決了這個問題。相比淺層神經網路，深層神經網路可以用更少的資料量來學到更好的模型。從網路拓撲結構或數學模型上來說，深層神經網路裡沒有什麼神奇的東西，正如費曼形容宇宙時所說：「它並不複雜，只是很多而已。」[2]

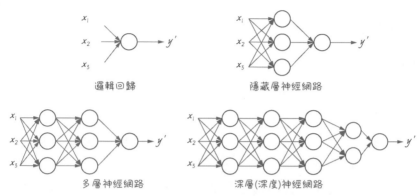

▲ 從邏輯回歸到深度神經網路的演進

5.6.1 梯度下降：正向傳播和反向傳播

全連接層建置起來的神經網路，每層和下一層之間的全部節點是全部連通的，每一層的輸出就是下一層的輸入特徵。

大家注意，因為全連接這種性質，一個深度神經網路可能包含成千上萬甚至百萬、千萬個參數。實際上，深度神經網路就是利用參數的數量來拓展預測空間的。而要找到所有參數的正確設定值是一項非常艱鉅的任務，某一個參數值的小小改變都將影響其他所有參數的行為。你們聽說過「蝴蝶效應」，當南美洲的一隻蝴蝶扇動翅膀……算了，簡單來說，那就是「牽一髮而動全身」。

深度神經網路也是透過**損失函數**來衡量該輸出與預測值之間的差距，並以此作為回饋訊號微調權重，以降低損失值。權重、偏置起初都是隨機生成的，

---

2 肖萊・Python 深度學習 [M]・張亮，譯・北京：人民郵電出版社，2018。

損失值當然很高。但隨著訓練和疊代的進行，權重值也在向正確的方向逐步微調，損失值也逐漸降低。為什麼損失值會逐漸降低呢？秘密仍然在於梯度下降。在損失函數中對權重和偏置這些引數做微分，找到正確的變化方向，網路的損失就會越來越小。訓練的輪次夠了，網路就訓練好了。

深度神經網路的梯度下降和參數最佳化過程是透過**最佳化器**實現的，其中包括**正向傳播**（forward propagation）演算法，以及一個更為核心的深度學習演算法——**反向傳播**（**Back Propagation, BP**）**演算法**。

1. 正向傳播

正向傳播，或稱前向傳播，其實就是從資料的輸入，一層一層進行輸入和輸出的傳遞，直到得到最後一層的預測結果，然後計算損失值的過程。

（1）從輸入層開始，線性處理權重和偏置後，再經過一個啟動函數處理得到中間隱層 1 的輸出。

（2）將隱層 1 的輸出，作為隱層 2 的輸入，繼續線性處理權重和偏置，再經過一個啟動函數處理得到隱層 2 的輸出。

（3）依此類推至隱層 n。

（4）透過輸出處理得到輸出層的分類輸出（就是樣本值，也稱為預測值）。

（5）在輸出層，透過指定損失函數（不同類型的問題對應不同的損失函數）得到一個損失值。

這就正向傳播的過程。簡而言之，神經網路正向傳播的過程就是計算損失的過程。

2. 反向傳播

反向傳播就是反向計算偏微分，資訊會從神經網路的高層向底層反向傳播，並在這個過程中根據輸出來調整權重。反向傳播的想法是拿到損失函數列出的值，從結果開始，循序漸進，逐步求導，偏微分逐步地發現每一個參數應該往哪個方向調整，才能夠減小損失。

簡而言之，神經網路反向傳播的過程就是參數最佳化的過程。

咖哥發言

要真正搞清楚反向傳播演算法的機理，需要一些數學知識，尤其是微積分的知識。我並不打算在課程上介紹。而且你們目前也不用知道其中細節，就可以用神經網路做專案。

但是，當你們出去面試或者和老闆、業內人士交流時，在這種關鍵時刻，如果對反向傳播算法一點也說不出什麼來，也不合適。因此我在這裡還是再多說兩句……

反向傳播從最終損失值開始，並從反向作用至輸入層，是利用**連鎖律**（chain rule）計算每個參數對損失值的貢獻大小。那麼，什麼是連鎖律呢？

因為神經網路的運算是逐層進行的，有許多連接在一起的張量運算，所以形成了一層層的函數鏈。那麼在微積分中，可以列出下面的恒等式，對這種函數鏈進行求導：

$$(f(g(x)))' = f'(g(x)) \cdot g'(x)$$

這就是連鎖律。將連鎖律應用於神經網路梯度值的計算，得到的演算法就是叫作反向傳播，也叫反式微分（reverse-mode differential）。如果層中有啟動函數，對啟動函數也要求導。

綜上所述，神經網路的梯度下降原理和實現其實也相當簡單，和普通的線性回歸以及邏輯回歸一樣，就是沿著梯度的反方向更新權重，損失每次都會變小一點。

下面複習一下正向和反向傳播的過程。

（1）在訓練集中取出一批樣本 X 和對應標籤 y。

（2）運行神經網路模型，得到這批樣本 X 的預測值 y'。

（3）計算 $y-y'$ 的均方，即真值和預測值的誤差。

（4）計算損失函數相對於網路參數的梯度，也就是一次反向傳播。

（5）沿著梯度的反方向更新參數，即 $w=w-\alpha\times$ 梯度，這樣這批資料的損失就少一點點。

（6）這樣一直繼續下去，直到我們滿意為止。

此時，咖哥突然提問：「那麼大家看了上面的過程，有沒有發現神經網路的內部參數最佳化過程和線性回歸以及邏輯回歸到底有什麼本質區別呢？」

同學們紛紛搖頭說:「沒有,真沒有!」

咖哥說:「即使你們並沒有完全了解這其中的數學細節,也不必過於介意!舉個例子,假設我是個大數學家,你們給我出了一道題——56789x34567 等於多少。作為大數學家,你們認為我能手算出答案嗎?」

同學們紛紛說:「會,會。」

咖哥說:「不會。因為沒有必要。而現在架設網路、計算梯度也是同樣的道理。因為有太多自動計算微分和建置神經網路的工具。只要瞭解了基本原理,就可以在這些工具、框架上對網路進行調整,我們要做的只是解決問題,而非炫耀數學功力。」

5.6.2 深度神經網路中的一些可調超參數

透過正向傳播和反向傳播,神經網路實現了內部參數的調整。下面,我們說說神經網路中的可調超參數,具體包括以下幾個。

- 最佳化器。
- 啟動函數。
- 損失函數。
- 評估指標。

接下來,將一一介紹各參數具體有什麼用。

5.6.3 梯度下降最佳化器

有一個同學舉手發問:「剛才你就提到最佳化器調節著神經網路梯度下降的過程。這個最佳化器到底是什麼呢?」

「嗯,問得好。」咖哥說,「最佳化器相當於是用來調解神經網路模型的『搖桿』。它在前面的程式中曾經出現過。」

```
# 編譯神經網路, 指定最佳化器、損失函數, 以及評估指標
ann.compile(optimizer = 'adam',          #最佳化器
        loss = 'binary_crossentropy', #損失函數
        metrics = ['acc'])            #評估指標
```

編譯神經網路時的 optimizer = 'adam' 中的 adam,就是一個最佳化器。

最佳化器的引入和神經網路梯度下降的特點有關。

與線性回歸和邏輯回歸不同，在神經網路中，梯度下降過程是會有局部最低點出現的。也就是說，損失函數對整個神經網路的參數來說並不總是凸函數，而是非常複雜的函數。

而且，神經網路中不僅存在局部最低點，還會有鞍點。鞍點在神經網路中比局部最低點更為「兇險」，在鞍點，函數的導數也為 0。

下面透過圖來直觀地看看這兩種「點」，如下圖所示。

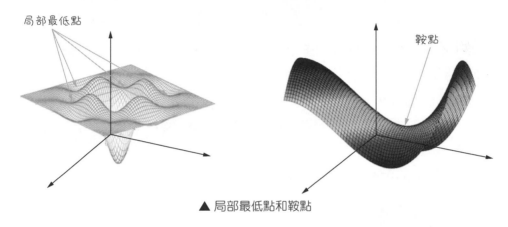

▲ 局部最低點和鞍點

在局部最低點和鞍點上，導數沒有任何方向感，參數也不知道應該往哪裡「走」。

1. 神經網路權重參數隨機初始化

同學們可能心想，那還搞什麼梯度下降，前面講得很清楚，凸函數這種函數形狀是梯度下降得以實現的前提，現在大前提已經「崩潰」了，還談什麼最小損失呢？

類似的疑惑我也有過。當年，就是因為這一點，神經網路被認為沒有前途，很不受待見。幸運的是，實際情況比我們想像的要好。在神經網路的應用中，人們發現，出現局部最低點也不是很重要的事情，如果每次訓練網路都進行權重的隨機初始化，那麼神經網路總能夠找到一個相對不錯的結果。這其實也就是寄希望於一點點的運氣因素。透過改變權重的初值，在多次訓練

網路的過程中,即使達不到全域最低點,但通常總能收斂到一個較優的局部最低點。

這個參數隨機初始化的任務,在增加層的時候,Keras 已經為我們自動搞定了,以下段程式所示。有兩個參數:kernel_initializer 和 bias_initializer。其預設設定已採用了對 weight(也就是 kernel)的隨機初始化機制,而 bias 則初始化為 0 值。

```
ann.add(Dense(64,
            kernel_initializer='random_uniform', # 預設權重隨機初始化
            bias_initializer='zeros')) # 預設偏置值為0
```

注意,不能初始化權重為 0 值,因為那會造成所有神經元節點在開始時都進行同樣的計算,最終同層的每個神經元都得到相同的參數。

除了上面的參數隨機初始化機制,人們還開發了一系列最佳化器,透過批次梯度下降和隨機梯度下降來提高神經網路的效率,並解決局部最低點和鞍點的問題。

下面簡單介紹一下各種最佳化器的特點。

2. 批次梯度下降

先說一下批次梯度下降(Batch Gradient Descent,BGD)這個概念。深度學習模型不會同時處理整個資料集,而是將資料拆分成小量,透過向量化計算方式進行處理。如果沒有批次概念,那麼網路一個個資料節點訓練起來,速度將非常慢。

比如,前面訓練網路的程式中就指定了批次大小為 128,也就是同時訓練 128個樣本,以下段程式所示。因此,透過批次梯度下降,可以提高對 CPU,尤其是 GPU 的使用率。

```
history = model.fit(X_train, y_train, # 指定訓練集
            epochs=30,        # 指定訓練的輪次
            batch_size=128, # 指定資料批次
            validation_data=(X_test, y_test)) # 指定驗證集
```

因此,這種同時對 m 個樣本進行訓練的過程,就被稱為批次梯度下降。

對現代電腦來說，上百個樣本同時平行處理，完全不成問題。因此，批次的大小，也決定了神經網路對 CPU 或 GPU 的使用率。當然，如果批次的數目過大，超出了 CPU 或 GPU 的負荷，那麼效率反而會下降。因此，批次的具體值，要根據機器的性能而定。

3. 隨機梯度下降

BGD 提升了效率，但並沒有解決局部最低點的問題。因此，人們又提出了一個最佳化方案——隨機梯度下降（Stochastic Gradient Descent，SGD）。這裡的「隨機」不是剛才說的隨機初始化神經網路參數值，而是每次只隨機選擇一個樣本來更新模型參數。因此，這種方法每輪次的學習速度非常快，但是所需更新的輪次也特別多。

隨機梯度下降中參數更新的方向不如批次梯度下降精確，每次也並不一定是向著最低點進行。但這種波動反而有一個好處：在有很多局部最低點的盆地區域中，隨機地波動可能會使得最佳化的方向從當前的局部最低點跳到另一個更好的局部最低點，最終收斂於一個較好的點，甚至是全域最低點。

SGD 是早期神經網路中的一種常見最佳化器。在編譯網路時，可以指定 SGD 最佳化器：

```
ann.compile(loss=keras.losses.categorical_crossentropy,
            optimizer=keras.optimizers.SGD()) # 指定SGD最佳化器
```

當然，這種隨機梯度下降和參數隨機初始化一樣，並不是完全可靠的解決方案，每次的參數更新並不會總是按照正確的方向進行。

4. 小量隨機梯度下降

那麼，前兩個方法的折中，就帶來了小量隨機梯度下降（Mini-Batch Gradient Descent，MBGD）。這種方法綜合了 BGD 與 SGD，在更新速度與更新輪次中間獲得了一個平衡，即每次參數更新時，從訓練集中隨機選擇 m 個樣本進行學習。選擇合理的批次大小後，MBGD 既可以透過隨機擾動產生跳出局部最低點的效果，又比 SGD 性能穩定。至此，我們找到了一個適合神經網路的梯度下降方法。

不過，仍存在一些問題需要解決。

首先,選擇一個合理的學習率很難。如果學習率過小,則會導致收斂速度很慢;如果學習率過大,則會阻礙收斂,即在極值點附近振盪。

一個解決的方法是在更新過程中進行學習率的調整。在線性回歸中講過,初始的學習率可以大一些,隨著疊代的進行,學習率應該慢慢衰減,以適應已逼近最低點的梯度。這種方法也叫作退火。然而,衰減率也需要事先設定,無法自我調整每次學習時的特定資料集。

在 Keras 的 SGD 最佳化器中,可以透過設定學習率和衰減率,實現 MBGD:

```
keras.optimizers.SGD(lr=0.02,    #設定最佳化器中的學習率(預設值為0.01)
                     decay=0.1)  #設定最佳化器中的衰減率
```

然而,如果模型所有的參數都使用相同的學習率,對於資料中存在稀疏特徵或各個特徵具有不同的設定值範圍的情況,會有些問題,因為那些很少出現的特徵應該使用一個相對較大的學習率。這種問題尤其會出現在沒有經過特徵縮放的資料集中。

而且,在 MBGD 中,卡在局部最低點和鞍點的問題,透過小量隨機化有所改善,但並沒有完全被解決。

針對上述種種問題,又出現了幾種新的最佳化參數,進一步改善梯度下降的效果。

5. 動量 SGD

動量 SGD 的想法很容易瞭解:想像一個小球從山坡上滑下來,如果滑到最後速度很慢,就會卡在局部最低點。此時向左移動和向右移動都會導致損失值增大。如果使用的 SGD 的學習率很小,就衝不出這個局部最低點;如果其學習率很大,就可能越過局部最低點,進入下一個下坡的軌道──這就是動量的原理(如右圖所示)。

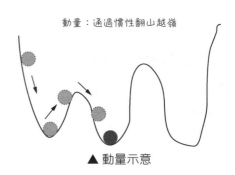

動量:通過慣性翻山越嶺

▲ 動量示意

為了在局部最低點或鞍點延續向前衝的趨勢，在梯度下降過程中每一步都移動小球，**更新參數 w 時不僅要考慮當前的梯度（當前的加速度），還要考慮上一次的參數更新（當前的速度，來自之前的加速度）。**

在 Keras 的 SGD 最佳化器中，可以透過 momentum 選項設定動量：

```
optimizer=keras.optimizers.SGD(lr=0.01,  # 在最佳化器中設定學習率
                               momentum=0.9))  # 在最佳化器中設定動量大小
```

動量解決了 SGD 的收斂速度慢和局部最低點這兩個問題，因此在很多最佳化演算法中動量都有應用。

6. 上坡時減少動量──NAG

延續動量的想法，小球越過局部最低點後，順著斜坡往上衝到坡頂，尋找下一個最低點的時候，從斜坡往下滾的球會盲目地選擇方向。因此，更好的方式應該是在谷底加速之後、上坡之時重新放慢速度。涅斯捷羅夫梯度加速（Nesterov Accelerated Gradient，NAG）的想法就是在下坡時、增加動量之後，在越過局部最低點後的上坡過程中計算參數的梯度時又減去了動量項。

在 Keras 的 SGD 最佳化器中，可以透過 nesterov 選項設定涅斯捷羅夫梯度加速：

```
optimizer=keras.optimizers.SGD(lr=0.01,  # 在最佳化器中設定學習率
                               momentum=0.9,  # 在最佳化器中設定動量大小
                               nesterov=True))  # 設定涅斯捷羅夫梯度加速
```

7. 各參數的不同學習率──Adagrad

Adagrad 也是一種基於梯度的最佳化演算法，叫作自我調整梯度（adaptive gradient），即不同的參數可以擁有不同的學習率。它根據前幾輪疊代時的歷史梯度值來調整學習率。對於資料集中的稀疏特徵，速率較大，梯度下降步幅將較大；對非稀疏特徵，則使用較小的速率更新。因此，這個最佳化演算法適合處理含稀疏特徵的資料集。比如，在文字處理的詞向量（word embedding）訓練過程中，對頻繁出現的單字指定較小的更新，對不經常出現的單字則指定較大的更新。

```
keras.optimizers.adagrad()  # 學習率自我調整
```

咖哥發言

具體什麼是稀疏特徵，什麼是詞向量，在循環神經網路的課程中還要講解。

Adagrad 有一個類似的變形叫 AdaDelta，也是在每次疊代時利用梯度值即時地構造參數的更新值。

8. 加權平均值計算二階動量──RMSProp

均方根前向梯度下降（Root Mean Square Propogation, RMSProp），是 Hinton 在一次教學過程中偶然提出來的想法，它解決的是 Adagrad 中學習率有時會急劇下降的問題。RMSProp 抑制衰減的方法不同於普通的動量，它是採用視窗滑動加權平均值計算二階動量，同時它也有保存 Adagrad 中每個參數自我調整不同的學習率的優點。

```
keras.optimizers.RMSprop() # RMSprop最佳化器
```

RMSProp 是諸多最佳化器中性能較好的一種。

9. 多種最佳化想法的集大成者──Adam

Adam 全稱為 Adaptive Moment Estimation, 相當於 Adaptive + Momentum。它整合了 SGD 的一階動量和 RMSProp 的二階動量，而且也是一種不和參數自我調整不同學習率的方法，與 AdaDelta 和 RMSProp 的差別在於，它計算歷史梯度衰減的方式類似動量，而非使用平方衰減。

```
keras.optimizers.Adam(learning_rate=0.001, # 學習率
              beta_1=0.9,   # 一階動量指數衰減速率
              beta_2=0.999, # 二階動量指數衰減速率，對於稀疏矩陣值應接近1
              amsgrad=False)
```

就目前而言，Adam 是多種最佳化想法的集大成者，一般是最佳化器的首選項。

10. 涅斯捷羅夫 Adam 加速──Nadam

最後，還有一種最佳化器叫作 Nadam，全稱為 Nesterov Adam optimizer。這種方法則是 Adam 最佳化器和 Nesterov momentum 涅斯捷羅夫動量的整合。

```
keras.optimizers.Nadam(lr=0.002, # 學習率
                    beta_1=0.9, beta_2=0.999, # beta值, 動量指數衰減速率
                    epsilon=None, # epsilon值
                    schedule_decay=0.004) # 學習率衰減設定
```

有點眼花繚亂了吧？最佳化器的選擇真不少，但選擇過多，有時候反而非好事。在實踐中，Adam 是最常見的，目前也是口碑比較好的最佳化器。

┌─ 👨 📢 咖哥發言 ─────────────────────────┐
│ 梯度下降中正向傳播和反向傳播的細節，大家瞭解即可，因為其程式實現早就封裝在 │
│ Keras 或 TensorFlow 這樣的框架之中了。然而，最佳化器的選擇和設定、下面要提到 │
│ 的啟動函數和損失函數的選擇，以及評估指標的選擇，則是需要我們動手設定、調整 │
│ 的內容。 │
└──────────────────────────────────────┘

神經網路超參數的調整，並沒有一定之規，而最佳參數往往與特定資料集相關，需要在機器學習專案實戰中不斷嘗試，才能逐漸累積經驗，找到感覺。

5.6.4 啟動函數：從 Sigmoid 到 ReLU

下面說說神經網路中的啟動函數（有時也叫激勵函數）。

在邏輯回歸中，輸入的特徵透過加權、求和後，還將透過一個 Sigmoid 邏輯函數將線性回歸值壓縮至 [0, 1] 區間，以表現分類機率值。這個邏輯函數在神經網路中被稱為啟動函數（這個名詞應該是來自生物的神經系統中神經元被啟動的過程）。在神經網路中，不僅最後的分類輸出層需要啟動函數，而且每一層都需要進行啟動，然後向下一層輸入被啟動之後的值。不過神經網路中間層的輸出值，沒有必要位於 [0, 1] 區間，因為中間層只負責非線性啟動，並不負責輸出分類機率和預測結果。

那麼，為什麼每一層都要進行啟動呢？

其原因在於，如果沒有啟動函數，每一層的輸出都是上層輸入的線性變換結果，神經網路中將只包含兩個線性運算——點積和加法。

這樣，無論神經網路有多少層，堆疊後的輸出都仍然是輸入的線性組合，神經網路的假設空間並不會有任何的擴充。為了得到更豐富的假設空間，從而

充分利用多層表示的優勢,就需要使用啟動函數給每個神經元引入非線性因素,使得神經網路可以任意逼近任何非線性函數,形成擬合能力更強的各種非線性模型。因此,所謂「啟動」,我們可以將其簡單瞭解成神經網路從線性變換到非線性變換的過程(如下圖所示)。

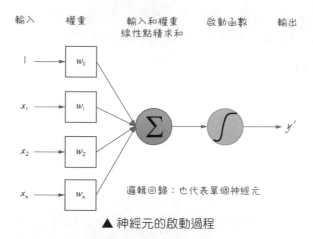

▲ 神經元的啟動過程

最初,Sigmiod 函數是唯一的啟動函數,但是後來,人們逐漸地發現了其他一些更適合神經網路的啟動函數 ReLU、PReLU、eLU 等。

1. Sigmoid 函數和梯度消失

Sigmoid 函數大家都很熟悉了,它是最早出現的啟動函數,可以將連續實數映射到 [0, 1] 區間,用來表現二分類機率。在邏輯回歸中,在特徵比較複雜時也具有較好的效果。其公式和圖型如下:

$$f(z) = sigmoid(z) = \frac{1}{1+e^{-z}}$$

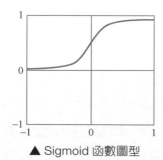

▲ Sigmoid 函數圖型

但是 Sigmoid 函數應用於深度神經網路中時有比較致命的缺點——會出現**梯度消失**（gradient vanishing）的情況。梯度消失可以這樣簡單地瞭解：反向傳播求誤差時，需要對啟動函數進行求導，將來自輸出損失的回饋訊號傳播到更遠的層。如果需要經過很多層，那麼訊號可能會變得非常微弱，甚至完全遺失，網路最終變得無法訓練。

因此，人們開始尋找能夠解決這個梯度消失問題的啟動函數。

2. Tanh 函數

之後就出現了類似 Sigmoid 函數的 Tanh 函數。這個函數和 Sigmoid 函數很相似，也是非線性函數，可以將連續實數映射到 [-1, 1] 區間。其公式和圖型如下：

$$f(z) = \tanh(z) = \frac{e^z - e^{-z}}{e^z + e^{-z}}$$

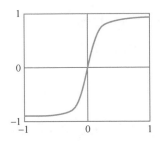

▲ Tanh 函數圖型

Tanh 函數是一個以 0 為中心的分佈函數，它的速度比 Sigmoid 函數快，然而並沒有解決梯度消失問題。

3. ReLU 函數

後來人們就發現了能夠解決梯度消失問題的 ReLU（Rectified Linear Unit）函數。ReLU 函數的特點是單側抑制，輸入訊號小於等於 0 時，輸出是 0；輸入訊號大於 0 時，輸出等於輸入。ReLU 對於隨機梯度下降的收斂很迅速，因為相較於 Sigmoid 和 Tanh 在求導時的指數運算，對 ReLU 求導幾乎不存在任何計算量。其公式和圖型如下：

$$f(z) = \max(0, z)$$

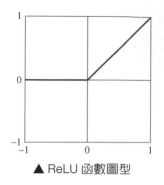

▲ ReLU 函數圖型

ReLU 既能夠進行神經網路的啟動，收斂速度快，又不存在梯度消失現象。因此，目前的神經網路中已經很少有人在使用 Sigmoid 函數了，ReLU 基本上算是主流。

但是 ReLU 函數也有缺點，它訓練的時候比較脆弱，容易「死掉」。而且不可逆，「死」了就「活」不過來了。比如，一個非常大的梯度流過一個 ReLU 神經元，參數更新之後，這個神經元可能再也不會對任何輸入進行啟動反映。所以用 ReLU 的時候，學習率絕對不能設得太大，因為那樣會「殺死」網路中的很多神經元。

4. Leaky ReLU 和 PReLU

ReLU 函數進一步發展，就出現了 Leaky ReLU 函數，用以解決神經元被「殺死」的問題。其公式和圖型如下：

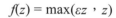

$$f(z) = \max(\varepsilon z，z)$$

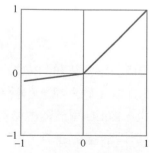

▲ Leaky ReLU 函數圖型

其中 ε 是很小的負數梯度值，比如 0.01。這樣做的目的是使負軸資訊不會全部遺失，解決了 ReLU 神經元「死掉」的問題。因為它不會出現零斜率部分，而且它的訓練速度更快。

Leaky ReLU 有一種變形，叫作 PReLU。PReLU 把 ε 當作每個神經元中的參數，是可以動態隨著梯度下降變化的。

但是 Leaky ReLU 有一個問題，就是在接收很大負值的情況下，Leaky ReLU 會導致神經元飽和，從而基本上處於非活動狀態。

5. eLU 函數

因此又出現了另外一種啟動函數 eLU，形狀與 Leaky ReLU 相似，但它的負值部分是對數曲線而非直線。它兼具 ReLU 和 Leaky ReLU 的優點。

其公式和圖型如下：

$$\begin{cases} f(z)=z & z \geq 0 \\ f(z)=\varepsilon(e^z-1) & z<0 \end{cases}$$

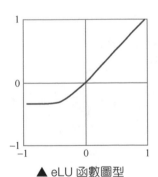

▲ eLU 函數圖型

關於神經網路的啟動函數就先講這麼多。總而言之，目前 ReLU 是現代神經網路中神經元啟動的主流。而 Leaky ReLU、PReLU 和 eLU，比較新，但並不是在所有情況下都比 ReLU 好用，因此 ReLU 作為啟動函數還是最常見的。至於 Sigmiod 和 Tanh 函數，目前在普通類型的神經元啟動過程中不多見了。

「等等！」小冰忽然喊道。
咖哥說：「怎麼了？」
小冰說：「你說 Sigmiod 不常用了，但是你怎麼還用？」

　　咖哥說:「沒有啊,剛才的單隱層神經網路案例,我不是已經說了全都用 ReLU 啟動神經元了嘛。你回頭看看程式。」

```
ann.add(Dense(units=12, input_dim=11, activation = 'relu')) # 增加輸入層
ann.add(Dense(units=24, activation = 'relu')) # 增加隱層
```

　　小冰說:「你看一下剛才這行程式碼。前面你是用的 ReLU,但是增加輸出層這一句還是 Sigmoid,這是你的筆誤嗎?」

```
ann.add(Dense(units=1, activation = 'sigmoid')) # 增加輸出層
```

　　咖哥說:「呃,這個啊。我正要解釋。」

6. Sigmoid 和 Softmax 函數用於分類輸出

剛才講了這麼多的啟動函數,都是針對神經網路內部的神經元而言的,目的是將線性變換轉為層與層之間的非線性變換。

但是神經網路中的最後一層,也就是分類輸出層的作用又不一樣。這一層的主要目的是輸出分類的機率,而非為了非線性啟動。因此,對二分類問題來說,仍然使用 Sigmoid 作為邏輯函數進行分類,而且必須用它。

那麼對於多分類問題呢?神經網路的輸出層使用另一個函數進行分類。這個函數叫作 Softmax 函數,實際上它就是 Sigmoid 的擴充版,其公式如下:

$$f(z) = \frac{e^z j}{\sum_{k=1}^{k} e^z k}$$

▲ Softmax - 多分類輸出層的啟動函數

這個 Softmax 函數專用於神經網路多分類輸出。對於一個輸入,做 Softmax 之後的輸出的各種機率和為 1。而當類別數等於 2 時,Softmax 回歸就退化為 Logistic 回歸,與 Sigmoid 函數的作用完全相同了。

在後面的課程中我們會用神經網路解決多分類問題，那時候你們將看到 Softmax 函數會在輸出層中取代 Sigmoid 函數。

5.6.5 損失函數的選擇

說完啟動函數，再說說神經網路中損失函數的選擇。

啟動函數是屬於層的參數，每一層都可以指定自己的啟動函數，而損失函數是屬於整個神經網路的參數。損失函數在模型最佳化中所造成的作用我們已經很了解了。

神經網路中損失函數的選擇是根據問題類型而定的，指導原則如下。

對於連續值向量的回歸問題，使用我們非常熟悉的均方誤差損失函數：

```
# 對於連續值向量的回歸問題
ann.compile(optimizer='adam',
            loss='mse') # 均方誤差損失函數
```

對於二分類問題，使用同樣熟悉的二元交叉熵損失函數：

```
# 對於二分類問題
ann.compile(optimizer='adam',
            loss='binary_crossentropy',    # 二元交叉熵損失函數
            metrics=['accuracy'])
```

對於多分類問題，如果輸出是 one-hot 編碼，則用分類交叉熵損失函數：

```
# 對於多分類問題
ann.compile(optimizer='adam',
            loss='categorical_crossentropy', # 分類交叉熵損失函數
            metrics=['accuracy'])
```

對於多分類問題，如果輸出是整數值，則使用稀疏分類交叉熵損失函數：

```
# 對於多分類問題
ann.compile(optimizer='adam',
            loss='sparse_categorical_crossentropy', # 稀疏分類交叉熵損失函數
            metrics=['accuracy'])
```

對於序列問題,如語音辨識等,則可以用時序分類(Connectionist Temporal Classification, CTC)等損失函數。

5.6.6 評估指標的選擇

最後一個要講的超參數是神經網路的**評估指標**,也就是評估網路模型好不好的標準,這個標準也叫**目標函數**。評估指標和損失函數有點相似,都是追求真值和預測值之間的最小誤差,其差別在於:損失函數作用於訓練集,用以訓練機器,為梯度下降提供方向;而評估指標作用於驗證集和測試集,用來評估模型。

對一個機器學習模型來說,有的時候評估指標可以採用與損失函數相同的函數。

比如,對於線性回歸模型,損失函數一般選擇均方誤差函數,評估指標也可以選擇均方誤差函數。也可以選擇 MAE,即平均絕對誤差函數作為目標函數。因為評估過程無須梯度下降,取誤差絕對值做平均即可,無須加以平方。當然,MAE 相對於權重不是凸函數,因此只能用作評估模型,不能用作損失函數。

而對於分類問題模型,神經網路預設採用準確率作為評估指標,也就是比較測準的樣本數佔總樣本的比例。

我們也強調過了,有時候用準確率評估對於類別分佈很不平衡的資料集不合適,此時考慮使用精確率、召回率、F1 分數,以及 ROC/AUC 作為評估指標。

其實,MAE 或 MSE 也能用作分類問題的評估指標。如果那樣做,則不僅是在檢查測得準不準,更多的是在評估預測出的機率值有多接近真值。比如 $P=0.9$ 和 $P=0.6$,四捨五入之後,輸出類別都是 1。也許全部測準,但是兩者帶來的 MAE 值可不盡相同。預測機率 $P=0.9$ 的演算法明顯比 $P=0.6$ 的演算法的 MAE 值更優,也就是更接近真值。

還可以自主開發評估指標。下面是一個 Keras 文件中附帶的小例子,用程式自訂了一個目標函數:

```
# 自訂評估指標
import keras.backend as K
```

```
def mean_pred(y_true, y_pred):
    return K.mean(y_pred)
ann.compile(optimizer='rmsprop', # 最佳化器
            loss='binary_crossentropy', # 損失函數
            metrics=['accuracy', mean_pred]) # 自訂的評估指標
```

綜上，神經網路中的評估指標的選擇有以下兩種情況。

■ 對於回歸問題，神經網路中使用 MAE 作為評估指標是常見的。

■ 對於普通分類問題，神經網路中使用準確率作為評估指標也是常見的，但是對於類別分佈不平衡的情況，應輔以精確率、召回率、F1 分數等其他評估指標。

損失函數和評估指標，有相似之處，但意義和作用又不盡相同，大家不要混淆。

• 5.7 用 Keras 深度神經網路預測客戶流失率

理論內容講了不少，同學們可能聽得有點發懵。現在可以輕鬆一點了，接下來用更深的神經網路來處理那個銀行客戶流失案例。你們會發現架設深層神經網路完全沒有想像的那麼難。因為神經網路模型的各種元件在 Keras 中都已經封裝我們拿過來組合一下就能用。

咖哥發言

隨著網路加深，參數增多，對硬體的要求提高，可以在 Kaggle 的 Settings 中把 GPU 選項設定為打開，如右圖所示。

▲ 打開 GPU 設定

5.7.1 建置深度神經網路

架設多層的神經網路，還是使用序列模型。下面隨意地增加幾層看一看效果：

```
ann = Sequential() # 創建一個序列ANN模型
ann.add(Dense(units=12, input_dim=12, activation = 'relu')) # 增加輸入層
ann.add(Dense(units=24, activation = 'relu')) # 增加隱層
ann.add(Dense(units=48, activation = 'relu')) # 增加隱層
ann.add(Dense(units=96, activation = 'relu')) # 增加隱層
ann.add(Dense(units=192, activation = 'relu')) # 增加隱層
ann.add(Dense(units=1, activation = 'sigmoid')) # 增加輸出層
# 編譯神經網路, 指定最佳化器、損失函數, 以及評估指標
ann.compile(optimizer = 'rmsprop', # 此處我們先試試RMSP最佳化器
            loss = 'binary_crossentropy', # 損失函數
            metrics = ['acc']) # 評估指標
```

不管是淺層網路，還是深層網路，建置起來真的很簡單。因為深度學習背後的思維本來就很簡單，那麼它的實現過程又何必要那麼痛苦呢？——這話可不是我說的，是 Keras 的發明者 François Chollet 說的。我表示很贊同。

來看看這個網路的效果：

```
history = ann.fit(X_train, y_train, # 指定訓練集
                  epochs=30,          # 指定輪次
                  batch_size=64,      # 指定批次大小
                  validation_data=(X_test, y_test)) # 指定驗證集
```

訓練結束之後，採用同樣的方法對測試集進行預測，並顯示損失曲線和準確率曲線，同時顯示分類報告（這裡就不重複展示相同的程式了）。

觀察訓練及預測結果之後我們有一些發現。

第一，發現較深的神經網路訓練效率要高於小型網路，一兩個輪次之後，準確率迅速提升到 0.84 以上，而單隱層神經網路需要好幾輪才能達到這個準確率：

```
Train on 8000 samples, validate on 2000 samples
Epoch 1/30
```

```
8000/8000 [====================] - 3s 320us/step - loss: 0.4359 - acc: 0.8199
                                 - val_loss: 0.4229 - val_acc: 0.8290
Epoch 2/30
8000/8000 [====================] - 1s 180us/step - loss: 0.3780 - acc: 0.8475
                                 - val_loss: 0.3893 - val_acc: 0.8445
Epoch 3/30
8000/8000 [====================] - 1s 180us/step - loss: 0.3670 - acc: 0.8574
                                 - val_loss: 0.3818 - val_acc: 0.8445
Epoch 4/30
8000/8000 [====================] - 1s 182us/step - loss: 0.3599 - acc: 0.8581
                                 - val_loss: 0.3842 - val_acc: 0.8480
```

第二，從準確率上看，沒有什麼提升；而從 F1 分數上看，目前這個比較深的
神經網路反而不如簡單的單隱層神經網路，從 0.58 下降到 0.55：

	precision	recall	f1-score	support
0	0.87	0.97	0.92	1583
1	0.80	0.42	0.55	417

第三，從損失函數圖型上看（如下圖所示），深度神經網路在幾輪之後就開
始出現過擬合的問題，而且驗證集上損失的波動也很大。因為隨著輪次的增
加，訓練集的誤差值逐漸減小，但是驗證集的誤差反而越來越大了。也就是
說，網路的參數逐漸地對訓練集的資料形成了過高的適應性。這對較大網路
來說的確是常見情況。

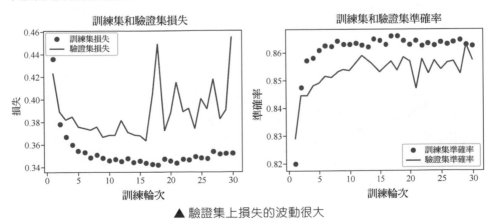

▲ 驗證集上損失的波動很大

5.7.2 換一換最佳化器試試

網路變深了，預測準確率和 F1 分數反而降低了。大家的心情十分沮喪。該如何是好呢？

沒有任何經驗的同學們只好看著咖哥，希望他列出一些方向。

咖哥咳嗽兩聲，說：「對於某些簡單問題，本來小網路的效能就是要高於深的網路。網路參數多，有時並不是一件好事。當然，我們還是可以做一些嘗試。第一步，先更換一下最佳化器，把它從 RMSProp 換成 Adam，以下段程式所示。」

```
ann.compile(optimizer = 'adam', # 換一下最佳化器
         loss = 'binary_crossentropy', # 損失函數
         metrics = ['acc']) # 評估指標
```

更換最佳化器之後，重新訓練、測試網路。發現最為關心的 F1 分數有所上升，上升至 0.56，以下輸出結果所示。但這仍然低於單隱層神經網路的 0.58：

	precision	recall	f1-score	support
0	0.87	0.96	0.91	1583
1	0.75	0.45	0.56	417

損失曲線顯示（如下圖所示），過擬合現象仍然十分嚴重。也許這個過擬合問題就是深層神經網路效率低的癥結所在。

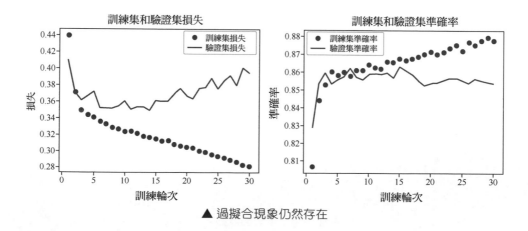

▲ 過擬合現象仍然存在

5.7.3 神經網路正規化：增加 Dropout 層

　　咖哥說：「從損失曲線上判斷，對於小資料而言，深度神經網路由於參數量太多，已經出現了過擬合的風險。因此，我們決定針對過擬合問題來做一些事情，最佳化網路。在神經網路中，最常用的對抗過擬合的工具就是 Dropout。在 Keras 中，Dropout 也是神經網路中的層元件之一，其真正目的是實現網路正規化，避免過擬合。大家還記得正規化的原理嗎？」

　　有一位同學答道：「為了讓模型粗獷一點，不要過分追求完美。」

　　咖哥說：「意思基本正確。大家想一想，對神經網路那麼複雜的模型來說，要避免過擬合還挺難做到的。而 Dropout 就是專門對付神經網路過擬合的有效正規化方法之一。這個方法也是 Hinton 和他的學生開發的。」

它的原理非常奇特：在某一層之後增加 Dropout 層，意思就是隨機將該層的一部分神經元的輸出特徵丟掉（設為 0），相當於隨機消滅一部分神經元。

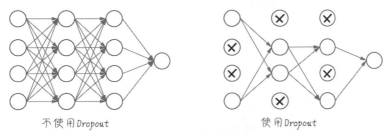

不使用 Dropout　　　　　　　　使用 Dropout

▲ Dropout 示意

假設在訓練過程中，某一層對特定資料樣本輸出一個中間向量。

- 使用 Dropout 之前，中間向量為 [0.5, 0.2, 3.1, 2, 5.9, 4]。
- 使用 Dropout 之後，中間向量變為 [0.5, 0, 0, 2, 5.9, 0]。

Dropout 比率就是被設為 0 的輸出特徵所佔的比例，通常為 0.2 ～ 0.5。注意，Dropout 只是對訓練集起作用，在測試時沒有神經元被丟掉。

據 Hinton 說，這個小竅門的靈感來自銀行的防詐騙機制。他去銀行辦理業務時，發現櫃員不停地換人。他就猜想，銀行工作人員要想成功詐騙銀行，他們之間要互相合作才行，因此一個櫃員不能在同一個職位待得過久。這讓他意識到，在某些神經網路層中隨機刪除一部分神經元，可以阻止它們的陰謀，從而降低過擬合。

下面就在剛才的深度神經網路中增加一些 Dropout 層，並重新訓練它：

```
from keras.layers import Dropout # 匯入Dropout
ann = Sequential() # 創建一個序列ANN模型
ann.add(Dense(units=12, input_dim=12, activation = 'relu')) # 增加輸入層
ann.add(Dense(units=24, activation = 'relu')) # 增加隱層
ann.add(Dropout(0.5)) # 增加Dropout層
ann.add(Dense(units=48, activation = 'relu')) # 增加隱層
ann.add(Dropout(0.5)) # 增加Dropout層
ann.add(Dense(units=96, activation = 'relu')) # 增加隱層
ann.add(Dropout(0.5)) # 增加Dropout層
ann.add(Dense(units=192, activation = 'relu')) # 增加隱層
ann.add(Dropout(0.5)) # 增加Dropout層
ann.add(Dense(units=1, activation = 'sigmoid')) # 增加輸出層
ann.compile(optimizer = 'adam', # 最佳化器
            loss = 'binary_crossentropy', #損失函數
            metrics = ['acc']) # 評估指標
```

損失曲線顯示（如下圖所示），增加 Dropout 層之後，過擬合現象被大幅度地抑制了。

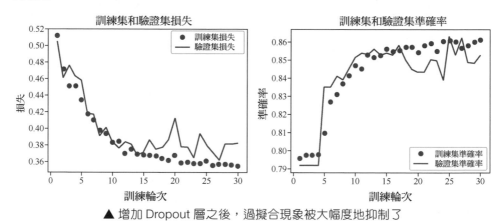

▲ 增加 Dropout 層之後，過擬合現象被大幅度地抑制了

現在，針對客戶流失樣本的 F1 分數上升到了令人驚訝的 0.62，以下輸出結果所示。對難以預測的客戶流失現象來說，這是一個相當棒的成績！這樣說明對於這個問題，加深網路同時輔以 Dropout 正規化的策略比用單隱層神經網路更好。

	precision	recall	f1-score	support
0	0.89	0.92	0.91	1583
1	0.67	0.58	0.62	417

新的混淆矩陣顯示（如下圖所示），400 多個即將流失的客戶中，我們成功地捕捉到了 200 多人。這是非常有價值的商業資訊。

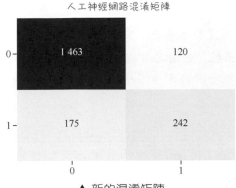

人工神經網路混淆矩陣

▲ 新的混淆矩陣

　　看到這樣的效果，小冰和同學們都對咖哥豎起大拇指。咖哥說：「其實準確率或 F1 分數本身的提升並不重要，更有價值的是網路最佳化過程中所做的各種嘗試和背後的想法。」

• 5.8 深度神經網路的調整及性能最佳化

關於深度神經網路的調整和性能最佳化，很多研究者認為並沒有什麼固定規律去遵循。因此，除了一些基本的原則之外，不得不具體問題具體分析，不斷地在實戰中去培養直覺。

下面介紹一些基本的想法。

5.8.1 使用回呼功能

　　咖哥問小冰：「在剛才的調整過程中，有沒有覺得其實神經網路挺難以調控的。」

　　小冰說：「的確。」

　　咖哥說：「舉個例子，在開始訓練之前，我們根本不知道多少輪之後會開始出現過擬合的徵兆，也就是驗證損失不升反降。那麼只有試著運行一次，比如運行 100 輪，才發現原來 15 輪才是比較正確的選擇。想想看，大型網路的訓練是超級浪費時間的，本來進行 15 輪就得到最佳結果，卻需要先運行 100 輪。有沒有可能一次性找到最合適的輪次點？」

　　同學們還未回答咖哥又接著說：「再舉個例子，神經網路的訓練過程中，梯度下降是有可能陷入局部最低點或鞍點的，它們也稱為訓練過程中的高原區。此時驗證集上損失值的改善會停止，同樣的損失值每輪重複出現（資料集沒有做特徵縮放時就經常出現這種情況）。有沒有可能在機器觀察到這種情況的時候就調整學習率這個參數，因為此時，增大或減小學習率都是跳出高原區的有效策略。」

類似的執行時期動態控制可以透過回呼（callback）功能來實現。所謂回呼，就是在訓練進行過程中，根據一些預設的指示對訓練進行控制。下面是幾個常用的回呼函數。

- ModelCheckpoint：在訓練過程中的不同時間點保存模型，也就是保存當前網路的所有權重。
- EarlyStopping：如果驗證損失不再改善，則中斷訓練。這個回呼函數常與 ModelCheckpoint 結合使用，以保存最佳模型。
- ReduceLROnPlateau：在訓練過程中動態調節某些參數值，比如最佳化器的學習率，從而跳出訓練過程中的高原區。
- TensorBoard：將模型訓練過程視覺化。

那麼如何用程式來實現回呼功能呢？範例如下：

```
# 匯入回呼功能
from keras.callbacks import ModelCheckpoint
from keras.callbacks import EarlyStopping
from keras.callbacks import ReduceLROnPlateau
# 設定要回呼的功能
earlystop = EarlyStopping(monitor='val_acc', patience=20,
                    verbose=1, restore_best_weights=True)
reducelr = ReduceLROnPlateau(monitor='val_acc', factor=0.5,
                        patience=3, verbose=1, min_lr=1e-7)
modelckpt = ModelCheckpoint(filepath='ann.h5', monitor='val_acc',
```

```
                    verbose=1, save_best_only=True, mode='max')
callbacks = [earlystop, reducelr, modelckpt] # 設定回呼
history = ann.fit(X_train, y_train, # 指定訓練集
            batch_size=128,      # 指定批次大小
            validation_data = (X_test, y_test), # 指定驗證集
            epochs=100,          # 指定輪次
            callbacks=callbacks) # 指定回呼功能
```

上面的這段程式能一次性找到 100 輪中最佳的疊代次數，也就是在過擬合出
現之前把較好的模型和模型內部參數保存下來。

5.8.2 使用 TensorBoard

上面出現的 TensorBoard 又是什麼呢？

TensorBoard 是一個內建於 TensorFlow 的視覺化工具，用以幫助我們在訓練過
程中監控模型內部發生的資訊。具體包括以下功能。

- 在訓練過程中監控指標。
- 將模型的架構視覺化。
- 顯示啟動和梯度的長條圖。
- 以三維的形式顯示詞嵌入。

在 Kaggle 中，只需要用下面兩行程式碼設定 TensorBoard：

```
# 匯入並啟動TensorBoard
%load_ext tensorboard
%tensorboard --logdir logs
```

然後，在 Keras 中，透過在回呼中指定 TensorBoard，就可以呼叫它，顯示
訓練過程中的資訊，以下段程式所示。模型開始擬合之後，Notebook 中出現
TensorBoard 介面，而且具有互動功能，很多的曲線圖像，比如準確率曲線、
損失曲線，就不用我們自己去費力繪製了（如下圖所示）。當然，TensorBoard
可以展示出來的資訊還遠遠不止這些，同學們可以去深入研究一下。

```
# 顯示TensorBoard
import tensorflow as tf # 匯入TensorFlow
tensorboard_callback = tf.keras.callbacks.TensorBoard("logs")
```

▲ TensorBoard——訓練資訊視覺化

呼叫 TensorBoard 的完整程式請大家參考本課原始程式套件中的 "C05-2 Using TensorBoard.ipynb" 檔案。

5.8.3 神經網路中的過擬合

過擬合問題在所有機器學習模型（包括神經網路）中都是性能最佳化過程中最為關鍵的問題。

在損失函數圖型上，當訓練集上的損失越來越低，但是驗證集（或測試集）上的損失到了一個點後顯著上升，或振盪，這就表示出現了過擬合的現象。

解決過擬合問題的基本想法主要有以下幾種。

（1）首先，根據奧卡姆剃刀定律，在使用非常深的網路之前應三思，因為網路越大，越容易過擬合。如果能夠用較簡單的小型網路解決問題，就不要強迫自己使用大網路。

（2）一種想法是在訓練大型網路之前使用少量資料訓練一個較小的模型，小模型的泛化好，再去訓練更深、更大的網路。不然的話，費了很多精力直接訓練一個大網路，最後發現結果不好就白費力氣了。

（3）另外，最常見且有效地降低神經網路過擬合的方法就是在全連接層之間增加一些 Dropout 層。這是很好用的標準做法，不過 Dropout 層會對訓練速度稍有影響。

（4）最後，使用較低的學習率配合神經元的權重正規化可能是解決過擬合問題的手段之一。

5.8.4 梯度消失和梯度爆炸

最後講一下梯度消失問題和梯度爆炸（gradient exploding）問題。

網路層數的疊加對巨量資料集來說，可以帶來更優的效果，那麼是否單純地疊加層數就肯定可以獲得一個更好的網路呢？事實顯然不是這麼簡單。其中最主要的原因就是梯度反在傳播過程中的梯度消失（也稱梯度彌散），從而導致後面的訓練困難，隨著層數的增加，網路最終變得無法訓練。神經網路梯度下降的原理是將來自輸出損失的回饋訊號反向傳播到更底部的層。如果這個回饋訊號的傳播需要經過很多層，那麼訊號可能會變得非常微弱，甚至完全遺失，梯度無法傳到的層就好比沒有經過訓練一樣。這就是梯度消失。

而梯度爆炸則是指神經元權重過大時，網路中較前面層的梯度透過訓練變大，而後面層的梯度呈指數級增大。

其實，梯度爆炸和梯度消失問題都是因為網路太深、網路權重更新不穩定造成的，本質上都是梯度反向傳播中的連鎖效應。

那麼有哪些可以嘗試的解決方案呢？

1. 選擇合適的啟動函數

首先，選擇合適的啟動函數是最直接的方法。因為如果啟動函數的導數為 1，那麼每層的網路都可以得到相同的更新速度。我們已經介紹過的 ReLU、Leaky ReLU、eLU 等新型啟動函數，都是可用選擇。

2. 權重正規化

此外，還可以考慮對神經網路各層的神經元的權重進行正規化。這個方法不僅對過擬合有效，還能抑制梯度爆炸。

Keras 中的權重正規化包括以下選項。

- keras.regularizers.l1：L1 正規化，加入神經元權重的絕對值作為懲罰項。
- keras.regularizers.l2：L2 正規化，加入神經元權重的平方作為懲罰項。

■ keras.regularizers.l1_l2：同時加入 L1 和 L2 作為懲罰項。

範例程式如下：

```
from keras.layers import Dense # 匯入Dense層
from keras.regularizers import l2 # 匯入L2正規化工具
ann.add(Dense(32, # 輸出維度，就是神經元的個數
        kernel_regularizer=l2(0.01), # 權重正規化
        bias_regularizer=l2(0.01))) # 偏置正規化
```

3. 批次標準化

批次標準化（batch normalization）有時稱為批次歸一化，意思就是將資料標準化的思維應用於神經網路層的內部，使神經網路各層之間的中間特徵的輸入也符合平均值為 0、標準差為 1 的正態分佈。

在批次標準化出現之前，解決過擬合和梯度消失問題的方法是在疊代過程中調整學習率，採取較小的學習率，以及精細的初始化權重參數。這些都是非常麻煩的工作。而批次標準化使網路中間層的輸入資料分佈變得均衡，因此可以得到更為穩定的網路訓練效果，同時加速網路的收斂，減少訓練次數。很多知名的大型深度網路都使用了批次標準化技術。

在 Keras 中，批次標準化也是網路中一種特殊的層元件，通常放在全連接層或卷積層之後，對前一層的輸入資料進行批次標準化，然後送入下一層進行處理。

範例程式如下：

```
from keras.layers.normalization import BatchNormalization #匯入批次標準化元件
ann.add(Dense(64, input_dim=14, init='uniform')) #增加輸入層
ann.add(BatchNormalization()) #增加批次標準化層
ann.add(Dense(64, init='uniform')) #增加中間層
```

4. 殘差連接

透過上面的種種方法，如選擇合適的啟動函數、權重正規化和批次標準化，深度神經網路的性能有所改善，但是仍然沒有從根本上解決梯度消失的問題。

真正解決梯度消失的「武器」是殘差連接（residual connection）結構。

它的基本思維是：在大型深度網路中（至少 10 層以上），讓前面某層的輸出跨越多層直接輸入至較靠後的層，形成神經網路中的捷徑（shortcut）。這樣，就不必擔心過大的網路中梯度逐漸消失的問題了。殘差連接結構在最新的深度神經網路結構中幾乎都有出現，因為它對解決梯度消失問題非常有效。

殘差連接結構是何凱明在論文《Deep Residual Learning for Image Recognition》中提出的。透過殘差連接，可以很輕鬆地建置幾百層，甚至上千層的網路，而不用擔心梯度消失過快的問題。

要深入研究殘差連接，同學們可以先去看看何凱明在 ICML2016 大會上介紹這個結構的演講。

● 5.9 本課內容小結

本課講了挺多內容，具體包括：感知器的結構、單隱層神經網路的建置，以及深度神經網路的建置，並解決了一個預測銀行客戶是否會流失的案例。一個重點是如何最佳化神經網路的性能，並解決過擬合的問題。

神經網路的優勢在於它可以有很多層。如果輸入輸出是直接連接的，那麼它和邏輯回歸就沒有什麼區別。但是透過大量中間層的引入，它就能夠捕捉很多輸入特徵之間的關係。此外，它還具有以下優勢。

- 它利用了現代電腦的強大算力，提高了機器學習的精度。
- 它使特徵工程不再顯得那麼重要，非結構化資料的處理變得簡單。

深度學習適合處理任何形式的資料，特別是非結構化的資料，如音訊、文字、圖型、時間序列，以及視訊等。

而深度學習的具體應用也實在是太多了，這裡隨便列出一些。

- 圖型分類，人臉辨識，如 Facebook 的人臉自動標籤功能。
- 自然語言處理 (Natural Language Processing，NLP)，如語音辨識、機器翻譯、文字到語音轉換、手寫文字轉錄、情感分析以及自動回答人類用語言

提出的問題等。

- 智慧助理，比如蘋果公司的 Siri。
- 棋類遊戲，以 DeepMind 的 AlphaGo 為代表，它已經戰勝世界圍棋冠軍。
- 推薦系統，如各大電子商務網站都在進行的廣告定向投放，以及電影、書籍的推薦等。

經過今天的學習，咖哥有一個願望，就是希望我們從此對深度學習不再感到神秘。如果一個東西太神秘，那麼會令人不敢接近、不敢使用。現在同學們了解了它的原理，使用 Keras 做了自己的深度網路，現在回頭再看神經網路的實現架構，它和人類大腦的機制是沒有太多相似度的。因此 Keras 之父肖萊認為，神經網路這個名詞不如「分層學習」貼切。

另外，儘管深度神經網路處理巨量資料集和複雜問題的優勢已經毋庸置疑，但是不能直接得出結論認為網路越深越好。如果問題並不複雜，我們還是應該先嘗試較為簡單的模型。

此時此刻，咖哥和同學們從大廈的視窗向外望去，天已經完全黑了，四環路上車流如水，頭燈、尾燈聯結起來，形成一條條長長的「光龍」，整個城市似乎正像是一張無限延展的大網，看不到盡頭。

• 5.10 課後練習

練習一：對本課範例繼續進行參數調整和模型最佳化。

（提示：可以考慮增加或減少疊代次數、增加或減少網路層數、增加 Dropout 層、引入正則項，以及選擇其他最佳化器等。）

練習二：第 5 課的練習資料集仍然是鐵達尼資料集，使用本課介紹的方法建置神經網路處理該資料集。

練習三：使用 TensorBoard 和回呼函數顯示訓練過程中的資訊。

第6課　卷積神經網路——辨識狗狗的圖型

「咖哥，我注意到一件事。」小冰來到教室，就直接開口，「上一節課，你講了深度學習中的神經網路。」

咖哥問：「嗯，怎麼了？」

小冰說：「我發現你列出的那個判斷銀行客戶是否會流失的案例，仍然是一個普通的分類問題。以前你說過，有些領域的問題是傳統機器學很難解決的，只有深度學習能夠搞定。我想讓你給我們介紹一下這種問題。」

咖哥說：「哦，你指的是感知類別問題。比如，下圖所示的圖型辨識，就是一個很典型的感知類別問題。今天我們就順著深度神經網路更進一步，來談一個大名鼎鼎的電腦視覺『利器』——卷積神經網路。」

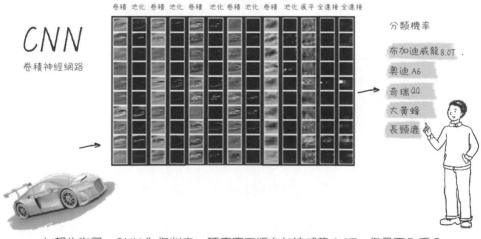

▲ 報告咖哥：CNN 為您判定一輛真實正版布加迪威龍 8.0T，您是否入手？

卷積神經網路，簡稱為卷積網路，與普通神經網路的區別是它的卷積層內的神經元只覆蓋輸入特徵局部範圍的單元，具有稀疏連接（sparse connectivity）和權重共用（weight shared）的特點，而且其中的篩檢程式可以做到對圖型關鍵特徵的取出。因為這一特點，卷積神經網路在圖型辨識方面能夠列出更好的結果。

下面看一看本課重點。

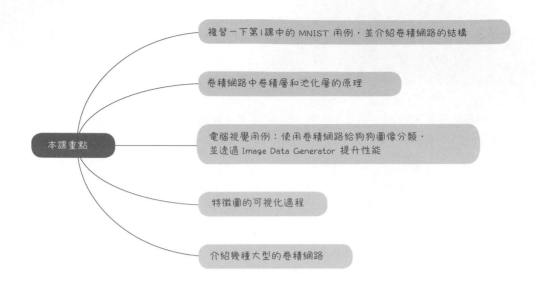

本課重點
- 複習一下第1課中的 MNIST 用例，並介紹卷積網路的結構
- 卷積網路中卷積層和池化層的原理
- 電腦視覺用例：使用卷積網路給狗狗圖像分類，並透過 Image Data Generator 提升性能
- 特徵圖的可視化過程
- 介紹幾種大型的卷積網路

• 6.1 問題定義：有趣的狗狗圖型辨識

咖哥說：「圖型辨識是電腦視覺的基礎。它也是分類問題。但是，對圖型的分類，在神經網路出現之前難度很大，因為圖像資料集中的特徵的結構不像鳶尾花資料集中的特徵那麼清晰。在鳶尾花資料集中，一朵朵的花瓣、花萼，長度、寬度都量好了。把這些數值換成鳶尾花的照片，你們再試試？」

一位同學表示：「這兩種資料集的確有很大的不同。」

咖哥說：「但是深度學習把圖型辨識任務的難度大大降低了。我們這節課就好好講講這個原理，以及專門用於處理電腦視覺問題的卷積神經網路。」

咖哥又說：「這次實戰，我們去網上找點更有趣的圖片集——同學們喜歡狗嗎？」

「喜歡！我們也來個貓狗辨識嗎？」一位同學興奮地說。

咖哥微笑著說：「不，我們來一個難度更高的——狗狗種類辨識！貓狗之間的差異明顯，辨識起來很簡單。但是，如果把不同種類的狗狗區分出來，這就不容易了。你們雖然喜歡狗，但也沒法很快地確定一隻狗是什麼種類的吧？你們看我們這些目錄下面有各種各樣的狗狗，有吉娃娃、哈士奇、蝴蝶犬……」

「哇！好玩！有意思，有意思！」同學們大喊。

咖哥笑道：「貓狗圖型分類，只是二元分類問題，而狗狗圖型分類，則是多元分類問題。我們會讓卷積網路先讀取上千張有標籤的狗狗圖型，進行訓練

後，用學習到的知識把測試集中的狗狗圖型進行分類。這個訓練集是史丹佛大學的研究人員從 ImageNet 上面整理出來的，裡面一共有 120 種狗的圖型，每種 150 張（如下圖所示）。」

「哇，120 種！」小冰很驚訝，「沒想到世界上有這麼多種狗。」

咖哥說：「如果你們是狗狗同好的話趕快去全面研究一下吧。這次教學中，只選擇其中的 10 種狗的圖型，也就是 1500 張圖型進行分類。」

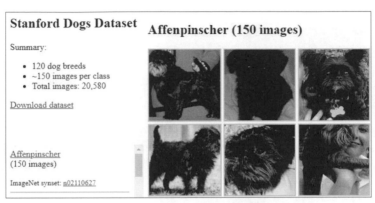

▲ 史丹佛的狗狗圖像資料集

 咖哥發言

ImageNet 上面的圖型資訊很多，很多學者都利用這個網站中的資料進行電腦視覺方面的研究。

資料集中包含 120 個子目錄，對應 120 種狗狗的圖型。而目錄的名稱，自然就是狗的類別（如右圖所示），也就是我們要預測的分類標籤。

我們的目的就是透過這些有標籤的狗狗圖型訓練網路，得到能為未知類別的新狗狗圖型分類的卷積網路模型。

n02085620-Chihuahua	File folder
n02085782-Japanese_spaniel	File folder
n02085936-Maltese_dog	File folder
n02086079-Pekinese	File folder
n02086240-Shih-Tzu	File folder
n02086646-Blenheim_spaniel	File folder
n02086910-papillon	File folder
n02087046-toy_terrier	File folder
n02087394-Rhodesian_ridgeback	File folder
n02088094-Afghan_hound	File folder
n02088238-basset	File folder
n02088364-beagle	File folder
n02088466-bloodhound	File folder
n02088632-bluetick	File folder

▲ 不同目錄下是不同類別的狗狗圖型

6.2 卷積網路的結構

其實，卷積網路我們已經見過並使用過了，在第 1 課介紹機器學習專案實戰架構時，我特別列出了一個透過卷積網路辨識 MNIST 圖型的例子，一是因為想強調它作為常用深度網路的重要性，二是因為它的結構並不複雜。

複習一下該程式的完整程式，並透過 model.summary 方法顯示網路的結構：

```
from keras import models # 匯入Keras模型和各種神經網路的層
from keras.layers import Dense, Dropout, Flatten, Conv2D, MaxPooling2D
model = models.Sequential() # 序列模型
model.add(Conv2D(filters=32, # 增加Conv2D層，指定篩檢程式的個數，即通道數
          kernel_size=(3, 3), # 指定卷積核心的大小
          activation='relu', # 指定啟動函數
          input_shape=(28, 28, 1))) # 指定輸入資料樣本張量的類型
model.add(MaxPooling2D(pool_size=(2, 2))) # 增加MaxPooling2D層
model.add(Conv2D(64, (3, 3), activation='relu')) # 增加Conv2D層
model.add(MaxPooling2D(pool_size=(2, 2))) # 增加MaxPooling2D層
model.add(Dropout(0.25)) # 增加Dropout層
model.add(Flatten()) # 增加展平層
model.add(Dense(128, activation='relu')) # 增加全連接層
model.add(Dropout(0.5)) # 增加Dropout層
model.add(Dense(10, activation='softmax')) # Softmax分類啟動，輸出10維分類碼
model.compile(optimizer='rmsprop', # 指定最佳化器
          loss='categorical_crossentropy', # 指定損失函數
          metrics=['accuracy']) # 指定評估指標
model.summary() # 顯示網路模型
```

運行程式，輸出網路結構如下：

Layer (type)	Output Shape	Param #
conv2d_1 (Conv2D)	(None, 26, 26, 32)	320
max_pooling2d_1 (MaxPooling2	(None, 13, 13, 32)	0
conv2d_2 (Conv2D)	(None, 11, 11, 64)	18496

```
max_pooling2d_2 (MaxPooling2  (None, 5, 5, 64)        0

flatten_1 (Flatten)           (None, 1600)            0

dense_1 (Dense)               (None, 128)             204928

dense_2 (Dense)               (None, 10)              1290
=================================================================
Total params: 225, 034
Trainable params: 225, 034
Non-trainable params: 0
```

還可以用下頁圖形的方式顯示出這個有 225034 個參數、用序列方式生成的卷
積網路的形狀：

```
from IPython.display import SVG
from keras.utils.vis_utils import model_to_dot
SVG(model_to_dot(ann, show_shapes = True ).create(prog='dot', format='svg'))
```

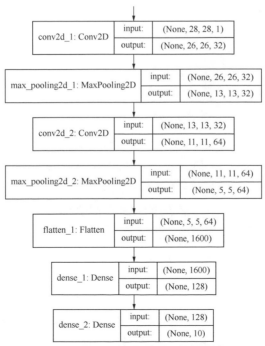

▲ 程式編譯出來的卷積網路的結構資訊

下圖更直觀地顯示了卷積網路的典型架構。它實現了一個圖型分類功能：輸入的是圖型，輸出的是圖型的類別標籤。

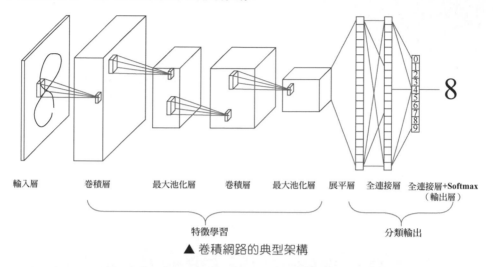

輸入層　　　　卷積層　　　最大池化層　　　卷積層　　　最大池化層　　展平層　　全連接層　全連接層+Softmax
（輸出層）

特徵學習　　　　　　　　分類輸出

▲ 卷積網路的典型架構

卷積網路也是多層的神經網路，但是層內和層間神經元的類型和連接方式與普通神經網路不同。卷積神經網路由輸入層、一個或多個卷積層和輸出層的全連接層組成。

（1）網路左邊仍然是資料登錄部分，對資料做一些初始處理，如標準化、圖片壓縮、降維等工作，最後輸入資料集的形狀為（樣本，圖型高度，圖型寬度，色彩深度）。

（2）中間是卷積層，這一層中，也有啟動函數的存在，範例中用的是 ReLU。

（3）一般卷積層之後接一個池化層，池化層包括區域平均池化或最大池化。

（4）通常卷積 + 池化的架構會重複幾次，形成深度卷積網路。在這個過程中，圖片特徵張量的尺寸通常會逐漸減小，而深度將逐漸加深。如上一張圖所示，特徵圖從一張扁扁的紙片形狀變成了胖胖的矩形。

（5）之後是一個展平層，用於將網路展平。

（6）展平之後接一個普通的全連接層。

（7）最右邊的輸出層也是全連接層，用 Softmax 進行啟動分類輸出層，這與普通神經網路的做法一致。

（8）在編譯網路時，使用了 Adam 最佳化器，以分類交叉熵作為損失函數，採用了準確率作為評估指標。

卷積網路的核心特點就是卷積＋池化的架構，要注意到「卷積層」中的參數，其實是遠少於全連接層的（本例中兩個卷積層中的參數加起來不到 2 萬個，而全連接層則貢獻了其他 20 多萬個參數）。這是因為，卷積網路中各層的神經元之間，包括輸入層的特徵和卷積層之間，不是彼此全部連接的，而是以卷積的方式有選擇性的**局部連接**，如下圖所示。這種結構除了能大大減少參數的數量之外，還有其他一些特殊優勢。下面講一講這其中的道理。

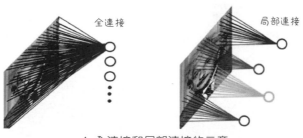

▲ 全連接和局部連接的示意

● 6.3　卷積層的原理

卷積網路是透過卷積層（Conv2D 層）中的**篩檢程式**（filter）用卷積計算對圖型核心特徵進行取出，從而提高圖型處理的效率和準確率。

6.3.1　機器透過「模式」進行圖型辨識

機器是透過**模式**（pattern）進行圖型的辨識。舉例來說，有一個字母 X，這個 X 由一堆畫素組成，可以把 X 想像成一個個小模式的組合，如下圖所示，X 的形狀好像上面有兩隻手，下面長了兩隻腳，中間是軀幹部分。如果機器發現一個像下面左圖這樣中規中矩的 X，就能辨識出來。但是無論是手寫數字，還是照片掃描進電腦的時候，都可能出現雜訊（noise）。那麼這個 X 可能變樣了，手腳都變了位置，好像手舞足蹈的樣子（如下圖右所示）。但是肉眼一看，還是 X。

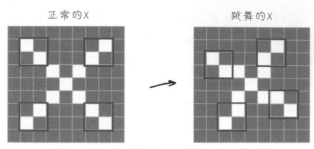

▲ 字母 X 中的「小模式」──變形後，模式還在

普通的全連接網路也可以進行上面的圖型辨識，但是全連接網路每一次都會全面地偵測每一個畫素點，把圖型作為一個整體進行評估判斷。而卷積網路的想法則不同，它聚焦於「小模式」，只要兩隻手、兩隻腳、中間的軀幹這些小模式還在，就會增加「X 開關」的權重。這種想法對模式辨識來說，既省力，又高效。

上面這個模式辨識原理就是卷積網路最基本的想法。它的好處是不僅使模式辨識變得更加準確了，而且透過對這些「模式特徵組」的**權重共用**減少了很多所需要調節的神經元的參數量，因而大幅度減少了計算量。這使得神經網路不僅效能提高了，而且還變得「羽量級」了。

6.3.2 平移不變的模式辨識

這種「小模式」辨識的另一個優越性是**平移不變性**（translation invariance），意思是一旦卷積神經網路在圖型中學習到某個模式，它就可以在任何地方辨識這個模式，不管模式是出現在左上角、中間，還是右下角。

▲ 模式的平移不變性

你們看上圖中的飛鳥，無論放到哪裡，都是一隻鳥，這是人腦處理圖型的方式，這種技術也被卷積神經網路學到了。而對於全連接網路，如果模式出現在新的位置，那麼它只能重新去學習這個模式──這肯定要花費更多力氣。

因此，卷積網路在處理圖型時和人腦的策略很相似，智慧度更高，可以高效利用資料。它透過訓練較少的樣本就可以學到更具有泛化能力的資料表示，而且，模式學到的結果還可以保存，把知識遷移至其他應用。

6.3.3 用滑動視窗取出局部特徵

卷積操作是如何實現的呢？它是透過滑動視窗一幀一幀地取出局部特徵，也就是一塊一塊地擷圖實現的。直觀地說，這個分解過程，就像是人眼在對物體進行從左到右、從上到下、火眼金睛般的檢查。

所謂圖型，對電腦來說就是一個巨大的數字矩陣，裡面的值都代表它的顏色或灰階值。下圖所示，在卷積網路的神經元中，一張圖型將被以 3px×3px，或 5px×5px 的幀進行一個片段一個片段的特徵取出處理。

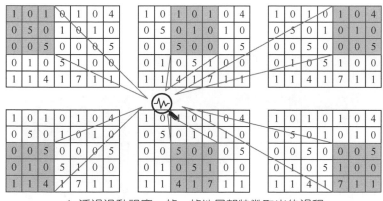

▲ 透過滑動視窗一幀一幀地局部特徵取出的過程

這個過程就是模式的尋找：分析局部的模式，找出其特徵特點，留下有用的資訊。

6.3.4 篩檢程式和回應通道

一幀一幀取出的每個局部特徵，我們拿來做什麼呢？

是要與篩檢程式進行卷積計算，進行圖型特徵的提取（也就是模式的辨識）。在 MNIST 圖像資料集的範例程式中，參數 filters=32 即指定了該卷積層中有 32 個篩檢程式，參數 kernel_size=(3, 3) 表示每一個篩檢程式的大小均為 3px×3px：

```
model.add(Conv2D(filters=32, # 增加Conv2D層，指定篩檢程式的個數，即通道數
        kernel_size=(3, 3), # 指定卷積核心的大小
        activation='relu', # 指定啟動函數
        input_shape= (28, 28, 1))) # 指定輸入資料樣本張量的類型
```

卷積網路中的篩檢程式也叫**卷積核心**（convolution kernel），是卷積層中帶著一組固定權重的神經元，大家同樣可以把它想像成人類的眼睛。剛才説一幀一幀地取出局部特徵的過程就好像是人眼檢查東西，那麼不同篩檢程式就是不同人的眼睛。通常正常人的眼睛和孫悟空的眼睛不同，看到的東西也可能是不同的。所以，剛才取出的同樣的特徵（局部圖型），會被不同權重的篩檢程式進行放大操作，有的篩檢程式像火眼金睛一般，能發現這個模式背後有特別的含義。

下圖所示，左邊是輸入圖型，中間有兩個篩檢程式，卷積之後，產生不同的輸出，也許有的偏重顏色深淺，有的則偏重輪廓。這樣就有利於提取圖型的不同類型的特徵，也有利於進一步的類別判斷。

▲ 不同的篩檢程式取出不同類型的特徵

對 MNIST 來說，第一個卷積層接收的是形狀為（28, 28, 1）的**輸入特徵圖**（feature map），並輸出一個大小為（26, 26, 32）的特徵圖，如下圖所示。也就是說，這個卷積層有 32 個篩檢程式，形成了 32 個輸出通道。這 32 個通道中，每個通道都包含一個 26×26（為什麼從 28×28 變成 26×26 了？等會兒揭秘）的矩陣。它們都是篩檢程式對輸入的**回應圖**（response map），表示這個篩檢程式對輸入中不同位置摳取下來的每一幀的回應，其實也就是提取出來的特徵，即**輸出特徵圖**。

32 個輸入特徵圖中，每一個特徵圖都有自己負責的模式，各有不同功能，未來整合在一起後，就會實現分類任務。

conv2d_1: Conv2D	input:	(None, 28, 28, 1)
	output:	(None, 26, 26, 32)

▲ MNIST 案例中第一個卷積層的輸入特徵圖和輸出特徵圖

經過兩層卷積之後的輸出形狀為（11, 11, 64），也就是形成了 64 個輸出特徵圖，如下圖所示。因此，隨著卷積過程的進行，圖型數字矩陣的大小逐漸縮小（這是池化的效果），但是深度逐漸增加，也就是特徵圖的數目越來越多了。

conv2d_2: Conv2D	input:	(None, 13, 13, 32)
	output:	(None, 11, 11, 64)

▲ MNIST 案例中第二個卷積層的輸入特徵圖和輸出特徵圖

6.3.5　對特徵圖進行卷積運算

那麼篩檢程式是如何對輸入特徵圖進行卷積運算，從而提取出輸出特徵圖的呢？

這個過程中有以下兩個關鍵參數。

- 卷積核心的大小，定義了從輸入中所提取的團磚尺寸，通常是 3px×3px 或 5px×5px。這裡以 3px×3px 為例。
- 輸出特徵圖的深度，也就是本層的篩檢程式數量。範例中第一層的深度為 32，即輸出 32 個特徵圖；第二層的深度為 64，即輸出 64 個特徵圖。

具體運算規則就是卷積核心與摳下來的資料視窗子區域的對應元素相乘後求和，求得兩個矩陣的內積，如下圖所示。

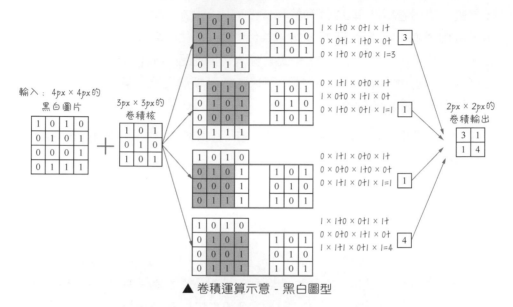

▲ 卷積運算示意 - 黑白圖型

在輸入特徵圖上滑動這個 3×3 的視窗，每個可能的位置會形成特徵團磚（形狀為（3, 3, 1））。然後這些團磚與同一個權重矩陣，也就是卷積核心進行卷積運算，轉換成形狀為（1,）的 1D 張量。最後按照原始空間位置對這些張量進行組合，形成形狀為（高，寬，特徵圖深度）的 3D 輸出特徵圖。

那麼，如果不是深度為 1 的黑白或灰階圖型，而是深度為 3 的 RGB 圖型，則卷積之後的 1D 向量形狀為（3,），經過組合之後的輸出特徵圖形狀仍為（高，寬，特徵圖深度），如下圖所示。

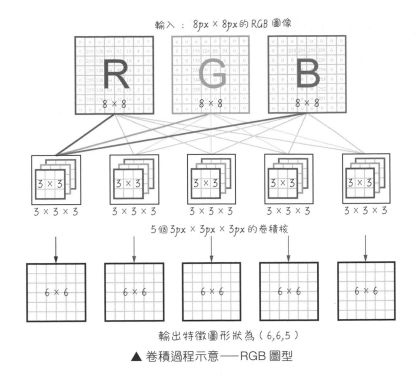

▲ 卷積過程示意——RGB 圖型

上述卷積運算的細節當然不需要我們編寫程式去實現。這裡要注意的實際上是輸入輸出張量的維度和形狀。

6.3.6 模式層級結構的形成

經過這樣的卷積過程，卷積神經網路就可以逐漸學到模式的空間**層級結構**。舉例來說，第一個卷積層可能是學習較小的局部模式（比如圖型的紋理），第二個卷積層將學習由第一層輸出的各特徵圖所組成的更大的模式，依此類推。

層數越深，特徵圖將越來越抽象，無關的資訊越來越少，而關於目標的資訊則越來越多。這樣，卷積神經網路就可以有效地學習到越來越抽象、越來越複雜的視覺概念。特徵組合由淺入深，彼此疊加，產生良好的模式辨識效果。

這種將視覺輸入抽象化，並將其轉為更高層的視覺概念的想法，和人腦對圖型的辨識判斷過程是有相似之處的。所以，卷積神經網路就是這樣實現了對原始資料資訊的淨化。

6.3.7 卷積過程中的填充和步幅

再介紹一下卷積層中的填充和步幅這兩個概念。

1. 邊界效應和填充

填充並不一定存在於每一個卷積網路中,它是一個可選操作。

在不進行填充的情況下,卷積操作之後,輸出特徵圖的維度中,高度和寬度將各減少 2 維。原本是 4px×4px 的黑白圖型,卷積之後特徵圖就變成 2px×2px。如果初始輸入的特徵是 28×28(不包括深度維),卷積之後就變成 26×26,這個現象叫作卷積過程中的**邊界效應**,如下圖所示。

conv2d_1: Conv2D	input:	(None, 28, 28, 1)
	output:	(None, 26, 26, 32)

▲ 輸入特徵維度為 28×28,輸出特徵維度為 26×26

如果我們非要輸出特徵圖的空間維度與輸入的相同,就可以使用**填充**(padding)操作。填充就是在輸入特徵圖的邊緣增加適當數目的空白行和空白列,使得每個輸入塊都能作為卷積視窗的中心,然後卷積運算之後,輸出特徵圖的維度將與輸入維度保持一致。

- 對於 3×3 的視窗,在左右各增加一列,在上下各增加一行。
- 對於 5×5 的視窗,則各增加兩行和兩列。

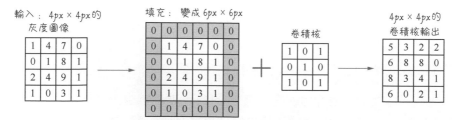

▲ 填充後,卷積層輸入輸出的高度和寬度將不變

填充操作並不是一個必需選項。如果需要,可以透過 Conv2D 層的 padding 參數設定:

```
model.add(Conv2D(filters=32, #篩檢程式
                 kernel_size=(3, 3), # 卷積核心大小
```

```
strides=(1, 1), # 步幅
padding='valid')) # 填充
```

2. 卷積的步幅

影響輸出尺寸的另一個因素是卷積操作過程中，視窗滑動取出特徵時候的**步幅**（stride）。以剛才的滑動視窗示意為例，步幅的大小為 2（如下圖所示），它指的就是兩個連續視窗之間的距離。

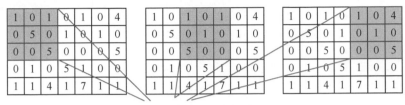

▲ 步幅為 2 的步進卷積

步幅大於 1 的卷積，叫作**步進卷積**（strided convolution），其作用是使輸出特徵圖的高度和寬度都減半。這個效果叫作特徵的**下取樣**（subsampling），能使特徵取出的效率加快。然而，在實踐中，步進卷積很少使用在卷積層中，大多數情況下的步幅為預設值 1。

• 6.4 池化層的功能

下取樣的效果是透過**最大池化**（max pooling）**層**來實現的，在最大池化之後，特徵維度的尺寸基本上都會減半。同學們如果觀察一下 MNIST 案例中的神經網路結構圖，就會發現輸入特徵圖的高度和寬度的確在減半（如下圖所示）。當然，深度不會變，因為改變深度是卷積層的任務。

max_pooling2d_1: MaxPooling2D	input:	(None, 26, 26, 32)
	output:	(None, 13, 13, 32)

▲ 最大池化後特徵圖的高度和寬度減半

下取樣功能主要有以下兩點。

（1）卷積過程中，張量深度（特徵通道數量）逐漸增多，因此特徵的數量越

來越多。但仍然需要讓特徵圖的整體尺寸保持在合理範圍內，不然可能
會出現過擬合的問題。

（2）輸入特徵圖的高度和寬度越小，後面的卷積層越能夠看到相對更大的空
間範圍。

最大池化的原理和卷積有些類似，也是從輸入特徵圖中提取視窗。但是最大
池化使用固定的張量運算對局部團磚進行變換，輸出每個通道的最大值，而
非像卷積核心那樣，權重是透過學習而得到的。

在實踐中，最常見的卷積 + 池化有以下兩種組合。

（1）使用 3×3 的視窗的卷積核心的卷積層，步幅為 1。

（2）使用 2×2 的視窗的最大池化層，步幅為 2。

```
model.add(Conv2D(64, kernel_size=(3, 3), activation='relu')) # 增加卷積層
model.add(MaxPooling2D(pool_size=(2, 2))) # 增加最大池化層
```

透過把多個這樣的組合堆疊起來，特徵圖高、寬度逐漸減小，深度逐漸增
加，就形成了空間篩檢程式的層級結構，形成越來越多、越來越細化而且有
利於分類的特徵通道。

• 6.5 用卷積網路給狗狗圖型分類

對卷積網路來說，MNIST 手寫數字辨識太過簡單了，輕輕鬆松就可以達到
99% 左右的準確率，不免讓人覺得「殺雞焉用牛刀」。下面就回到本課開頭介
紹的狗狗分類問題。這個資料集辨識起來的難度要比 MNIST 手寫數字辨識高
很多。請同學們在 Kaggle 網站中搜索 Stanford Dogs Dataset，找到該資料集，
並創建一個 Notebook。

6.5.1 圖像資料的讀取

在訓練卷積網路之前，先準備資料集，也就是把不同的目錄中的圖型全部整
理到同一個 Python 特徵張量陣列中，然後進行亂數排列。這個輸入結構應該
是 4D 張量，形狀為（樣本，圖型高度，圖型寬度，色彩深度）。

相對地，也要把目錄名稱整理到一個同樣長度的 1D 標籤張量中，次序與特徵張量一致。

1. 資料的讀取

先顯示一下 Images 目錄下的狗狗種類子目錄：

```
import numpy as np # 匯入Numpy
import pandas as pd # 匯入Pandas
import os # 匯入os工具
print(os.listdir("../input/stanford-dogs-dataset/images/Images"))
```

輸出結果如下：

```
['n02105162-malinois', 'n02094258-Norwich_terrier', 'n02102177-Welsh_
springer_spaniel', 'n02086646-Blenheim_spaniel', … … 'n02086910-papillon',
'n02093256-Staffordshire_bullterrier', 'n02113624-toy_poodle', 'n02105056-
groenendael', 'n02109961-Eskimo_dog', … … 'n02102040-English_springer',
'n02108422-bull_mastiff', 'n02088094-Afghan_hound', 'n02115641-dingo']
```

狗的種類太多，我們只處理前 10 個目錄：

```
# 本範例只處理10種狗
dir = '../input/stanford-dogs-dataset/images/Images/'
chihuahua_dir = dir+'n02085620-Chihuahua' #吉娃娃
japanese_spaniel_dir = dir+'n02085782-Japanese_spaniel' #日本狆
maltese_dir = dir+'n02085936-Maltese_dog' #馬爾濟斯犬
pekinese_dir = dir+'n02086079-Pekinese' #獅子狗
shitzu_dir = dir+'n02086240-Shih-Tzu' #西施犬
blenheim_spaniel_dir = dir+'n02086646-Blenheim_spaniel' #英國可卡犬
papillon_dir = dir+'n02086910-papillon' #蝴蝶犬
toy_terrier_dir = dir+'n02087046-toy_terrier' #玩具獵狐梗
afghan_hound_dir = dir+'n02088094-Afghan_hound' #阿富汗獵犬
basset_dir = dir+'n02088238-basset' #巴吉度獵犬
下面的程式將10個子目錄中的圖型和標籤值讀取X、y資料集：
import cv2 # 匯入OpenCV工具函數庫
X = []
y_label = []
```

```
imgsize = 150
# 定義一個函數讀取狗狗圖型
def training_data(label, data_dir):
    print ("正在讀取:", data_dir)
    for img in os.listdir(data_dir):
        path = os.path.join(data_dir, img)
        img = cv2.imread(path, cv2.IMREAD_COLOR)
        img = cv2.resize(img, (imgsize, imgsize))
        X.append(np.array(img))
        y_label.append(str(label))
# 讀取10個目錄中的狗狗圖型
training_data('chihuahua', chihuahua_dir)
training_data('japanese_spaniel', japanese_spaniel_dir)
training_data('maltese', maltese_dir)
training_data('pekinese', pekinese_dir)
training_data('shitzu', shitzu_dir)
training_data('blenheim_spaniel', blenheim_spaniel_dir)
training_data('papillon', papillon_dir)
training_data('toy_terrier', toy_terrier_dir)
training_data('afghan_hound', afghan_hound_dir)
training_data('basset', basset_dir)
```

輸出結果如下:

```
正在讀取:../input/images/Images/n02085620-Chihuahua
正在讀取:../input/images/Images/n02085782-Japanese_spaniel
正在讀取:../input/images/Images/n02085936-Maltese_dog
正在讀取:../input/images/Images/n02086079-Pekinese
正在讀取:../input/images/Images/n02086240-Shih-Tzu
正在讀取:../input/images/Images/n02086646-Blenheim_spaniel
正在讀取:../input/images/Images/n02086910-papillon
正在讀取:../input/images/Images/n02087046-toy_terrier
正在讀取:../input/images/Images/n02088094-Afghan_hound
正在讀取:../input/images/Images/n02088238-basset
```

這裡使用了 OpenCV 函數庫中的圖型檔讀取和 resize 函數,把全部圖型轉換成大小為 150px×150px 的標準格式。

咖哥發言

OpenCV 的全稱是 Open Source Computer Vision Library，是一個跨平台的電腦視覺函數庫。OpenCV 是由英特爾公司發起並參與開發，以 BSD 許可證授權發行，可以在商業和研究領域中免費使用。OpenCV 可用於開發即時的圖型處理、電腦視覺以及模式辨識程式。

此時 X 和 y 仍是 Python 串列，而非 NumPy 陣列。

2. 建置 X、y 張量

下面的程式用於建置 X、y 張量，並將標籤從文字轉為 One-hot 格式的分類編碼：

```
from sklearn.preprocessing import LabelEncoder # 匯入標籤編碼工具
from keras.utils.np_utils import to_categorical # 匯入One-hot編碼工具
label_encoder = LabelEncoder()
y = label_encoder.fit_transform(y_label) # 標籤編碼
y = to_categorical(y, 10) # 將標籤轉為One-hot編碼
X = np.array(X) # 將X從串列轉為張量陣列
X = X/255 # 將X張量歸一化
```

y = label_encoder.fit_transform（y_label）和 y = to_categorical（y, 10）這兩個敘述將狗狗目錄名稱轉換成了 One-hot 編碼。

np.array 方法將 X 從串列轉為張量陣列。

X = X/255 這個敘述很有意思，相當於是手工將圖型的畫素值進行簡單的壓縮，也就是將 X 張量進行歸一化，以利於神經網路處理它。

3. 顯示向量化之後的圖型

輸出一下 X 張量的形狀和內容：

```
print ('X張量的形狀：', X.shape)
print ('X張量中的第一個資料', X[1])
```

結果顯示其形狀（樣本，高度，寬度，色彩深度）與我們的預期一致：

```
X張量的形狀：(1922, 150, 150, 3)
X張量中的第一個資料
[[[0.02352941 0.11764706 0.40392157]
  [0.02745098 0.1372549  0.43529412]
  [0.02352941 0.15686275 0.48235294]
  ...
  ...
  [0.05098039 0.16470588 0.67058824]
  [0.04705882 0.16078431 0.6627451 ]
  [0.04705882 0.16078431 0.6627451 ]]]
```

而輸出 y_train 的形狀和內容：

```
print ('y張量的形狀：', y.shape)
print ('y張量中的第一個資料', y[1])
```

輸出結果如下：

```
y張量的形狀：(1922, 10)
y張量中的第一個資料[0. 0. 0. 1. 0. 0. 0. 0. 0. 0.]
```

也可以將已經縮放至 [0, 1] 區間之後的張量重新以圖型的形式顯示出來：

```
import matplotlib.pyplot as plt # 匯入Matplotlib函數庫
import random as rdm # 匯入隨機數工具
# 隨機顯示幾張可愛的狗狗圖型
fig, ax = plt.subplots(5, 2)
fig.set_size_inches(15, 15)
for i in range(5):
    for j in range (2):
        r = rdm.randint(0, len(X))
        ax[i, j].imshow(X[r])
        ax[i, j].set_title('Dog: '+y_label[r])
plt.tight_layout()
```

狗狗圖型如下圖所示。

▲ 顯示狗狗圖型

4. 拆分資料集

隨機地亂數並拆分訓練集和測試集：

```
from sklearn.model_selection import train_test_split # 匯入拆分工具
X_train, X_test, y_train, y_test = train_test_split(X, y, test_size=0.2,
                                                    random_state=0)
```

6.5.2 建置簡單的卷積網路

下面就開始建置簡單的卷積網路：

```
from keras import layers # 匯入所有層
from keras import models # 匯入所有模型
cnn = models.Sequential() # 序列模型
cnn.add(layers.Conv2D(32, (3, 3), activation='relu', # 卷積層
                      input_shape=(150, 150, 3)))
cnn.add(layers.MaxPooling2D((2, 2))) # 最大池化層
cnn.add(layers.Conv2D(64, (3, 3), activation='relu')) # 卷積層
cnn.add(layers.MaxPooling2D((2, 2))) # 最大池化層
cnn.add(layers.Conv2D(128, (3, 3), activation='relu')) # 卷積層
cnn.add(layers.MaxPooling2D((2, 2))) # 最大池化層
cnn.add(layers.Conv2D(128, (3, 3), activation='relu')) # 卷積層
cnn.add(layers.MaxPooling2D((2, 2))) # 最大池化層
cnn.add(layers.Flatten()) # 展平層
cnn.add(layers.Dense(512, activation='relu')) # 全連接層
cnn.add(layers.Dense(10, activation='softmax')) # 分類輸出
cnn.compile(loss='categorical_crossentropy', # 損失函數
            optimizer='rmsprop', # 最佳化器
            metrics=['acc']) # 評估指標
```

卷積網路結構如下圖所示。

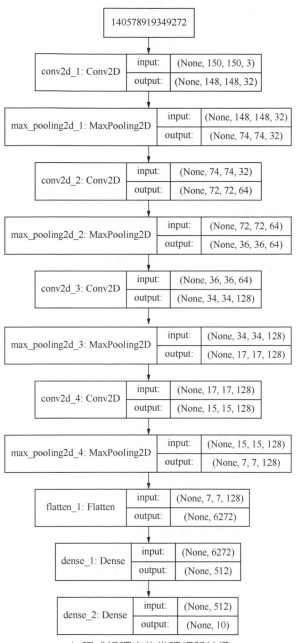

▲ 程式編譯出的卷積網路結構

可以看出，卷積網路中，特徵圖的深度在逐漸增加（從 32 增大到 128），而特徵圖的大小卻逐漸減小（從 150px×150px 減小到 7px×7px）。這是建置卷積神經網路的常見模式。

因為需要的層類型比較多，所以沒有逐一匯入，而是直接匯入了 Keras 中所有的層。簡單地介紹一下這個卷積網路中用到的各個層和超參數。

- Conv2D，是 2D 卷積層，對平面圖像進行卷積。卷積層的參數 32,（3, 3）中，32 是深度，即該層的卷積核心個數，也就是通道數；後面的（3, 3）代表卷積視窗大小。第一個卷積層中還透過 input_shape=（150, 150, 3）指定了輸入特徵圖的形狀。
  全部的卷積層都透過 ReLU 函數啟動。
  其實還有其他類型的卷積層，比如用於處理時序卷積的一維卷積層 Conv1D 等。
- MaxPooling2D，是最大池化層，一般緊隨卷積層出現，通常採用 2×2 的視窗，預設步幅為 2。這是將特徵圖進行 2 倍下取樣，也就是高寬特徵減半。
  上面這種卷積 + 池化的架構一般要重複幾次，同時逐漸增加特徵的深度。
- Flatten, 是展平層，將卷積操作的特徵圖展平後，才能夠輸入全連接層進一步處理。
- 最後兩個 Dense，是全連接層。
  - 第一個是普通的層，用於計算權重，確定分類，用 ReLU 函數啟動。
  - 第二個則只負責輸出分類結果，因為是多分類，所以用 Softmax 函數啟動。
- 在網路編譯時，需要選擇合適的超參數。
  - 損失函數的選擇是 categorical_crossentropy，即分類交叉熵。它適用於多元分類問題，以衡量兩個機率分佈之間的距離，使之最小化，讓輸出結果盡可能接近真實值。
  - 最佳化器的選擇是 RMSProp。
  - 評估指標為準確率 acc，相等於 accucary。

6.5.3 訓練網路並顯示誤差和準確率

對網路進行訓練（為了簡化模型，這裡還是直接使用訓練集資料進行驗證）：

```
history = cnn.fit(X_train, y_train, # 指定訓練集
            epochs=50,      # 指定輪次
            batch_size=256, # 指定批次大小
            validation_data=(X_test, y_test)) # 指定驗證集
```

輸出結果如下：

```
Train on 1229 samples, validate on 308 samples
Epoch 1/50
1229/1229 [==============================] - 2s 2ms/step - loss: 3.0378 -
acc: 0.1196 - val_loss: 2.3152 - val_acc: 0.0974
Epoch 2/50
1229/1229 [==============================] - 2s 2ms/step - loss: 2.2788 -
acc: 0.1709 - val_loss: 2.2454 - val_acc: 0.1494
... ...
Epoch 50/50
1229/1229 [==============================] - 2s 2ms/step - loss: 0.0127 -
acc: 0.9984 - val_loss: 19.3539 - val_acc: 0.1753
```

然後繪製訓練集和驗證集上的損失曲線和準確率曲線（可以重用上一課的程
式碼片段），如下圖所示。

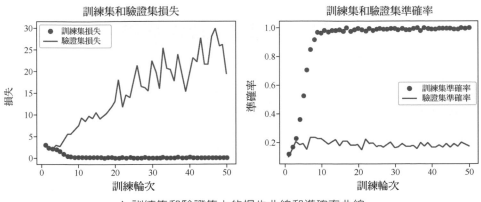

▲ 訓練集和驗證集上的損失曲線和準確率曲線

我們發現訓練的效果很差。雖然訓練集上的損失逐漸減小，準確率在幾輪之後提升到了 99% 以上，然而從驗證集的損失和準確率來看，網路根本就沒有訓練起來。驗證集的準確率徘徊在 20%。對於一個有 10 個類別的多分類問題，這個準確率只比隨機猜測好一點點，因為隨機猜測的準確率是 10%。

6.6 卷積網路性能最佳化

大家休息了一會兒，回到課堂上繼續討論如何最佳化這個卷積網路的性能。

一個同學率先發言：「是不是像上一課講的歸一化一樣，即特徵縮放方面的問題？」

「非常好！」咖哥回答，「你倒是記住了上一課的要點。放入神經網路中的資料的確需要歸一化，然而這件事我們已經做了——圖像資料張量的值已經壓縮至 [0, 1] 區間。」

「是啟動函數的關係？」另一個同學發言。咖哥說：「使用 ReLU 函數進行卷積網路的啟動，基本上是沒有大問題的。當然，你們也可以試一試其他的啟動函數，如 eLU 等。而後面的 Softmax 函數對於多分類問題的啟動是標準配備。因此，也沒有問題。」

小冰突然喊道：「那個 Drop……解決過擬合的……」

「嗯，Dropout，」咖哥終於點頭，「這倒是值得一試。實踐是檢驗真理的唯一標準，我們來動手試幾招。」

6.6.1 第一招：更新最佳化器並設定學習率

從最簡單的修改開始，暫時不改變網路結構，先考慮一下最佳化器的調整，並嘗試使用不同的學習率進行梯度下降。因為很多時候神經網路完全沒有訓練起來，是學習率設定得不好。

範例程式如下：

```
from keras import optimizers # 匯入最佳化器
cnn = models.Sequential() # 貫序模型
cnn.add(layers.Conv2D(32, (3, 3), activation='relu', # 卷積層
                    input_shape=(150, 150, 3)))
cnn.add(layers.MaxPooling2D((2, 2))) # 最大池化層
```

```
cnn.add(layers.Conv2D(64, (3, 3), activation='relu')) # 卷積層
cnn.add(layers.MaxPooling2D((2, 2))) # 最大池化層
cnn.add(layers.Conv2D(128, (3, 3), activation='relu')) # 卷積層
cnn.add(layers.MaxPooling2D((2, 2))) # 最大池化層
cnn.add(layers.Conv2D(256, (3, 3), activation='relu')) # 卷積層
cnn.add(layers.MaxPooling2D((2, 2))) # 最大池化層
cnn.add(layers.Flatten()) # 展平層
cnn.add(layers.Dense(512, activation='relu')) # 全連接層
cnn.add(layers.Dense(10, activation='sigmoid')) # 分類輸出
cnn.compile(loss='categorical_crossentropy', # 損失函數
         optimizer=optimizers.Adam(lr=1e-4), # 更新最佳化器並設定學習率
         metrics=['acc']) # 評估指標
history = cnn.fit(X_train, y_train, # 指定訓練集
             epochs=50,       # 指定輪次
             batch_size=256, # 指定批次大小
             validation_data=(X_test, y_test)) # 指定驗證集
```

輸出結果如下：

```
Train on 1537 samples, validate on 385 samples
Epoch 1/50
1537/1537 [==============================] - 2s 1ms/step - loss: 2.2900 -
acc: 0.1386 - val_loss: 2.2611 - val_acc: 0.1714
Epoch 2/50
1537/1537 [==============================] - 1s 876us/step - loss: 2.2068 -
acc: 0.2088 - val_loss: 2.1376 - val_acc: 0.2753
... ...
Epoch 50/50
1537/1537 [==============================] - 2s 1ms/step - loss: 0.0190 -
acc: 0.9967 - val_loss: 4.4028 - val_acc: 0.3896
```

更換了最佳化器，並設定了學習率之後，再次訓練網路，發現準確率有了很
大的提升，最後達到了 40% 左右，提高了近一倍。不過，從損失曲線上看
（如下圖所示），20 輪之後，驗證集的損失突然飆升了。這是比較典型的過擬
合現象。

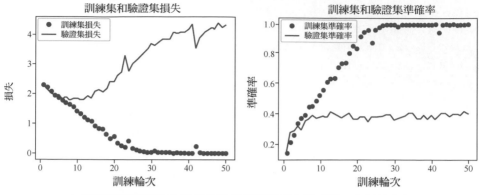

▲ 訓練集和驗證集上的損失曲線和準確率曲線（第一次最佳化）

6.6.2 第二招：增加 Dropout 層

「那麼下一步怎麼辦呢？」咖哥說，「這時可以考慮一下小冰剛才說的 Dropout 層，降低過擬合風險。」

範例程式如下：

```
cnn = models.Sequential() # 序列模型
cnn.add(layers.Conv2D(32, (3, 3), activation='relu', # 卷積層
                input_shape=(150, 150, 3)))
cnn.add(layers.MaxPooling2D((2, 2))) # 最大池化層
cnn.add(layers.Conv2D(64, (3, 3), activation='relu')) # 卷積層
cnn.add(layers.Dropout(0.5)) # Dropout層
cnn.add(layers.MaxPooling2D((2, 2))) # 最大池化層
cnn.add(layers.Conv2D(128, (3, 3), activation='relu')) # 卷積層
cnn.add(layers.Dropout(0.5)) # Dropout層
cnn.add(layers.MaxPooling2D((2, 2))) # 最大池化層
cnn.add(layers.Conv2D(256, (3, 3), activation='relu')) # 卷積層
cnn.add(layers.MaxPooling2D((2, 2))) # 最大池化層
cnn.add(layers.Flatten()) # 展平層
cnn.add(layers.Dropout(0.5)) # Dropout
cnn.add(layers.Dense(512, activation='relu')) # 全連接層
cnn.add(layers.Dense(10, activation='sigmoid')) # 分類輸出
cnn.compile(loss='categorical_crossentropy', # 損失函數
        optimizer=optimizers.Adam(lr=1e-4), # 更新最佳化器並設定學習率
```

```
        metrics=['acc']) # 評估指標
history = cnn.fit(X_train, y_train, # 指定訓練集
         epochs=50,      # 指定輪次
         batch_size=256, # 指定批次大小
         validation_data=(X_test, y_test)) # 指定驗證集
```

輸出結果如下：

```
Train on 1537 samples, validate on 385 samples
Epoch 1/50
1537/1537 [==============================] - 2s 1ms/step - loss: 2.2998 -
acc: 0.1496 - val_loss: 2.2810 - val_acc: 0.2416
Epoch 2/50
1537/1537 [==============================] - 2s 987us/step - loss: 2.1917 -
acc: 0.2219 - val_loss: 2.2217 - val_acc: 0.2416
… …
Epoch 50/50
1537/1537 [==============================] - 2s 1ms/step - loss: 0.0190 -
acc: 0.9967 - val_loss: 4.4028 - val_acc: 0.3896
```

增加了 Dropout 層防止過擬合之後，損失曲線顯得更平滑了（如下圖所示），
不再出現在驗證集上飆升的現象。但是準確率的提升不大，還是 40% 左右。
而且訓練集和驗證集之間的準確率，仍然是天壤之別。

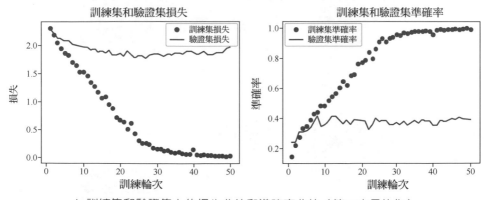

▲ 訓練集和驗證集上的損失曲線和準確率曲線（第二次最佳化）

6.6.3 「大殺器」：進行資料增強

　　大家看到各種調整還是獲得了一些效果，於是繼續獻計。有的同學提議像堆積木一樣再多加幾層，看看增加網路的深度是否會進一步提高性能。

　　咖哥說：「先別試了，等會兒你們可以自己慢慢調整。現在我要給大家介紹一個提高卷積網路圖型處理問題的性能的『大殺器』，名字叫作資料增強（data augmentation）。這種方法肯定能夠進一步提高電腦視覺問題的準確率，同時降低過擬合。」

　　同學們聽到還有這麼神奇的方法後，紛紛集中注意力。咖哥說：「機器學習，資料量是多多益善的。資料增強，能把一張圖型當成 7 張、8 張甚至 10 張、100 張來用，也就是從現有的樣本中生成更多的訓練資料。」

怎麼做到的？是透過對圖型的平移、顛倒、傾斜、虛化、增加雜訊等多種手段。這是利用能夠生成可信圖型的隨機變換來增加樣本數，如下圖所示。這樣，訓練集就被大幅地增強了，無論是圖型的數目，還是多樣性。因此，模型在訓練後能夠觀察到資料的更多內容，從而具有更好的準確率和泛化能力。

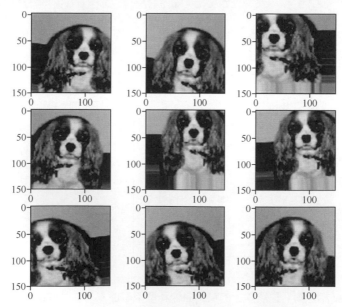

▲ 針對同一張狗狗圖型的資料增強：一張變多張

在 Keras 中，可以用 ImageData- Generator 工具來定義一個資料增強器：

```python
# 定義一個資料增強器, 並設定各種增強選項
from keras.preprocessing.image import ImageDataGenerator
augs_gen = ImageDataGenerator(
        featurewise_center=False,
        samplewise_center=False,
        featurewise_std_normalization=False,
        samplewise_std_normalization=False,
        zca_whitening=False,
        rotation_range=10,
        zoom_range = 0.1,
        width_shift_range=0.2,
        height_shift_range=0.2,
        horizontal_flip=True,
        vertical_flip=False)
augs_gen.fit(X_train) # 針對訓練集擬合資料增強器
```

網路還是用回相同的網路，唯一的差別是在訓練時，需要透過 fit_generator 方法動態生成被增強後的訓練集：

```python
history = cnn.fit_generator( # 使用fit_generator
    augs_gen.flow(X_train, y_train, batch_size=16), # 增強後的訓練集
    validation_data  = (X_test, y_test), # 指定驗證集
    validation_steps = 100, # 指定驗證步進值
    steps_per_epoch  = 100, # 指定每輪步進值
    epochs = 50,  # 指定輪次
    verbose = 1) # 指定是否顯示訓練過程中的資訊
```

輸出結果如下：

```
Epoch 1/50
100/100 [==============================] - 8s 76ms/step - loss: 2.3003 - acc:
0.1293 - val_loss: 2.2951 - val_acc: 0.1532
Epoch 2/50
100/100 [==============================] - 7s 71ms/step - loss: 2.2571 - acc:
0.1735 - val_loss: 2.2648 - val_acc: 0.1662
… …
Epoch 50/50
```

```
100/100 [==============================] - 7s 73ms/step - loss: 1.3982 - acc:
0.5091 - val_loss: 1.7499 - val_acc: 0.5065
```

訓練集和驗證集上的損失曲線和準確率曲線如下圖所示。

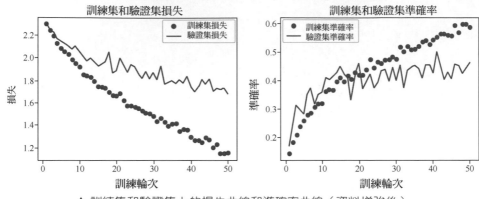

▲ 訓練集和驗證集上的損失曲線和準確率曲線（資料增強後）

這次訓練的速度似乎變慢了很多（因為資料增強需要時間），但是訓練結果更令人滿意。而且，訓練集和驗證集的準確率最終呈現出在相同區間內同步上升的狀態，這是很好的現象。從損失曲線上看，過擬合的問題基本解決了。而驗證集準確率也上升至 50% 左右。對這個多種狗狗的分類問題來說，這已經是一個相當不錯的成績了。

下面的程式可以將神經網路模型（包括訓練好的權重等所有參數）保存到一個檔案中，並隨時可以讀取。

```
from keras.models import load_model # 匯入模型保存工具
cnn.save('../my_dog_cnn.h5')  # 創建一個HDF5格式的檔案'my_dog_cnn.h5'
del cnn  # 刪除當前模型
cnn = load_model('../my_dog_cnn.h5') # 重新載入已經保存的模型
```

複習一下，深度神經網路的性能最佳化是一個很大的課題。希望上一課和本課兩次的嘗試能帶給大家一個基本的想法。此外，其他可以考慮的方向還包括以下幾種。

- 增加或減少網路層數。
- 嘗試不同的最佳化器和正規化方法。
- 嘗試不同的啟動函數和損失函數。

• 6.7 卷積網路中特徵通道的視覺化

「本次課程到此就結束了。」咖哥說。

「等等，咖哥。」小冰喊道，「這麼早下課？」

「嗯？小冰，你還有什麼疑問？」咖哥回答。

小冰繼續說：「是這樣的，卷積網路，處理圖型效果很好，但是我總覺得它是一個『黑盒子』。所以我有點好奇，想看一看特徵提取過程中，這個卷積網路裡面到底發生了什麼。」

咖哥說：「噢，這樣啊。你這種疑惑還是挺常見的。人們也開發了幾種方法來查看卷積網路的內部結構。我給你介紹一種比較簡單的方法吧。透過這個叫作中間啟動的方法，我們可以看到卷積過程中特徵圖的『特徵通道』。」

中間啟動的實現程式如下：

```
from keras.models import load_model # 匯入模型保存工具
import matplotlib.pyplot as plt # 匯入Matplotlib函數庫
model = load_model('../my_dog_cnn.h5')# 載入剛才保存的模型
# 繪製特徵通道
layer_outputs = [layer.output for layer in model.layers[:16]]
image = X_train[0]
image = image.reshape(1, 150, 150, 3)
activation_model = models.Model(inputs=model.input, outputs=layer_outputs)
activations = activation_model.predict(image)
first_layer_activation = activations[0]
plt.matshow(first_layer_activation[0, :, :, 2], cmap='viridis')
plt.matshow(first_layer_activation[0, :, :, 3], cmap='viridis')
```

特徵通道的範例如下圖所示。

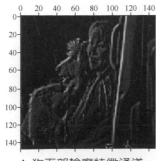

▲ 狗面部輪廓特徵通道

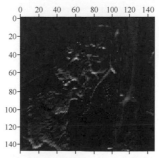

▲ 狗眼特徵通道（抱著狗狗的人的眼睛也被啟動）

透過觀察這些特徵通道的中間啟動圖就能發現，卷積網路中的各個通道並不是漫無目地進行特徵提取，而是各負其責，忽略不相關的雜訊資訊，專門聚焦於自己所負責的那部分特徵，啟動各個特徵點。這些特徵點（也就是小模式）進行組合，就實現了高效率的圖型辨識。

6.8 各種大型卷積網路模型

這裡再多講一些科普性內容。

卷積網路的「始祖」是 AlexNet，這個有名的網路由 Hinton 的學生 Alex Krizhevsky 設計，在 ImageNet 挑戰賽上一舉奪魁，成為深度學習熱潮的「開路急先鋒」。有趣的是，Hinton 居然曾經對這個設計懷有過抵觸情緒。

從 2012 年 AlexNet 奪冠到現在，資料科學家們建置出了一個接一個的大型卷積網路模型。這些網路結構上越來越好，預測更準確，速度更快，而且通常大型的網路都具有更為複雜的拓撲結構。

下圖顯示的是各種大型卷積網路在不同大小的圖像資料集上的準確率。

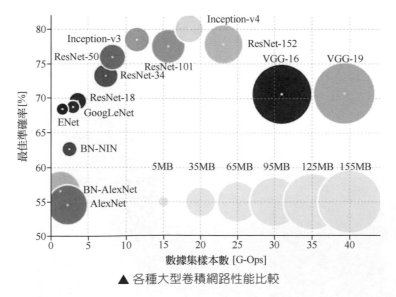

▲ 各種大型卷積網路性能比較

6.8.1 經典的 VGGNet

2014 年，牛津大學電腦視覺組（Visual Geometry Group）和 Google DeepMind 公司的研究員一起研發出了深度卷積神經網路 VGGNet，並獲得了 ILSVRC 2014 比賽分類專案的第二名（第一名是 GoogLeNet，也是同年提出的）和定位專案的第一名。

VGGNet 探索了卷積神經網路的深度與其性能之間的關係，成功地建置了 16 ～ 19 層深的卷積神經網路，證明了增加網路的深度能夠在一定程度上影響網路最終的性能，使錯誤率大幅下降。同時，它的拓展性很強，遷移到其他圖像資料上的泛化性也非常好。到目前為止，VGGNet 仍然被用來提取圖型特徵。

VGGNet 可以看成是加深版本的 AlexNet，都是由卷積層、全連接層兩大部分組成，其架構如下圖所示。

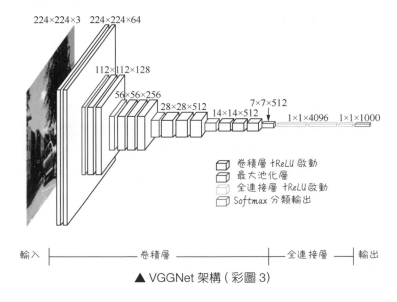

▲ VGGNet 架構（彩圖 3）

這個經典的卷積網路架構，包括以下特點。

（1）結構簡潔。VGGNet 由 5 層卷積層、3 層全連接層、1 層 Softmax 輸出層組成，層與層之間使用最大化池層分開，所有隱層的啟動單元都採用 ReLU 函數。

(2) 小卷積核心和多卷積子層。VGGNet 使用多個較小卷積核心（3x3）的卷積層代替一個較大卷積核心的卷積層，一方面可以減少參數，另一方面相當於進行了更多的非線性映射，可以增加網路的擬合能力。

(3) 小池化核心。相比 AlexNet 的 3×3 的池化核心，VGGNet 全部採用 2×2 的池化核心。

(4) 通道數多。VGGNet 第一層的通道數為 64，後面每層都進行了加倍，最多達到了 512 個通道。通道數的增加，使得更多的資訊可以被提取出來。

(5) 層數更深、特徵圖更寬。由於卷積核心專注於擴大通道數、池化核心專注於縮小寬度和高度，使得模型架構上更深、更寬的同時，控制了計算量的增加規模。

後來很多的卷積網路在設計時，都借鏡了 VGGNet。不難看出，本課案例中的小型卷積網路架構和 VGGNet 也如出一轍。

6.8.2 採用 Inception 結構的 GoogLeNet

而新型的 Inception 或 ResNet，比起經典的 VGGNet 性能更優越。其中，Inception 的速度更快，ResNet 的準確率更高。

GoogLeNet，採用的就是 Inception 結構，是 2014 年 Christian Szegedy 提出的一種新的深度學習結構。之前的 AlexNet、VGGNet 等結構都是透過單純增加網路的深度（層數）來提高準確率，由此帶來的副作用，包括過擬合、梯度消失、梯度爆炸等。Inception 透過模組串聯來更高效率地利用運算資源，在相同的計算量下能提取到更多的特徵，從而提升訓練結果。

Inception 模組的基本架構如下圖所示。而整個 Inception 結構就是由多個這樣的 Inception 模組串聯起來的。Inception 結構的主要貢獻有兩個：一是使用 1×1 的卷積來進行升降維，二是增加了廣度，即用不同尺寸的卷積核心同時進行卷積再聚合。

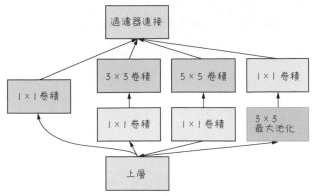

▲ Inception 模組的基本架構

關於 Inception 結構以及 GoogLeNet 網路的更多細節，請同學們查閱 Google 發表的相關論文。

6.8.3 殘差網路 ResNet

VGGNet 和 GoogLeNet 都說明了一個道理：足夠的深度是神經網路模型表現得更良好的前提，但是在網路達到一定深度之後，簡單地堆疊網路反而使效果變差了，這是由於梯度消失和過擬合造成的。

進一步的解決方案就是以前提過的殘差連接結構，透過創建較前面層和較後面層之間的捷徑，解決了深度網路中的梯度消失問題。在建置卷積網路過程中，殘差連接構造出來的 ResNet 可進一步提高圖型處理的準確率。

殘差網路增加了一個恒等映射（identity mapping），把當前輸出直接傳輸給下一層網路，相當於走了一個捷徑，跳過了本層運算，同時在反向傳播過程中，也是將下一層網路的梯度直接傳遞給上一層網路，這樣就解決了深層網路的梯度消失問題。

這些大型卷積網路還有一個非常大的優點在於：它學到的知識是可遷移的。也就是說，一個訓練好的大型卷積網路可以遷移到我們自己的新模型上，來解決我們的問題。如何實現這種神經網路之間的知識遷移呢？這裡先留給大家一個懸念。

• 6.9 本課內容小結

下面，我們複習一下卷積網路的特點。

- 局部連接，減少參數，提升效率。
- 透過特徵提取把整體特徵分解成小特徵。
- 小特徵具有平移不變性，因此出現的各個位置均能被辨識。
- 透過空間層級將深度特徵組合，形成整體特徵。
- 卷積的原理：擷圖，卷積核心對摳下來的圖進行運算，形成回應通道。
- 填充和步幅。
- 池化層的功能是對特徵圖進行下取樣。

卷積網路是電腦視覺處理的「利器」，在目前電腦視覺相關的專案實踐中，絕大多數情況都可以看見卷積網路的身影。本課就透過一個小型的卷積網路，實現了對 10 種不同品種狗狗的圖型進行分類。在這個過程中，我們用多種方式對網路進行了最佳化。

在本課的最後，還介紹了一種將卷積網路特徵通道視覺化的方法，以及幾種大型卷積網路模型。

• 6.10 課後練習

練習一：對本課範例繼續進行參數調整和模型最佳化。

　　　　（提示：可以考慮增加或減少疊代次數、增加或減少網路層數、增加 Dropout 層、引入正則項等。）

練習二：在 Kaggle 網站搜索下載第 6 課的練習資料集「是什麼花」，並使用本課介紹的方法新建卷積網路處理該資料集。

練習三：保存卷積網路模型，並在新程式中匯入保存好的模型。

第 7 課　循環神經網路──鑑定留言及探索系外行星

這天，咖哥突然問：「同學們，欣賞一幅畫時，是整體地看，還是從上到下、從左到右地看？」

大家回答：「整體看。」

咖哥繼續問：「那麼當看一本書的時候，是整頁地看，還是從上到下、從左到右有次序地看？」

小冰說：「你說呢？」

咖哥說：「小冰，別以為我在開玩笑。我想引出圖形圖型辨識和自然語言處理這兩種應用的不同之處。」

應用卷積網路處理圖形圖型，效果很好。無論是普通的深度神經網路，還是卷積網路，對樣本特徵的處理都是整體進行的，是次序無關的。在卷積網路中，雖然有一個透過滑動視窗摳取圖磚與卷積核心進行卷積操作的過程，但對每張圖型來說，仍然是一個整體操作。也就是說，先處理左側的特徵圖，還是先處理右側的特徵圖，神經網路所得到的結果是完全相同的，預測值與操作特徵的次序無關。

然而在面對語言文字的時候，特徵之間的「次序」突然變得重要起來。本課中要講的另一個重要神經網路模型──循環神經網路，就是專門用於處理語言、文字、時序這種特徵之間存在「次序」的問題。這是一種循環的、帶「記憶」功能的神經網路，這種網路針對序列性問題有其優勢。

小冰聽到這裏突然又激動了：「咖哥，這個循環神經網路來得正是時候。我的店鋪中，有幾個爆款產品最近收到了很多的評論，有好評，也有負評，數量多得我簡直看不過來。我想，沒時間一筆一筆看評論的話，能不能將這些評論都輸入機器，看看是哪些客戶經常性地給產品負評呢？」

▲ 小冰：我可不管那麼多，我只是要知道，哪些人給了我負評

「很好啊，」咖哥說，「這不正是適合用循環神經網路來解決的好案例嗎。不過，我們還是先看看本課重點吧。」

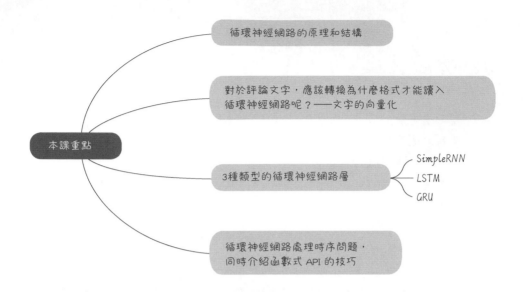

•7.1 問題定義：鑑定評論文字的情感屬性

　　看完課程內容，小冰急著說：「咖哥，可說好了要用我帶來的案例了。你一說到這循環網路在語言、文字處理時能大顯神威，我就開始琢磨了。我網店爆款商品的留言量經常 10 萬筆以上啊！。這麼多的評論，怎麼看得過來！我只需要機器告訴我，哪些是負評！我可得記住這些人！」

　　咖哥：「記住這些人？你要去報復這些給你負評的客戶嗎？」

　　小冰：「當然不是了，找出那些資訊，就可以根據回饋提升我的產品品質嘛！」

　　咖哥深感欣慰，說道：「那好啊。你的這個需求用機器學習術語說，其實是要自動判斷一筆評論的情感傾向。」

　　咖哥打開小冰帶來的檔案——「乖乖，」他嚇了一大跳，「怎麼都英文的？這是你的客戶的評論嗎？你從哪兒下載下來逗我玩的？」

　　小冰笑說：不行嗎？咖哥，英文的你就不能分析了？」

　　咖哥嗤之以鼻：「當然行了，我也許搞不定，但哪種語言 RNN 搞不定？再者說了，我也讀過大學，這些東西我全認識。你看這檔案裡面第 1 號 id 的評論 'Love this...', 那就是愛的意思！很明顯這筆評論的使用者愛上了你的產品。因此，在後面的 Rating（商品評分）中，她給你打了 5 分。而第 5 號 id 的評論

呢？'This one is not very petite.' Petite 這單字咖哥真的不大認識，但是人家一定是說你這個東西——不怎麼合適！因此，這筆評論後面的 Rating 是 2。」

小冰向咖哥豎起兩個大拇指。

因此，檔案中的 Rating 欄位可以說是所帶來的評論文字屬性的標籤，即針對所購商品和本次採購行為的情感屬性，如下所示。

- Rating 5，評價非常正面，非常滿意。
- Rating 4，評價正面，較為滿意。
- Rating 3，評價一般。
- Rating 2，評價負面，較不滿意。
- Rating 1，評價非常負面，很不滿意。

顯而易見，如果機器習得了鑑別文字情感屬性的能力，那麼可以過濾垃圾留言和不雅的評論。有的時候，針對某些網路留言可進行相關的預警工作，透過採取預防措施，甚至能避免極端事件的發生。

7.2 循環神經網路的原理和結構

先把要解決的問題放在一邊，下面講一講循環神經網路的原理。剛才提到，人類處理序列性資料，比如閱讀文章時，是逐詞、逐句地閱讀，讀了後面的內容，同時也會記住之前的一些內容。這讓我們能動態瞭解文章的意義。人類的智慧可以循序漸進地接收並處理資訊，同時保存近期所處理內容的資訊，用以將上下文連貫起來，完成瞭解過程。

 咖哥發言

記憶可分為暫態記憶、短時記憶和長時記憶。暫態記憶能夠處理的資訊少，而且持續時間短，但是對當前的即時判斷很重要。短時記憶是持續時間在 1 分鐘以內的記憶。長時記憶可以儲存較多資訊，資訊也能持續很久，但是讀取存取的速度稍微慢一點。

那麼神經網路能否模擬人腦記憶功能去建置模型呢？這個模型需要記憶已經讀取的資訊，並不斷地隨著新資訊的到來而更新。

7.2.1 什麼是序列資料

複習一下什麼是序列資料，什麼不是序列資料。比如，上一課的一組狗狗圖型，在資料夾裡面無論怎麼放置，甚至翻轉圖型、移位特徵，輸入 CNN 之後還是可以被輕鬆辨識，所以圖型的特徵具有平移不變性。再比如，加州房價的特徵集，先告訴機器地區的經度、維度，還是先告訴機器地區週邊的犯罪率情況，都是無關緊要的。這些資料，都不是序列資料。

序列資料，是其特徵的先後順序對於資料的解釋和處理十分重要的資料。

語音資料、文字資料，都是序列資料。一個字，如果不結合前面幾個字來一起解釋，其意思可就大相徑庭了。一句話，放在前面或放在後面，會使文意有很大的不同。

文字資料集的形狀為 3D 張量：（**樣本，序號，字編碼**）。

時間序列資料也有這種特點。這種資料是按時間順序收集的，用於描述現象隨時間變化的情況。如果不記錄時間戳記，這些數字本身就沒有意義。

時序資料集的形狀為 3D 張量：（**樣本，時間戳記，標籤**）。

這些序列資料具體包括以下應用場景。

- 文件分類，比如辨識新聞的主題或書的類型、作者。
- 文件或時間序列比較，比如估測兩個文件或兩支股票的相關程度。
- 文字情感分析，比如將評論、留言的情感劃分為正面或負面。
- 時間序列預測，比如根據某地天氣的歷史資料來預測未來天氣。
- 序列到序列的學習，比如兩種語言之間的翻譯。

7.2.2 前饋神經網路處理序列資料的局限性

之前介紹的兩種網路（普通類神經網路和卷積神經網路）可以稱為**前饋神經網路**（feedforward neural network），各神經元分層排列。每個神經元只與前一層的神經元相連，接收前一層的輸出，並輸出給下一層，各層間沒有回饋。每一層內部的神經元之間，也沒有任何回饋機制。

前饋神經網路也可以處理序列資料，但它是對資料整體讀取、整體處理。比如一段文字，需要整體輸入神經網路，然後一次性地進行解釋。這樣的網路，每個單字處理過程中的權重是無差別的。網路並沒有對相臨近的兩個單字進行特別的對待。

請看下圖中的範例，輸入是一句簡單的話「我離開南京，明天去北京」。這句話中每一個詞都是特徵，標籤是目的地。機器學習的目標是判斷這個人要去的地方。這一句話輸入機器之後，每一個詞都是相等的，都會一視同仁去對待。大家想一想，在這種不考慮特徵之間的順序的模型中，如果「去」字為投「北京」票的網路節點加了分，同樣，這個「去」字也會給投「南京」票的網路節點加完全一樣的分。最後，輸入的分類機率，南京和北京竟然各佔50%！

▲ 他要去哪兒？

這個簡單的問題竟然讓「聰明」的前饋神經網路如此「失敗」。

7.2.3 循環神經網路處理序列問題的策略

此時，「救星」來了。循環神經網路專門為處理這種序列資料而生。它是一種具有「記憶」功能的神經網路，其特點是能夠把剛剛處理過的資訊放進神經網路的記憶體中。這樣，離目標近的特徵（單字）的影響會比較大，從而和「去」字更近的「北京」的支持者（神經元）會得到更高的權重。

再舉一個例子，如果我們正在進行明天的天氣的預測，輸入的是過去一年的天氣資料，那麼是今天和昨天的天氣資料比較重要，還是一個月前的天氣資料比較重要呢？答案不言自明。

7.2.4 循環神經網路的結構

循環神經網路的結構，與普通的前饋神經網路差異也不是特別大，其實最關鍵的地方，有以下兩處。

（1）以一段文字的處理為例，如果是普通的神經網路，一段文字是整體讀取網路處理——只處理一次；而循環神經網路則是每一個神經節點，隨著序列的發展處理 N 次，第一次處理一個字、第二次處理兩個字，直到處理完為止。

（2）循環神經網路的每個神經節點增加了一個對當前狀態的記憶功能，也就是除了權重 w 和偏置 b 之外，循環神經網路的神經元中還多出一個當前狀態的權重 u。這個記錄當前狀態的 u，在網路學習的過程中就全權負責了對剛才所讀的文字記憶的功能。

介紹循環神經網路的結構之前，先回憶一個普通神經網路的神經元，如下圖所示。

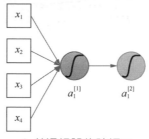

▲ 普通網路的神經元

普通的神經網路中的神經元一次性讀取全部特徵，作為其輸入。

而循環神經網路的神經元需要沿著時間軸線（也就是向量 X 的「時間戳記」或「序號」特徵維）循環很多遍，因此也稱 RNN 是帶環的網路。這個「帶環」，指的是神經元，也就是網路節點自身帶環，如下圖所示。

▲ 循環神經網路中的神經元

多個循環神經網路的神經元在循環神經網路中組合的示意如下圖所示。

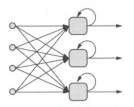

▲ 多個循環神經網路的神經元

如果把這個循環過程按序列進行展開，假設時間軸上有 4 個點，也就是 4 個序列特徵，那麼對於一個網路節點，就要循環 4 次。這裡引入隱狀態 h，並且需要多一個參數向量 U，用於實現網路的記憶功能。第一次讀取特徵時間點 1 時的狀態如下圖所示。

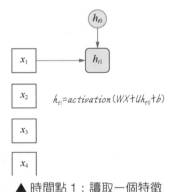

$$h_{t1}=activation(WX+Uh_{t0}+b)$$

▲ 時間點 1：讀取一個特徵

下一個時間點，繼續讀取特徵 x_2，此時的狀態已經變為 h_{t1}，這個狀態記憶著剛才讀取 x_1 時的一些資訊，如下圖所示。把這個狀態與 U 進行點積運算。

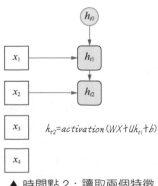

$$h_{t2}=activation(WX+Uh_{t1}+b)$$

▲ 時間點 2：讀取兩個特徵

持續進行時間軸上其他序列資料的處理,反覆更新狀態,更新輸出值。這裡要強調的是,目前進行的只是一個神經元的操作,此處的 W 和 U,分別是一個向量。

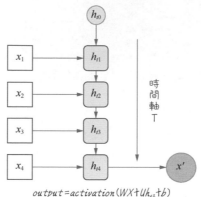

$$output = activation(WX + Uh_{t5} + b)$$

▲ 對於每一個循環神經元,需要遍歷所有的特徵之後再輸出

時間軸上的節點遍歷完成之後,循環就結束了,循環神經元向下一層網路輸出 x'。不難發現,x' 受最近的狀態和最新的特徵(x_4)的影響最大。

• 7.3 原始文字如何轉化成向量資料

　　咖哥說道:「理論我們只講這麼多,還是一貫作風,只從直觀上去瞭解原理,重點透過案例進行實戰。不過在開始實戰之前,小冰你先考慮一個問題。上一課,我們處理的是圖像資料,檔案的格式是畫素矩陣,可以說資料已經被向量化。那麼,現在要分析你的客戶評論,如何開始資料向量化的工作?你要知道,神經網路只能讀取數字,可沒有辦法接收字元、文字等格式的資料。」

　　小冰一臉無奈地看著咖哥。

7.3.1　文字的向量化:分詞

文字的向量化是機器學習進行進一步資料分析、瞭解、處理的基礎,它的作用是令文字的內容盡可能地結構化。

不同類型的文字,需要用到不同的處理方式。具體來說,分為以下幾種處理方式。

- 單字元的向量表達。
- 詞語的向量表達。
- 短文字（如評論、留言等）的向量表達。
- 長文字（如莎士比亞戲劇集）的向量表達。

最常見的情況，是以「詞語」為單位，把文字進行向量化的表達。向量化這個過程，也可以叫作分詞，或切詞（tokenization）。在前深度學習的特徵工程時代，分詞是一件煩瑣的任務。

小冰說：「你是不是馬上又要說，在深度學習時代，這種分詞的任務一下子變得十分輕鬆，直接把文字輸入機器一切就都解決了？」

咖哥不好意思地笑了，說：「大概是這樣吧。不過還是需要了解分詞的基本原理，以及透過深度學習進行文字向量化的優勢。」

7.3.2 透過 One-hot 編分碼詞

分詞的最常見的方式是 One-hot 編碼。這種編碼我們之前也見過幾次了，有的地方把它叫成「獨熱」編碼，這個譯法有些奇怪，不像電腦領域的詞，所以我不翻譯，就直接叫它 One-hot 編碼。

One-hot 編碼很簡單，是弄一個長長的單詞表，也就是詞典，每一個單字（或字元、片語）透過唯一整數索引 i 對應著詞典裡面的項目，然後將這個整數索引 i 轉為長度為 N 的二進位向量（N 是詞表大小）。這個向量中，只有第 i 個元素是 1，其餘元素都為 0。

表 7-1 列出了 5 部影片所形成的詞典，索引當然就是 1～5，再轉為機器讀取的 One-hot 編碼就是 [1,0,0,0,0]、[0,1,0,0,0] 等。

表 7-1　5 部影片的 One-hot 編碼

名字	One-hot 編碼
攀登者	[1,0,0,0,0]
我和我的祖國	[0,1,0,0,0]
絕命海拔	[0,0,0,1,0]
建國大業	[0,0,0,0,1]
垂直極限	[0,0,1,0,0]

在 Keras 中，使用 Tokenizer 類別就可以輕鬆完成文字分詞的功能：

```
from keras.preprocessing.text import Tokenizer #匯入Tokenizer工具
words = ['LaoWang has a Wechat account.', 'He is not a nice person.',
'Be careful.']
tokenizer = Tokenizer(num_words=30) # 詞典大小只設定30個詞(因為句子數量少)
tokenizer.fit_on_texts(words) # 根據3個句子編輯詞典
sequences = tokenizer.texts_to_sequences(words) # 為3個句子根據詞典裡面的索引
進行序號編碼
one_hot_matrix = tokenizer.texts_to_matrix(words, mode='binary') #進行One-hot
編碼
word_index = tokenizer.word_index # 詞典中的單字索引總數
print('找到了 %s個詞' % len(word_index))
print('這3句話(單字)的序號編碼:' , sequences)
print('這3句話（單字）的One-hot編碼:' , one_hot_matrix)
```

輸出結果如下：

```
找到了12個詞
這3句話(單字)的序號編碼:[[2, 3, 1, 4, 5], [6, 7, 8, 1, 9, 10], [11, 12]]
這3句話(單字)的One-hot編碼:
[[0. 1. 1. 1. 1. 1. 0. 0. 0. 0. 0. 0. 0. 0. 0. 0. 0. 0. 0. 0. 0. 0. 0. 0.
  0. 0. 0. 0. 0. 0.]
 [0. 1. 0. 0. 0. 1. 1. 1. 1. 1. 0. 0. 0. 0. 0. 0. 0. 0. 0. 0. 0. 0. 0. 0.
  0. 0. 0. 0. 0. 0.]
 [0. 0. 0. 0. 0. 0. 0. 0. 0. 0. 1. 1. 0. 0. 0. 0. 0. 0. 0. 0. 0. 0. 0. 0.
  0. 0. 0. 0. 0. 0.]]
```

上述程式碼片段並不難瞭解，其中的操作流程如下。

（1）根據文字生成詞典——一共 13 個單字的文字，其中有 1 個重複的詞 "a"，所以經過訓練詞典總共收集 12 個詞。

（2）詞典的大小需要預先設定——本例中設為 30 個詞（在實際情況中當然不可能這麼小了）。

（3）然後就可以把原始文字，轉換成詞典索引編碼和 One-hot 編碼。

那麼，這種 One-hot 編碼所帶來的問題是什麼呢？主要有兩個，一個是**維度災難**。這個編碼表的維度是怎麼來的呢？是字典中有多少個詞，就必須預先創

建多少維的向量──在這裡，3 個短短的句子就變成了 3 個全部是 30 維的向量。而實際字典中詞的個數，成千上萬甚至幾十萬，這個向量空間太大了。

降低 One-hot 編碼數量的一種方法是 One-hot 雜湊技巧（one-hot hashing trick）。為了降低維度，並沒有為每個單字預分配一個固定的字典編碼，而是在程式中透過雜湊函數動態編碼。這種方法中，編碼表的長度（也就是雜湊空間大小）是預先設定的。但是這種方法也有缺點，就是可能出現**雜湊衝突**（hash collision），即如果預設長度不夠，文字序列中，兩個不同的單字可能會共用相同的雜湊值，那麼機器學習模型就無法區分它們所對應的單字到底是什麼。

如何解決雜湊衝突的問題呢？如果我們把雜湊空間的維度設定得遠遠大於所需要標記的個數，雜湊衝突的可能性當然就會減小。可是這樣就又回到維度災難……

7.3.3 詞嵌入

「你別繞圈子了，咖哥！」小冰撇了撇嘴，「你這裏大詞可真多啊，維度災難、雜湊衝突，加上原來說過的梯度爆炸，感覺我們不像在學機器學習，像在聽恐怖大片。」

咖哥說：「我還真不是在繞圈子，像這種稀疏矩陣（sparse matrix）的確容易帶來維度災難。」

稀疏矩陣，是其中元素大部分為 0 值的矩陣。反之，如果大部分元素都為非 0 值，則這個矩陣是密集的。上面 One-hot 編碼後的 3 個句子形成的矩陣，就是一個稀疏矩陣。比如，剛才範例中的第 3 句話，本來只有兩個詞 'Be careful.'，然而，向量化之後，變成了 30 維的向量，其中多數維值為 0，只有兩個值為 1。

這樣的稀疏矩陣存在什麼問題？首先，浪費記憶體，因為尺寸太大，演算法操作起來效率會下降。想像一下你們要查字典，手邊只有一本 2000 多頁的《辭海》，你們查的話是不是很耗時？另外，這種稀疏矩陣還有語義遺失的問題。因為開發過程完全沒有考慮詞的意義，詞是順著其出現的順序形成詞典索引，資訊會遺失，像近義詞、反義詞這些語義關係也是沒辦法表現的。

上面的問題如何解決？這裡要介紹一個叫作**詞嵌入**（word embedding）的方法，它透過把 One-hot 編碼壓縮成密集矩陣，來降低其維度。而且，每一個維度上的值不再是二維的 0，1 值，而是一個有意義的數字（如 59、68、0.73 等），這樣的值包含的資訊量大。同時，在詞嵌入的各個維度的組合過程中還會包含詞和詞之間的語義關係資訊（也可以視為特徵向量空間的關係）。

這個詞嵌入的形成過程不像 One-hot 編碼那麼簡單了：詞嵌入張量需要機器在對很多文字的處理過程中學習而得，是機器學習的產物。學習過程中，一開始產生的都是隨機的詞向量，然後透過對這些詞向量進行學習，詞嵌入張量被不斷地完善。這個學習方式與學習神經網路的權重相同，因此詞嵌入過程本身就可以視為一個深度學習專案。

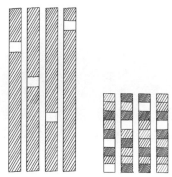

▲ 分詞和詞嵌入：一個高維稀疏，但資訊量小；一個低維密集，但資訊量大

在實踐中，有以下兩種詞嵌入方案。

- 可以在完成主任務（比如文件分類或情感預測）的同時學習詞嵌入，生成屬於自己這批訓練文件的詞嵌入張量。
- 也可以直接使用別人已經訓練好的詞嵌入張量。

下圖幫助同學們直觀上去瞭解訓練好的詞嵌入張量。

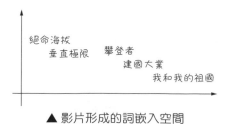

▲ 影片形成的詞嵌入空間

如果把剛才的 5 部影片進行詞嵌入，在一個二維空間內展示的話，大概可以推斷出《絕命海拔》和《垂直極限》這兩部影片的距離是非常接近的，而《建國大業》和《我和我的祖國》是非常接近的。那麼，《攀登者》的位置在哪裡呢？估計它在向量空間中的位置離上述兩組詞向量都比較接近。因此，我們還可以大膽推測，這個向量空間的兩個軸，可能一個是「探險軸」，另一個是「愛國軸」。而《攀登者》這部影片則的確兼有兩個特點——既有愛國情懷，又有探險精神。

透過下圖複習一下文字向量化的過程。

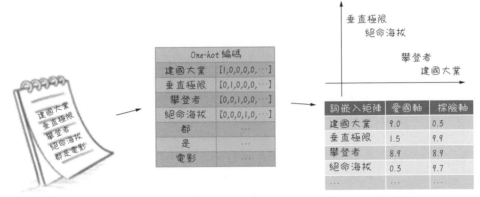

▲ 從分詞到詞嵌入，從稀疏矩陣到密集矩陣，這是一個維度縮減的過程

在 Keras 中，詞嵌入的實現也並不複雜。下面，我們會透過具體的案例一起來看看如何把分詞和詞嵌入應用到小冰的留言資料集。

• 7.4 用 SimpleRNN 鑑定評論文字

理論介紹完了，下面回到鑑定評論文字的情感屬性這個案例。先把這些文字向量化，然後用 Keras 中最簡單的循環網路神經結構——SimpleRNN 層，建置循環神經網路，鑑定一下哪些客戶的留言是好評，哪些是負評。

7.4.1 用 Tokenizer 給文字分詞

同學們可以在 Kaggle 網站透過關鍵字 Product Comments 搜索該資料集，然後基於該資料集新建 Notebook。

讀取這個評論文字資料集：

```
import pandas as pd # 匯入Pandas
import numpy as np # 匯入NumPy
dir = '../input/product-comments/'
dir_train = dir+'Clothing Reviews.csv'
df_train = pd.read_csv(dir_train) # 讀取訓練集
df_train.head() # 輸出部分資料
```

	id	Review Text	Rating
0	0	Absolutely wonderful - silky and comfortable.	4
1	1	Love this dress! it's so pretty. i happene...	5
2	2	I had such high hopes for this dress and reall...	3
3	3	I love, love, love this jumpsuit. it's fun, fl...	5
4	4	This shirt is very flattering to all due to th...	5

▲ 訓練集中的前五筆資料

然後對資料集進行分詞工作。詞典的大小設定為 2 萬。

```
from keras.preprocessing.text import Tokenizer # 匯入分詞工具
X_train_lst = df_train["Review Text"].values # 將評論讀取張量(訓練集)
y_train = df_train["Rating"].values # 建置標籤集
dictionary_size = 20000 # 設定詞典的大小
tokenizer = Tokenizer(num_words=dictionary_size) # 初始化詞典
tokenizer.fit_on_texts( X_train_lst ) # 使用訓練集創建詞典索引
# 為所有的單字分配索引值，完成分詞工作
X_train_tokenized_lst = tokenizer.texts_to_sequences(X_train_lst)
```

分詞之後，如果隨機顯示 **X_train_tokenized_lst** 的幾個資料，會看到完成了以下兩個目標。

- 評論句子已經被分解為單字。
- 每個單字已經被分配一個唯一的詞典索引。

X_train_tokenized_lst 目前是串列類型的資料。

```
[[665, 75, 1, 135, 118, 178, 28, 560, 4639, 12576, 1226, 82, 324, 52, 2339,
18256, 51, 7266, 15, 63, 4997, 146, 6, 3858, 34, 121, 1262, 9902, 2843, 4,
49, 61, 267, 1, 403, 33, 1, 39, 27, 142, 71, 4093, 89, 3185, 3859, 2208,
1068],
[18257, 50, 2209, 13, 771, 6469, 71, 3485, 2562, 20, 93, 39, 952, 3186, 1194,
607, 5886, 184],
 … … … …
[5, 1607, 19, 28, 2844, 53, 1030, 5, 637, 40, 27, 201, 15]]
```

還可以隨機顯示目前標籤集的資料，目前 y_train 是形狀為 (22 641,) 的張量：

```
[4]
```

下面將透過長條圖顯示各筆評論中單字個數的分佈情況，這個步驟是為詞嵌
入做準備：

```
import matplotlib.pyplot as plt # 匯入matplotlib
word_per_comment = [len(comment) for comment in X_train_tokenized_lst]
plt.hist(word_per_comment, bins = np.arange(0,500,10)) # 顯示評論長度分佈
plt.show()
```

評論長度分佈長條圖如下圖所示。

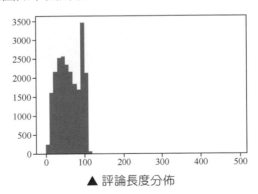

▲ 評論長度分佈

上圖中的評論長度分佈情況表明多數評論的詞數在 120 以內，所以我們只需
要處理前 120 個詞，就能夠判定絕大多數評論的類型。如果這個數目太大，
那麼將來構造出的詞嵌入張量就達不到密集矩陣的效果。而且，詞數太長的
序列，Simple RNN 處理起來效果也不好。

下面的 pad_sequences 方法會把資料截取成相同的長度。如果長度大於 120，將被截斷；如果長度小於 120，將填充無意義的 0 值。

```
from keras.preprocessing.sequence import pad_sequences
max_comment_length = 120 # 設定評論輸入長度為120，並填充預設值(如字數少於120)
X_train = pad_sequences(X_train_tokenized_lst, maxlen=max_comment_length)
```

至此，分詞工作就完成了。此時尚未做詞嵌入的工作，因為詞嵌入是要和神經網路的訓練過程中一併進行的。

7.4.2 建置包含詞嵌入的 SimpleRNN

現在透過 Keras 來建置一個含有詞嵌入的 SimpleRNN：

```
from keras.models import Sequential # 匯入序列模型
from keras.layers.embeddings import Embedding #匯入詞嵌入層
from keras.layers import Dense #匯入全連接層
from keras.layers import SimpleRNN #匯入SimpleRNN層
embedding_vecor_length = 60 # 設定詞嵌入向量長度為60
rnn = Sequential() #序列模型
rnn.add(Embedding(dictionary_size, embedding_vecor_length,
        input_length=max_comment_length)) # 加入詞嵌入層
rnn.add(SimpleRNN(100)) # 加入SimpleRNN層
rnn.add(Dense(10, activation='relu')) # 加入全連接層
rnn.add(Dense(6, activation='softmax')) # 加入分類輸出層
rnn.compile(loss='sparse_categorical_crossentropy', #損失函數
            optimizer='adam', # 最佳化器
            metrics=['acc']) # 評估指標
print(rnn.summary()) #輸出網路模型
```

神經網路的建置我們已經相當熟悉了，並不需要太多的解釋，這裡的流程如下。

- 先透過 Embedding 層進行詞嵌入的工作，詞嵌入之後學到的向量長度為 60(密集矩陣)，其維度遠遠小於詞典的大小 20000(稀疏矩陣)。
- 加一個含有 100 個神經元的 SimpleRNN 層。
- 再加一個含有 10 個神經元的全連接層。

- 最後一個全連接層負責輸出分類結果。使用 Softmax 函數啟動的原因是我們試圖實現的是一個從 0 到 5 的多元分類。
- 編譯網路時，損失函數選擇的是 sparse_categorical_crossentropy，我們是第一次使用這個損失函數，因為這個訓練集的標籤，是 1, 2, 3, 4, 5 這樣的整數，而非 one-hot 編碼。最佳化器的選擇是 adam，評估指標還是選擇 acc。

網路結構如下：

```
Layer (type)                 Output Shape              Param #
=================================================================
embedding_1 (Embedding)      (None, 300, 60)           1200000


simple_rnn_1 (SimpleRNN)     (None, 100)               16100


dense_1 (Dense)              (None, 10)                1010


dense_2 (Dense)              (None, 6)                 66
=================================================================
Total params: 1,217,176
Trainable params: 1,217,176
Non-trainable params: 0
```

7.4.3 訓練網路並查看驗證準確率

網路建置完成後，開始訓練網路：

```
history = rnn.fit(X_train, y_train,
            validation_split = 0.3,
            epochs=10,
            batch_size=64)
```

這裡在訓練網路的同時把原始訓練集臨時拆分成訓練集和驗證集，不使用測試集。而且理論上 Kaggle 競賽根本不提供驗證集的標籤，因此也無法用驗證集進行驗證。

訓練結果顯示，10 輪之後的驗證準確率為 0.5606：

```
Train on 7000 samples, validate on 3000 samples
Epoch 1/10
15848/15848 [==============================] - 24s 1ms/step - loss: 1.2480 -
acc: 0.5503 - val_loss: 1.2242 - val_acc: 0.5429
Epoch 2/10
15848/15848 [==============================] - 35s 2ms/step - loss: 1.1596 -
acc: 0.5622 - val_loss: 1.1692 - val_acc: 0.5520
 ... ...
Epoch 10/10
15848/15848 [==============================] - 24s 2ms/step - loss: 0.8630 -
acc: 0.6456 - val_loss: 1.1032 - val_acc: 0.5606
```

如果採用其他類型的前饋神經網路，其效率和 RNN 的成績會相距甚遠。如何進一步提高驗證集準確率呢？我們下面會繼續尋找方法。

• 7.5 從 SimpleRNN 到 LSTM

SimpleRNN 不是唯一的循環神經網路類型，它只是其中一種最簡單的實現。本節中要講一講目前更常用的循環神經網路 LSTM。

7.5.1 SimpleRNN 的局限性

SimpleRNN 有一定的局限性。還記得暫態記憶、短時記憶和長時記憶的區別嗎？ SimpleRNN 可以看作暫態記憶，它對近期序列的內容記得最清晰。但是有時候，序列中前面的一些內容還是需要記住，完全忘了也不行。

舉例來說，看一下這段話：

小貓愛吃魚，
小狗捉老鼠，
蝴蝶喜歡停在鮮花上。

機器經過學習類似的文字之後，要回答一些問題：

小貓愛吃__，

> 小狗捉＿＿＿，
> 蝴蝶喜歡停在＿＿＿上。

對 SimpleRNN 來說，答這些填空問題應該是其強項。

如果換下面這段話試一試。

> 我從小出生在美國，後來我的爸爸媽媽因為工作原因到了日本，我就跟他們在那裡住了
> 10多年。
> ……
> 後來我回到美國，開始讀大學，我學習的專業是酒店管理，
> 在大學校園裡，我交了很多朋友。
> ……

機器學習問題：我除了英文之外，還精通哪種語言？＿＿＿＿＿＿。

這個問題對 SimpleRNN 這種短記憶網路來說會比較難處理，這後面的根本原因在於我們曾經提起過的**梯度消失**。梯度消失廣泛存在於深度網路。循環神經網路透過短記憶機制，梯度消失有所改善，但是不能完全倖免。其實也就是 Uh_t 這一項，隨著時間軸越來越往後延伸的過程中，前面的狀態對後面權重的影響越來越弱了。

基於這個情況，神經網路的研究者正繼續尋找更好的循環神經網路解決方案。

7.5.2 LSTM 網路的記憶傳送帶

LSTM 網路是 SimpleRNN 的變形，也是目前更加通用的循環神經網路結構，全稱為 Long Short-Term Memory，翻譯成中文叫作「長『短記憶』」網路。讀的時候，「長」後面要稍作停頓，不要讀成「長短」記憶網路，因為那樣的話，就不知道記憶到底是長還是短。本質上，它還是短記憶網路，只是用某種方法把「短記憶」盡可能延長了一些。

簡而言之，LSTM 就是攜帶一條記憶軌道的循環神經網路，是專門針對梯度消失問題所做的改進。它增加的記憶軌道是一種攜帶資訊跨越多個時間步的方法。可以先想像有一條平行於時間序列處理過程的傳送帶，序列中的資訊可以在任意位置「跳」上傳送帶，然後被傳送到更晚的時間步，並在需要時原封不動地「跳」過去，接受處理。這就是 LSTM 的原理：就像大腦中的記憶

儲存器,保存資訊以便後面使用,我們回憶過去,較早期的資訊就又浮現在腦海中,不會隨著時間的流逝而消失得無影無蹤。

這個想法和殘差連接十分類似,其區別在於,殘差連接解決的是層與層之間的梯度消失問題,而 LSTM 解決的是循環層與神經元層內循環處理過程中的資訊消失問題。

簡單來說,C 軌道將攜帶著跨越時間步的資訊。它在不同的時間步的值為 Ct,這些資訊將與輸入連接和循環連接進行運算(即與權重矩陣進行點積,然後加上一個偏置,以及加一個啟動過程),從而影響傳遞到下一個時間步的狀態如下圖所示。

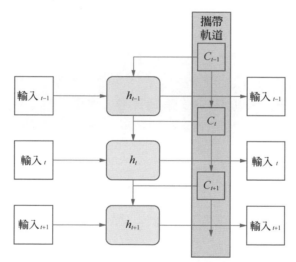

▲ LSTM──增加了一條記憶軌道,攜帶序列中較早的資訊

運算規則如下:

Output_t = activation(dot(state_t, U) + dot(input_t, W) + dot(C_t, V) + b)

不過,LSTM 實際上的架構要比這裡所解釋的複雜得多,涉及 3 種不同權重矩陣的變換,有的書中將這些變換規則解釋為遺忘門、記憶門等。這些細節對初學者來說,並沒有很多的實用價值。因此,大家目前所需要了解的是,LSTM 增添了一條記憶攜帶軌道,用以保證較前時間點讀取的資訊沒有被完全遺忘,繼續影響後續處理過程,從而解決梯度消失問題。

• 7.6 用 LSTM 鑑定評論文字

下面回到前面的評論文字鑑定問題，不改變任何其他網路參數，僅是使用
LSTM 層替換 SimpleRNN 層，然後看看效率是否會有所提升：

```
from keras.models import Sequential # 匯入序列模型
from keras.layers.embeddings import Embedding #匯入詞嵌入層
from keras.layers import Dense #匯入全連接層
from keras.layers import LSTM #匯入LSTM層
embedding_vecor_length = 60 # 設定詞嵌入向量長度為60
lstm = Sequential() #序列模型
lstm.add(Embedding(dictionary_size, embedding_vecor_length,
          input_length=max_comment_length)) # 加入詞嵌入層
lstm.add(LSTM(100)) # 加入LSTM層
lstm.add(Dense(10, activation='relu')) # 加入全連接層
lstm.add(Dense(6, activation='softmax')) # 加入分類輸出層
lstm.compile(loss='sparse_categorical_crossentropy', #損失函數
            optimizer = 'adam', # 最佳化器
            metrics = ['acc']) # 評估指標
history = rnn.fit(X_train, y_train,
                  validation_split = 0.3,
                  epochs=10,
                  batch_size=64)
```

輸出結果顯示，同樣訓練 10 輪之後，驗證集準確率為 0.6171, 比 SimpleRNN
更準確了。

```
Train on 7000 samples, validate on 3000 samples
Epoch 1/10
15848/15848 [==============================] - 88s 6ms/step - loss: 1.2131 -
acc: 0.5856 - val_loss: 1.0130 - val_acc: 0.6030
Epoch 2/10
15848/15848 [==============================] - 87s 5ms/step - loss: 0.8891 -
acc: 0.6363 - val_loss: 0.9449 - val_acc: 0.6015
... ...
Epoch 10/10
15848/15848 [==============================] - 88s 6ms/step - loss: 0.7999 -
acc: 0.6661 - val_loss: 0.9389 - val_acc: 0.6171
```

● 7.7 問題定義：太陽系外哪些恒星有行星環繞

咖哥說：「除了語音、文字這些語言相關的序列資料之外，另外一大類序列資料是時間序列。時間序列資料集中的所有資料都伴隨著一個時間戳記，比如股票、天氣資料。沒有時間戳記，分析這些資料就沒有任何意義。本課不會介紹機器學習在股市、天氣變化中的應用，因為那些東西太老生常談了。我們衝出地球的限制，把機器學習用於無垠的宇宙。」

原本昏昏欲睡的同學們瞬間被咖哥這誇張的話啟動了。

「說一個仍然在進行的專案。」咖哥望著窗外的天際線，緩緩說道，「讓我們從頭講起……從蒙昧時期開始，人類對宇宙的探索就從未曾止歇。人類幻想著，一望無垠的宇宙中有些什麼？自從發明了開普勒天文望遠鏡……」

小冰說：「我感覺這個開頭講得比較遠，你還是不要介紹過多背景了吧。直接說資料集裡面的東西，我們都聽得懂。」

咖哥說：「也行。這個資料集，是科學家們多年間用開普勒天文望遠鏡觀察並記錄下來的銀河系中的一些恒星的亮度。」

▲ 廣袤的宇宙，浩瀚的星空

在過去很長一段時間裡，人類是沒有辦法證明系外行星的存在的，因為行星不會發光。但是隨著科學的發展，我們已經知道了一些方法，可以用於判定恒星是否擁有行星。方法之一就是記錄恒星的亮度變化，科學家們推斷行星的環繞會週期性地影響這些恒星的亮度。如果收集了足夠多的時序資料，就可以用機器學習的方法推知哪些恒星像太陽一樣，擁有行星系統。

這個目前仍然在不斷被世界各地的科學家更新的資料集如下圖所示。

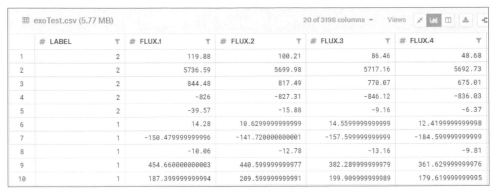

	# LABEL	▼	# FLUX.1	▼	# FLUX.2	▼	# FLUX.3	▼	# FLUX.4	▼
1	2		119.88		100.21		86.46		48.68	
2	2		5736.59		5699.98		5717.16		5692.73	
3	2		844.48		817.49		770.07		675.01	
4	2		-826		-827.31		-846.12		-836.03	
5	2		-39.57		-15.88		-9.16		-6.37	
6	1		14.28		10.6299999999999		14.5599999999999		12.4199999999998	
7	1		-150.479999999996		-141.720000000001		-157.599999999999		-184.599999999999	
8	1		-10.06		-12.78		-13.16		-9.81	
9	1		454.660000000003		440.599999999977		382.289999999979		361.629999999976	
10	1		187.399999999994		209.599999999991		199.909999999989		179.619999999995	

▲ 恒星亮度時序資料集

其中，每一行代表一顆恒星，而每一列的含義如下。

- 第 1 列，LABLE，恒星是否擁有行星的標籤，2 代表有行星，1 代表無行星。
- 第 2 列～第 3198 列，即 FLUX.n 欄位，是科學家們透過開普勒天文望遠鏡記錄的每一顆恒星在不同時間點的亮度，其中 n 代表不同時間點。

這樣的時序資料集因為時間戳記的關係，形成的張量是比普通資料集多一階、比圖像資料集少一階的 3D 張量，其中第 2 階就專門用於儲存時間戳記。

 咖哥發言

這是深度學習部分的最後一個示例，我們將利用它多介紹一些比較高級的深度學習技巧，請大家集中注意力。

具體要介紹的內容如下。

（1）時序資料的匯入與處理。
（2）不同類型的神經網路層的組合使用，如 CNN 和 RNN 的組合。
（3）面對分類極度不平衡資料集時的設定值調整。
（4）使用函數式 API。

小冰和同學們聽説有這麼多新東西學，眼睛一亮，紛紛認真聽課。

• 7.8 用循環神經網路處理時序問題

同學們可以在 Kaggle 網站透過關鍵字 "New Earth" 搜索該資料集，然後基於該資料集新建 Notebook。

7.8.1 時序資料的匯入與處理

首先把資料從檔案中讀取 Dataframe：

```
import numpy as np # 匯入NumPy函數庫
import pandas as pd # 匯入Pandas函數庫
df_train = pd.read_csv('../input/new-earth/exoTrain.csv') # 匯入訓練集
df_test = pd.read_csv('../input/new-earth/exoTest.csv') # 匯入測試集
print(df_train.head()) # 輸入前幾行資料
print(df_train.info()) # 輸出訓練集資訊
```

輸出結果如下：

```
   LABEL   FLUX.1    FLUX.2   ...   FLUX.3195  FLUX.3196  FLUX.3197
0     2     93.85     83.81   ...       61.42       5.08     -39.54
1     2    -38.88    -33.83   ...        6.46      16.00      19.93
2     2    532.64    535.92   ...      -28.91     -70.02     -96.67
3     2    326.52    347.39   ...      -17.31     -17.35      13.98
4     2  -1107.21  -1112.59   ...     -384.65    -411.79    -510.54
[5 rows x 3198 columns]
<class 'pandas.core.frame.DataFrame'>
RangeIndex: 5087 entries, 0 to 5086
Columns: 3198 entries, LABEL to FLUX.3197
dtypes: float64(3197), int64(1)
memory usage: 124.1 MB
```

資料集是預先排過序的，下面的程式將其進行亂數排列：

```
from sklearn.utils import shuffle # 匯入亂數工具
df_train = shuffle(df_train) # 亂數訓練集
df_test = shuffle(df_test)  # 亂數測試集
```

下面的程式將建置特徵集和標籤集，把第 2 列～第 3198 列的資料都讀取 X 特徵集，第 1 列的資料都讀取 y 標籤集。

注意，標籤資料目前的分類是 2（有行星）和 1（無行星）兩個值。我們要把標籤值減 1，將（1, 2）分類值轉換成慣用的（0, 1）分類值。

```
X_train = df_train.iloc[:, 1:].values # 建置特徵集(訓練集)
y_train = df_train.iloc[:, 0].values # 建置標籤集(訓練集)
X_test = df_test.iloc[:, 1:].values # 建置特徵集(驗證集)
y_test = df_test.iloc[:, 0].values # 建置標籤集(驗證集)
y_train = y_train - 1 # 標籤轉換成慣用的(0, 1)分類值
y_test = y_test - 1 # 標籤轉換成慣用的(0, 1)分類值
print (X_train) # 輸出訓練集中的特徵集
print (y_train) # 輸出訓練集中的標籤集
```

上面程式中的 iloc 方法，是透過指定索引來存取 Dataframe 中的資料，形成 NumPy 陣列。

輸出結果如下：

```
[[ 93.85  83.81  20.1  ...   61.42    5.08 -39.54]
 [-38.88 -33.83 -58.54 ...    6.46   16.    19.93]
 [532.64 535.92 513.73 ...  -28.91 -70.02 -96.67]
 ...
 [273.39 278.    261.73 ...   88.42  79.07  79.43]
 [  3.82   2.09  -3.29 ...  -14.55  -6.41  -2.55]
 [323.28 306.36 293.16 ...  -16.72 -14.09  27.82]]
[1 1 1 ... 0 0 0]
```

看到輸出結果，大家覺得現在的資料可以輸入神經網路進行訓練了嗎？

答案是不行，**張量格式還不對**。

大家要牢記時序資料的結構要求是（樣本，時間戳記，特徵）。此處增加一個軸即可。

範例程式如下：

```
X_train = np.expand_dims(X_train, axis=2) # 張量升階，以滿足序列資料集的要求
X_test = np.expand_dims(X_test, axis=2) # 張量升階，以滿足序列資料集的要求
```

輸出結果如下：

```
(5087, 3197, 1)
```

輸出顯示張量形狀為（5087, 3197, 1），符合時序資料結構的規則：5087 個樣本，3197 個時間戳記，1 維的特徵（光線的強度）。因此，這些資料可以輸入神經網路進行訓練。

此時有一個同學舉手發問：「咖哥，不需要進行特徵縮放嗎？」

咖哥的臉上露出一絲痛苦的神色，說：「原則上，我們應進行資料的標準化，再把資料登錄神經網路。但是，就這個特定的問題而言，我經過無數次的調整後發現，這個例子中不進行資料的縮放，就我目前的模型來說反而能夠造成更好的效果。畢竟，這是一個很不尋常的問題，涉及系外行星的尋找……」

 咖哥發言

有的時候做機器學習專案是需要一些靈感加上反傳統思維的。為什麼非得要標準化呢？任何東西都有可能是雙刃劍。如果資料標準化後總是得不到想要的結果，就可以嘗試放棄這個步驟。下面跟著我的想法繼續學習。

7.8.2 建模：CNN 和 RNN 的組合

我們已經見過不少類型的神經網路層，如 Dense、Conv2D、SimpleRNN 和 LSTM 等。實際上，它們是可以組合起來使用，以發揮其各自優勢的。這裡介紹一個相對小眾的技巧，就是透過一維卷積網路，即 Conv1D 層，組合循環神經網路層來處理序列資料。

Conv1D 層接收形狀為（樣本，時間戳記或序號，特徵）的 3D 張量作為輸入，並輸出同樣形狀的 3D 張量。卷積視窗作用於時間軸（輸入張量的第二個軸）上，此時的卷積視窗不是 2D 的，而是 1D 的。

對文字資料來說，如果視窗大小為 5，也就是說每個段落以 5 個詞為單位來掃描。不難發現，這樣的掃描有利於發現片語、慣用語等。

對時間序列資料來說，1D 卷積也有其優勢，因為速度更快。

因此產生了以下想法：使用一維卷積網路作為前置處理步驟，把長序列提取成短序列，並把有用的特徵交給循環神經網路來繼續處理。

下面的這段程式，就建置了一個 CNN 和 RNN 聯合發揮作用的神經網路：

```python
from keras.models import Sequential # 匯入序列模型
from keras import layers # 匯入所有類型的層
from keras.optimizers import Adam # 匯入最佳化器
model = Sequential() # 序列模型
model.add(layers.Conv1D(32, kernel_size=10, strides=4,
          input_shape=(3197, 1))) # 1D CNN層
model.add(layers.MaxPooling1D(pool_size=4, strides=2)) # 池化層
model.add(layers.GRU(256, return_sequences=True)) # GRU層要足夠大
model.add(layers.Flatten()) # 展平層
model.add(layers.Dropout(0.5)) # Dropout層
model.add(layers.BatchNormalization()) # 批次標準化
model.add(layers.Dense(1, activation='sigmoid')) # 分類輸出層
opt = Adam(lr=0.0001, beta_1=0.9, beta_2=0.999, decay=0.01) # 設定最佳化器
model.compile(optimizer=opt, # 最佳化器
              loss = 'binary_crossentropy', # 交叉熵
              metrics=['accuracy']) # 準確率
```

現在，這個網路模型就架設好了。因為要使用很多種類型的層，所以沒有一一匯入，而是透過 layers.Conv1D、layers.GRU 這樣的方式指定層類型。此外，還透過 BatchNormalization 進行批次標準化，防止過擬合。這個技巧也很重要。

下面就開始訓練它。

「等會兒，咖哥！」小冰問道，「這個網路裡面的 Conv1D 層你剛才講了，但是 GRU 是怎麼回事？怎麼不是 LSTM 或 SimpleRNN？」

咖哥回道：「這個 GRU，也是一種循環神經網路結構。在實戰中，LSTM 和 GRU 都常見，GRU 在 LSTM 基礎上做了一些簡化，不如 LSTM 強大，但其優勢是速度更快、計算代價更低。下面就訓練這個組合型神經網路。」

```python
history = model.fit(X_train, y_train, # 指定訓練集
              validation_split = 0.2, # 部分訓練集資料拆分成驗證集
              batch_size = 128, # 指定批次大小
              epochs = 4, # 指定輪次
              shuffle = True) # 亂數
```

訓練 4 輪之後得到的驗證準確率如下：

```
Epoch 1/4
4069/4069 [==============================] - 24s 6ms/step - loss: 0.6437 -
acc: 0.6606
                                        - val_loss: 0.3459 - val_acc: 0.9234
        ...             ...
Epoch 4/4
4069/4069 [==============================] - 17s 4ms/step - loss: 0.1010 -
acc: 0.9865
                                        - val_loss: 0.0709 - val_acc: 0.9941
```

7.8.3 輸出設定值的調整

在驗證集上，網路的預測準確率是非常高的，達到 99.41%。然而大家想一想，這樣的準確率有意義嗎？

打開 exoTrain.csv 和 exoTest.csv，看一索引籤，就會發現，在訓練集中，5000 多個被觀測的恒星中，只有 37 個恒星已被確定擁有屬於自己的行星。而測試集只有訓練集的十分之一，500 多個恒星中，只有 5 個恒星擁有屬於自己的行星。

這個資料集中標籤的類別是非常不平衡的。因此，問題的關鍵絕不在於測得有多準，而在於我們能否像一個真正的天文學家那樣，在茫茫星海中發現這 5 個類日恒星（也就是擁有行星的恒星）。

下面就對測試集進行預測，並透過分類報告（其中包含精確率、召回率和 F1 分數等指標）和混淆矩陣進行進一步的評估。這兩個工具才是分類不平衡資料集的真正有效指標。

範例程式如下：

```python
from sklearn.metrics import classification_report # 分類報告
from sklearn.metrics import confusion_matrix # 混淆矩陣
y_prob = model.predict(X_test) # 對測試集進行預測
y_pred =  np.where(y_prob > 0.5, 1, 0) #將機率值轉換成真值
cm = confusion_matrix(y_pred, y_test)
print('Confusion matrix:\n', cm, '\n')
print(classification_report(y_pred, y_test))
```

其中，np.where（y_prob > 0.5, 1, 0）這個操作就相當於以 0.5 為分界點，把機率值轉換成真值。其作用類似 np.round，也和下面的程式功能相同：

```
for i in range(len(y_prob)):
    if y_prob[i] >= 0.5:
      y_pred[i] = 1
    else:
      y_pred[i] = 0
```

輸出結果如下：

```
Confusion Matrix:
 [[565    5]
 [  0    0]]
Classification Report
             precision    recall  f1-score   support
          0       1.00      0.99      1.00       570
          1       0.00      0.00      0.00         0
```

問題很嚴重，專案基本上白做了。測試集中，類日恒星的機率沒有一個超過 0.5。這相當於完全放棄了對系外行星的搜索。對於「有行星的恒星」這個類別的 F1 分數為 0。

　　「我們的網路真的白訓練了嗎？」咖哥目光炯炯，看著每一位同學發問。

　　同學們都低頭陷入沉思——在這種不可能答出來的問題面前，低頭躲避老師的目光不失為一種策略。

　　而小冰腦中突然靈光乍現，她高聲說：「咖哥，分類結果是取決於輸出的機率值的，可以看看 y_prob 裡面列出來的機率具體數值嗎？」

　　咖哥大叫：「好樣的，小冰！這正是我要介紹的『設定值調整』這個想法。對分類極度不平衡的問題來說，我們是可以透過觀察模型輸出的機率值來調整並確定最終分類設定值的。」

下面輸出一下 y_prob：

```
    ... ...
    [0.09832695],
    [0.06156811],
    [0.06140456],
```

```
      [0.3112346 ],
      [0.02792922],
  ... ...
```

機器學習得到的機率值告訴我們，儘管因為訓練集中真值為 1 的資料過少，導致所有恒星普遍呈現低機率，但是每個恒星的具體機率值不同。仔細觀察上面輸出的這幾行資料，在大多數恒星擁有行星的機率值小於 0.1 的情況下，其中一行所顯示的約 0.31 的機率值顯著大於其他結果，這個「相對較大」的機率值可能就為我們指向一個類日恒星。

下面把分類機率的參考設定值從 0.5 調整至 0.2（即大於 0.2 就認為是分類 1，小於 0.2 就認為是分類 0），重新輸出分類報告和混淆矩陣：

```
y_pred = np.where(y_prob > 0.2, 1, 0) # 進行設定值調整
cm = confusion_matrix(y_pred, y_test)
print('Confusion matrix:\n', cm, '\n')
print(classification_report(y_pred, y_test))
```

輸出結果如下：

```
Confusion matrix:
 [[565   3]
 [  0   2]]
Classification Report
           precision    recall  f1-score   support
        0       1.00      0.99      1.00       568
        1       0.40      1.00      0.57         2
```

結果令人興奮，我們真的發現了 2 個有行星的恒星！而且召回率高達 1，也就是說沒有一個誤判。F1 分數也不錯，達到 0.57。對這樣高難度的問題來說，這個結果已經相當不錯了。

如果把設定值調整至 0.18，F1 分數還會進一步提高至 0.6（以下輸出結果所示）。而且還會再多發現 1 個有行星的恒星。但是同時會出現兩個誤判，這影響了召回率。

```
Confusion matrix:
 [[563   2]
```

```
[  2   3]]
Classification Report
             precision    recall   f1-score   support
        0       1.00       1.00      1.00       565
        1       0.60       0.60      0.60         5
```

在幾乎沒有使用測試集資料進行過多模型調整的情況下，5 個有行星的恒星，我們發現了 3 個。這是一個很了不起的成績。這個網路的建置看起來簡單，而實際上，無論是網路中層的輸出參數、層數、最佳化器的設定、疊代次數，還是設定值的尋找，咖哥動用了九牛二虎之力，才勉強找到這 3 個恒星。台上一分鐘，台下其實是 10 年功。

不信的話，你們自己從頭開始搭一個網路試試，就會發現這個問題真的不是那麼容易。

7.8.4 使用函數式 API

目前為止，所看到的神經網路都是用序列模型的線性堆疊，網路中只有一個輸入和一個輸出，平鋪直敘。

這種序列模型可以解決大多數的問題。但是針對某些複雜任務，有時需要建置出更複雜的模型，形成多模態（multimodal）輸入或多頭（multihead）輸出，如下圖所示

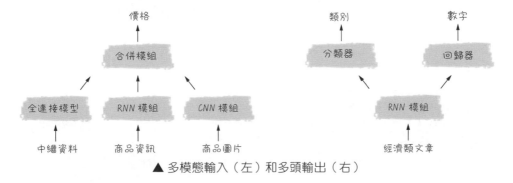

▲ 多模態輸入（左）和多頭輸出（右）

舉例來說以下面兩個例子。

- 某個價格預測的任務，其資料包括商品圖片、文字表述，以及其他中繼資料（型號、質地、產地等）。完成這個任務需要透過卷積網路處理圖片，需要透過循環神經網路處理文字資訊，還需要透過全連接網路處理其他資料資訊，然後合併各種模組進行價格預測。這是多模態輸入。

- 一個維基百科的經濟類別文章，裡面包含大量的資料資料，需要透過循環神經網路進行文字處理，但是不僅要預測文章的類型，還要對經濟資料進行推測。這是多頭輸出。

要架設多模態和多頭架構的網路，需要使用函數式 API。

函數式 API，就是像使用 Python 函數一樣使用 Keras 模型，可以直接操作張量，也可以把層當作函數來使用，接收張量並返回張量。透過它，可以實現模組的拼接組合、把不同的輸入層合併，或為一個模組生成多個輸出。

下面用函數式 API 的方法建置剛才的 Conv1D +GRU 網路：

```python
from keras import layers # 匯入各種層
from keras.models import Model # 匯入模型
from keras.optimizers import Adam # 匯入Adam最佳化器
input = layers.Input(shape=(3197, 1)) # 輸入
# 透過函數式API建置模型
x = layers.Conv1D(32, kernel_size=10, strides=4)(input)
x = layers.MaxPooling1D(pool_size=4, strides=2)(x)
x = layers.GRU(256, return_sequences=True)(x)
x = layers.Flatten()(x)
x = layers.Dropout(0.5)(x)
x = layers.BatchNormalization()(x)
output = layers.Dense(1, activation='sigmoid')(x) # 輸出
model = Model(input, output)
model.summary() # 顯示模型的輸出
opt = Adam(lr=0.0001, beta_1=0.9, beta_2=0.999, decay=0.01) # 設定最佳化器
model.compile(optimizer=opt, # 最佳化器
            loss = 'binary_crossentropy', # 交叉熵
            metrics=['accuracy']) # 準確率
```

這樣，就用函數式 API 架設起一個和剛才一模一樣的網路，並且訓練，使其能夠得到與剛才完全相同的結果。

　　小冰問道：「雖然用了函數式 API，但這個模型結構仍是簡單地順序堆疊。你不是說函數式 API 能架設不一樣的模型嗎？」

　　咖哥說：「你總是沒耐心，我正要架設一個不大一樣的雙向 RNN 模型，並把它應用於剛才的類日恒星問題。」

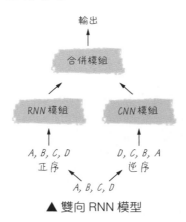

▲ 雙向 RNN 模型

如上圖所示，雙向 RNN 模型的想法，是把同一個序列正著訓練一遍，反著再訓練一遍，然後把結果結合起來輸出。大家想一想，以自然語言為例，倒裝句是很有可能出現的。

下圖中的兩句話，是一個意思。因此，對於自然語言和類似的序列問題，正反各訓練一遍是有好處的。

我明天去北京
北京，我明天去

▲ 同一個意思的兩句話

下面就建置這種雙向網路。我們需要做兩件事，一是把資料集做一個反向的複製品，準備輸入網路；二是用 API 架設多頭網路。

首先在替輸入資料集升維之前，資料集進行反向：

```
X_train_rev = [X[::-1] for X in X_train]
X_test_rev = [X[::-1] for X in X_test]
X_train = np.expand_dims(X_train, axis=2)
X_train_rev = np.expand_dims(X_train_rev, axis=2)
```

```
X_test = np.expand_dims(X_test, axis=2)
X_test_rev = np.expand_dims(X_test_rev, axis=2)
```

再建置多頭網路：

```
# 建置正向網路
input_1 = layers.Input(shape=(3197, 1))
x = layers.GRU(32, return_sequences=True)(input_1)
x = layers.Flatten()(x)
x = layers.Dropout(0.5)(x)
# 建置逆向網路
input_2 = layers.Input(shape=(3197, 1))
y = layers.GRU(32, return_sequences=True)(input_2)
y = layers.Flatten()(y)
y = layers.Dropout(0.5)(y)
# 連接兩個網路
z = layers.concatenate([x, y])
output = layers.Dense(1, activation='sigmoid')(z)
model = Model([input_1, input_2], output)
model.summary()
```

雙向 RNN 模型結構如下圖所示。

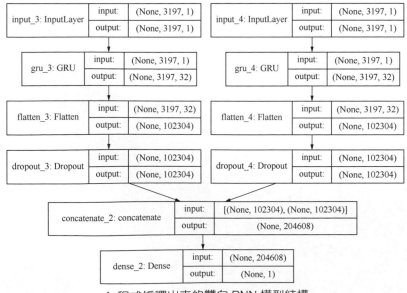

▲ 程式編譯出來的雙向 RNN 模型結構

最後，在訓練模型時要同時指定正序、反向兩個資料集作為輸入：

```
history = model.fit([X_train, X_train_rev], y_train, # 訓練集
            validation_split = 0.2, # 部分訓練集資料拆分成驗證集
            batch_size = 128, # 批次大小
            epochs = 1, # 訓練輪次
            shuffle = True) # 亂數
```

現在，這個雙向 RNN 模型就架設好了。具體這個網路效能如何、超參數如何設定，就留給同學們作為家庭作業去慢慢地調整吧。如果模型訓練後得到的結果並不是非常理想，請同學們思考一下可能的原因。

　　小冰調整了一會兒網路，突發奇想道：「我還在想，測試集中的正樣本（值為 1 的類日恒星樣本）一共有 5 個，我們的 CNN+RNN 預測出來有 3 個正確，誤判 2 個。那麼，到底哪些恒星擁有行星？天文學家自己也沒有『飛』出過太陽系啊。有沒有可能是天文學家們誤判了 2 個，反而我們的 RNN 預測的結果才是真正的正確結果呀？」

　　咖哥說：「那也完全有可能。」

● 7.9　本課內容小結

下面複習一下循環神經網路的幾個重點。

- 學習如何利用 Embedding 層對文字資料集進行分詞。
- 循環神經網路是透過網路節點中的「內連接」循環處理序列資料。
- Keras 中的循環神經網路層有下列幾種。
  - SimpleRNN。
  - 對於 LSTM 和 GRU 這樣的循環層，由於增加了一條記憶軌道，就可以在與主處理軌道平行的另一條通路上傳播資訊。

另外，在具體的實戰過程中，還介紹了時序資料的維度、Conv1D 和循環層的結合、設定值調整，以及函數式 API 等內容。

• 7.10 課後練習

練習一：使用 GRU 替換 LSTM 層，完成本課中的鑑定留言案例。

練習二：在 Kaggle 中找到第 7 課的練習資料集「Quora 問答」，並使用本課介
紹的方法，新建神經網路處理該資料集。

練習三：自行偵錯、訓練雙向 RNN 模型。

第 8 課　　　經典演算法「寶刀未老」

　　所謂「工欲善其事，必先利其器」，要解決問題，就要有好的工具。機器學習的工具是什麼？就是演算法。經過前面幾課的學習，機器學習領域最基本的線性回歸、邏輯回歸演算法以及前端的深度神經網路演算法，同學們都掌握了（咖哥說：「此處可以有掌聲。」）。

　　那麼，這些是機器學習演算法中的全部內容了嗎？答案顯然是否定的。

　　我們目前所掌握的僅是滄海一粟，還有很多經典機器學習演算法，在深度學習時代，仍然是一筆筆寶藏，一顆顆明珠，等待我們去擷取。

　　要擷取「明珠」，需要有「網」，我們要使用的這張「大網」，就是 Scikit-Learn 機器學習工具函數庫。在本課中，我會對 Scikit-Learn 中的幾種經典機器學習演算法進行簡單介紹。這樣，我們的這次機器學習之旅也就顯得更加完整。

▲ 經典機器學習演算法如同滄海之中的一顆顆明珠

　　下面看一看本課重點。

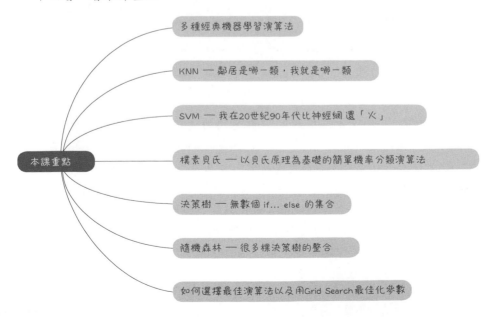

本課重點
- 多種經典機器學習演算法
- KNN — 鄰居是哪一類，我就是哪一類
- SVM — 我在20世紀90年代比神經網還「火」
- 樸素貝氏 — 以貝氏原理為基礎的簡單機率分類演算法
- 決策樹 — 無數個 if... else 的集合
- 隨機森林 — 很多棵決策樹的整合
- 如何選擇最佳演算法以及用Grid Search最佳化參數

• 8.1 K 最近鄰

咖哥說：「本課要介紹的第一個演算法——K 最近鄰演算法，簡稱 KNN。它的簡稱中也有個 'NN'，但它和神經網路沒有關係，它的英文是 K-Nearest Neighbor，意思是 K 個最近的鄰居。這個演算法的想法特別簡單，就是隨大流。對於需要貼標籤的資料樣本，它總是會找幾個和自己離得最近的樣本，也就是鄰居，看看鄰居的標籤是什麼。如果它的鄰居中的大多數樣本都是某一種樣本，它就認為自己也是這一種樣本。參數 K，是鄰居的個數，通常是 3、5、7 等不超過 20 的數字。」

「舉例來說，下圖是某高中選班長的選舉地圖，選舉馬上開始，兩個主要候選人（一個是小冰，另一個是咖哥，他們是高中同學）的支持者都已經確定了，A 是小冰的支持者，B 則是咖哥的支持者。從這些支持者的座位分佈上並不難看出，根據 KNN 演算法來確定支持者，可靠率還是蠻高的。因為每個人都有其固定的勢力範圍。」

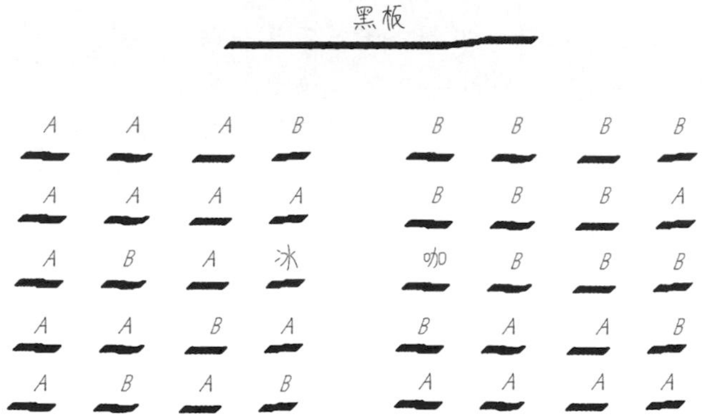

黑板

A	A	A	B	B	B	B	B
A	A	A	A	B	B	B	A
A	B	A	冰	咖	B	B	B
A	A	B	A	B	B	A	B
A	B	B	B	A	A	A	A

▲ 根據 KNN 演算法來確定支持者

小冰發問：「那麼資料樣本也不是選民的座位，怎麼衡量距離的遠和近呢？」

「好問題。」咖哥說，「這需要看特徵向量在特徵空間中的距離。我們說過，樣本的特徵可以用幾何空間中的向量來表示。特徵的遠近，就代表樣本的遠近。如果樣本是一維特徵，那就很容易找到鄰居。比如一個分數，當然 59 分和 60 分是鄰居，99 分和 100 分是鄰居。那麼如果 100 分是 A 類別，99 分也應是 A 類別。如果特徵是多維的，也是一樣的道理。」

咖哥發言

說說向量的距離。在 KNN 和其他機器學習演算法中，常用的距離計算公式包括歐氏距離和曼哈頓距離。兩個向量之間，用不同的距離計算公式得出來的結果是不一樣的。

歐氏距離是歐基里德空間中兩點間的「普通」（即直線）距離。在歐基里德空間中，點 $x=(x_1,\cdots,x_n)$ 和點 $y=(y_1,\cdots,y_n)$ 之間的歐氏距離為：

$$d(x,y) = \sqrt{(x_1-y_1)^2 + (x_2-y_2)^2 + \cdots + (x_n-y_n)^2}$$

曼哈頓距離，也叫方格線距離或城市區塊距離，是兩個點在標準坐標系上的絕對軸距的總和。

在歐基里德空間的固定直角坐標系上，曼哈頓距離的意義為兩點所形成的線段對軸產生的投影的距離總和。在平面上，點 $x=(x_1,\cdots,x_n)$ 和點 $y=(y_1,\cdots,y_n)$ 之間的曼哈頓距離為：

$$d(x,y) = |x_1-y_1| + |x_2-y_2| + \cdots + |x_n-y_n|$$

這兩種距離的區別，是不是像極了 MSE 和 MAE 誤差計算公式之間的區別呢？其實這兩種距離也就是向量的 L1 範數（曼哈頓）和 L2 范數（歐氏）的定義。

下圖的兩個點之間，1、2 與 3 線表示的各種曼哈頓距離長度都相同，而 4 線表示的則是歐氏距離。

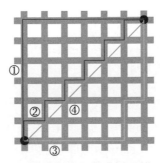

▲ 歐氏距離和曼哈頓距離

下圖中的兩個特徵，就形成了二維空間，圖中心的問號代表一個未知類別的樣本。如何歸類呢，它是圓圈還是叉號？如果 $K=3$，叉號所佔比例大，問號樣本將被判定為叉號類別；如果 $K=7$，則圓圈所佔比例大，問號樣本將被判定為圓圈類別。

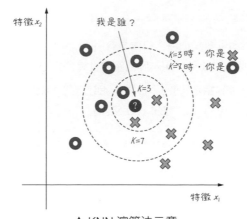

▲ KNN 演算法示意

因此，KNN 演算法的結果和 K 的設定值有關係。要注意的是，KNN 要找的鄰居都是已經「站好隊的人」，也就是已經正確分類的物件。

原理很簡單，下面直接進入實戰。我們重用第 4 課中的案例，根據調查問卷中的資料推斷客戶是否有心臟病。

用下列程式讀取資料：

```
import numpy as np # 匯入NumPy函數庫
import pandas as pd # 匯入Pandas函數庫
df_heart = pd.read_csv("../input/heart-dataset/heart.csv")  # 讀取檔案
df_heart.head() # 顯示前5行資料
```

那麼資料分析、特徵工程部分的程式不再重複（同學們可參考第 4 課中的程式碼片段或原始程式套件中的內容），直接定義 KNN 分類器。而這個分類器，也不需要自己做，Scikit-Learn 函數庫裡面有，直接使用即可。

範例程式如下：

```
from sklearn.neighbors import KNeighborsClassifier # 匯入KNN模型
K = 5 # 設定初始K值為5
KNN = KNeighborsClassifier(n_neighbors = K)  # KNN模型
KNN.fit(X_train, y_train) # 擬合KNN模型
y_pred = KNN.predict(X_test) # 預測心臟病結果
from sklearn.metrics import (f1_score, confusion_matrix) # 匯入評估指標
print("{}NN預測準確率：{:.2f}%".format(K, KNN.score(X_test, y_test)*100))
```

```
print("{}NN預測F1分數: {:.2f}%".format(K, f1_score(y_test, y_pred)*100))
print('KNN混淆矩陣:\n', confusion_matrix(y_pred, y_test))
```

預測結果顯示，KNN 演算法在這個問題上的準確率為 85.25%：

```
5NN預測準確率: 85.25%
5NN預測F1分數: 86.15%
KNN混淆矩陣:
 [[24  6]
 [ 3 28]]
```

怎麼知道 *K* 值為 5 是否合適呢？

這裡，5 只是隨意指定的。下面讓我們來分析一下到底 K 取何值才是此例的最佳選擇。請看下面的程式。

```
# 尋找最佳K值
f1_score_list = []
acc_score_list = []
for i in range(1, 15):
    KNN = KNeighborsClassifier(n_neighbors = i)  # n_neighbors means K
    KNN.fit(X_train, y_train)
    acc_score_list.append(KNN.score(X_test, y_test))
    y_pred = KNN.predict(X_test) # 預測心臟病結果
    f1_score_list.append(f1_score(y_test, y_pred))
index = np.arange(1, 15, 1)
plt.plot(index, acc_score_list, c='blue', linestyle='solid')
plt.plot(index, f1_score_list, c='red', linestyle='dashed')
plt.legend(["Accuracy", "F1 Score"])
plt.xlabel("k value")
plt.ylabel("Score")
plt.grid('false')
plt.show()
KNN_acc = max(f1_score_list)*100
print("Maximum KNN Score is {:.2f}%".format(KNN_acc))
```

這個程式用於繪製出 1 ～ 12，不同 *K* 值的情況下，模型所取得的測試集準確率和 **F1** 分數。透過觀察這個曲線（如下圖所示），就能知道針對當前問題，K 的最佳設定值。

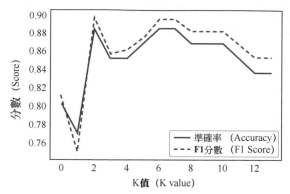

▲ 不同 K 值時，模型所取得的測試集準確率和 F1 分數

就這個案例而言，當 *K*=3 時，F1 分數達到 89.86%。而當 *K*=7 或 *K*=8 時，準確率雖然也達到峰值 88% 左右，但是此時的 F1 分數不如 *K*=3 時高。

很簡單吧。如果你們覺得不過癮，想要看看 KNN 演算法的實現程式，可以進入 Sklearn 官網，點擊 source 之後，到 GitHub 裡面看 Python 原始程式，如下圖所示。而且官網上也有這個函數庫的各種參數的解釋，課堂上不贅述了。

▲ 點擊 source，可以看 KNN 演算法的實現程式

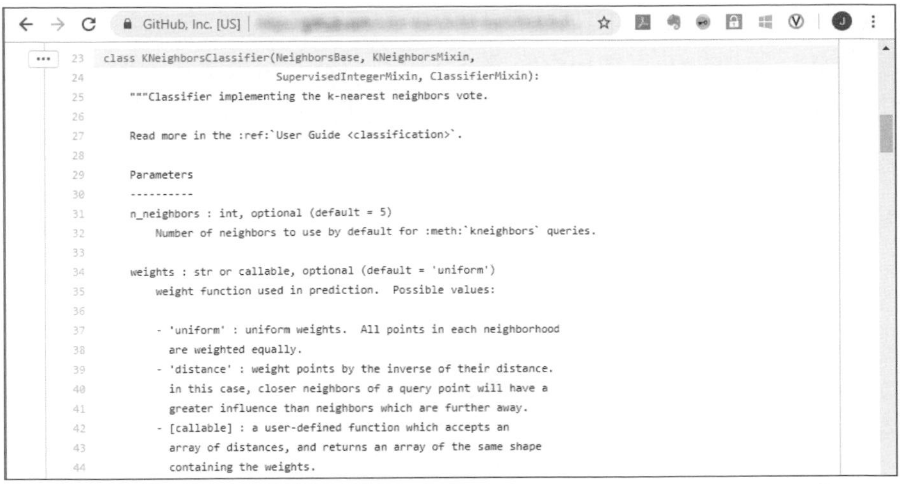

```
23    class KNeighborsClassifier(NeighborsBase, KNeighborsMixin,
24                               SupervisedIntegerMixin, ClassifierMixin):
25        """Classifier implementing the k-nearest neighbors vote.
26
27        Read more in the :ref:`User Guide <classification>`.
28
29        Parameters
30        ----------
31        n_neighbors : int, optional (default = 5)
32            Number of neighbors to use by default for :meth:`kneighbors` queries.
33
34        weights : str or callable, optional (default = 'uniform')
35            weight function used in prediction.  Possible values:
36
37            - 'uniform' : uniform weights.  All points in each neighborhood
38              are weighted equally.
39            - 'distance' : weight points by the inverse of their distance.
40              in this case, closer neighbors of a query point will have a
41              greater influence than neighbors which are further away.
42            - [callable] : a user-defined function which accepts an
43              array of distances, and returns an array of the same shape
44              containing the weights.
```

▲ KNN 演算法的實現程式

KNN 演算法在尋找最近鄰居時，要將剩餘所有的樣本都遍歷一遍，以確定誰和它最近。因此，如果資料量特別大，它的計算成本還是比較高的。

• 8.2 支援向量機

下面説説在神經網路重回大眾視野之前，一個很受推崇的分類演算法：支援向量機（Support Vector Machine，SVM）。「支援向量機」這個名字，總讓我聯想起工廠裡面的千斤頂之類的工具，所以下面我還是直接用英文 SVM。

和神經網路不同，SVM 有非常嚴謹的數學模型做支撐，因此受到學術界和工程界人士的共同喜愛。

下面，在不進行數學推導的前提下，我簡單講一講它的原理。

主要説説超平面（hyperplane）和支援向量（support vector）這兩個概念。超平面，就是用於特徵空間根據資料的類別切分出來的分界平面。如下圖所示的兩個特徵的二分類問題，我們就可以用一條線來表示超平面。如果特徵再多一維，可以想像切割線會延展成一個平面，依此類推。而支援向量，就是離當前超平面最近的資料點，也就是下圖中被分界線的兩筆平行線所切割的資料點，這些點對於超平面的進一步確定和最佳化最為重要。

如下圖所示,在一個資料集的特徵空間中,存在很多種可能的類別分割超平面。比如,圖中的 H_0 實線和兩條虛線,都可以把資料整合功地分成兩種。但是你們看一看,是實線分割較好,還是虛線分割較好?

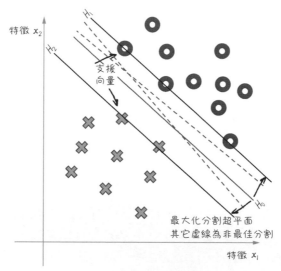

▲ SVM:超平面的確定

答案是實線分割較好。為什麼呢?

因為這樣的分界線離兩個類別中的支援向量都比較遠。SVM 演算法就是要在支援向量的幫助之下,透過類似梯度下降的最佳化方法,找到最佳的分類超平面——具體的目標就是令支援向量到超平面之間的垂直距離最寬,稱為「最寬街道」。

那麼目前的特徵空間中有以下 3 條線。

- H_0 就是目前的超平面。
- 與之平行的 H_1/H_2 線上的特徵點就是支援向量。

這 3 條線,由線性函數和其權重、偏置的值所確定:

$$H_0 = w \cdot x + b = 0$$
$$H_1 = w \cdot x + b = 1$$
$$H_2 = w \cdot x + b = -1$$

然後計算支援向量到超平面的垂直距離，並透過機器學習演算法調整參數 w 和 b，將距離（也就是特徵空間中的這條街道寬度）最大化。這和線性回歸尋找最佳函數的斜率和截距的過程很相似。

下面用 SVM 演算法來解決同樣的問題：

```
from sklearn.svm import SVC # 匯入SVM模型
svm = SVC(random_state = 1)
svm.fit(X_train, y_train)
y_pred = svm.predict(X_test) # 預測心臟病結果
svm_acc = svm.score(X_test, y_test)*100
print("SVM預測準確率:: {:.2f}%".format(svm.score(X_test, y_test)*100))
print("SVM預測F1分數: {:.2f}%".format(f1_score(y_test, y_pred)*100))
print('SVM混淆矩陣:\n', confusion_matrix(y_pred, y_test))
```

輸出結果顯示，採用預設值的情況下，預測準確率為 86.89%，略低於 KNN 演算法的最佳解：

```
SVM預測準確率:: 86.89%
SVM預測F1分數: 88.24%
SVM混淆矩陣:
[[23  4]
 [ 4 30]]
 [[22  5]
```

普通的 SVM 分類超平面只能應對線性可分的情況，對於非線性的分類，SVM 要透過**核心方法**（kernel method）解決。核心方法是機器學習中的一種演算法，並非專用於 SVM。它的想法是，首先透過某種非線性映射（核心函數）對特徵粒度進行細化，將原始資料的特徵嵌入合適的更高維特徵空間；然後，利用通用的線性模型在這個新的空間中分析和處理模式，這樣，將在二維上線性不可分的問題在多維上變得線性可分，那麼 SVM 就可以在此基礎上找到最佳分割超平面。

• 8.3 單純貝氏

單純貝氏（Naive Bayes）這一演算法的名字也有點奇怪。其中，「樸素」的英文 "naive" 的意思實際上是「天真的」，其原意大概是說演算法有很多的預設（assumption），因此會給人一種考慮問題不周全的感覺。其實，這個演算法本身是相當高效實用的。它是一個透過條件機率進行分類的演算法。所謂條件機率，就是在事件 A 發生的機率下 B 發生的機率。舉例來說，男生（事件 A）是抽菸者（事件 B）的機率為 30%，女生（事件 A）是抽菸者（事件 B）的機率為 5%。這些事件 A 就是「已發生的事件」，也就是所謂「預設」，也就是條件。

那麼如何把條件機率引入機器學習呢？可以這麼瞭解：資料集中資料樣本的特徵就形成了條件事件。比如：男，80 歲，血壓 150mmHg，這 3 個已發生的事件，就是樣本已知的特徵。下面就需要進行二分類，確定患病還是未患病。此時我們擁有的資訊量不多，怎麼辦呢？看一下訓練資料集中滿足這 3 個條件的資料有多少個，然後計算機率和計算分佈。假如還有 3 個同樣是 80 歲的男人，血壓也是 150mmHg，兩個有心臟病，一個健康。此時演算法就告訴我們，應該判斷這個人也有心臟病的機率比較大。如果沒有其他血壓讀數剛好是 150 的人呢？那就看看其他 80 歲的男人。如果 10 個人裡面 6 個人都有心臟病，我們也只好推斷此人有心臟病。

這就是單純貝氏的基本原理。它會假設每個特徵都是相互獨立的（這就是一個很強的預設），然後計算每個類別下的各個特徵的條件機率。條件機率的公式如下：

$$P(c \mid x) = \frac{P(x \mid c)P(c)}{P(x)}$$

在機器學習實踐中，可以將上面的公式拆分成多個具體的特徵：

$$P(c_k \mid x) = P(x_1 \mid c_k) \times P(x_2 \mid c_k) \times \cdots \times P(x_n \mid c_k) \times P(c_k)$$

公式解釋如下。

- c_k，代表的是分類的具體類別 k。
- $P(c|x)$ 是條件機率，也就是所要計算的，當特徵為 x 時，類別為 c 的機率。

- $P(x|c)$ 叫作似然（likelihood），就是訓練集中標籤分類為 c 的情況下，特徵為 x 的機率。比如，在垃圾電子郵件中，文字中含有「幸運抽獎」這個詞的機率為 0.2，換句話説，這個 "0.2" 也就是「幸運抽獎」這個詞出現在垃圾電子郵件中的似然。

- $P(c)$，是訓練集中分類為 C 的先驗機率。比如，全部電子郵件中，垃圾電子郵件的機率為 0.1。

- $P(x)$，是特徵的先驗機率。

　　小冰突然説道：「你這兩個公式不大一樣啊，第二個公式沒有 $P(x)$ 了。」

　　咖哥説：「在實踐中，這個分母項在計算過程中會被忽略。因為這個 $P(x)$，不管它的具體值多大，具體到一個特徵向量，對所有的分類 c 來説，這個值其實是固定的——並不隨 c_k 中 K 值的變化而改變。因此它是否存在，並不影響一個特定資料樣本的歸類。機器最後所要做的，只是確保所求出的所有類別的後驗機率之和為 1。這可以透過增加一個歸一化參數而實現。」

下面我們就使用單純貝氏演算法來解決心臟病的預測問題：

```
from sklearn.naive_bayes import GaussianNB # 匯入單純貝氏模型
nb = GaussianNB()
nb.fit(X_train, y_train)
y_pred = nb.predict(X_test) # 預測心臟病結果
nb_acc = nb.score(X_test, y_test)*100
print("NB預測準確率:: {:.2f}%".format(svm.score(X_test, y_test)*100))
print("NB預測F1分數: {:.2f}%".format(f1_score(y_test, y_pred)*100))
print('NB混淆矩陣:\n', confusion_matrix(y_pred, y_test))
```

輸出結果顯示，採用預設值的情況下，預測準確率為 86.89%：

```
NB預測準確率:: 86.89%
NB預測F1分數: 88.24%
NB混淆矩陣:
 [[23  4]
 [ 4 30]]
```

效果還不錯。基本上，單純貝氏是基於現有特徵的機率對輸入進行分類的，它的速度相當快，當沒有太多資料並且需要快速得到結果時，單純貝氏演算法可以説是解決分類問題的良好選擇。

8.4 決策樹

咖哥問:「同學們,你們玩過『20個問題』這個遊戲嗎?」

小冰說:「我知道你說的這個遊戲。就是一群人在一起,出題者心裡面想一個東西或一個人,然後讓其他人隨便猜。其他人可以隨便問出題者問題,出題者只能回答是或不是,不列出其他資訊,直到最後猜中出題者心裡所想。你說的是這個吧?——咦,你問這個做什麼?」

「對。」咖哥說,「一個人心裡面想的東西範圍那麼廣,可以說太難猜了,為什麼正確答案最後卻總是能夠被猜中?其實答題者應用的策略就是決策樹演算法。決策樹(Decision Trees,DT),可以應用於回歸或分類問題,所以有時候也叫分類與回歸樹(Classification And Regression Tree,CART)。這個演算法簡單直觀,很容易瞭解。它有點像是將一大堆的if…else敘述進行連接,直到最後得到想要的結果。演算法中的各個節點是根據訓練資料集中的特徵形成的。大家要注意特徵節點的選擇不同時,可以生成很多不一樣的決策樹。」

「下圖所示是一個相親資料集和根據該資料集而形成的決策樹。此處我們設定一個根節點,作為決策的起點,從該點出發,根據資料集中的特徵和標籤值給樹分叉。」

相親結果資料集

資料	相貌	收入	身高	才藝	結果
1	醜	低	高	有	拒絕
2	醜	高	高	無	考慮一下
3	帥	低	矮	有	通過
4	帥	低	高	無	通過
5	帥	低	高	有	通過

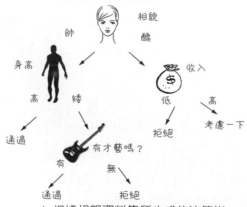

▲ 根據相親資料集所生成的決策樹

此時咖哥發問:「大家說說這裡為什麼要選擇相貌這個特徵作為這棵決策樹的根節點?」

小冰說:「呃……這個…… 你有你的標準,我有我的標準……」

咖哥有些沉重地說:「還是熵啊!」小冰心裡很詫異。傷什麼傷,這個標準很傷你心嗎?

8.4.1 熵和特徵節點的選擇

此「熵」非彼「傷」。

在資訊學中,**熵**(entropy),度量著資訊的不確定性,資訊的不確定性越大,熵越大。資訊熵和事件發生的機率成反比。比如,「相親者會認為咖哥很帥」這一句話的資訊熵為 0,因為這是事實。

這裡有幾個新概念,下面介紹一下。

- 資訊熵代表隨機變數的複雜度,也就是不確定性。
- 條件熵代表在某一個條件下,隨機變數的複雜度。
- 資訊增益等於資訊熵減去條件熵,它代表了在某個條件下,資訊複雜度 (不確定性)減少的程度。

因此,**如果一個特徵從不確定到確定,這個過程對結果影響比較大的話,就可以認為這個特徵的分類能力比較強**。那麼先根據這個特徵進行決策之後,對於整個資料集而言,熵(不確定性)減少得最多,也就是資訊增益最大。相親的時候你們最看中什麼,就先問什麼,如果先問相貌,說明你們覺得相貌不合格則後面其他所有問題都不用再問了,當然你們的媽媽可能一般會先問收入。

 咖哥發言

除了熵之外,還有 Gini 不純度等度量資訊不確定性的指標。

8.4.2 決策樹的深度和剪枝

決策樹演算法有以下兩個特點。

（1）由於 if…else 可以無限制地寫下去，因此，針對任何訓練集，只要樹的深度足夠，決策樹肯定能夠達到 100% 的準確率。這聽起來像是個好消息。

（2）決策樹非常容易過擬合。也就是説，在訓練集上，只要分得足夠細，就能得到 100% 的正確結果，然而在測試集上，準確率會顯著下降。

這種過擬合的現象在下圖的這個二分類問題中就可以表現出來。決策樹演算法將每一個樣本都根據標籤值成功分類，圖中的兩種顏色就顯示出決策樹演算法生成的分類邊界。

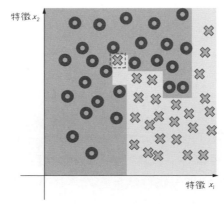

▲ 一個過擬合的決策樹分類結果

而實際上，當分類邊界精確地繞過了每一個點時，過擬合已經發生了。根據直覺，那個被圓圈包圍著的叉號並不需要被考慮，它只是一個特例。因此，樹的最後幾個分叉，也就是找到虛線框內叉號的決策過程都應該省略，才能夠提高模型的泛化功能。

解決的方法是為決策樹進行剪枝（pruning），有以下兩種形式。

- 先剪枝：分支的過程中，熵減少的量小於某一個設定值時，就停止分支的創建。
- 後剪枝：先創建出完整的決策樹，然後嘗試消除多餘的節點。

整體來説，決策樹演算法很直觀，易於瞭解，因為它與人類決策思考的習慣是基本契合的，而且模型還可以透過樹的形式視覺化。此外，決策樹還可以直接處理非數值類型資料，不需要進行虛擬變數的轉化，甚至可以直接處理含遺漏值的資料。因此，決策樹演算法是應用較為廣泛的演算法。

然而,它的缺點明顯。首先,對於多特徵的複雜分類問題效率很一般,而且容易過擬合。節點很深的樹容易學習到高度不規則的模式,造成較大的方差,泛化能力弱。此外,決策樹演算法處理連續變數問題時效果也不太好。

因為這些缺點,決策樹很少獨立身為演算法被應用於實際問題。然而,一個非常微妙的事是,決策樹經過整合的各種升級版的演算法——隨機森林、梯度提升樹演算法等,都是非常優秀的常用演算法。這些演算法下一課還要重點介紹。

下面用決策樹演算法解決心臟病的預測問題:

```
from sklearn.tree import DecisionTreeClassifier # 匯入決策樹模型
dtc = DecisionTreeClassifier()
dtc.fit(X_train, y_train)
dtc_acc = dtc.score(X_test, y_test)*100
y_pred = dtc.predict(X_test) # 預測心臟病結果
print("Decision Tree Test Accuracy {:.2f}%".format(dtc_acc))
print("決策樹 預測準確率: {:.2f}%".format(dtc.score(X_test, y_test)*100))
print("決策樹 預測F1分數: {:.2f}%".format(f1_score(y_test, y_pred)*100))
print('決策樹 混淆矩陣:\n', confusion_matrix(y_pred, y_test))
```

不出所料,單純使用決策樹演算法時的預測準確率和 F1 分數相對於其他演算法偏低:

```
決策樹 預測準確率: 77.05%
決策樹 預測F1分數: 78.79%
決策樹 混淆矩陣:
 [[21  8]
 [ 6 26]]
```

• 8.5 隨機森林

隨機森林(random forest)是一種穩固且實用的機器學習演算法,它是在決策樹的基礎上衍生而成的。決策樹和隨機森林的關係就是樹和森林的關係。透過對原始訓練樣本的抽樣,以及對特徵節點的選擇,我們可以得到很多棵不同的樹。

剛才説到決策樹很容易過擬合，而隨機森林的想法是把很多棵決策樹的結果
整合起來，以避免過擬合，同時提高準確率。其中，每一棵決策樹都是在原
始資料集中取出不同子集進行訓練的，儘管這種做法會小幅度地增加每棵樹
的預測偏差，但是最終對各棵樹的預測結果進行綜合平均之後的模型性能通
常會大大提高。

這就是隨機森林演算法的核心：或許每棵樹都是一個非常糟糕的預測器，但是
當我們將很多棵樹的預測集中在一起考量時，很有可能會得到一個好的模型。

假設我們有一個包含 N 個訓練樣本的資料集，特徵的維度為 M，隨機森林透
過下面演算法構造樹。

（1）從 N 個訓練樣本中以**有放回抽樣**（replacement sampling）的方式，取樣
　　　N 次，形成一個新訓練集（這種方法也叫 bootstrap 取樣），可用未抽到的
　　　樣本進行預測，評估其誤差。
（2）對於樹的每一個節點，都**隨機選擇** m **個特徵**（m 是 M 的子集，數目遠小
　　　於 M），決策樹上每個節點的決定都只是基於這些特徵確定的，即根據這
　　　m 個特徵，計算最佳的分裂方式。
（3）預設情況下，每棵樹都會完整成長而不會剪枝。

上述演算法有兩個關鍵點：一個是有放回抽樣，二是節點生成時不總是考量
全部特徵。這兩個關鍵點，都增加了樹生成過程中的隨機性，從而降低了過
擬合。

僅引入了一點小技巧，就形成了如此強大的隨機森林演算法。這就是演算法
之美，是機器學習之美。

在 Sklearn 的隨機森林分類器中，可以設定的一些的參數項如下。

- n_estimators：要生成的樹的數量。
- criterion：資訊增益指標，可選擇 gini（Gini 不純度）或 entropy（熵）。
- bootstrap：可選擇是否使用 bootstrap 方法取樣，True 或 False。如果選擇
  False，則所有樹都基於原始資料集生成。
- max_features：通常由演算法預設確定。對於分類問題，預設值是總特徵數
  的平方根，即如果一共有 9 個特徵，分類器會隨機選取其中 3 個。

下面用隨機森林演算法解決心臟病的預測問題：

```
from sklearn.ensemble import RandomForestClassifier # 匯入隨機森林模型
rf = RandomForestClassifier(n_estimators = 1000, random_state = 1)
rf.fit(X_train, y_train)
rf_acc = rf.score(X_test, y_test)*100
y_pred = rf.predict(X_test) # 預測心臟病結果
print("隨機森林 預測準確率:: {:.2f}%".format(rf.score(X_test, y_test)*100))
print("隨機森林 預測F1分數: {:.2f}%".format(f1_score(y_test, y_pred)*100))
print('隨機森林 混淆矩陣:\n', confusion_matrix(y_pred, y_test))
```

輸出結果顯示，1000 棵樹組成的隨機森林的預測準確率達到 88.52%：

```
隨機森林 預測準確率:: 88.52%
隨機森林 預測F1分數: 89.86%
隨機森林 混淆矩陣:
 [[23  3]
 [ 4 31]]
```

隨機森林演算法廣泛適用於各種問題，尤其是針對淺層的機器學習任務，隨機森林演算法很受歡迎。即使在目前的深度學習時代，要找到效率能夠超過隨機森林的演算法，也不是一件很容易的事。

• 8.6 如何選擇最佳機器學習演算法

　　講完隨機森林演算法之後，小冰開口問道：「咖哥，上面的這幾種經典演算法，你講得簡明扼要，感覺都挺好。不過，現在的問題來了，演算法一多，我反而不知道如何選擇了。你能不能給我們說說，什麼樣的演算法適合解決什麼樣的問題？」

　　咖哥回答：「這很值得說一說。沒有任何一種機器學習演算法，能夠做到針對任何資料集都是最佳的。一般來說拿到一個具體的資料集後，會根據一系列的考量因素進行評估。這些因素包括：要解決的問題的性質、資料集大小、資料集特徵、有無標籤等。有了這些資訊後，再來尋找適宜的演算法。」

讓我們從下頁這張 Sklearn 的演算法「官方小抄」圖入手來簡單說說機器學習演算法的選擇。順著這張圖過一遍各種機器學習演算法，也是一個令我們將所學知識融會貫通的過程。

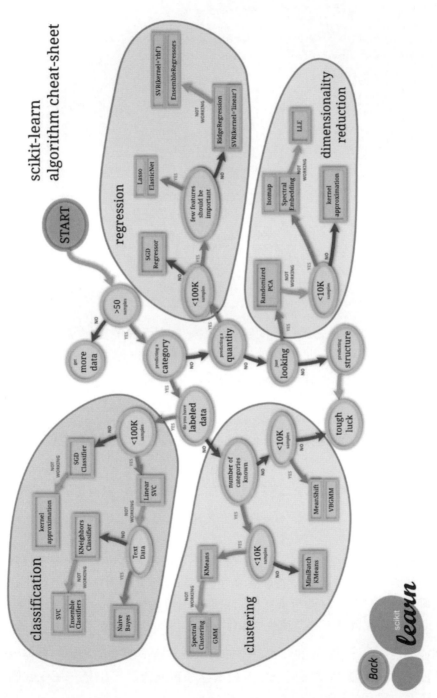

scikit-learn
algorithm cheat-sheet

▲ Sklearn 的演算法「官方小抄」

在開始選擇 Sklearn 演算法之前，先額外加一個 IF 敘述：

```
IF機器學習問題 = 感知類別問題(也就是圖型、語言、文字等非結構化問題)
    THEN深度學習演算法(例如使用Keras深度學習函數庫)
```

因為適合深度學習的問題通常不用 Sklearn 函數庫來解決，而對於淺層的機器學習問題，Sklearn 就可以大顯身手了。

Sklearn 函數庫中的演算法選擇流程如下：

```
IF資料量小於50個
    資料樣本太少了，先獲取更多資料
ELSE資料量大於50個
    IF是分類問題
        IF資料有標籤
            IF資料量小於10萬個
                選擇SGD分類器
            ELSE資料量大於10萬個
                先嘗試線性SVM分類器，如果不好用，再繼續嘗試其他演算法
                IF特徵為文字資料
                    選擇單純貝氏
                ELSE
                    先嘗試KNN分類器，如果不好用，再嘗試SVM分類器加整合分類演算法(參見
第9課內容)
        ELSE資料沒有標籤
            選擇各種聚類演算法(參見第10課內容)
    ELSE不是分類問題
        IF需要預測數值，就是回歸問題
        IF資料量大於10萬個
            選擇SGD回歸
        ELSE資料量小於10萬個
            根據資料集特徵的特點，有套索回歸和嶺回歸、整合回歸演算法、SVM回歸等幾
種選擇
        ELSE進行視覺化，
            則考慮幾種降維演算法(參見第10課內容)
        ELSE預測結構
            對不起，Sklearn幫不了你
```

選擇機器學習演算法的想法大致如此。此外，經驗和直覺在機器學習領域的重要性當然是不言而喻。其實，不光機器學習，經驗和直覺無論在什麼領域也都是關鍵。

當然，選取多種演算法去解決同一個問題，然後將各種演算法的效率進行比較，也不失為一個好的方案。

剛才，我們已經應用了好幾個機器學習演算法處理同一個資料集。再加上以前講過的邏輯回歸，現在就可以對各種演算法的性能進行一個水平比較。

下面是用邏輯回歸演算法解決心臟病的預測問題的範例程式。

```python
from sklearn.linear_model import LogisticRegression # 匯入邏輯回歸模型
lr = LogisticRegression()
lr.fit(X_train, y_train)
y_pred = lr.predict(X_test) # 預測心臟病結果
lr_acc = lr.score(X_test, y_test)*100
lr_f1 = f1_score(y_test, y_pred)*100
print("邏輯回歸預測準確率：{:.2f}%".format(lr_acc))
print("邏輯回歸預測F1分數：{:.2f}%".format(lr_f1))
print('邏輯回歸混淆矩陣:\n', confusion_matrix(y_test, y_pred))
```

下面就輸出所有這些演算法針對心臟病預測的準確率長條圖：

```python
methods = ["Logistic Regression", "KNN", "SVM",
           "Naive Bayes", "Decision Tree", "Random Forest"]
accuracy = [lr_acc, KNN_acc, svm_acc, nb_acc, dtc_acc, rf_acc]
colors = ["orange", "red", "purple", "magenta", "green", "blue"]
sns.set_style("whitegrid")
plt.figure(figsize=(16, 5))
plt.yticks(np.arange(0, 100, 10))
plt.ylabel("Accuracy %")
plt.xlabel("Algorithms")
sns.barplot(x=methods, y=accuracy, palette=colors)
plt.grid(b=None)
plt.show()
```

各種演算法的準確率比較如下圖所示。

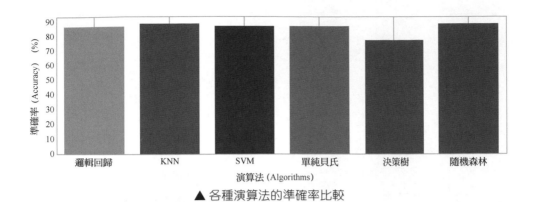

▲ 各種演算法的準確率比較

從結果上看，KNN 和隨機森林等演算法對這個問題來説是較好的演算法。

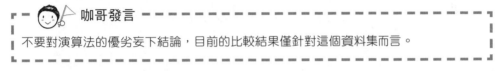
咖哥發言

不要對演算法的優劣妄下結論，目前的比較結果僅針對這個資料集而言。

再繪製出各種演算法的混淆矩陣：

```
# 繪製出各種演算法的混淆矩陣
from sklearn.metrics import confusion_matrix
y_pred_lr = lr.predict(X_test)
KNN3 = KNeighborsClassifier(n_neighbors = 3)
KNN3.fit(X_train, y_train)
y_pred_KNN = KNN3.predict(X_test)
y_pred_svm = svm.predict(X_test)
y_pred_nb = nb.predict(X_test)
y_pred_dtc = dtc.predict(X_test)
y_pred_rf = rf.predict(X_test)
cm_lr = confusion_matrix(y_test, y_pred_lr)
cm_KNN = confusion_matrix(y_test, y_pred_KNN)
cm_svm = confusion_matrix(y_test, y_pred_svm)
cm_nb = confusion_matrix(y_test, y_pred_nb)
cm_dtc = confusion_matrix(y_test, y_pred_dtc)
cm_rf = confusion_matrix(y_test, y_pred_rf)
plt.figure(figsize=(24, 12))
plt.suptitle("Confusion Matrixes", fontsize=24) #混淆矩陣
plt.subplots_adjust(wspace = 0.4, hspace= 0.4)
```

```
plt.subplot(2, 3, 1)
plt.title("Logistic Regression Confusion Matrix") #邏輯回歸混淆矩陣
sns.heatmap(cm_lr, annot=True, cmap="Blues", fmt="d", cbar=False)
plt.subplot(2, 3, 2)
plt.title("K Nearest Neighbors Confusion Matrix") #KNN混淆矩陣
sns.heatmap(cm_KNN, annot=True, cmap="Blues", fmt="d", cbar=False)
plt.subplot(2, 3, 3)
plt.title("Support Vector Machine Confusion Matrix") #SVM混淆矩陣
sns.heatmap(cm_svm, annot=True, cmap="Blues", fmt="d", cbar=False)
plt.subplot(2, 3, 4)
plt.title("Naive Bayes Confusion Matrix") #單純貝氏混淆矩陣
sns.heatmap(cm_nb, annot=True, cmap="Blues", fmt="d", cbar=False)
plt.subplot(2, 3, 5)
plt.title("Decision Tree Classifier Confusion Matrix") #決策樹混淆矩陣
sns.heatmap(cm_dtc, annot=True, cmap="Blues", fmt="d", cbar=False)
plt.subplot(2, 3, 6)
plt.title("Random Forest Confusion Matrix") #隨機森林混淆矩陣
sns.heatmap(cm_rf, annot=True, cmap="Blues", fmt="d", cbar=False)
plt.show()
```

各種演算法的混淆矩陣如下圖所示。

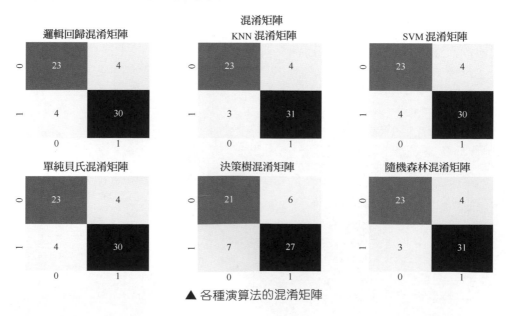

▲ 各種演算法的混淆矩陣

從圖中可以看出，KNN 和隨機森林這兩種演算法中「假負」的數目為 3，也就是說本來沒有心臟病，卻判定為有心臟病的客戶有 3 人；而「假正」的數目為 4，也就是說本來有心臟病，判定為沒有心臟病的客戶有 4 人。

• 8.7 用網格搜索超參數最佳化

我們早已經知道了內容參數和超參數的區別。內容參數是演算法內部的權重和偏置，而超參數是演算法的參數，例如邏輯回歸中的 C 值、神經網路的層數和最佳化器、KNN 中的 K 值，都是超參數。

演算法的內部參數，是演算法透過梯度下降自行最佳化，而超參數通常依據經驗手工調整。

在第 4 課的學習中，我們手工調整過邏輯回歸演算法中的 C 值，那時小冰就提出過一個問題：為什麼要手工調整，而不能由機器自動地選擇最佳的超參數？

而本次課程中，我們看到了同一個 KNN 演算法，不同 K 值所帶來的不同結果。因此，機器是可以透過某種方法自動找到最佳的 K 值的。

現在揭曉這個「秘密武器」：利用 Sklearn 的網格搜索（Grid Search）功能，可以為特定機器學習演算法找到每一個超參數指定範圍內的最佳值。

什麼是指定範圍內的最佳值呢？想法很簡單，就是列舉出一組可選超參數值。網格搜索會遍歷其中所有的可能組合，並根據指定的評估指標比較每一個超參數組合的性能。這個想法正如剛才在 KNN 演算法中，選擇 1 ～ 15 來一個一個檢查哪一個 K 值效果最好。當然，通常來說，超參數並不是一個，因此組合起來，可能的情況也多。

下面用網格搜索功能進一步最佳化隨機森林演算法的超參數，看看預測準確率還有沒有能進一步提升的空間：

```
from sklearn.model_selection import StratifiedKFold # 匯入K折驗證工具
from sklearn.model_selection import GridSearchCV # 匯入網格搜索工具
kfold = StratifiedKFold(n_splits=10) # 10折驗證
```

```
rf = RandomForestClassifier() # 隨機森林模型
# 對隨機森林演算法進行參數最佳化
rf_param_grid = {"max_depth": [None],
           "max_features": [3, 5, 12],
           "min_samples_split": [2, 5, 10],
           "min_samples_leaf": [3, 5, 10],
           "bootstrap": [False],
           "n_estimators" :[100,300],
           "criterion": ["gini"]}
rf_gs = GridSearchCV(rf,param_grid = rf_param_grid, cv=kfold,
               scoring="accuracy", n_jobs= 10, verbose = 1)
rf_gs.fit(X_train, y_train) # 用最佳化後的參數擬合訓練資料集
```

此處選擇了準確率作為各個參數組合的評估指標，並且應用 10 折驗證以提高準確率。程式開始運行之後，10 個「後台工作者」開始分批同步對 54 種參數組合中的每一組參數，用 10 折驗證的方式對訓練集進行訓練（因為是 10 折驗證，所以共需訓練 540 次）並比較，試圖找到最佳參數。

 咖哥發言

對於隨機森林演算法中每一個超參數的具體功能，請同學們自行查閱 Sklearn 文件。

輸出結果如下：

```
Fitting 10 folds for each of 54 candidates, totalling 540 fits
[Parallel(n_jobs=10)]: Using backend LokyBackend with 10 concurrent workers.
[Parallel(n_jobs=10)]: Done  30 tasks      | elapsed:    3.1s
[Parallel(n_jobs=10)]: Done 180 tasks      | elapsed:   24.3s
[Parallel(n_jobs=10)]: Done 430 tasks      | elapsed:  1.0min
[Parallel(n_jobs=10)]: Done 540 out of 540 | elapsed:  1.3min finished
```

在 GPU 的加持之下，整個 540 次擬合只用了 1.3 分鐘（不是每一個訓練集的訓練速度都這麼快，當參數組合數目很多、訓練資料集很大時，網格搜索還是挺耗費資源的）。

下面使用找到的最佳參數進行預測：

```
from sklearn.metrics import (accuracy_score, confusion_matrix)
```

```
y_hat_rfgs = rf_gs.predict(X_test) # 用隨機森林演算法的最佳參數進行預測
print("參數最佳化後隨機森林預測準確率:", accuracy_score(y_test.T, y_hat_rfgs))
```

在測試集上，對心臟病的預測準確率達到了 90% 以上，這是之前多種演算法都沒有達到過的最好成績：

參數最佳化後隨機森林測試準確率: 0.9016393442622951

顯示一下混淆矩陣，發現「假正」進一步下降為 3 人，也就是説測試集中僅有 3 個健康的人被誤判為心臟病患者，同時僅有 3 個真正的心臟病患者成了漏網之魚，被誤判為健康的人：

```
cm_rfgs = confusion_matrix(y_test, y_had_rfgs) # 顯示混淆矩陣
plt.figure(figsize=(4, 4))
plt.title("Random Forest (Best Score) Confusion Matrix")#隨機森林（最佳參數）
混淆矩陣
sns.heatmap(cm_rfgs, annot=True, cmap="Blues", fmt="d", cbar=False)
```

參數最佳化後隨機森林演算法的混淆矩陣如下圖所示。

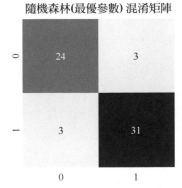

▲ 參數最佳化後隨機森林演算法的混淆矩陣

那麼，如果獲得了好的結果，能把參數輸出來，留著以後重用嗎？

輸出最佳模型的 best_params_ 屬性就行！

範例程式如下：

```
print("最佳參數組合:", rf_gs.best_params_)
```

輸出結果如下：

```
最佳參數：
{'bootstrap': False,
'criterion': 'gini',
'max_depth': None,
'max_features': 3,
'min_samples_leaf': 3,
'min_samples_split': 2,
'n_estimators': 100}
```

這就是網格搜索幫我們找到的隨機森林演算法的最佳參數組合。

8.8 本課內容小結

學完本課的幾種演算法，加上已經非常熟悉的線性回歸和邏輯回歸演算法，我們的機器學習「彈藥庫」就基本完備了。

複習一下，本課學習的幾種演算法如下。

- KNN——透過向量在空間中的距離來為資料樣本分類。
- SVM——一種使用核心函數擴充向量空間維度，並力圖最大化分割超平面的演算法。
- 單純貝氏——這種演算法應用機率建模原理，假設資料集的特徵都是彼此獨立的。
- 決策樹——類似「20 個問題」遊戲，個人能力雖然較弱，卻能夠被整合出多種更優秀的演算法。
- 隨機森林——透過 bootstrap 取樣形成不同的訓練集，並進行特徵的隨機取出，生成多棵樹，然後透過結果整合，來進行分類預測。

此外，透過網格搜索，還可以在大量參數的相互組合中找到最適合當前資料集的最佳參數組合。

下一課將介紹如何利用這些演算法進行整合學習，從而得到更優的模型。

• 8.9 課後練習

練習一：找到第 5 課中曾使用的「銀行客戶流失」資料集，並使用本課介紹的演算法處理該資料集。

練習二：本課介紹的演算法中，都有屬於自己的超參數，請同學們查閱 Sklearn 文件，研究並調整這些超參數。

練習三：對於第 5 課中的「銀行客戶流失」資料集，選擇哪些 Sklearn 演算法可能效果較好，為什麼？

練習四：決策樹是如何「生長」為隨機森林的？

第 9 課　　整合學習「笑傲江湖」

咖哥問：「小冰會看打籃球嗎？」

小冰說：「我不是球迷，但偶爾也看。」

咖哥又說：「嗯，在球賽中，防守方的聯防策略是非常有效的，幾個隊員彼此照應，隨時協防、換位、補位、護送等，相互幫助，作為一個整體作戰，面對再兇猛的進攻球員，也能夠把他拿下。」

「咖哥，」小冰說，「本課的內容……說完球再講？」

「本課就是要講一講，這種『協作作戰』的威力……」咖哥回道。

「什麼？！」小冰驚訝地說。

▲ 整合學習，就是機器學習裡面的協作作戰

整合學習，就是機器學習裡面的協作作戰！如果訓練出一個模型比較弱，又訓練出一個模型還是比較弱，但是，幾個不大一樣的模型組合起來，很可能其效率會好過一個單獨的模型。這個想法匯出的隨機森林、梯度提升決策樹，以及 XGBoost 等演算法，都是常用的、有效的、經常在機器學習競賽中奪冠的「法寶」。

下面看看本課重點。

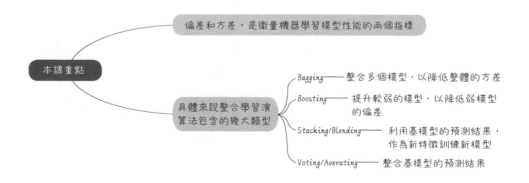

本課重點

偏差和方差，是衡量機器學習模型性能的兩個指標

具體來說整合學習演算法包含的幾大類型

Bagging —— 整合多個模型，以降低整體的方差

Boosting —— 提升較弱的模型，以降低弱模型的偏差

Stacking/Blending —— 利用基模型的預測結果，作為新特徵訓練新模型

Voting/Averating —— 整合基模型的預測結果

整合學習,是透過建置出多個模型(這些模型可以是比較弱的模型),然後將它們組合起來完成任務。名字聽起來比較「高大上」,但它其實是很經典的機器學習演算法。在深度學習時代,整合學習仍然具有很高的「江湖地位」。

它的核心策略是透過模型的整合減少機器學習中的偏差(bias)和方差(variance)。

• 9.1 偏差和方差──機器學習性能最佳化的風向球

　　小冰問道:「偏差和方差?上節課講決策樹和隨機森林時你好像提到過它們,當時你沒有細說。」

　　「對。」咖哥說,「在深入介紹整合學習演算法之前,先要了解的是偏差和方差這兩個概念在機器學習專案最佳化過程中的指導意義。」

方差是從統計學中引入的概念,方差定義的是一組資料距離其平均值的離散程度。而機器學習裡面的偏差用於衡量模型的準確程度。

 咖哥發言

注意,機器學習內部參數 w 和 b 中的參數 b,英文也是 bias,它是線性模型內部的偏置。而這裡的 bias 是模型準確率的偏差。兩者英文相同,但不是同一個概念。

同學們看下面的圖。

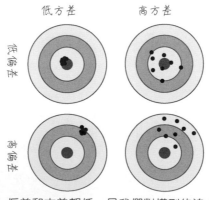

▲ 偏差和方差都低,是我們對模型的追求

偏負評判的是機器學習模型的**準確度**，偏差越小，模型越準確。它度量了演算法的預測與真實結果的離散程度，**刻畫了學習演算法本身的擬合能力** 。也就是每次打靶，都比較接近靶心。

方負評判的是機器學習模型的**穩定性**（或稱精度），方差越小，模型越穩定。它度量了訓練集變動所導致的學習性能變化，**刻畫了資料擾動所造成的影響**。也就是每次打靶，不管打得準不準，擊中點都比較集中。

 咖哥發言

其實機器學習中的預測誤差還包含另一個部分，叫作雜訊。雜訊表達的是在當前任務上任何學習演算法所能達到的泛化誤差的下界，也可以說刻畫了學習問題本身的難度，屬於不可約減的誤差（irreducible error），因此就不在我們關注的範圍內。

9.1.1 目標：降低偏差與方差

低偏差和低方差，是我們希望達到的效果，然而一般來說，偏差與方差是魚與熊掌不可兼得的，這被稱作偏差 - 方差窘境（bias-variance dilemma）。

- 指定一個學習任務，在訓練的初期，模型對訓練集的擬合還未完善，能力不夠強，偏差也就比較大。正是由於擬合能力不強，資料集的擾動是無法使模型的效率產生顯著變化的——此時模型處於欠擬合的狀態，把模型應用於訓練集資料，會出現高偏差。
- 隨著訓練的次數增多，模型的調整最佳化，其擬合能力越來越強，此時訓練資料的擾動也會對模型產生影響。
- 當充分訓練之後，模型已經完全擬合了訓練集資料，此時資料的輕微擾動都會導致模型發生顯著變化。當訓練好的模型應用於測試集，並不一定得到好的效果——此時模型應用於不同的資料集，會出現高方差，也就是過擬合的狀態。

其實，在第 4 課的正規化、欠擬合和過擬合一節中，我們已經探討過這個道理了。機器學習性能最佳化領域的最核心問題，就是不斷地探求欠擬合 - 過擬合之間，也就是偏差 - 方差之間的**最佳平衡點**，也是訓練集最佳化和測試集泛化的平衡點。

如下圖所示，如果同時為訓練集和測試集繪製損失曲線，大概可以看出以下內容。

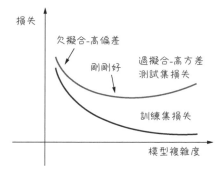

▲ 損失、偏差、方差與模型複雜度之間的關係

- 在訓練初期，當模型很弱的時候，測試集和訓練集上，損失都大。這時候需要調整的是機器學習的模型，或甚至選擇更好演算法。這是在降低偏差。
- 在模型或演算法被最佳化之後，損失曲線逐漸收斂。但是過了一段時間之後，發現損失在訓練集上越來越小，然而在測試集上逐漸變大。此時要集中精力降低方差。

因此，機器學習的性能最佳化是有順序的，一般是先**降低偏差**，**再聚焦於降低方差**。

9.1.2 資料集大小對偏差和方差的影響

　　咖哥發問：「剛才畫出了損失與模型複雜度之間的關係曲線，以評估偏差和方差的大小。還有另外一種的方法，能判斷機器學習模型當前方差的大致狀況，你們能猜出來嗎？」

　　小冰想了想：「剛才你說到……資料的擾動……」

　　「不錯啊」咖哥很驚訝，「沒想到你的想法還挺正確。看來你經過堅持學習，能力都有提升了。答案正是透過調整資料集的大小來觀測損失的情況，進而判定是偏差還是方差影響著機器學習效率。」

高方差，表示資料擾動對模型的影響大。那麼觀察資料集的變化如何能夠發現目前模型的偏差和方差狀況？

你們看下面的圖：左圖中的模型方差較低，而下圖中的模型方差較高。

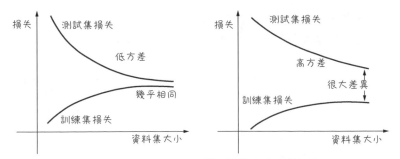

▲ 損失、偏差、方差與模型複雜度之間的關係

這是因為，資料集越大，越能夠降低過擬合的風險。資料集越大，訓練集和測試集上的損失差異理論上應該越小，因為更大的資料集會導致訓練集上的損失值上升，測試集上的損失值下降。

- 如果隨著資料集逐漸增大，訓練集和測試集的誤差的差異逐漸減小，然後都穩定在一個值附近。這說明此時模型的方差比較小。如果這個模型準確率仍然不高，需要從模型的性能最佳化上調整，減小偏差。
- 如果隨著資料集的增大，訓練集和測試集的誤差的差異仍然很大，此時就說明模型的方差大。也就是模型受資料的影響大，此時需要增加模型的泛化能力。

9.1.3 預測空間的變化帶來偏差和方差的變化

小冰想了想，又問：「你煞費苦心，繪製出來上面這樣的曲線，又有什麼意義，我們拿來做什麼啊？」

咖哥回答：「當然是為了確定目前的模型是偏差大還是方差大。」

小冰接著問：「然後呢？」

咖哥又答：「很重要。知道偏差大還是方差大，就知道應該把模型往哪個方向調整。回到下面要談的整合學習演算法的話，就是選擇什麼演算法最佳化模型。我們需要有的放矢。」

「不同的模型，有不同的複雜度，其預測空間大小不同、維度也不同。一個簡單的線性函數，它所能夠覆蓋的預測空間是比較有限的，其實也可以說簡單的函數模型方差都比較低。這是好事。那麼如果增加變數的次數，增加特徵之間的組合，函數就變複雜了，預測空間就隨著特徵空間的變化而增大。再發

展到很多神經元非線性啟動之後組成神經網路，可以包含幾十萬、幾百萬個參數，它的預測空間維度特別大。這個時候，方差也會迅速增大。」

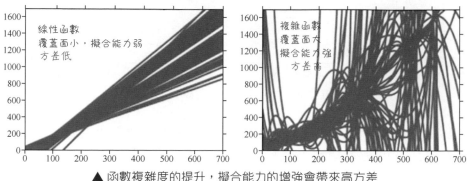

線性函數
覆蓋面小，擬合能力弱
方差低

複雜函數
覆蓋面大
擬合能力強
方差高

▲ 函數複雜度的提升，擬合能力的增強會帶來高方差

　　小冰剛想說話，咖哥說：「我知道你想問，為什麼我們還要不斷增加預測空間，增加模型的複雜度？因為現實世界中的問題的確就是這麼複雜。簡單的線性函數雖然方差低，但是偏差高，對於稍微複雜的問題，根本不能解決。那麼只能用威力比較大的、覆蓋面比較大的『大殺器』來解決問題了。而神經網路就像是原子彈，一旦被發射，肯定能夠把要打擊的目標擊倒。但是如何避免誤傷無辜，降低方差，就又回到如何提高精度的問題了。這樣，偏差 - 方差窘境就又出現了。」

　　「不過，整合學習之所以好，是因為它透過組合一些比較簡單的演算法來保留這些演算法低方差的優勢。在此基礎之上，它又能引入複雜的模型來擴充簡單演算法的預測空間。這樣，我們就能瞭解為何整合學習是同時降低方差和偏差的大招。」

下面一個一個來看每一種整合學習演算法。

• 9.2 Bagging 演算法——多個基礎模型的聚合

Bagging 是我們要講的第一種整合學習演算法，是 Bootstrap Aggregating 的縮寫。有人把它翻譯為套袋法、裝袋法，或自助聚合，沒有統一的叫法，就直接用它的英文名稱。其演算法的基本思維是從原始的資料集中取出資料，形成 K 個隨機的新訓練集，然後訓練出 K 個不同的模型。具體過程如下。

（1）從原始樣本集中透過隨機取出形成 K 個訓練集（如下圖所示）：每輪取出 n 個訓練樣本（有些樣本可能被多次取出，而有些樣本可能一次都沒有被取出，這叫作**有放回**的取出）。這 K 個訓練集是彼此獨立的——這個過程也叫作 bootstrap（可譯為 bootstrapping 或自助取樣），它有點像 K 折驗證，但不同之處是其樣本是有放回的。

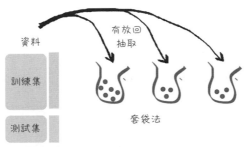

▲ 有放回的隨機取出資料樣本

（2）每次使用一個訓練集透過相同的機器學習演算法（如決策樹、神經網路等）得到一個模型，K 個訓練集共得到 K 個模型。我們把這些模型稱為**基礎模型**（base estimator），或基礎學習器。

基礎模型的整合有以下兩種情況。

- 對於分類問題，K 個模型採用投票的方式得到分類結果。
- 對於回歸問題，計算 K 個模型的平均值作為最後的結果。

這個過程如下圖所示。

▲ Bagging 的過程

9.2.1 決策樹的聚合

　　小冰發言:「咖哥,我怎麼覺得這個 Bagging 上節課你已經講過一遍了?」

　　咖哥說:「很好,你還記得,就代表上一課我沒有白講。多數情況下的 Bagging,都是基於決策樹的,構造隨機森林的第一個步驟其實就是對多棵決策樹進行 Bagging,我們把它稱為樹的聚合(Bagging of Tree)。」

樹這種模型,具有顯著的低偏差、高方差的特點。也就是受資料的影響特別大,一不小心,訓練集準確率就接近 100% 了。但是這種效果不能夠移植到其他的資料集。這是很明顯的過擬合現象。整合學習的 Bagging 演算法,就從樹模型開始,著手解決它過於精準,又不易泛化的問題。

當然,Bagging 的原理,並不僅限於決策樹,還可以擴充到其他機器學習演算法。因為透過隨機取出資料的方法減少了可能的資料干擾,所以經過 Bagging 的模型將具有低方差。

在 Sklearn 的整合學習函數庫中,有 BaggingClassifier 和 BaggingRegressor 這兩種 Bagging 模型,分別適用於分類問題和回歸問題。

現在把樹的 BaggingClassifier 應用於第 5 課中預測銀行客戶是否會流失的案例,看一看其效果如何。資料讀取和特徵工程部分的程式不再重複,同學們可參考第 5 課中的程式碼片段或原始程式套件中的內容。

範例程式如下:

```
# 對多棵決策樹進行聚合(Bagging)
from sklearn.ensemble import BaggingClassifier #匯入Bagging分類器
from sklearn.tree import DecisionTreeClassifier #匯入決策樹分類器
from sklearn.metrics import (f1_score, confusion_matrix) # 匯入評估指標
dt = DecisionTreeClassifier() # 只使用一棵決策樹
dt.fit(X_train, y_train) # 擬合模型
y_pred = dt.predict(X_test) # 進行預測
print("決策樹測試準確率: {:.2f}%".format(dt.score(X_test, y_test)*100))
print("決策樹測試F1分數: {:.2f}%".format(f1_score(y_test, y_pred)*100))
bdt = BaggingClassifier(DecisionTreeClassifier()) #樹的Bagging
bdt.fit (X_train, y_train) # 擬合模型
y_pred = bdt.predict(X_test) # 進行預測
print("決策樹Bagging測試準確率: {:.2f}%".format(bdt.score(X_test, y_test)*100))
```

```
print("決策樹Bagging測試F1分數: {:.2f}%".format(f1_score(y_test, y_pred)*100))
```

上面程式中的 BaggingClassifier 指定了 DecisionTreeClassifier 決策樹分類器作為基礎模型的類型，預設的基礎模型的數量是 10，也就是在 Bagging 過程中會用 Bootstrap 演算法生成 10 棵樹。

輸出結果如下：

```
決策樹測試準確率: 84.00%
決策樹測試F1分數: 53.62%
決策樹Bagging測試準確率: 85.75%
決策樹Bagging測試F1分數: 58.76%
```

在這裡比較了只使用一棵決策樹和經過 Bagging 之後的樹這兩種演算法的預測效果，可以看到決策樹 Bagging 的準確率及 F1 分數明顯佔優勢。在沒有調參的情況下，其驗證集的 F1 分數達到 58.76%。當然，因為 Bagging 過程的隨機性，每次測試的分數都稍有不同。

如果用網格搜索再進行參數最佳化：

```
from sklearn.model_selection import GridSearchCV # 匯入網格搜索工具
# 使用網格搜索最佳化參數
bdt_param_grid = {
    'base_estimator__max_depth' : [5, 10, 20, 50, 100],
    'n_estimators' : [1, 5, 10, 50]}
bdt_gs = GridSearchCV(BaggingClassifier(DecisionTreeClassifier()),
            param_grid = bdt_param_grid, scoring = 'f1',
            n_jobs= 10, verbose = 1)
bdt_gs.fit(X_train, y_train) # 擬合模型
bdt_gs = bdt_gs.best_estimator_ # 最佳模型
y_pred = bdt.predict(X_test) # 進行預測
print("決策樹Bagging測試準確率: {:.2f}%".format(bdt_gs.score(X_test,
y_test)*100))
print("決策樹Bagging測試F1分數: {:.2f}%".format(f1_score(y_test, y_pred)*100))
```

F1 分數可能會進一步提升：

```
決策樹Bagging測試準確率: 86.75%
決策樹Bagging測試F1分數: 59.47%
```

其中，base_estimator__max_depth 中的 base_estimator 表示 Bagging 的基礎模型，即決策樹分類器 DecisionTreeClassifier。因此，兩個底線後面的 max_depth 參數隸屬於決策樹分類器，指的是樹的深度。而 n_estimators 參數隸屬於 BaggingClassifier，指的是 Bagging 過程中樹的個數。

準確率為何會提升？其中的關鍵正是降低了模型的方差，增加了泛化能力。因為每一棵樹都是在原始資料集的不同子集上進行訓練的，這是以偏差的小幅增加為代價的，但是最終的模型應用於測試集後，性能會大幅提升。

9.2.2 從樹的聚合到隨機森林

當我們說到整合學習，最關鍵的一點是各個基礎模型的相關度要小，差異性要大。異質性越強，整合的效果越好。兩個準確率為 99% 的模型，如果其預測結果都一致，也就沒有提高的空間了。

那麼對樹的整合，關鍵在於這些樹裡面每棵樹的差異性是否夠大。

在樹的聚合中，每一次樹分叉時，都會遍歷所有的特徵，找到最佳的分支方案。而隨機森林在此演算法基礎上的改善就是在樹分叉時，增加了對特徵選擇的隨機性，而並不總是考量全部的特徵。這個小小的改進，就在較大程度上進一步提高了各棵樹的差異。

假設樹分叉時選取的特徵數為 m，m 這個參數值通常遵循下面的規則。

- 對於分類問題，m 可以設定為特徵數的平方根，也就是如果特徵是 36，那麼 m 大概是 6。
- 對於回歸問題，m 可以設定為特徵數的 1/3，也就是如果特徵是 36，那麼 m 大概是 12。

在 Sklearn 的整合學習函數庫中，也有 RandomForestClassifier 和 RandomForestRegressor 兩種隨機森林模型，分別適用於分類問題和回歸問題。

下面用隨機森林演算法解決同樣的問題，看一下預測效率：

```
from sklearn.ensemble import RandomForestClassifier # 匯入隨機森林模型
rf = RandomForestClassifier() # 隨機森林模型
# 使用網格搜索最佳化參數
```

```
rf_param_grid = {"max_depth": [None],
            "max_features": [1, 3, 10],
            "min_samples_split": [2, 3, 10],
            "min_samples_leaf": [1, 3, 10],
            "bootstrap": [True, False],
            "n_estimators" :[100, 300],
            "criterion": ["gini"]}
rf_gs = GridSearchCV(rf, param_grid = rf_param_grid,
                scoring="f1", n_jobs= 10, verbose = 1)
rf_gs.fit(X_train, y_train) # 擬合模型
rf_gs = rf_gs.best_estimator_ # 最佳模型
y_pred = rf_gs.predict(X_test) # 進行預測
print("隨機森林測試準確率: {:.2f}%".format(rf_gs.score(X_test, y_test)*100))
print("隨機森林測試F1分數: {:.2f}%".format(f1_score(y_test, y_pred)*100))
```

輸出測結果如下：

```
隨機森林測試準確率: 86.65%
隨機森林測試F1分數: 59.48%
```

這個結果顯示出隨機森林的預測效率比起樹的聚合更好。

9.2.3 從隨機森林到極端隨機森林

　　從樹的聚合到隨機森林，增加了樹生成過程中的隨機性，降低了方差。順著這個想法更進一步，就形成了另一個演算法叫作極端隨機森林，也叫更多樹（extra tree）。

　　這麼多種「樹」讓小冰和同學們聽得有點呆了。

　　咖哥笑道：「雖然決策樹這個演算法本身不突出，但是經過整合，衍生出了許多強大的演算法。而且這裏還沒說完，後面還有。」

前面説過，隨機森林演算法在樹分叉時會隨機選取 m 個特徵作為考量，對於每一次分叉，它還是會遍歷所有的分支，然後選擇基於這些特徵的最佳分支。這本質上仍屬於貪心演算法（greedy algorithm），即在每一步選擇中都採取在當前狀態下最佳的選擇。而極端隨機森林演算法一點也不「貪心」，它甚至不去考量所有的分支，而是隨機選擇一些分支，從中拿到一個最佳解。

下面用極端隨機森林演算法來解決同樣的問題:

```
from sklearn.ensemble import ExtraTreesClassifier # 匯入極端隨機森林模型
ext = ExtraTreesClassifier() # 極端隨機森林模型
# 使用網格搜索最佳化參數
ext_param_grid = {"max_depth": [None],
            "max_features": [1, 3, 10],
            "min_samples_split": [2, 3, 10],
            "min_samples_leaf": [1, 3, 10],
            "bootstrap": [True, False],
            "n_estimators" :[100, 300],
            "criterion": ["gini"]}
ext_gs = GridSearchCV(et, param_grid = ext_param_grid, scoring="f1",
                n_jobs= 4, verbose = 1)
ext_gs.fit(X_train, y_train) # 擬合模型
ext_gs = ext_gs.best_estimator_ # 最佳模型
y_pred = ext_gs.predict(X_test) # 進行預測
print("極端隨機森林測試準確率: {:.2f}%".format(ext_gs.score(X_test, y_test)*100))
print("極端隨機森林測試F1分數: {:.2f}%".format(f1_score(y_test, y_pred)*100))
```

輸出結果如下:

```
極端隨機森林測試準確率: 86.10%
極端隨機森林測試F1分數: 56.97%
```

關於隨機森林和極端隨機森林演算法的性能,有以下幾點需要注意。

(1)隨機森林演算法在絕大多數情況下是優於極端隨機森林演算法的。

(2)極端隨機森林演算法不需要考慮所有分支的可能性,所以它的運算效率
    往往要高於隨機森林演算法,也就是說速度比較快。

(3)對於某些資料集,極端隨機森林演算法可能擁有更強的泛化功能。但是很
    難知道具體什麼情況下會出現這樣的結果,因此不妨各種演算法都試試。

9.2.4 比較決策樹、樹的聚合、隨機森林、極端隨機森林的效率

剛才的範例程式使用的都是上述演算法的分類器版本。我們再用一個實例來
比較決策樹、樹的聚合、隨機森林,以及極端隨機森林在處理回歸問題上的
優劣。

處理回歸問題要選擇各種工具的 Regressor（回歸器）版本，而非 Classifier（分類器）。

這個範例是從 Yury Kashnitsky[1] 發佈在 Kaggle 上的 Notebook 的基礎上修改後形成的，其中展示了 4 種樹模型擬合一個隨機函數曲線（含有雜訊）的情況，其目的是比較 4 種演算法中哪一種對原始函數曲線的擬合效果最好。

案例的完整程式如下：

```python
# 匯入所需的函數庫
import numpy as np
import pandas as pd
from matplotlib import pyplot as plt
from sklearn.ensemble import (RandomForestRegressor,
                              BaggingRegressor,
                              ExtraTreesRegressor)
from sklearn.tree import DecisionTreeRegressor
# 生成需要擬合的資料點──多次函數曲線
def compute(x):
    return 1.5 * np.exp(-x ** 2) + 1.1 * np.exp(-(x - 2) ** 2)
def f(x):
    x = x.ravel()
    return compute(x)
def generate(n_samples, noise):
    X = np.random.rand(n_samples) * 10 - 4
    X = np.sort(X).ravel()
    y = compute(X) + np.random.normal(0.0, noise, n_samples)
    X = X.reshape((n_samples, 1))
    return X, y
X_train, y_train = generate(250, 0.15)
X_test, y_test = generate(500, 0.15)
# 用決策樹回歸模型擬合
dtree = DecisionTreeRegressor().fit(X_train, y_train)
d_predict = dtree.predict(X_test)
plt.figure(figsize=(20, 12))
```

1　引用已經獲得作者尤裡‧卡什尼茨基（Yury Kashnitsky）的同意，在此表示感謝。

```
# ax.add_gridspec(b=False)
plt.grid(b=None)
plt.subplot(2, 2, 1)
plt.plot(X_test, f(X_test), "b")
plt.scatter(X_train, y_train, c="b", s=20)
plt.plot(X_test, d_predict, "g", lw=2)
plt.title("Decision Tree, MSE = %.2f" % np.sum((y_test - d_predict) ** 2))
# 用樹的聚合回歸模型擬合
bdt = BaggingRegressor(DecisionTreeRegressor()).fit(X_train, y_train)
bdt_predict = bdt.predict(X_test)
# plt.figure(figsize=(10, 6))
plt.subplot(2, 2, 2)
plt.plot(X_test, f(X_test), "b")
plt.scatter(X_train, y_train, c="b", s=20)
plt.plot(X_test, bdt_predict, "y", lw=2)
plt.title("Bagging for Trees, MSE = %.2f" % np.sum((y_test - bdt_predict) ** 2));
# 用隨機森林回歸模型擬合
rf = RandomForestRegressor(n_estimators=10).fit(X_train, y_train)
rf_predict = rf.predict(X_test)
# plt.figure(figsize=(10, 6))
plt.subplot(2, 2, 3)
plt.plot(X_test, f(X_test), "b")
plt.scatter(X_train, y_train, c="b", s=20)
plt.plot(X_test, rf_predict, "r", lw=2)
plt.title("Random Forest, MSE = %.2f" % np.sum((y_test - rf_predict) ** 2));
# 用極端隨機森林回歸模型擬合
et = ExtraTreesRegressor(n_estimators=10).fit(X_train, y_train)
et_predict = et.predict(X_test)
# plt.figure(figsize=(10, 6))
plt.subplot(2, 2, 4)
plt.plot(X_test, f(X_test), "b")
plt.scatter(X_train, y_train, c="b", s=20)
plt.plot(X_test, et_predict, "purple", lw=2)
plt.title("Extra Trees, MSE = %.2f" % np.sum((y_test - et_predict) ** 2));
```

從下圖的輸出中不難看出，曲線越平滑，過擬合越小，機器學習演算法也就
越接近原始函數曲線本身，損失也就越小。

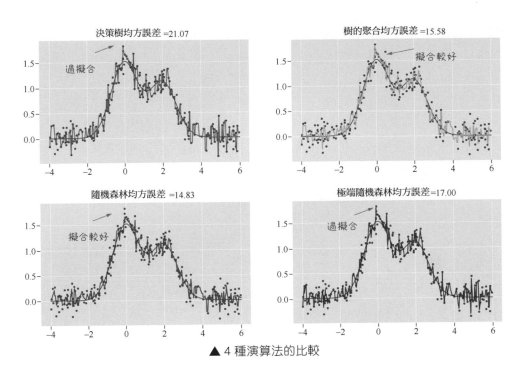

▲ 4 種演算法的比較

對於後 3 種整合學習演算法，每次訓練得到的均方誤差都是不同的，因為演算法內部均含有隨機成分。經過整合學習後，較之單棵決策樹，3 種整合學習演算法都顯著地降低了在測試集上的均方誤差。

複習一下：Bagging，是平行地生成多個基礎模型，利用基礎模型的獨立性，然後透過平均或投票來降低模型的方差。

• 9.3 Boosting 演算法──鍛煉弱模型的「肌肉」

Boosting 的意思就是提升，這是一種透過訓練弱學習模型的「肌肉」將其提升為強學習模型的演算法。要想在機器學習競賽中追求卓越，Boosting 是一種必需的存在。這是一個屬於「高手」的技術，我們當然也應該掌握。

▲ Boosting：把模型訓練得更強

Boosting 的基本想法是逐步最佳化模型。這與 Bagging 不同。Bagging 是獨立地生成很多不同的模型並對預測結果進行整合。Boosting 則是持續地透過新模型來最佳化同一個基礎模型，每一個新的弱模型加入進來的時候，就在原有模型的基礎上整合新模型，從而形成新的基礎模型。而對新的基礎模型的訓練，將一直聚集於之前模型的誤差點，也就是原模型預測出錯的樣本（而非像 Bagging 那樣隨機選擇樣本），目標是不斷減小模型的預測誤差。

下面的 Boosting 示意圖展示了這樣的過程：一個擬合效果很弱的模型（左上圖的水準紅線），透過梯度提升，逐步形成了較接近理想擬合曲線的模型（右下圖的紅線）。

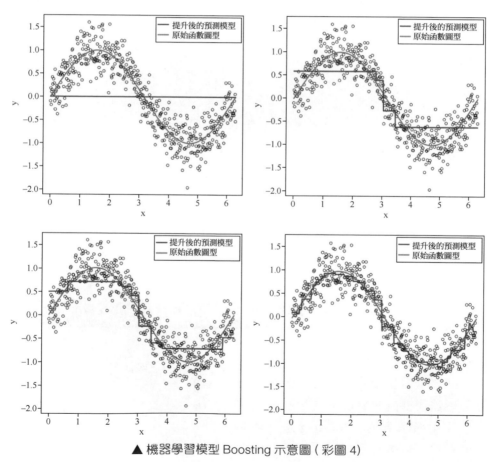

▲ 機器學習模型 Boosting 示意圖（彩圖 4）

梯度這個詞我們已經很熟悉了。在線性回歸、邏輯回歸和神經網路中，梯度下降是機器得以自我最佳化的本源。機器學習的模型內部參數在梯度下降的過程中逐漸自我更新，直到達到最佳解。

而 Boosting 這個模型逐漸最佳化，自我更新的過程特別類似梯度下降，它是把梯度下降的想法從更新模型內部參數擴充到更新模型本身。因此，可以説 **Boosting 就是模型透過梯度下降自我最佳化的過程**。

像上圖所示的弱分類器，經過 Boosting，逐漸接近原始函數圖型的態勢的過程，同學們有沒有感覺這是和 Bagging 相反的想法。剛才的 Bagging 非常精準地擬合每一個資料點（如很深的決策樹）並逐漸找到更粗放的演算法（如隨機森林）以**削弱對資料的過擬合**，目的是**降低方差**。而現在的 Boosting，則是把一個擬合很差的**模型逐漸提升**得比較好，目的**是降低偏差**。

Boosting 是如何實現自我最佳化的呢？有以下兩個關鍵步驟。

（1）資料集的拆分過程──Boosting 和 Bagging 的想法不同。Bagging 是隨機取出，而 Boosting 是在每一輪中有針對性的改變訓練資料。具體方法包括：增大在前一輪被弱分類器分錯的樣本的權重或被選取的機率，或減小前一輪被弱分類器分對的樣本的權重或被選取的機率。透過這樣的方法確保被誤分類的樣本在後續訓練中受到更多的關注。

（2）整合弱模型的方法──也有多種選擇。可透過加法模型將弱分類器進行線性組合，比如 AdaBoost 的加權多數表決，即增大錯誤率較小的分類器的權重，同時減小錯誤率較大的分類器的權重。而梯度提升決策樹不是直接組合弱模型，而是透過類似梯度下降的方式逐步減小損失，將每一步生成的模型疊加得到最終模型。

實戰中的 Boosting 演算法，有 AdaBoost、梯度提升決策樹（GBDT），以及 XGBoost 等。這些演算法都包含了 Boosting 提升的思維。也就是說，每一個新模型的生成都是建立在上一個模型的基礎之上，具體細節則各有不同。

9.3.1 AdaBoost 演算法

AdaBoost 演算法的特點是對不同的樣本指定不同的權重。

　　「咖哥，等一會兒。」小冰說，「這個 Ada 什麼……好像有印象似的。」

　　咖哥說：「前面講梯度下降最佳化器的時候提到過 AdaGrad，就是給不同的模型內部參數分配不同的學習率。Ada，就是 adaptive，翻譯過來也就是自我調整。」

AdaBoost 是給不同的樣本分配不同的權重，被分錯的樣本的權重在 Boosting 過程中會增大，新模型會因此更加關注這些被分錯的樣本，反之，樣本的權重會減小。然後，將修改過權重的新資料集輸入下層模型進行訓練，最後將每次得到的基礎模型組合起來，也根據其分類錯誤率對模型指定權重，整合為最終的模型。

下面應用 AdaBoost 演算法，來重新解決銀行客戶流失問題：

```
from sklearn.ensemble import AdaBoostClassifier # 匯入AdaBoost模型
dt = DecisionTreeClassifier() # 選擇決策樹分類器作為AdaBoost的基準演算法
ada = AdaBoostClassifier(dt) # AdaBoost模型
# 使用網格搜索最佳化參數
ada_param_grid = {"base_estimator__criterion" : ["gini", "entropy"],
                  "base_estimator__splitter" :   ["best", "random"],
                  "base_estimator__random_state" :   [7, 9, 10, 12, 15],
                  "algorithm" : ["SAMME", "SAMME.R"],
                  "n_estimators" :[1, 2, 5, 10],
                  "learning_rate": [0.0001, 0.001, 0.01, 0.1, 0.2, 0.3, 1.5]}
ada_gs = GridSearchCV(adadt, param_grid = ada_param_grid,
                      scoring="f1", n_jobs= 10, verbose = 1)
ada_gs.fit(X_train, y_train) # 擬合模型
ada_gs = ada_gs.best_estimator_ # 最佳模型
y_pred = ada_gs.predict(X_test) # 進行預測
print("AdaBoost測試準確率: {:.2f}%".format(ada_gs.score(X_test, y_test)*100))
print("AdaBoost測試F1分數: {:.2f}%".format(f1_score(y_test, y_pred)*100))
```

我們仍然選擇決策樹分類器作為 AdaBoost 的基準演算法。從結果上來看，這個問題應用 AdaBoost 演算法求解，效果並不是很好：

```
AdaBoost測試準確率: 79.45%
AdaBoost測試F1分數: 51.82%
```

9.3.2 梯度提升演算法

梯度提升（Granding Boosting）演算法是梯度下降和 Boosting 這兩種演算法結合的產物。因為常見的梯度提升都是基於決策樹的，有時就直接叫作 GBDT，即梯度提升決策樹（Granding Boosting Decision Tree）。

不同於 AdaBoost 只是對樣本進行加權，GBDT 演算法中還會定義一個損失函數，並對損失和機器學習模型所形成的函數進行求導，每次生成的模型都是沿著前面模型的負梯度方向（一階導數）進行最佳化，直到發現全域最佳解。也就是說，GBDT 的每一次疊代中，新的樹所學習的內容是之前所有樹的結論和損失，對其擬合得到一個當前的樹，這棵新的樹就相當於是之前每一棵樹效果的累加。

梯度提升演算法，對於回歸問題，目前被認為是最佳演算法之一。

下面用梯度提升演算法來解決銀行客戶流失問題：

```
from sklearn.ensemble import GradientBoostingClassifier # 匯入梯度提升模型
gb = GradientBoostingClassifier() # 梯度提升模型
# 使用網格搜索最佳化參數
gb_param_grid = {'loss' : ["deviance"],
                 'n_estimators' : [100, 200, 300],
                 'learning_rate': [0.1, 0.05, 0.01],
                 'max_depth': [4, 8],
                 'min_samples_leaf': [100, 150],
                 'max_features': [0.3, 0.1]}
gb_gs = GridSearchCV(gb, param_grid = gb_param_grid,
                     scoring="f1", n_jobs= 10, verbose = 1)
gb_gs.fit(X_train, y_train) # 擬合模型
gb_gs = gb_gs.best_estimator_ # 最佳模型
y_pred = gb_gs.predict(X_test) # 進行預測
print("梯度提升測試準確率: {:.2f}%".format(gb_gs.score(X_test, y_test)*100))
print("梯度提升測試F1分數: {:.2f}%".format(f1_score(y_test, y_pred)*100))
輸出結果顯示，梯度提升演算法的效果果然很好，F1分數達到60%以上：
GBDT測試準確率: 86.50%
GBDT測試F1分數: 60.18%
```

9.3.3 XGBoost 演算法

極端梯度提升（eXtreme Gradient Boosting，XGBoost，有時候也直接叫作 XGB）和 GBDT 類似，也會定義一個損失函數。不同於 GBDT 只用到一階導數資訊，XGBoost 會利用泰勒展開式把損失函數展開到二階後求導，利用了二階導數資訊，這樣在訓練集上的收斂會更快。

下面用 XGBoost 來解決銀行客戶流失問題：

```python
from xgboost import XGBClassifier # 匯入XGB模型
xgb = XGBClassifier() # XGB模型
# 使用網格搜索最佳化參數
xgb_param_grid = {'min_child_weight': [1, 5, 10],
                  'gamma': [0.5, 1, 1.5, 2, 5],
                  'subsample': [0.6, 0.8, 1.0],
                  'colsample_bytree': [0.6, 0.8, 1.0],
                  'max_depth': [3, 4, 5]}
xgb_gs = GridSearchCV(xgb, param_grid = xgb_param_grid,
                      scoring="f1", n_jobs= 10, verbose = 1)
xgb_gs.fit(X_train, y_train) # 擬合模型
xgb_gs = xgb_gs.best_estimator_ # 最佳模型
y_pred = xgb_gs.predict(X_test) # 進行預測
print("XGB測試準確率: {:.2f}%".format(xgb_gs.score(X_test, y_test)*100))
print("XGB測試F1分數: {:.2f}%".format(f1_score(y_test, y_pred)*100))
```

輸出結果顯示，F1 分數也相當不錯：

```
XGB測試準確率: 86.25%
XGB測試F1分數: 59.62%
[  55  210]]
```

對於很多淺層的回歸、分類問題，上面的這些 Boosting 演算法目前都是很熱門、很常用的。整體而言，Boosting 演算法都是生成一棵樹後根據回饋，才開始生成另一棵樹。

9.3.4 Bagging 演算法與 Boosting 演算法的不同之處

咖哥說：「下面請各位同學從各個角度說一說 Bagging 演算法與 Boosting 演算法的不同之處，這樣有助加深對這兩種主要整合學習演算法的瞭解。」

小冰先舉手發言：「樣本的選擇不同，Bagging 中從原始資料集所抽選出的各輪訓練集之間是獨立的；而 Boosting 中每一輪的訓練集不變，只是範例在分類器中的權重發生變化，且權重會根據上一輪的分類結果調整。」

同學甲回憶了一下，也發言：「範例的權重不同，Bagging 中每個範例的權重相等；而 Boosting 中的根據錯誤率不斷調整範例的權重，錯誤率越大則權重越大。」

同學乙受到同學甲的啟發，說道：「模型的權重不同，Bagging 中所有預測模型的權重相等，而 Boosting 的 AdaBoost 演算法中每個模型都有對應的權重，對於誤差小的模型權重更大。」

同學丙經過深思，說：「Bagging 是削弱過於精準的基礎模型，避免過擬合；Boosting 是提升比較弱的基礎模型，可提高精度。」

還剩下一個同學未發言，大家都把頭轉過去看他。他愁眉苦臉，努力思考了一下，說：「我感覺模型生成過程中，Bagging 中的各個模型是同時（平行）生成的，而 Boosting 中的各個模型只能順序生成，因為後一個模型的參數需要根據前一個模型的結果進行調整。」

咖哥複習：「大家講得都不錯，尤其是同學丙，它的答案抓住了兩者的本質。最後記住 Bagging 是降低方差，利用基礎模型的獨立性；而 Boosting 是降低偏差，基於同一個基礎模型，透過增加被錯分的樣本的權重和梯度下降來提升模型性能。」

下面休息 10 分鐘，之後繼續介紹另外一些整合學習演算法。

• 9.4 Stacking/Blending 演算法──以預測結果作為新特徵

課間休息回來之後，小冰若有所思。她開口問道：「整合學習的確強大，從普通的決策樹、樹的聚合，到隨機森林，再到各種 Boosting 演算法，很開眼界。然而這些大多是基於同一種機器學習演算法的整合，而且基本都是在整合決策樹。我的問題是，能不能整合不同類型的機器學習演算法，比如隨機森林、神經網路、邏輯回歸、AdaBoost 等，然後優中選優，以進一步提升性能。」

咖哥點頭微笑：「小冰，你的想法很對。整合學習分為兩大類。」

- 如果基礎模型都是透過一個基礎演算法生成的同類型的學習器,叫**同質整合**。
- 有同質整合就有**異質整合**。異質整合,就是把不同類型的演算法整合在一起。那麼為了整合後的結果有好的表現,異質整合中的基礎模型要有足夠大的差異性。

下面就介紹一些不同類型的模型之間相互整合的演算法。

9.4.1 Stacking 演算法

先說異質整合中的 Stacking(可譯為堆疊)。這種整合演算法還是蠻詭異的,其想法是,使用初始訓練集學習許多個基礎模型之後,用這幾個基礎模型的預測結果作為新的訓練集的特徵來訓練新模型。Stacking 演算法的流程如下圖所示。

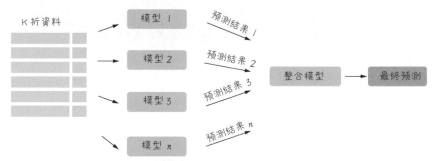

▲ Stacking——用這幾個基礎模型的預測結果訓練新模型

這些基礎模型在異質類型中進行選擇,比如決策樹、KNN、SVM 或神經網路等,都可以組合在一起。

下面是 Stacking 的具體步驟(如下圖所示)。

(1)通常把訓練集拆成 K 折(請大家回憶第 1 課中介紹過的 K 折驗證)。

(2)利用 K 折驗證的方法在 K-1 折上訓練模型,在第 K 折上進行驗證。

(3)這樣訓練 K 次之後,用訓練好的模型對訓練集整體進行最終訓練,得到一個基礎模型。

(4)使用基礎模型預測訓練集,得到對訓練集的預測結果。

（5）使用基礎模型預測測試集，得到對測試集的預測結果。

（6）重複步驟（2）～（5），生成全部基礎模型和預測結果（比如 CART、KNN、SVM 以及神經網路，4 組預測結果）。

（7）現在可以忘記訓練集和測試集這兩個資料集樣本了。只需要用訓練集預測結果作為新訓練集的特徵，測試集預測結果作為新測試集的特徵去訓練新模型。新模型的類型不必與基礎模型有連結。

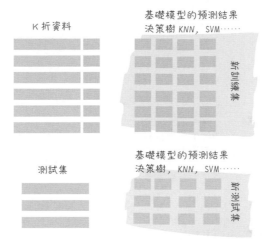

▲ Stacking──原始資料集透過 K 折驗證生成新訓練集

這個演算法是不是非常奇怪呢？

下面給大家展示一個 Stacking 的簡單案例[2]。

首先定義一個函數，用來實現 Stacking：

```
from sklearn.model_selection import StratifiedKFold # 匯入K折驗證工具
def Stacking(model, train, y, test, n_fold): # 定義Stacking函數
    folds = StratifiedKFold(n_splits=n_fold, random_state=1)
    train_pred = np.empty((0, 1), float)
    test_pred = np.empty((0, 1), float)
    for train_indices, val_indices in folds.split(train, y.values):
```

2　參考了薩蒂亞吉特·邁特拉（Satyajit Maitra）在他的文章《A Journey into Ensemble Learning》中分享的程式碼片段，並有所修改。

```
        X_train, x_val = train.iloc[train_indices], train.iloc[val_indices]
        y_train, y_val = y.iloc[train_indices], y.iloc[val_indices]
        model.fit(X=X_train, y=y_train)
        train_pred = np.append(train_pred, model.predict(x_val))
    test_pred = np.append(test_pred, model.predict(test))
    return test_pred, train_pred
```

然後用剛才定義的 Stacking 函數訓練兩個不同類型的模型，一個是決策樹模型，另一個是 KNN 模型，並用這兩個模型分別生成預測結果：

```
from sklearn.tree import DecisionTreeClassifier # 匯入決策樹模型
model1 = DecisionTreeClassifier(random_state=1) # model1-決策樹
test_pred1 , train_pred1 = Stacking(model=model1, n_fold=10,
            train=X_train, test=X_test, y=y_train)
train_pred1 = pd.DataFrame(train_pred1)
test_pred1 = pd.DataFrame(test_pred1)
from sklearn.neighbors import KNeighborsClassifier # 匯入KNN模型
model2 = KNeighborsClassifier() # model2-KNN
test_pred2 , train_pred2 = Stacking(model=model2, n_fold=10,
                        train=X_train, test=X_test, y=y_train)
train_pred2 = pd.DataFrame(train_pred2)test_pred2 = pd.DataFrame(test_pred2)
```

把上面的預測結果連接成一個新的特徵集，標籤保持不變，用回原始的標籤集。最後使用邏輯回歸模型對新的特徵集進行分類預測：

```
# Stacking的實現──用邏輯回歸模型預測新的特徵集
X_train_new = pd.concat([train_pred1, train_pred2], axis=1)
X_test_new = pd.concat([test_pred1, test_pred2], axis=1)
from sklearn.linear_model import LogisticRegression # 匯入邏輯回歸模型
model = LogisticRegression(random_state=1)
model.fit(X_train_new, y_train) # 擬合模型
model.score(df_test, y_test) # 分數評估
```

9.4.2 Blending 演算法

再來說說 Blending（可譯為混合）。它的想法和 Stacking 幾乎是完全一樣的，唯一的不同之處在哪裡呢？就是 Blending 的過程中不進行 K 折驗證，而是只將原始樣本訓練集分為訓練集和驗證集，然後只針對驗證集進行預測，生

成的新訓練集就只是對於驗證集的預測結果，而不是對全部訓練集的預測結果。Blending 演算法的流程如下圖所示。

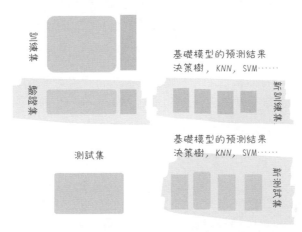

▲ Blending——以基礎模型的預測結果作為新訓練集

上述這兩種整合演算法在機器學習實戰中，雖然不是經常見到，但是也有可能會產生意想不到的好效果。

• 9.5 Voting/Averaging 演算法——整合基礎模型的預測結果

下面再接著說另外兩種常見的異質整合演算法——Voting 和 Averaging，它們的想法是直接整合各種基礎模型的預測結果。

9.5.1 透過 Voting 進行不同演算法的整合

Voting 就是投票的意思。這種整合演算法一般應用於分類問題。想法很簡單。假如用 6 種機器學習模型來進行分類預測，就擁有 6 個預測結果集，那麼 6 種模型，一種模型一票。如果是貓狗圖型分類，4 種模型被認為是貓，2 種模型被認為是狗，那麼整合的結果會是貓。當然，如果出現票數相等的情況（3 票對 3 票），那麼分類機率各為一半。

下面就用 Voting 演算法整合之前所做的銀行客戶流失資料集,看一看 Voting 的結果能否帶來 F1 分數的進一步提升。截止目前,針對這個問題我們發現的最好演算法是隨機森林和 GBDT,隨後的次優演算法是極端隨機森林、樹的聚合和 XGBoost,而 SVM 和 AdaBoost 對這個問題來說稍微弱一些,但還是比邏輯回歸強很多(從這裡也可以看出「整合學習演算法家族」的整體實力是非常強的)。

把上述這些比較好的演算法放在一起進行 Voting──這也可以算是整合的整合吧。

具體程式如下:

```
from sklearn.ensemble import  VotingClassifier # 匯入Voting模型
# 把各種模型的預測結果進行Voting。同學們還可以加入更多模型如SVM, KNN等
voting = VotingClassifier(estimators=[('rf', rf_gs),
                                      ('gb', gb_gs),
                                      ('ext', ext_gs),
                                      ('xgb', xgb_gs),
                                      ('ada', ada_gs)],
                    voting='soft', n_jobs=10)
voting = voting.fit(X_train, y_train) # 擬合模型
y_pred = voting.predict(X_test) # 進行預測
print("Voting測試準確率: {:.2f}%", voting.score(X_test, y_test)*100)
print ("Voting測試F1分數: {:.2f}%", f1_score(y_test, y_pred)*100)
```

輸出結果顯示,整合這幾大演算法的預測結果之後,準確率進一步小幅上升至 87.00%,而更為重要的 F1 分數居然提高到 61.53%。對於這個預測客戶流失率的問題而言,這個 F1 分數已經幾乎是我們目前可以取得的最佳結果。

```
Voting測試準確率: 87.00%
Voting測試F1分數: 61.53%
```

如果顯示各種模型 F1 分數的長條圖,會發現 Voting 後的結果最為理想,而次優演算法是機器學習中的「千年老二」──隨機森林演算法。

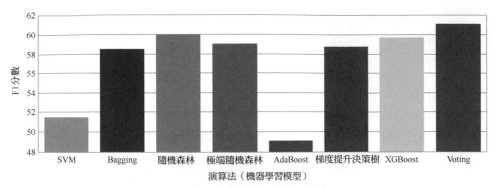

▲ Voting 後得到的 F1 分數最高

9.5.2 透過 Averaging 整合不同演算法的結果

最後，還有一種更為簡單粗暴的結果整合演算法——Averaging，就是完全獨立地進行幾種機器學習模型的訓練，訓練好之後生成預測結果，最後把各個預測結果集進行平均：

```
model1.fit(X_train, y_train)
model2.fit(X_train, y_train)
model3.fit(X_train, y_train)
pred_m1=model1.predict_proba(X_test)
pred_m2=model2.predict_proba(X_test)
pred_m3=model3.predict_proba(X_test)
pred_final=(pred_m1+pred_m2+pred_m3)/3
```

是不是很直接？

你們可能會問，如果覺得幾個基礎模型中一種模型比另一種更好怎麼辦？那也無妨，你們在取平均值的時候可以給你們覺得更優秀的演算法進行加權。

```
pred_final = (pred_m1*0.5+pred_m2*0.3+pred_m3*0.2)
```

一開始的時候我曾以為這種想法並沒有什麼實用價值，後來在 Kaggle 的官方文件中讀到了一個 Notebook——Minimal LSTM + NB-SVM baseline ensemble，其中所推薦的協作演算法正是 Averaging 整合。

在透過 Averaging 整合之前,這個 Notebook 的作者已經透過 LSTM 和 SVM 兩種演算法訓練機器,對維基百科中的評論進行分類鑑定,分別獲得了兩個可提交的 CSV 格式的檔案。

這個 Notebook 中,並沒有新的模型訓練過程,只是讀取了兩個 CSV 的資料,然後加起來,除以 2,重新生成可提交的預測結果檔案:

```
p_res[label_cols] = (p_nbsvm[label_cols] + p_lstm[label_cols]) / 2
p_res.to_csv('submission.csv', index=False)
```

不偏不倚,就是簡單平均而已。

與通常只用於分類問題的 Voting 相比較,Averaging 的優點在於既可以處理分類問題,又可以處理回歸問題。分類問題是將機率值進行平均,而回歸問題是將預測值進行平均,而且在平均的過程中還可以增加權重。

9.6 本課內容小結

下面複習一下本課學習的內容

■ 偏差和方差,它們是機器學習性能最佳化的風向球。弱模型的偏差很大,但是模型性能提高後,一旦過擬合,就會因為太依賴原始資料集而在其他資料集上產生高方差。

■ Bagging 演算法,通常基於決策樹演算法基礎之上,透過資料集的隨機生成,訓練出各種各樣不同的樹。而隨機森林還在樹分叉時,增加了對特徵選擇的隨機性。隨機森林在很多問題上都是一個很強的演算法,可以作為一個基準。如果你們的演算法能勝過隨機森林,就很棒。

■ Boosting 演算法,把梯度下降的思維應用在機器學習演算法的最佳化上,使弱模型對資料的擬合逐漸增強。Boosting 也常應用於決策樹演算法之上。這個想法中的 AdaBoost、GBDT 和 XGBoost 都是很受歡迎的演算法。

■ Stacking 和 Blending 演算法,用模型的預測結果,作為新模型的訓練集。Stacking 中使用了 K 折驗證。

■ Voting 和 Averaging 演算法，把幾種不同模型的預測結果，做投票或平均（或加權平均），得到新的預測結果。

整合學習的核心思維就是訓練出多個模型以及將這些模型進行組合。根據分類器的訓練方式和組合預測的方法，整合學習模型中有可以降低方差的 Bagging、有降低偏差的 Boosting，以及各種模型結果的整合，如 Stacking、Blending、Voting 和 Averaging……

當你們已經盡心儘量進行模型內部外部的最佳化，而模型的性能還不令你們完全滿意時，你們應該立刻想到整合學習策略！

講完整合學習，我們的機器學習課程基本上也就要進入尾聲了。後面的兩課，還要講一些關於無監督學習和強化學習的內容，這些內容可能並非機器學習的主流內容，尤其是對初學者來說，接觸到的可能有些少，但也是機器學習領域發展快、潛力大的部分。

● 9.7 課後練習

練習一：列舉出 3 種降低方差的整合學習演算法、3 種降低偏差的整合學習演算法，以及 4 種異質整合演算法。

練習二：請同學們用 Bagging 和 Boosting 整合學習演算法處理第 4 課曾使用的「心臟病二元分類」資料集。

練習三：本課中透過 Voting 演算法整合了各種基礎模型，並針對「銀行客戶流失」資料集進行了預測。請同學們使用 Stacking 演算法，對該資料集進行預測。

第 10 課　監督學習之外——其他類型的機器學習

　　課前，咖哥突然發問：「同學們，你們覺得學習一定要有老師的指導嗎？」

　　小冰說：「當然，要不然我們來這裏上課幹嘛？」

　　一位同學說：「也不能一概而論，有時候我就喜歡自學。」另一位同學說：「有時候自學反而可以突破條條框框的限制，偶爾會有意外的收穫。另外，老師也是一種「缺乏資源」，不是說你想要一個好的老師，他就總在你身邊，如果沒有老師，那當然只能靠自己了。」

　　咖哥點頭說：「嗯，大家討論得很好。」

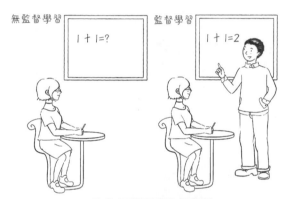

▲ 無監督學習和監督學習

　　在機器學習領域，這正是無監督、半監督等學習類型存在的原因。

　　（1）首先，有標籤的資料往往是非常難以獲得的，這個過程對人工的耗費量極大（好消息是這有可能是我們的工作機會）。

　　（2）其次，無監督、半監督、監督學習對解決特定問題有很好的效果。

　　而且，這些學習類型之間的界限是模糊的，很多時候是「你中有我，我中有你」地存在著。

　　目前，機器學習的「主流」無疑是監督學習，前面介紹的所有演算法和案例，都屬於監督學習的範圍。然而，從產業的發展動態來看，所謂「非主流」機器學習演算法，尤其是自監督、生成式學習，都是非常熱點的方向，很有潛力，前景廣闊。

　　本課就對這些類型的機器學習進行探討。

下面看看本課重點。

先看看機器學習類型和演算法的分類,如下圖所示。

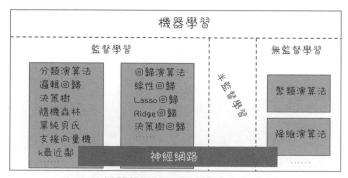

▲ 機器學習類型和演算法的分類

監督學習的各種主要演算法,大都已經介紹過了。而無監督學習和半監督學習在機器學習中與監督學習處在對等的位置。

無監督學習的資料集中沒有輸出標籤 y。這裡介紹兩種無監督學習演算法,一個是聚類,另一個是降維。

● 10.1 無監督學習──聚類

聚類是最常見的無監督學習演算法。人有歸納和複習的能力,機器也有。聚類就是讓機器把資料集中的樣本按照特徵的性質分組,這個過程中沒有標籤的存在。

聚類和監督學習中的分類問題有些類似,其主要區別在於:傳統分類問題「概念化在前」。也就是說,在對貓狗圖型分類之前,我們心裡面已經對貓、狗圖型形成了概念。這些概念指導著我們為訓練集設定好標籤。機器首先是

學習概念，然後才能夠做分類、做判斷。分類的結果，還要接受標籤，也就是已有概念的檢驗。

而聚類不同，雖然本質上也是「分類」，但是「**概念化在後**」或「**不概念化**」，在替一堆資料分組時，沒有任何此類、彼類的概念。譬如，漫天繁星，彼此之間並沒有連結，也沒有星座的概念，當人們看到它們，是先根據星星在廣袤蒼穹中的位置將其一組一組地「聚集」起來，然後才逐漸形成星座的概念。人們說，這一組星星是「大熊座」，那一組星星是「北斗七星」。這個先根據特徵進行分組，之後再概念化的過程就是聚類。

聚類也有好幾種演算法，K 平均值（K-means）是其中最常用的一種。

10.1.1 K 平均值演算法

K 平均值演算法是最容易瞭解的無監督學習演算法。演算法簡單，速度也不差，但需要人工指定 K 值，也就是分成幾個聚類。

具體演算法流程如下。

（1）首先確定 K 的數值，比如 5 個聚類，也叫 5 個簇。

（2）然後在一大堆資料中隨機挑選 K 個資料點，作為簇的**質心**（centroid）。這些隨機質心當然不完美，別著急，它們會慢慢變得完美。

（3）遍歷集合中每一個資料點，計算它們與每一個質心的距離（比如歐氏距離）。資料點離哪個質心近，就屬於哪一種。此時初始的 K 個類別開始形成。

（4）這時每一個質心中都聚集了很多資料點，於是質心說，你們來了，我就要「退役」了（這個是偉大的「禪讓制度」啊！），選一個新的質心吧。然後計算出每一種中最接近中心的點，作為新的質心。此時新的質心會比原來隨機選的可靠一些（等會兒用圖展示質心的移動）。

（5）重新進行步驟（3），計算所有資料點和新的質心的距離，在新的質心周圍形成新的簇分配（「吃瓜群眾」隨風飄搖，離誰近就跟誰）。

（6）重新進行步驟（4），繼續選擇更好的質心（一代一代地「禪讓」下去）。

（7）一直重複進行步驟（5）和（6），不斷更新簇中的資料點，不斷找到新的質心，直到收斂。

小冰說:「不好意思,這裡的收斂是什麼意思?」

咖哥說:「就是質心的移動變化後來很小很小了,已經在一個設定值之下,或固定不變了,演算法就可以停止了。這個無監督學習演算法是不是超好瞭解?演算法真的是很奇妙的東西,有點像變魔術。沒有告訴你們其中奧秘之前,你們覺得怎麼可能做得到呢?一旦揭秘之後,會有一種恍然大悟的感覺。」

小冰點頭說道:「哦,原來是這樣!」

透過下面這個圖,可以看到聚類中質心的移動和簇形成的過程。

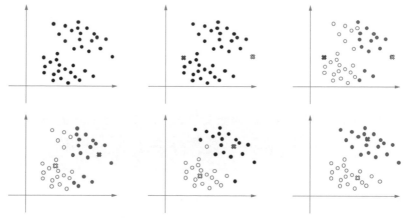

▲ 聚類中質心的移動和簇形成的過程

10.1.2 K 值的選取:手肘法

聚類問題的關鍵在於 K 值的選取。也就是説,把一批資料劃分為多少個簇是最合理的呢?當資料特徵維度較少、資料分佈較為分散時,可透過資料視覺化的方法來人工確定 K 值。但當資料特徵維度較多、資料分佈較為混亂時,資料視覺化幫助不大。

當然,也可以經過多次實驗,逐步調整,使簇的數目逐漸達到最佳,以符合資料集的特點。

這裡我介紹一種直觀的手肘法(elbow method)進行簇的數量的確定。手肘法是基於對聚類效果的度量指標來實現的,這個指標也可以視為一種損失。在 K 值很小的時候,整體損失很大,而隨著 K 值的增大,損失函數的值會在逐漸收斂之前出現一個反趨點。此時的 K 值就是比較好的值。

大家看下面的圖，損失隨著簇的個數而收斂的曲線有點像只手臂，最佳 K 值的點像是手肘，因此取名為手肘法。

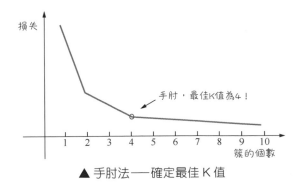

▲ 手肘法──確定最佳 K 值

同學們認真地觀察著圖中被稱為「手臂」的曲線，並沒覺得特別像。

10.1.3 用聚類輔助瞭解行銷資料

咖哥忽然發現小冰的手已經舉了好久了。咖哥說：「小冰，有什麼問題，說吧。」

小冰說：「咖哥啊，這個聚類問題太適合幫我給客戶分組了！這樣我才好對隸屬於不同『簇』的客戶進行有針對性的行銷啊！」

咖哥說：「完全可以啊。看一下你的資料。」

1. 問題定義：為客戶分組

小冰打開她收集的資料集，如下圖所示。小冰收集到 200 個客戶的資訊，主要資訊有以下 4 個方面。

	A	B	C	D	E
1	ID	Gender	Age	Income	Spending
2	1	Female	47	600240	0.16
3	2	Male	60	150060	0.04
4	3	Male	63	240096	0.51
5	4	Male	48	270108	0.46
6	5	Female	35	105042	0.35
7	6	Male	68	315126	0.43
8	7	Female	46	125050	0.05
9	8	Female	38	565226	0.91
10	9	Male	19	370148	0.1
11	10	Female	35	370148	0.72

▲ 小冰收集的客戶資料（未顯示完）

- Gender：性別。
- Age：年齡。
- Income 年收入（這可是很不好收集的資訊啊！）。
- Spending Score：消費分數。這是客戶們在我的網路商店裡面花費多少、購物頻率的綜合指標。這是我從後台資料中整理出來的，已經歸一化成一個 0 ～ 1 的分數。

那麼這個案例的目標如下。

（1）透過這個資料集，瞭解 K 平均值演算法的基本實現流程。

（2）透過 K 平均值演算法，給小冰的客戶分組，讓小冰了解每種客戶消費能力的差別。

2. 資料讀取

參考第 10 課原始程式套件中的「教學使用案例 1 客戶聚類」目錄下的資料檔案，建置 Customer Cluster 資料集，或在 Kaggle 中根據關鍵字 Customer Cluster 搜索該資料集。這裡只選擇兩個特徵，即年收入和消費分數，進行聚類。

範例程式如下：

```
import numpy as np # 匯入NumPy函數庫
import pandas as pd # 匯入pandas函數庫
dataset = pd.read_csv('../input/customer-cluster/Customers Cluster.csv')
dataset.head() # 顯示一些資料
# 只針對兩個特徵進行聚類，以方便二維展示
X = dataset.iloc[:, [3, 4]].values
```

3. 聚類的擬合

下面嘗試用不同的 *K* 值進行聚類的擬合：

```
from sklearn.cluster import KMeans # 匯入聚類模型
cost=[] # 初始化損失(距離)值
for i in range(1, 11): # 嘗試不同的K值
    kmeans = KMeans(n_clusters= i, init='k-means++', random_state=0)
    kmeans.fit(X)
    cost.append(kmeans.inertia_) #inertia_是我們選擇的方法,其作用相當於損失函數
```

4. 繪製手肘圖

下面繪製手肘圖：

```
import matplotlib.pyplot as plt # 匯入Matplotlib函數庫
import seaborn as sns  # 匯入Seaborn函數庫
# 繪製手肘圖找到最佳K值
plt.plot(range(1, 11), cost)
plt.title('The Elbow Method')#手肘法
plt.xlabel('No of clusters')#聚類的個數
plt.ylabel('Cost')#成本
plt.show()
```

生成的手肘圖如下圖所示。

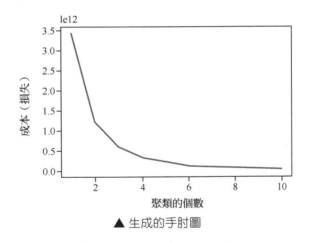

▲ 生成的手肘圖

從手肘圖上判斷，肘部數字大概是 3 或 4，我們選擇 4 作為聚類個數：

```
kmeansmodel = KMeans(n_clusters= 4, init='k-means++') # 選擇4作為聚類個數
y_kmeans= kmeansmodel.fit_predict(X) # 進行聚類的擬合和分類
```

5. 把分好的聚類視覺化

下面把分好的聚類視覺化：

```
# 下面把分好的聚類視覺化
plt.scatter(X[y_kmeans == 0, 0], X[y_kmeans == 0, 1],
        s = 100, c = 'cyan', label = 'Cluster 1')#聚類1
plt.scatter(X[y_kmeans == 1, 0], X[y_kmeans == 1, 1],
```

```
            s = 100, c = 'blue', label = 'Cluster 2')#聚類2
plt.scatter(X[y_kmeans == 2, 0], X[y_kmeans == 2, 1],
            s = 100, c = 'green', label = 'Cluster 3')#聚類3
plt.scatter(X[y_kmeans == 3, 0], X[y_kmeans == 3, 1],
            s = 100, c = 'red', label = 'Cluster 4')#聚類4
plt.scatter(kmeans.cluster_centers_[:, 0], kmeans.cluster_centers_[:, 1],
            s = 200, c = 'yellow', label = 'Centroids')#質心
plt.title('Clusters of customers')#客戶形成的聚類
plt.xlabel('Income')#年收入
plt.ylabel('Spending Score')#消費分數
plt.legend()
plt.show()
```

客戶形成的聚類如下圖所示。

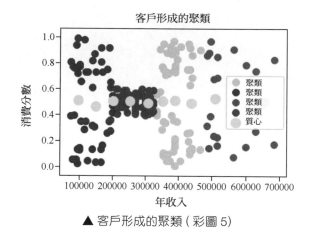

▲ 客戶形成的聚類（彩圖 5）

這個客戶的聚類問題就解決了。其中，黃色反白的大點是聚類的質心，可以看到演算法中的質心並不止一個。

• 10.2 無監督學習——降維

降維是把高維的資料降到低維的空間或平面上進行處理，也就是讓特徵數量減少，同時保留特徵中的主要資訊，從而簡化資料集的空間結構，更易於視覺化。

10.2.1 PCA 演算法

最常見的降維演算法是主成分分析（Principal Component Analysis，PCA），它是透過正交變換將可能相關的原始變數轉為一組各維度線性無關的變數值，可用於提取資料的主要特徵分量，以達到壓縮資料或提高資料視覺化程度的目的。

主成分分析這個名字也許讓人覺得和「降維」不沾邊，其實所謂「成分」，指的不是「地主」或「貧下中農」，而是「特徵」（即「變數」）。主成分分析，意思是抓主要特徵，也就是降低特徵維度。

簡單說明 PCA 演算法是怎麼降低資料特徵的維度的。先看從二維到一維的情況。下圖中的叉號代表一個含有兩個特徵的資料集，這些資料點分散在二維平面中。那麼如何把二維的資料用一維的方式進行表達，同時又保留資料集中特徵的性質呢？

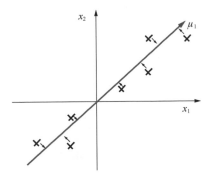

▲ 二維到一維的 PCA──平面到直線的投影

可以透過扭轉座標軸的方向，令新座標軸 μ_1 均勻地穿過這些資料點，同時使這些資料點以最小的距離降落在新座標軸周圍，然後，就可以用新的一維空間（直線）來展示原來的二維資料集。這就是 PCA 演算法的原理。

 咖哥發言

從示意圖上看，二維到一維的 PCA 看起來好像是在解決線性回歸問題，但其意義是不同的。回歸問題是找各點到模型的最小損失，而 PCA 是找各點到新座標軸的歐氏距離。

類推到三維資料集的情況，也可以用同樣的方式把三維的資料映射到二維的平面（如下圖所示），同時這個二維平面將力求大幅保留原來的資料特性，在盡可能保存資訊的同時降低資料的複雜度。

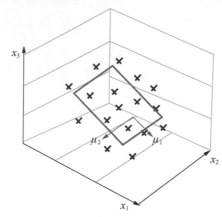

▲ 三維到二維的 PCA ── 空間到平面的投影

PCA 演算法本質上是將資料集方差最大的方向作為主要特徵，並且在各個正交方向上將資料「離相關」。那麼 PCA 演算法的主要侷限在於，它假設資料各主特徵分佈在正交方向上，如果在非正交方向上存在幾個方差較大的方向，PCA 演算法的效果就「大打折扣」了。

 咖哥發言

對於同樣的資料，PCA 由誰來做都會得到相同的結果。因此，PCA 是一種通用實現，不存在個性化的最佳化。

10.2.2 透過 PCA 演算法進行圖型特徵取樣

PCA 演算法的理論也許比較抽象，讓我們來看一個透過 PCA 演算法進行資料視覺化的案例。這個案例非常直觀，很易於瞭解。

1. 問題定義：給手語數字資料集降維

這是一個手語數字資料集，它是土耳其 Ankara Ayranci Anadolu 中學創建的，同學們可以在 Kaggle 中搜索關鍵字 Sign Language 找到這個資料集。

資料集中有 2062 張 64px×64px 的圖型，內容是各種各樣的手語，代表 0～9 的數字。可以看出該組圖型有實際意義的區域都集中在圖型中部的手指區域，而外面的資訊都可以視為雜訊，如下圖所示。

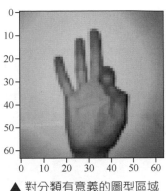

▲ 對分類有意義的圖型區域

對圖像資料集來說，如何減少機器學習的處理時間、提升處理效率是很重要的，因為圖型通常容量大，特徵的維度也大。如果可以壓縮圖像資料集的特徵空間，又不毀掉圖型中太多有意義的內容，那麼就極佳地執行了降維。

因此，希望透過 PCA 演算法，在為特徵空間降維的同時，還能大幅地保留有效特徵，甚至突出有效特徵。

下面就看一看 PCA 演算法可以帶來什麼樣的效果。

2. 匯入資料並顯示部分資料

首先匯入資料並顯示部分資料：

```
import numpy as np # 匯入NumPy函數庫
import pandas as pd # 匯入pandas函數庫
import matplotlib.pyplot as plt # 匯入Matplotlib函數庫
x_load = np.load('../input/sign-language-digits-dataset/X.npy') # 匯入特徵
y_load = np.load('../input/sign-language-digits-dataset/Y.npy') # 匯入標籤
img_size = 64 # 設定顯示圖型的大小
image_index_list = [299, 999, 1699, 699, 1299, 1999, 699, 499, 1111, 199]
for each in range(10): # 每個手語數字選取一張展示
    plt.subplot(2, 5, each+1)
    plt.imshow(x_load[image_index_list[each]].reshape(img_size, img_size))
    plt.axis('off')
```

```
    title = "Sign " + str(each)
    plt.title(title)
plt.show() # 顯示圖型
```

手語數字圖型如下圖所示。

▲ 手語數字圖型

3. 進行降維模型的擬合

下面使用 Sklearn 中 decomposition 模組的 PCA 工具進行資料的降維,並顯示出降維後的結果:

```
from sklearn.decomposition import PCA # 匯入Sklearn中decomposition模組的PCA工具
X = x_load.reshape((len(x_load), -1)) # Reshaple張量X
n_components = 5 # 設定因數個數, 因數越多, 模型越複雜
(n_samples, n_features) = X.shape
pca = PCA(n_components=n_components, # PCA工具
        svd_solver='randomized', whiten=True)
X_pca = pca.fit_transform(X) # PCA降維擬合
components_ = pca.components_ # 保留的主要成分因數(也就是被簡化的模型)
images = components_[:n_components] # 顯示降維之後的特徵圖
plt.figure(figsize=(6, 5))
for i, comp in enumerate(images):
    vmax = max(comp.max(), -comp.min())
    plt.imshow(comp.reshape((64, 64)),
            interpolation='nearest', vmin=-vmax, vmax=vmax)
    plt.xticks(())
```

```
    plt.yticks(())
plt.savefig('graph.png')
plt.show()
```

透過降維得到的特徵圖顯示，這個資料集的特徵空間中的主要成分是手指的形狀（如下圖所示），也就是説所保留的特徵將聚集於手指部分，並會忽略其他對手語數字判斷來説並不重要的雜訊。

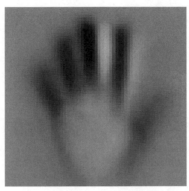

▲ 降維後的特徵圖

上面的 fit 方法只是進行擬合，如果要在擬合的同時給資料集 X 降維，使用 fit_transform 方法即可：

```
X_pca = pca.fit_transform(X)
print (X.shape)
print (X_pca.shape)
```

輸出資料集張量的形狀，新資料集的特徵維度為 5：

```
(2062, 4096)
(2062, 5)
```

降維之後的圖型函數庫因為特徵數的減少，訓練速度將得到顯著的提高。

那麼大家是否注意到，在上面這個主要特徵的學習、尋找過程中，完全沒有標籤集介入，這 5 個手指都是機器根據輸入的特徵圖自己發現的。是不是很有意思？這就是為什麼 PCA 是一種無監督的自我學習過程。

10.3 半監督學習

　　咖哥介紹:「半監督學習介於監督學習和無監督學習之間,想法是利用大量的無標籤樣本和少量的有標籤樣本訓練分類器,來解決有標籤樣本較小這個難題。半監督學習訓練中使用的資料,只有一小部分是有標籤的,大部分是沒有標籤的。因為標記資料需要大量的人工成本,因此和監督學習相比,半監督學習的成本較低,但目標仍然是要實現較高的預測準確率。」

　　小冰問咖哥:「如何使用沒有標籤的資料訓練機器呢?」

　　咖哥回答:「有一種想法是這樣的。先用模型對一批資料進行預測,再把所預測的結果當作真值,這樣這批資料就有標籤了。然後把它們混進原始資料集,再用增大了的資料集重新訓練模型,得到新的預測結果。這個過程也叫作虛擬標籤(pseudo labeling)過程。」

　　虛擬標籤過程如下圖所示。

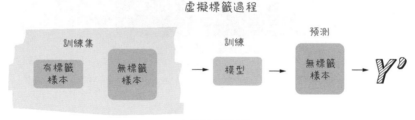

▲ 虛擬標籤過程

　　小冰和其他同學都有點驚訝。

　　「你們不要不信,」咖哥說,「已經被證實,在多數情況下,在資料量較少時,即使使用虛擬標籤的資料也可以提高模型的準確率。這的確有點讓人匪夷所思。如果非要為這個現象找一個原因,人們覺得可能是虛擬標籤增加了資料中的雜訊,有助避免過擬合。因為小資料集很容易出現過擬合的現象。」

10.3.1 自我訓練

上述思維的一種應用是自我訓練(self-trainning)。這種方法利用現有訓練資料先訓練出一個基礎模型,然後對無標籤資料進行預測,置信度高的資料就可以加入訓練集。假設模型是一個分類器,那麼先對沒有標籤的資料貼標籤的結果其實是一個機率 P。此時可以將較好的預測結果(機率接近標籤值 0 或

1 的），也就是預測出來比較有把握的樣本，加入訓練集，而比較模棱兩可的預測結果（機率為 0.5 左右的）就放棄使用。

具體流程如下。

（1）將有標籤資料集作為初始的訓練集。

（2）訓練出一個初始分類器。

（3）利用初始分類器對無標籤資料集中的樣本進行分類，選出最有把握的樣本。

（4）在無標籤資料集中去掉這些樣本。

（5）將樣本加入有標籤資料集。

（6）根據新的訓練集訓練新的分類器。

（7）重複步驟（2）～（6）直到滿足停止條件（比如所有無標籤樣本都被貼完標籤了）。

（8）最後得到的分類器就是最終的分類器。

這個方法可以應用於任何模型，如邏輯回歸、神經網路、SVM 等，只是應注意選取樣本加入訓練集的時候不要放鬆要求，否則可能會出現模型「跑偏」的情況。

10.3.2 合作訓練

那麼大家想一想上面的模型的主要問題是什麼？其實這種「用自己訓練出的資料來訓練自己」的做法，是很容易受到質疑的，因為難免有「自說自話」之嫌。

合作訓練（co-trainning）針對這一點進行了最佳化。這種方法把資料集的特徵分成兩組，並且假設每一組特徵都能夠獨立地訓練出一個較好的模型。最後這兩個模型分別對無標籤資料進行預測。這裡就不再是自我學習，而且互相學習。在每次疊代中都得到兩個模型，而且各自有獨立的訓練集。

具體流程如下。

（1）把特徵分成兩組子特徵。

（2）訓練出兩個獨立的模型。

（3）每個模型對無標籤資料進行標記，例如分類。

（4）選出最有把握的樣本，並把這些樣本「餵」給另一個模型的訓練集，這樣就可造成「互相學習」的作用。

（5）每個模型都使用對方列出的附加訓練範例進行再訓練。

（6）重複步驟（1）～（5）。

（7）最後得到的分類器就是最終的分類器。

當特徵自然地分成兩組時，共同訓練可能是合適的選擇。此時兩個模型相互矯正，互相學習，能夠防止模型「跑偏」。這個過程中，兩個模型可以任意獨立地選擇演算法，並不一定是相同的演算法。

`10.3.3` 半監督聚類

半監督學習的想法可以應用到很多機器學習模型，比如半監督 SVM、半監督 KNN、半監督聚類等。下面我簡單講一下半監督聚類。

與自我訓練和合作訓練的想法不同，半監督聚類不是在監督學習的基礎上引入無標籤資料，而是在無監督學習的基礎上引入有標籤資料來最佳化性能。

尤其是對聚類問題來說，有時候很少的標籤數量就能夠造成很好的效果。例如一個垃圾電子郵件的聚類問題，要把一大堆的電子郵件分成普通電子郵件和垃圾電子郵件兩大類。如果沒有任何標籤，那麼初期可能會經歷一段「瞎子摸象」的過程。然而，如果擁有兩個不同類別的有標籤資料，雖然只有兩個，一個指定為普通電子郵件，另一個指定為垃圾電子郵件。那麼這兩個資料可以被確定為簇的兩個質心，而所有的相似電子郵件就會迅速地聚集在兩者周圍，這大大提升了聚類效率和精度。

小冰恍然大悟：「呃，怪不得我公司的程式設計師一直讓我幫著收集垃圾電子郵件，原來我放到垃圾資料夾的垃圾電子郵件都當了聚類的質心。」

咖哥回道：「對啊，你貼的垃圾電子郵件標籤越多，以後你們公司的分類演算法判定也就越準。你是給後台機器學習增加資料量呢。」

除去這種有標籤的質心，半監督聚類還會收到以下兩種約束資訊作為監督訊號。

- 第一種是「必連」（must-link）約束，指樣本必定屬於同一簇。
- 第二種是「勿連」（cannot-link）約束，指樣本必定不屬於同一簇。

這些約束資訊也會提升聚類過程中的效率和準確率。

「上面講的這些半監督學習演算法都不難瞭解吧。」咖哥問道。同學們點頭稱是。

「那麼下面繼續講自監督學習。」咖哥說。

● 10.4 自監督學習

自監督學習這個領域的發展也很快。在自監督學習中，監督過程，也就是根據標籤判斷損失的過程是存在的，然而區別在於不需要手工貼標籤。

那是怎麼做到的呢？

10.4.1 潛隱空間

在回答該問題之前，先説説什麼是特徵的潛隱空間（latent space）。這個概念在機器學習中時有出現，但是並不容易被明確定義。

潛隱空間指的是從 A 到 B 的漸變空間。這個空間我們平時看不見，但是在機器學習過程中，又能夠顯示出來。比如，兩個 28px×28px 的灰階圖型，分別是 5 和 9 這兩個數字，機器透過對畫素點的灰階值進行從 5 到 9 的微調，並進行視覺化，就可以顯示出潛隱空間中的漸變，如下圖所示。

▲ 潛隱空間—從 5 到 9 的漸變

把這種漸變應用於更複雜的圖型，比如人臉圖型，就會產生很多奇妙的效果，如下圖所示。

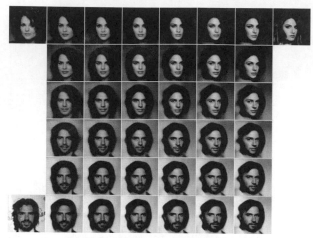

▲ 從美女到俊男的漸變

之前在詞嵌入中介紹過的詞向量,也可以透過潛隱空間進行過渡。從狼到狗,從青蛙到蟾蜍,從《垂直極限》到《我和我的祖國》,機器學習有能力在特徵向量的潛隱空間中進行探索,找到一些很有趣的「中間狀態」。

10.4.2 自編碼器

下面說說自監督學習的典型應用——自編碼器(autoencoders)。

　　咖哥說:「自編碼器是神經網路處理圖型、壓縮圖型,因此也叫自編碼網路。為什麼說自編碼器是一種自監督學習呢?我們先看看自編碼器做了什麼。它是透過神經網路對原始圖型先進行壓縮,進入一個潛隱空間,然後用另一個神經網路進行解壓的過程,如下圖所示。」

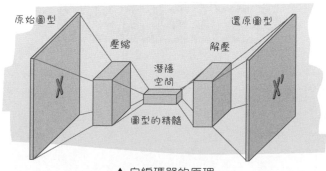

▲ 自編碼器的原理

　　小冰感到奇怪:「看起來這是用神經網路做一個壓縮工具。但是這和自監督學習又有何連結?」

　　咖哥說:「關鍵在於後半部分。神經網路把原始圖型 X 壓縮進潛隱空間,在這個過程中,我們特意減小輸出維度,因此潛隱空間中只剩下了比較小的圖型,但是同時保留了圖型 X 各個特徵之精髓。然後另一個神經網路對其解壓,得到 X'。此時還沒有表現出自監督學習過程。但是,馬上,自監督學習過程即將發生!」

在下一個步驟中,自編碼器會把 X' 和 X 進行比較,以確定損失的大小,**這時原來的 X 就變成了 X' 的標籤**!也就是說,透過自己和自己的複製品進行比照,以判斷神經網路的壓縮和解壓的效率。

- 如果差異很大,就繼續學習,調整參數。
- 如果差異小到一個設定值範圍之內,那麼這個神經網路就訓練好了。

然後,在實際應用中,自編碼器的前半部分,也就是負責壓縮的這部分網路可以用作一個圖型壓縮工具,它的任務就是「取其精華,去其糟粕」。

10.4.3　變分自編碼器

在實踐中,上面說的這種原始的自編碼器已經過時了,因為它不一定會得到特別好的潛隱空間,因而沒對資料做多少壓縮。

而變分自編碼器(Variational Auto-Encoder,VAE)在自編碼器的基礎上進行了最佳化。

VAE 把圖像資料視為純粹的統計資料,因此不是直接將輸入圖型壓縮成潛隱空間,而是將圖型的畫素矩陣值轉為統計分佈的參數值,即平均值和標準差。然後在解碼時,VAE 也透過平均值和標準差這兩個參數來從分佈中隨機取樣一個元素,並將這個元素解碼到原始輸入。

上述過程的隨機性提高了自編碼器的穩健性,使潛隱空間的任何位置都能夠對應有意義的表示,即潛在空間取樣的每個點都能解碼為有效的輸出。

這樣,VAE 就能夠學習更連續的、高度結構化的潛隱空間,因此 VAE 目前是圖型生成的強大工具之一。

在 Keras 中，透過對卷積層的堆疊就可以實現 VAE 網路。這裡就不展示程式了，但是同學可以下載原始程式套件，裡面有 VAE 的一些案例，可以執行一下這些例子，看看 VAE 能夠在原始圖型的潛隱空間中找到什麼樣的新圖型。

• 10.5 生成式學習

10.5.1 機器學習的生成式

有人把機器學習根據其功用分為判別式和生成式兩種。判別式機器學習，當然是幫助我們進行判斷、預測、分類，解決具體問題，這時的機器就像是兢兢業業的工人。而生成式機器學習，像是藝術家，比如寫小說的作家、天才的畫家、拉小提琴的音樂家……

▲ 把梵古名畫《星夜》運用在一張圖型上進行風格遷移的結果

AI 發展到一定的階段，才開始進入這些「文藝」領域，這算是一種巨大的進步。

生成式深度學習的成功範例之一是 Google 工程師 Alexander Mordvintsev 用卷積神經網路開發出來的 DeepDream。它透過在輸入空間內梯度上升將卷積神經網路的層啟動最大化，在內容圖型和風格圖型之間風格遷移，產生誇張的夢境效果。

還有人透過循環神經網路根據對文字和序列資料的學習生成文字、創作音樂，實現智慧性的聊天活動等。

舉例來說，一個 LSTM 網路學習了《愛麗絲夢遊仙境》的文字之後，如果輸入種子：

```
herself lying on the bank, with her
head in the lap of her sister, who was gently brushing away s
```

神經網路就可以繼續自主創作出下面的文字：

```
herself lying on the bank, with her
head in the lap of her sister, who was gently brushing away
so siee, and she sabbit said to herself and the sabbit said to herself and
the sood
way of the was a little that she was a little lad good to the garden,
and the sood of the mock turtle said to herself, 'it was a little that
the mock turtle said to see it said to sea it said to sea it say it
the marge hard sat hn a little that she was so sereated to herself, and
she sabbit said to herself, 'it was a little little shated of the sooe
of the coomouse it was a little lad good to the little gooder head. and
```

看起來有點像是「癡人的夢囈」──不過這也算是一種藝術吧！

上述這些生成式機器學習的創造性的來源都是潛隱空間。深度學習模型擅長對圖型、音樂和故事的潛隱空間進行學習，然後從這個空間中取樣，創造出與模型在訓練資料中所見到的藝術作品具有相似特徵的新作品。

10.5.2 生成式對抗網路

在生成式機器學習領域的這些「天才藝術家」中，最為耀眼的莫過於一個叫作生成式對抗網路（Generative Adversarial Network，GAN）的技術。這個技術和剛剛介紹過的自編碼器有異曲同工之妙。自編碼器是自己監督自己，在反覆疊代中透過神經網路複製出來最佳的自我；而 GAN 是兩個神經網路之間「勾心鬥角」，一個總是要欺騙對方，另一個則練就「火眼金睛」，以免被對方欺騙。

　　同學們嘴張得很大。小冰很平靜地問：「咖哥，你知道嗎？這個機器學習課總讓我有一種魔幻現實的感覺，在恍惚間質疑自己是不是穿越到別的課堂了……」

　　咖哥說：「你並沒聽錯。這就是 GAN 的想法。」

GAN 是由 Ian J.Goodfellow 等人在 2014 年提出的。2016 年的研討會上，Yann LeCun 將 GAN 描述為「過去 20 年來機器學習中『最酷』的想法」。它的基本架構是兩個神經網路在類似遊戲的設定下相互競爭。舉例來説，博物館裡有一批名畫，包括達文西的《蒙娜麗莎》之類的畫作。這批名畫就作為訓練集。那麼一個神經網路（生成器網路）學習了這些名畫，就開始製造贗品；而另一個神經網路（判斷器網路）則負責鑑定，分辨這個畫是來自博物館的原始資料集，還是來自造假網路的偽造畫作。

開始的時候，兩個網路水準都不高，生成器網路製造出來的畫作和原作品差別很大（透過兩者的向量空間來衡量其差異），判斷器網路不費吹灰之力即可發現贗品。但是慢慢地，生成器網路失敗多次後水準逐漸提升了，此時判斷器網路也就開始花費更多力氣練就火眼金睛。兩個網路你來我往，互相印證，最後成就了彼此。最終的結果是出現了一批與原畫品質相當接近的高仿品。

因此，在指定訓練集之後，GAN 能夠透過學習生成具有與訓練集相同的統計特徵的新資料，從而以假亂真。舉例來説，在真實照片集上訓練出來的 GAN 可以生成新的照片，對人類觀察者來説，看起來會感覺所生成的新照片也是完全真實的。GAN 所生成的這些難辨真偽的圖型，同學們上網一搜，比比皆是。

GAN 最初提出時，被歸類為無監督學習的一種形式，但 GAN 如今在半監督學習、監督學習，以及強化學習中都有應用。畢竟，機器學習分類邊界本身就是模糊的。

GAN 的結構中最主要的就是一個生成器（generator）網路和一個判別器（discriminator）網路，再加上一個損失函數，如下圖所示。

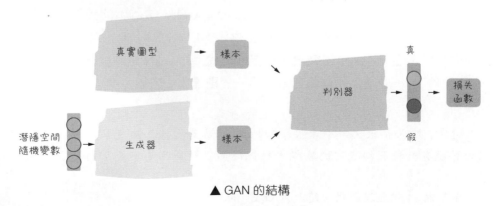

▲ GAN 的結構

- 生成器網路：以潛隱空間中的隨機點作為輸入，並將其解碼為一張合成圖型。
- 判別器網路：是生成器網路的對手（adversary），以一張真實或合成圖型作為輸入，並判斷該圖型是來自訓練集還是由生成器網路創建。

訓練生成器網路的目的是欺騙判別器網路，訓練判別器的目的是防止被生成器網路欺騙。經過左右手互搏式的訓練，雙方都越來越強，生成器網路就能夠生成越來越逼真的圖型。訓練結束後，生成器網路就能將其潛隱空間中的任何一個向量轉為一張像樣的圖型。

不過，與 VAE 相比，GAN 中的潛隱空間是不連續的，無法保證其總是具有有意義的結構。而且，GAN 的訓練也很不容易。

GAN 的實現方式和具體應用非常多，不僅能夠生成圖型，還可以生成音樂、文字等。

在 Keras 中，有很多種類型的 GAN，包括 Auxiliary Classifier GAN、Adversarial Auto-Encoder、Bidirectional GAN、Deep Convolutional GAN、Semi-Supervised GAN 和 Super-Resolution GAN 等，不一而足。

透過 GitHub 上的開放原始碼連結，你們可以去學習各種 GAN 的架構，並在自己的資料集上試著使用它們，或去研究這些 GAN 的 Python 原始程式，嘗試進一步地最佳化它們。

• 10.6 本課內容小結

本課講的東西略有些雜，但這些內容都是機器學習中不可或缺的「另一面」。

- 無監督學習部分，介紹了兩種常見演算法。
  - 聚類問題的 K 平均值演算法。
  - 降維問題的 PCA 演算法。
- 半監督學習部分，介紹了 self-training、co-training 以及半監督聚類。
- 自監督學習部分，介紹了自編碼器和變分自編碼器。
- 最後還介紹了生成式深度學習，尤其是生成式對抗網路。

有些學習類型比如自監督和生成式學習，我只講解了基礎內容，並沒有深入地講解程式的實現以及案例。但是你們可以下載原始程式套件自己看一看，上網研究一下，相信你們也會有「無指導」的、「自我學習」狀態下的新收穫吧。

當你們用這些技術，創造出來有趣的新東西時，不要忘記和咖哥分享。

• 10.7 課後練習

練習一：重做本課中的聚類案例，使用年齡和消費分數這兩個特徵進行聚類（我們的例子中是選擇了年收入和消費分數），並調整 K 值的大小。

練習二：研究原始程式套件中列出的變分自編碼器的程式，試著自己用 Keras 神經網路生成變分自編碼器。

練習三：研究原始程式套件中列出的 GAN 實現程式。

第 11 課 강화学習實戰——咖哥的冰湖挑戰

小冰遠遠看見教室牆上的 PPT 顯示著本課的主題——冰湖挑戰！。

小冰說：「咖哥，你沒發燒吧？這大冬天的你想來一個冰桶挑戰？你自己玩，我們不準備陪著你。」

咖哥大笑三聲，說：「你看清楚一點，是冰湖挑戰，不是冰桶挑戰。」

「有區別嗎？」小冰道，「還不是往自己身上澆水的意思！」

咖哥說：「嚴肅，嚴肅！這個冰湖挑戰的環節是我為本次強化學習課程特別準備的。它其實是 OpenAI 公司推出的 Gym（強化學習函數庫）裡面的教學環境，叫作 Frozen Lake。同時，它也是一個小遊戲。」

強化學習，是機器學習裡面比較難的內容，說實話，它不好學，也很難找到比較接地氣的教學案例。後來我發現了這個簡單的 Gym 小遊戲。我想，就用它來進行強化學習的入門實戰吧。

▲ 小冰想像著咖哥往自己身上澆水的樣子

下面看看本課重點。

• 11.1 問題定義：幫助智慧體完成冰湖挑戰

為什麼選擇這個冰湖挑戰小遊戲作為強化學習的案例呢？因為強化學習專案和普通的機器學習專案差異還是挺大的。普通機器學習專案只需要資料集就可以開始實戰。但是強化學習專案需要架設環境，建立系統中的遊戲規則，然後讓智慧體在這個環境中實現一些具體的目標。這個環境和遊戲規則的建置是很麻煩的事情。

而 Gym API，就為我們提供了一套強化學習的環境。有了這些環境，就可以直接把精力放在強化學習演算法上面。

這個冰湖挑戰小遊戲，是我在 Gym 裡面找到的最簡單的遊戲環境。

遊戲背景如下。

冬天來了。你和你的朋友們正在公園裡玩一個飛盤，突然你用力過猛，將飛盤扔到了湖中央。湖面早已冰封，但是有幾個冰窟窿。如果你踏入冰窟窿，將落入水中。此時沒別的飛盤了，所以你必須去湖泊中央並取回飛盤。但是，冰很滑，所以前進方向難控。

聽起來很進階，是嗎？其實就是一個迷宮遊戲，設定如下：

```
SFFF      (S：start起點，安全)
FHFH      (F：frozen surface冰面，安全)
FFFH      (H：hole冰窟窿，落水)
HFFG      (G：goal目標，飛盤所在地)
```

這是一個 4×4 的迷宮，因此共有 16 種狀態。在每種狀態中，有上、下、左、右 4 種選擇，也就是智慧體的 4 種可能的移動方向。

智慧體從 S 處的起點開始一步步移動，如果掉進 H 處的冰窟窿，當前遊戲就結束；如果到達目標 G 點，就可得到獎勵。

我們要透過強化學習模型完成的任務，就是要智慧體在不熟悉環境的初始情況下，透過反覆嘗試、不斷試錯，找到自己的通關方法。

• 11.2 強化學習基礎知識

介紹完冰湖挑戰小遊戲，咖哥忽然拿出一本看起來是英文的書，向大家比劃了兩下。同學們瞥見書名是《The Road Less Traveled》，作者是 M·斯科特·派克（M. Scott Peck）。小冰想起同學圈裡盛傳咖哥英文很差，四級都沒過，心想這樣的咖哥還能夠讀英文書，不禁嘖嘖稱奇。

不料咖哥又拿出一本中文書，書名是《少有人走的路——心智成熟的旅程》，說道：「其實我讀的是中文版的啦。我覺得書好，就把英文版也買過來，對照著看，也是為了學習英文」。

這本書讓人醍醐灌頂啊。它告訴我們，人生苦難重重，乃是一場艱辛之旅，心智成熟的旅程相當漫長。必須去經歷一系列艱難而痛苦的轉變，才能最終達到自我認知的更高境界。

那麼如何做到這個轉變呢？只有透過自律。而自律有 4 個原則：延遲滿足、承擔責任、釐清現實、保持平衡。

第一個原則就是延遲滿足。這是人從心理幼兒到心理成年狀態的關鍵性轉變。

小冰此時終於忍不下去了。「咖哥！」她大叫，「我們的新專案 3 個月內必須做完，老闆只給了兩個星期來學 AI，也許你的這個東西對我的人生很重要，可你能不能安排別的時間說呢？」

11.2.1　延遲滿足

咖哥說：「你們覺得我跑題了，但其實並沒有。人工智慧，離不開人，離不開人的心理。也許會嚇你們一跳，但我還是先下一個結論：強化學習和監督學習最顯著的區別，就在於延遲滿足。」

小冰如墜入五里霧中。

咖哥又說：「不懂了吧！那我再接著說什麼是自律、什麼是延遲滿足。」

假設你們有一整個下午的時間，30 頁的數學作業和一塊巧克力蛋糕。你們可以選擇先吃蛋糕，玩一會兒，再抓耳撓腮地做題；或先做完 30 頁的數學作業，再悠閒地吃蛋糕，邊吃邊玩。

「你怎麼選呢，小冰？反正我知道，99% 的小孩子都會選擇先把蛋糕吃了再說。因為他們無法抵擋『甜』的即時誘惑。當然，他們也就沒有機會去感受做完功課後才享受『獎勵』的悠閒感了。」

「因此，滿足感的延後，表示不貪圖暫時的安逸，並重新設定人生快樂與痛苦的次序：首先，面對問題並感受痛苦；然後，解決問題並享受更大的快樂。這是作為正常的、成熟的成年人更可行的生活方式。」

咖哥停頓，環視同學們。同學們表情中看不出什麼來，這是在示意：你接著說。

「那麼，監督學習，就像是那些未成年的孩子，總得需要大人管著。每做一次預測、推斷，就馬上要回饋、要回報。」

「──告訴我是對了還是錯了！」

「──只有知道對了還是錯了，我才知道該怎麼調整我的權重！」

「──快告訴我！快告訴我！」

監督學習不停地喊叫著。

而強化學習，則像成年人那麼安靜。他耐心等待，因為他知道，他每做一個決定，都是往未來的長期目標接近了一步，而回報和獎賞，不會那麼快到來，但是總有一天會看到結果的⋯⋯

這就是強化學習和監督學習最顯著的區別。

11.2.2　更複雜的環境

看到同學們若有所思，咖哥說：「看來『延遲滿足』這個心理學概念對大家來說比較陌生？但是同學們，你們總應該聽說過『巴甫洛夫的狗』吧。」

小冰回道：「當然聽說過了。我記得好像就是總在給狗吃飯的同時搖鈴鐺，後來狗一聽到鈴鐺響就流口水。」

咖哥點頭，說：「對，你說的就是巴甫洛夫的條件反射實驗。也許他才應該被認為是強化學習研究領域的『老祖宗』吧。只是他研究的不是機器，而是狗。在巴甫洛夫的經典條件反射中，強化是自然的、被動的過程。而在後來的斯金納的操作性條件反射中，強化是一種人為操縱，是指伴隨於行為之後以有助該行為重複出現而進行的獎懲過程。操作性條件反射是心理學中的行為主義理論和心理治療中行為療法的理論基礎。」

據說強化學習的靈感就源於行為主義理論，即有機體如何在環境給予的獎勵或懲罰的刺激下，逐步形成對刺激的預期行為，並產生能獲得最大利益的習慣性行為。也就是說，人的行為是人所獲刺激的函數。如果刺激對人有利，則對應行為就會重複出現；如果刺激對人無利，則對應行為就會減弱直到消逝。

強化學習的主角是**智慧體**。智慧體的角色大概等於機器學習的模型。但是強化學習中，「標籤」變成了在訓練過程中環境給予的**回報**，回報有正有負，因此就是**獎懲**。同時，這種獎懲並不總是即時發生的。

強化學習的應用場景也和普通機器學習任務有所區別。強化學習一般是應用於智慧體玩遊戲、自動駕駛、下棋、機器人搬東西這一種任務中。在智慧體訓練的過程中，它會根據當前環境中的不同狀態進行不同的動作，也就是做決策。比如，一個玩超級瑪麗遊戲的智慧體，沒有經過訓練之前，它就在原地等著，時間一到就得到懲罰。那麼下一次它就開始嘗試採取不同的策略，比如往前走，走了一段路後碰到「小怪物」，又獲得了懲罰。於是智慧體就學著跳來跳去，這樣一直學、一直學，最後找到了通關的策略。

不難看出，強化學習要解決的場景實際上比普通機器學習更複雜、更靈活。

而且，智慧體在環境之中的學習，與人類所面臨的日常任務也更加相似一些。因此，強化學習在整個機器學習中屬於難度較大的領域，其理論相對來說也不是很完善。而且，也沒有通用的強化學習演算法能夠較完美地解決各種實際任務。我們可能聽說過，透過強化學習訓練的 AlphaGo 的下圍棋能力可能已經超越人類，然而圍棋這個任務的規則設定仍然是很簡單的，其決策只是小小棋盤上的落子。而在現實生活中，真實的環境和任務的複雜度還遠不止如此。

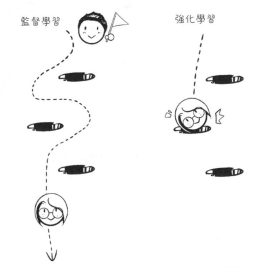

▲ 監督學習中的回饋直接、即時；強化學習中的回饋可能有延遲

11.2.3 強化學習中的元素

下面介紹一下強化學習中的元素。

首先把強化學習的主角叫作智慧體：**Agent**。因為它往往會做出動作、決策，而不像普通機器學習中的模型只是進行預測、推斷。

強化學習的 4 大元素如下。

- **A**——**Action**，代表智慧體目前可以做的**動作**。
- **S**——**State**，代表當前的**環境**，也可以說是**狀態**。
- **R**——**Reward**，代表環境對智慧體的**獎懲**。
- **P**——**Policy**，代表智慧體所採取的**策略**，其實也就是機器學習演算法。我們把策略寫成 π，π 會根據當前的環境的狀態選擇一個動作。而智慧體根據策略所選擇的每一個動作，會帶來狀態的**變化**，這個變化過程的英文叫作 **Transition**。

智慧體與環境的互動如下圖所示。

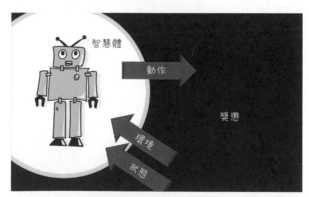

▲ 智慧體與環境的互動

此外，還有智慧體的**目標**——**Goal**，是十分明確的，就是**學習一種策略**，以最大化長期獎勵。

11.2.4 智慧體的角度

那麼，從智慧體的角度來看它所處的環境，它的感受及行為模式如何呢？

（1） 當它一覺醒來，剛睜開眼，看到的是環境的初始狀態。

（2） 它隨意做了一個動作。

（3） 環境因為它的行為而有所改變，狀態發生了變化。

（4） 環境進入下一個狀態，並將這個狀態回饋給智慧體。

（5） 同時，環境也會給智慧體一個獎懲。

（6） 此時，智慧體會根據新的狀態來決定它接下來做什麼樣的動作，並且智慧體也會根據所得的獎懲來更新自己的策略。

（7） 迴圈（2）～（6），直到智慧體的目標達成或被「掛掉」。

（8） 重新啟動遊戲，但是智慧體所習得的策略不會被清空，而是繼續修正。

因此，對智慧體來說，它做的只是依據當前狀態和目前已有策略，做出對應的動作並收到回報，進入下一個狀態，然後更新策略，繼續做動作並收到回報……

有的同學可能還是不明白。——智慧體到底是怎麼知道自己是向著具體任務的目標前進的呢？

答案是，它是透過**獎懲函數**來評判自己離目標的遠近的。

我們的演算法需要最大化這個獎勵值（就像在監督學習中的目標是最小化損失）。然而，這個獎懲函數只是目標的延遲的、稀疏的形式，不同於在監督學習中能直接得到每個輸入所對應的目標輸出。在強化學習中，只有訓練一段時間後，才能得到一個延遲的回饋，並且只有一點提示說明當前是離目標越來越遠還是越來越近。

■ 某些情況下，智慧體可能無法在每一步都獲得獎勵，只有在完成整個任務後才能給予獎勵，之前每一個沒有獎勵的動作都在為最終的獎勵做鋪陳。

■ 而在另外一種情況下，智慧體可能在當前獲得了很大的獎勵，然後在後續的步驟中才發現，因為剛才貪了「小便宜」，最後鑄成大錯。這樣，今後的策略甚至要修正獲得獎勵的那個策略。

可見，強化學習任務對「智慧」的成熟度要求因為獎懲的延遲而提高了一大截！

另一個同學問 除了『延遲滿足』，這強化學習與其他機器學習還有什麼不同呢？」

除了「延遲滿足」，還有以下區別。

（1）閉環性質：一般來說，強化學習的環境是封閉式的，而普通機器學習是開放式的。

（2）沒有主管：沒有人會告訴智慧體當前決策的好壞，只有環境依據遊戲規則對它的獎勵和懲罰。而變通機器學習每個訓練集資料都有對應的真值和明確的評估標準。

（3）時間相關：普通機器學習除了時序問題之外，訓練集資料順序可以被打亂，輸入先後不影響機器學習結果，而強化學習的每一個決策都取決於之前狀態的輸入。

 咖哥發言

強化學習的熱潮始於 DeepMind 團隊在《自然》雜誌上發表的一篇論文《Playing Atari with Deep Reinforcement learning》。論文中介紹了如何把強化學習和深度學習結合起來，讓神經網路學著玩各種 Atari 遊戲，使智慧體在一些遊戲中表現出色。後來 DeepMind 團隊不斷地發表強化學習研究新成果，他們團隊的網誌的文章非常棒，把強化學習的技術細節講解得很清楚。你們有時間可以自己去看一看。

11.3 強化學習基礎演算法 Q-Learning 詳解

理論我們就說這麼多，下面講最簡單、最基本的強化學習演算法 Q-Learning。

Q-Learning 的基本想法是學習在特定狀態下，執行一個特定動作的價值：Q 值。有了這個值，那麼下一步動作就有大概的指導方向。怎麼學呢？方法是建立一個表，叫作 Q-Table。這個表以狀態為行、動作為列，然後不斷地根據環境給的回報來更新它、最佳化它。

咖哥發言

Q 代表 Quality，指的是一個動作的價值。

11.3.1 迷宮遊戲的範例

還是拿具體例子來說會比較容易瞭解。我們來看一個最簡單的迷宮遊戲，其示意如下圖所示。

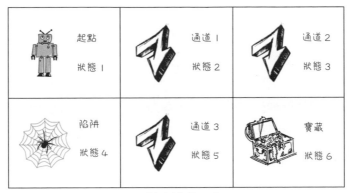

▲ 迷宮遊戲示意

這是一個 3×2 的六格迷宮，包含 1 個起點、1 個寶藏、1 個陷阱，以及 3 個通道。這個遊戲的規則和可能出現的情況都極為簡單，我們拿它來介紹 Q-Learning 演算法，尤其是 Q-Table 的更新過程。

在強化學習中，每一次遊戲被稱為一個 episode（這個詞同學們常看美劇的話就不陌生，姑且翻譯為「盤」，以區別於神經網路訓練中的 epoch：「輪」）。那麼從起點到陷阱，遊戲結束；從起點到寶藏，遊戲也結束了。這都算是一盤。重新玩一盤，環境被重置，但是 Q-Table 作為學到的「經驗」，不會被重置。而在行動的過程中，Q-Table 將被更新。

下面複習一下強化學習中的元素。

- 狀態──在這個問題中，狀態就是智慧體當前所處的位置，也就是迷宮的格子號碼。可以用一個設定值為 1 ～ 6 的變數記錄這個位置。
- 動作──也極為簡單，就是上、下、左、右 4 種可能，用一個變數表示。
- 獎懲──我們制定簡單的獎懲：掉進陷阱減 10 分，遊戲結束；找到寶藏加 100 分，遊戲結束。

那麼 Q-Table 是什麼樣的呢？就是一個狀態＋動作組合起來的表格（如表 11-1 所示），記錄著在每一個狀態下、每一個動作的預期獎勵。

表 11-1　Q-Table

狀態	動作 1（上）	動作 2（下）	動作 3（左）	動作 4（右）
起點（1）	0	0	0	0
通道（2）	0	0	0	0
通道（3）	0	0	0	0
陷阱（4）	0	0	0	0
通道（5）	0	0	0	0
寶藏（6）	0	0	0	0

初始狀態下，智慧體一無所知，完全沒有方向感，因此它的經驗值全部為 0。

到這裡都能聽懂吧。下面，如何更新 Q-Table 呢？請看 Q-Learning 演算法的公式，這也被稱為 Q 函數：

$$Q(s,a) = r + \gamma(\max(Q(s',a')))$$

此處，千萬不要看到公式就害怕，這個公式看上去有點「嚇人」，實際上完全沒有技術含量。我稍微解釋一下。

- $Q(s, a)$ 就是由當前狀態和所有可能的動作所組成的 Q-Table，s、a 就是表中的兩個軸。
- r 就是獎懲，環境（也就是系統）給的獎懲。
- $Q(s', a')$ 相當重要，它不是一個值，而是代表所有可能的動作之後的狀態集合，其中 s' 代表新狀態，a' 代表新動作。
- $\max(Q(s', a'))$——因為新動作有幾種情況，所以演算法將「貪心」地選擇能夠最大化獎懲值的 $Q(s',a')$ 狀態。

比如，在起點時，下個動作之後，只可能進入兩種新狀態，通道（2）或陷阱（4）。這兩種 $Q(s', a')$ 分別是 $Q(2, 右)$ 和 $Q(4, 下)$。我們當然知道，選擇進入狀態 $Q(2, 右)$ 比較好，因為選擇 $Q(4, 下)$ 就「死翹翹」了。但是智慧體根據初始的 Q-Table，無法做判斷。$\max(Q(s', a'))$ 這個獎懲函數針對兩個可能動作的返回值都是 0，它只好「撞大運」，隨機地走。

- 現在來解釋最讓人發慌的 "γ"（Gamma）。其實 Q 函數公式的兩部分中分為以下 3 個部分。
  - r 代表的是眼前的利益——當前這個動作所帶來的直接回報。

- max（Q（s', a'））代表下一步動作的**預期長遠回報**，它不是直接的獎懲，但是往這個方向走，未來就可能有回報——這就是剛才說的「**延遲滿足**」。因為有這一項，Q-Table 才能夠從後往前，將未來得到的回報逐漸傳導至前面的狀態。這裡大家如果有疑惑，先不要急，在 Q-Table 的更新過程中，這一點將能夠被瞭解。
- γ 係數是一個 0 ～ 1 的值，代表著對長期回報的「衰減率」。其設定得越小，系統就越不注重長遠回報。如果設為 0，則智慧體只考慮眼前的回報；如果設為 1，則最大化長遠回報。

經過強化學習之後，我們希望 Q-Table 呈現出這種狀態（其中的值只是大致示意），如表 11-2 所示。

表 11-2 Q-Table

狀態	動作 1（上）	動作 2（下）	動作 3（左）	動作 4（右）
起點（1）	0	-10	0	40
通道（2）	0	60	60	0
通道（3）	0	80	0	0
陷阱（4）	0	0	0	0
通道（5）	0	0	-10	80
寶藏（6）	0	0	0	0

這樣的 Q-Table 就能逐漸啟動智慧體從起點，向右走到狀態通道（2），然後走到通道（3）或通道（5），直到找到寶藏，而非往陷阱裡面走。

下面就來詳細地一步一步更新 Q-Table——此時先把 γ 設定為 1，以最大化長遠回報。

我們一盤一盤地學習。

1. 第 1 盤

此時的狀態為 Q（0, 0），智慧體選擇動作 2 向下走，掉進陷阱，環境列出懲罰分 -10 分，Q（1, 下）被更新為 -10 分，Q-Table 被更新如表 11-3 所示，一盤遊戲結束了。

表 11-3 Q-Table

狀態	動作 1（上）	動作 2（下）	動作 3（左）	動作 4（右）
起點（1）	0	-10	0	0
通道（2）	0	0	0	0
通道（3）	0	0	0	0
陷阱（4）	0	0	0	0
通道（5）	0	0	0	0
寶藏（6）	0	0	0	0

2. 第 2 盤

此時 Q-Table 已經有指向性了，上一盤帶來了懲罰，因此現在在兩個 $Q(s', a')$ 中進行選擇，智慧體將選擇分值相對高的動作，向右走。

遊戲繼續下去，那麼在通道（2），智慧體將隨機地選擇一個方向，如果智慧體往下走，來到通道（5），沒有任何獎勵發生，Q-Table 不被更新，遊戲繼續。

在通道（5），在沒有任何方向的前提下，如果智慧體幸運地選擇了向右走，則得到獎勵 100 分。此時 Q（5, 右）被更新為 100 分，如表 11-4 所示。

表 11-4 Q-Table

狀態	動作 1（上）	動作 2（下）	動作 3（左）	動作 4（右）
起點（1）	0	-10	0	0
通道（2）	0	0	0	0
通道（3）	0	0	0	0
陷阱（4）	0	0	0	0
通道（5）	0	0	0	100
寶藏（6）	0	0	0	0

Q（5, 右）被獎勵 100 分，並不難瞭解，因為其右側直接就是寶藏。但是這個獎勵，如何傳遞給前面的狀態呢？這是比較令人疑惑的地方。下面再多玩一盤。

3. 第 3 盤

新一盤遊戲開始，像上一盤一樣，智慧體來到通道（2）。因為當前 Q（2, 下）、Q（2, 左）、Q（2, 右）的值均為 0，所以智慧體將隨機地走一步。

假如智慧體選擇往下走，與此同時，系統並沒有列出任何即時的獎勵。但是根據公式，當前 Q（s, a）的值，也就是 Q（2, 下）仍然被更新了，如表 11-5 所示。

表 11-5　Q-Table

狀態	動作 1（上）	動作 2（下）	動作 3（左）	動作 4（右）
起點（1）	0	-10	0	0
通道（2）	0	100	0	0
通道（3）	0	0	0	0
陷阱（4）	0	0	0	0
通道（5）	0	0	0	100
寶藏（6）	0	0	0	0

因為根據演算法，智慧體開始判斷 $\max(Q(s', a'))$，此時，新的狀態為 5，$\max(Q(5, a'))$ 的值為 100。

儘管沒有環境獎懲 r，但是新狀態的最大 Q 值 Q（5, 右），也帶來了當前狀態 Q 值 Q（2, 下）的更新。

透過這樣的機制，系統列出的獎勵就從通道（5）回傳給通道（2）的狀態 Q（2, 下）。

4. 第 4 盤

再來一盤。這時候智慧體的知識已經比較豐富了，迅速地走向 1 → 2 → 5 → 6 這條勝利通道。同時，Q（1, 右）還接到了下一步 Q（2, 下）所帶來的更新，100 分，如表 11-6 所示。

表 11-6　Q-Table

狀態	動作 1（上）	動作 2（下）	動作 3（左）	動作 4（右）
起點（1）	0	-10	0	100
通道（2）	0	200	0	0
通道（3）	0	0	0	0
陷阱（4）	0	0	0	0
通道（5）	0	0	0	200
寶藏（6）	0	0	0	0

之後就不需要再玩了。因為智慧體會越來越強化 1 → 2 → 5 → 6 這條路徑，不會走上其他通道。這個過程大概就是一個極簡的 Q-Table 更新的過程。

11.3.2 強化學習中的局部最佳

上面這個極簡版的 Q-Learning 的流程存在一個問題。這個問題就是，因為 Q-Table 收斂得太容易了，一旦找到了一條可用的通道，智慧體就不再繼續探索其他環境和狀態了。

想像一下，假如通道 3 背後，還隱藏著一個價值為 10000 分的「驚世巨大寶藏」，但是每盤遊戲中智慧體只是為了小小的 100 分而不去探索通道 3，那不是十分可惜？這種情況下路徑 1 → 2 → 5 → 6 就成為了一個局部最佳解。

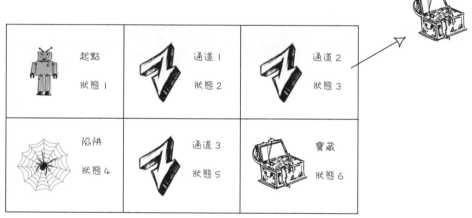

▲ 通道 3 背後隱藏著更大的寶藏

我們需要對此做一些加工，以確保智慧體具有足夠的環境探索（其實也是延遲滿足）能力，不會為了蠅頭小利而完全放棄對環境的繼續探索。

11.3.3 ε-Greedy 策略

在實戰中，解決智慧體對環境探索能力不足的常見的方案是增加智慧體行為的隨機性，而非完全依靠貪心演算法最大化每一步的收益，這使智慧體能夠有更多的機會對環境進行更全面的探索。

因此，這種隨機化策略框架包含兩個部分，一是**探索（explore）未知**，二是**利用（exploit）已知**。用一部分精力進行探索，另一部分精力「收割」已經有的經驗。

而我們要介紹的 ε-Greedy 就是這樣的策略：在面臨每一次選擇時，它以 ε 的機率去「探索」，1-ε 的機率來「利用」，在「保守」和「激進」中進行平衡。它的好處是不僅能夠累積成功的經驗，在多數情況下按照既定策略走；而且能夠保持好奇，總是有機會探索新情況，應對變化，如果環境變了，它也能及時改變策略。

不難發現，ε-Greedy 裡面的參數 ε 是一個「延遲滿足」的參數。即使已經知道下一步怎麼走，知道未來肯定可以賺到錢，但是在某些時候，還是選擇突破自我，去未知的領域探索，或許未來可以賺到更多的錢（當然也有可能失敗，風險和機遇並存嘛）。

這就為發現通道 3 後面的驚世巨大寶藏保留了一定的機會。

ε 參數的具體值要視情況而定。環境不同，選擇就不同。需要隨著遊戲的盤次逐漸調整。整體而言，ε 值越大，模型的靈活性越好，探索未知、適應變化的能力就越強；ε 值越小，則模型的穩定性越好，更多依賴於已知的經驗。

在 Q-Learning 演算法中，通常使用 ε-Greedy 策略進行下一步動作的選擇。

11.3.4 Q-Learning 演算法的虛擬程式碼

引入 ε-Greedy 策略之後，Q-Learning 演算法的虛擬程式碼如下：

```
初始化Q(s, a)
重複(episode-盤次)
  初始化狀態s
  重複(step-步驟)
    根據當前Q-Table選擇下一步動作a(ε-Greedy策略)
    採取動作，同時觀察r(獎懲)和s'(新狀態)
    更新Q-Table，Q(s, a)=Q(s, a)+α(r+γ(max(Q(s', a'))-Q(s, a))  (貪心策略)
    更新狀態
  直到遊戲結束
```

此處需要指出一點，**在選擇下一步動作時，演算法採取 ε-Greedy 策略**。

而在更新 **Q-Table** 的過程中，**新 Q 值的計算仍然遵循貪心策略**，也就是總是取最大化下一個狀態的 Q 值：

$$Q(s,a)=Q(s,a)+\alpha(r+\gamma(\max(Q(s', a'))-Q(s,a)))$$

這個公式是剛才的 Q-Table 更新公式的加強版。其中，出現了一個 α，則是學習率，代表著智慧體對環境獎懲的敏感程度，也就是學習的快慢。

Q-Learning 演算法中的這種做法叫作 off-policy，即**異策略**，是指行動策略（選擇下一步動作）和評估策略（更新 Q-Table）不是同一個策略。

• 11.4 用 Q-Learning 演算法來解決冰湖挑戰問題

現在開始用 Q-Learning 演算法解決冰湖挑戰問題。前面說過，冰湖挑戰是一個 4×4 的迷宮，共有 16 個狀態（0 ～ 15）。在每個狀態中，有上、下、左、右 4 種選擇（也就是智慧體的 4 種可能的移動方向，其中左、下、右、上分別對應 0、1、2、3）。因此 Q-table 就形成了一個 16×4 的矩陣。

11.4.1 環境的初始化

下面就匯入 Gym 函數庫：

```
import gym # 匯入Gym函數庫
import numpy as np # 匯入NumPy函數庫
```

初始化冰湖挑戰的環境：

```
env = gym.make('FrozenLake-v0', is_slippery=False) # 生成冰湖挑戰的環境
env.reset() # 初始化冰湖挑戰的環境
print("狀態數：", env.observation_space.n)
print("動作數：", env.action_space.n)
```

```
狀態數： 16
動作數： 4
```

隨機走 20 步：

```
for _ in range(20): # 隨機走20步
```

```
    env.render() # 生成環境
    env.step(env.action_space.sample()) # 隨機亂走
env.close() # 關閉冰湖挑戰的環境
```

這一盤試玩中，到了第 7 步之後，就掉進了冰窟窿，遊戲結束，如下所示：

SFFF	SFFF	SFFF	SFFF	SFFF	SFFF	SFFF	
FHFH	FHFH	FHFH	FHFH	FHFH	FHFH	FHFH	
FFFH	FFFH	FFFH	FFFH	FFFH	FFFH	FFFH	
HFFG	HFFG	HFFG	HFFG	HFFG	HFFG	HFFG	
（下）	（上）	（下）	（下）	（左）	（下）	（結束）	

這個問題，我們唯一的目標，就是對該環境創建一個有用的 Q-Table，以作為未來冰湖挑戰者的行動指南和策略地圖。

首先，來初始化 Q-Table：

```
# 初始化Q-Table
Q = np.zeros([[env.observation_space.n, env.action_space.n])
print(Q)
```

輸出結果如下：

```
[[0. 0. 0. 0.]
 [0. 0. 0. 0.]
 [0. 0. 0. 0.]
 [0. 0. 0. 0.]
 [0. 0. 0. 0.]
 [0. 0. 0. 0.]
 [0. 0. 0. 0.]
 [0. 0. 0. 0.]
 [0. 0. 0. 0.]
 [0. 0. 0. 0.]
 [0. 0. 0. 0.]
 [0. 0. 0. 0.]
 [0. 0. 0. 0.]
 [0. 0. 0. 0.]
 [0. 0. 0. 0.]
 [0. 0. 0. 0.]]
```

此時 Q-Table 是 16×4 的全 0 值矩陣。

11.4.2 Q-Learning 演算法的實現

下面來實現 Q-Learning 演算法：

```
# 初始化參數
alpha = 0.6 # 學習率
gamma = 0.75 # 獎勵折扣
episodes = 500 # 遊戲盤數
r_history = [] # 獎勵值的歷史資訊
j_history = [] # 步數的歷史資訊
for i in range(episodes):
    s = env.reset() # 重置環境
    rAll = 0
    d = False
    j = 0
    #Q-Learning演算法的實現
    while j < 99:
        j+=1
        # 透過Q-Table選擇下一個動作，但是增加隨機雜訊，該雜訊隨著盤數的增加而減小
        # 所增加的隨機雜訊其實就是ε-Greedy策略的實現，透過它在探索和利用之間平衡
        a = np.argmax(Q[s, :] +
            np.random.randn(1, env.action_space.n)*(1./(i+1)))
        # 智慧體執行動作，並從環境中得到新的狀態和獎勵
        s1, r, d, _ = env.step(a)
        # 透過貪心策略更新Q-Table，選擇新狀態中的最大Q值
        Q[s, a] = Q[s, a] + alpha*(r + gamma*np.max(Q[s1, :]) - Q[s, a])
        rAll += r
        s = s1
        if d == True:
            break
    j_history.append(j)
    r_history.append(rAll)
print(Q)
```

其中兩個最重要的，就是智慧體動作的選擇和 Q-Table 的更新這兩段程式。

- 智慧體動作的選擇，採用的是 ε-Greedy 策略，力圖在探索和利用之間平衡。ε 值在此處實際上是一個隨機值。
- Q-Table 的更新，則採用貪心策略，總是選擇長期獎勵最大 Q 值來更新 Q-Table。

200 盤遊戲過後，Q-Table 如下：

```
[[0.00896807  0.23730469  0.          0.0110088 ]
 [0.00697516  0.          0.          0.        ]
 [0.          0.          0.          0.        ]
 [0.          0.          0.          0.        ]
 [0.03321506  0.31640625  0.          0.00498226 ]
 [0.          0.          0.          0.        ]
 [0.          0.          0.          0.        ]
 [0.          0.          0.          0.        ]
 [0.          0.          0.421875    0.        ]
 [0.          0.          0.5625      0.        ]
 [0.          0.75        0.          0.        ]
 [0.          0.          0.          0.        ]
 [0.          0.          0.          0.        ]
 [0.          0.          0.          0.        ]
 [0.          0.          1.          0.        ]
 [0.          0.          0.          0.        ]]
```

Q-Table 裡面的內容，就是強化學習學到的經驗，也就是後續盤中智慧體的行動指南。可以看出，越是接近冰湖挑戰終點的狀態，Q 值越大。這是因為 γ 值的存在（$\gamma=0.75$），Q 值逆向傳播的過程呈現出逐步的衰減。

還可以繪製出遊戲的獎懲值隨疊代次數而變化的曲線，以及每盤遊戲的步數：

```
import matplotlib.pyplot as plt # 匯入Matplotlib函數庫
plt.figure(figsize=(16, 5))
plt.subplot(1, 2, 1)
plt.plot(r_history)
plt.subplot(1, 2, 2)
plt.plot(j_history)
```

繪製出的曲線如下圖所示。

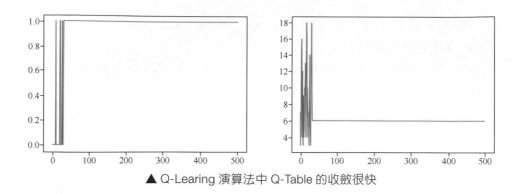

▲ Q-Learing 演算法中 Q-Table 的收斂很快

左圖告訴我們的資訊是，開始的時候，智慧體只是盲目地走動，有時走運，可以得到 1 分，大部分是得到 0 分，直到 Q-Table 裡面的知識比較豐富了，幾乎每盤遊戲都得到 1 分。而右圖告訴我們的資訊是，智慧體沒有知識的初期，遊戲的步數搖擺不定，不是很快掉進冰窟窿，就是來回地亂走。但是到了大概 50 盤之後，Q-Table 的知識累積完成了，這以後，智慧體可以保證每次都得到獎勵，而且按照 6 步的速度迅速地走到飛盤所在地，完成冰湖挑戰。

11.4.3 Q-Table 的更新過程

下面詳細地看一下 Q-Table 的更新過程。

在開始階段，智慧體將做出大量嘗試（甚至可能是 10 次、100 次的嘗試），然而，因為沒有任何方向感和 Q-Table 作為指引，智慧體的知識空間如同一張白紙。這時智慧體處於嬰兒態，經常性地墜入冰窟窿，而且得不到系統的任何獎賞。因為在冰湖挑戰的環境設定中，掉進冰窟窿只是結束遊戲，並沒有懲罰分數，因此初始很多盤的嘗試並不能帶來 Q-Table 的更新。

如果用 env.render 方法顯示出所有的環境狀態，可以看出智慧體的探索過程。

第 1 盤：

SFFF	SFFF	SFFF	SFFF	SFFF	SFFF	SFFF	
FHFH	FHFH	FHFH	FHFH	FHFH	FHFH	FHFH	
FFFH	FFFH	FFFH	FFFH	FFFH	FFFH	FFFH	
HFFG	HFFG	HFFG	HFFG	HFFG	HFFG	HFFG	
（下）	（上）	（下）	（下）	（左）	（下）	（結束）	

第 2 盤：

SFFF FHFH FFFH HFFG （下）	SFFF FHFH FFFH HFFG （上）	SFFF FHFH FFFH HFFG （下）	SFFF FHFH FFFH HFFG （下）	SFFF FHFH FFFH HFFG （左）	SFFF FHFH FFFH HFFG （下）	SFFF FHFH FFFH HFFG （結束）	

第 3 盤：

SFFF FHFH FFFH HFFG （下）	SFFF FHFH FFFH HFFG （上）	SFFF FHFH FFFH HFFG （下）	SFFF FHFH FFFH HFFG （下）	SFFF FHFH FFFH HFFG （左）	SFFF FHFH FFFH HFFG （下）	SFFF FHFH FFFH HFFG （結束）	

直到終於有一天，奇蹟發生了，智慧體達到了狀態 14（如第 N 盤的輸出所示），並且隨機地選擇出了正確的動作，它終於可以得到它夢寐以求的獎勵──就好像抓來抓去的嬰兒終於抓到了一顆能吃的糖果。

第 N 盤：

...	SFFF FHFH FFFH HFFG （右）	SFFF FHFH FFFH HFFF （結束）						

第一個 Q-Table 狀態的更新可以稱之為奇點：

```
[[0. 0. 0. 0.]
 [0. 0. 0. 0.]
 [0. 0. 0. 0.]
 [0. 0. 0. 0.]
 [0. 0. 0. 0.]
 [0. 0. 0. 0.]
 [0. 0. 0. 0.]
 [0. 0. 0. 0.]
 [0. 0. 0. 0.]
 [0. 0. 0. 0.]
```

```
[0. 0. 0. 0.]
[0. 0. 0. 0.]
[0. 0. 0. 0.]
[0. 0. 0. 0.]
[0. 0. 0.75 0.]
[0. 0. 0. 0.]]
```

此時 $Q[14, 2]$ 被更新為 0.75（加了 γ 折扣的獎勵值）。以後，有了這個值做啟動，Q-Table 自身更新的能力被增強不少：

```
Q[s, a] = Q[s, a] + lr*(r + y*np.max(Q[s1, :]) - Q[s, a])
```

因為在 Q-Table 的更新策略中，任何獎勵 r 或 $Q[s1, :]$ 的值都會帶來之前狀態 $Q[s, a]$ 的更新。也就是說，當智慧體未來有朝一日，從狀態 10 或 13 踩進狀態 14，都會帶來狀態 10 或 13 中 Q 值的更新，智慧體也能夠根據 Q-Table 的指引從狀態 14 走到終點。之後開始發生蝴蝶效應，第一個獎勵值就像波浪一樣，它蕩起的漣漪越傳越遠，從後面的狀態向前傳遞。

咖哥發言

冰湖挑戰的環境設定的一些細節如下。

第一，環境初始化時有一個 is_slippery 開關，預設是 Ture 值，這代表冰面很滑，此時智慧體不能順利地走到自己想去的方向。這種設定大大增加了隨機性和遊戲的難度。為了降低難度，我把這個開關，設為 False，以演示 Q-Table 的正常更新過程。同學們可以嘗試設定 is_slippery=Ture，重新進行冰湖挑戰。

第二，冰湖挑戰設定所有的狀態 Q 值的最大值為 1。也就是說，當累積得到的獎勵分大於 1 時，就不繼續增加該狀態 $Q[s, a]$ 的 Q 值了。

• 11.5 從 Q-Learning 演算法到 SARSA 演算法

接著介紹另外一種和 Q-Learning 演算法很相似的強化學習演算法——SARSA 演算法（小冰插嘴：莎莎演算法，好美的名字）。

這個演算法的基本想法和 Q-Learning 演算法一樣，也是在智慧體的行動過程中不斷地更新、最佳化 Q-Table，主要區別在於其中採用了不同的評估策略。

11.5.1　異策略和同策略

剛才說過什麼是異策略，有異策略就有同策略（on-policy）。看強化學習演算法是異策略還是同策略，主要是看行動策略和評估策略是不是一個策略。

- 行動策略，指的是智慧體選擇下一個動作時使用的策略。
- 評估策略，指的是接收了環境回饋，更新 Q-Table 值所用的策略。

我們知道 Q-Learning 演算法是異策略的，因為在 Q-Learning 中行動策略是 ε-Greedy 策略，而更新 Q-Table 的策略是貪心策略（在計算下一狀態的預期收益時使用了 max 函數，直接選擇最佳動作進行值更新）。因此兩者在某些情況下，並不總是完全一致的。因為在更新了 Q-Table 之後，在下一步動作上，智慧體偶然會選擇「不貪心」的動作，並不總是會選擇上一步中 max 函數所選擇的 a'。這種隨機性和不一致帶來的是對環境更全面的探索，但是增加了智慧體掉進冰窟窿的風險。

而 SARAS 演算法則不同，它是同策略的，即 on-policy 演算法。它是基於當前的策略（比如貪心策略或 ε-greedy 策略）直接執行一次動作的選擇，然後用這個動作之後的新狀態更新當前的策略，因此所選中的 $Q[s', a']$ 總是會被執行。

11.5.2　SARSA 演算法的實現

SARSA 演算法這個漂亮名稱的由來（S：State，A：Action，R：Reward，S1：New State，A1：New Action），S 是當前狀態，A 是動作，R 是獎勵，S1 是新狀態，A1 是新的動作。是不是覺得這些名詞都挺熟悉的。

SARSA 演算法的動作的選擇可以採取貪心策略或 ε-greedy 策略，無論採取哪種策略，SARSA 都將使用當前的策略來更新 Q-Table，因此 SARSA 演算法是前後一致的（而 Q-learning 演算法則總是貪心地選擇最大的 Q 值來更新 Q-Table）。

SARSA 演算法的虛擬程式碼如下：

```
初始化Q(s, a)
重複(episode-盤次)
```

```
初始化狀態s
根據既定策略從當前Q-Table選擇下一步動作a(貪心策略或ε-greedy策略)
重複(step-步驟)
    採取動作，同時觀察r(獎懲)和s'(新狀態)
    更新Q-Table(貪心策略或ε-greedy策略)
    更新狀態
    更新動作
直到遊戲結束
```

可以看出，SARSA 和 Q-Learning 演算法的差異如下。

■ Q-learning 演算法更新 Q-Table 時所選擇的新的 $Q[s', a']$ 一定是下一步將進入的狀態。

■ SARSA 演算法的動作的選擇，依照既定策略，狀態和動作同步直接更新。

• 11.6 用 SARSA 演算法來解決冰湖挑戰問題

用 SARSA 演算法實現冰湖挑戰的程式如下：

```python
# 初始化參數
alpha = 0.6 # 學習率
gamma = 0.75 # 獎勵折扣
episodes = 500 # 遊戲盤數
r_history = [] # 獎勵值的歷史資訊
j_history = [] # 步數的歷史資訊
for i in range(episodes):
    s = env.reset() # 重置環境
    rAll = 0
    d = False
    j = 0
    a = 0
    #SARSA演算法的實現
    while j < 99:
        j+=1
        # 透過Q-Table選擇下一個動作，但是增加隨機雜訊，該雜訊隨著盤數的增加而減小
        a1 = np.argmax(Q[s, :] +
```

```
        np.random.randn(1, env.action_space.n)*(1./(i+1)))
    # 智慧體執行動作，並從環境中得到新的狀態和獎勵
    s1, r, d, _ = env.step(a)
    # 透過與策略相同的演算法更新Q-Table，選擇新狀態中的最大Q值
    Q[s, a] = Q[s, a] + alpha*(r + gamma*Q[s1, a1] - Q[s, a])
    rAll += r
    s = s1
    a = a1
    if d == True:
        break
  j_history.append(j)
  r_history.append(rAll)
print(Q)
```

和 Q-learning 演算法相比，同策略的 SARSA 演算法如果選擇 ε-Greedy 策略，則 Q-Table 的收斂將更為緩慢，隨機性更強，如本例所示。而如果選擇貪心策略，則會更加穩定、安全（但是缺乏冒險精神）。

透過繪製出遊戲的獎懲曲線，以及每盤的步數曲線（如下圖所示），大家可以比較 SARSA 演算法與 Q-Learning 演算法效果上的區別：使用 ε-Greedy 策略的 SARSA 演算法，隨著 Q-Table 中知識的累積，智慧體找到飛盤的機率會增加，因為 200 盤以後得到 1 分的情況顯著增加，但是並不像 Q-Learning 演算法那樣確保每次都遵循一樣的成功路線。因而這種情況下的智慧體總是保持了一定程度上對環境的探索。就強化學習的目標而言，這其實是我們所希望看到的現象。

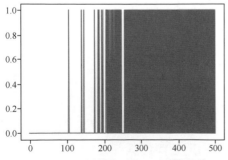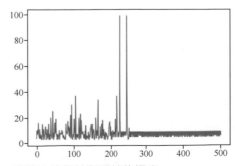

▲ 採用 ε-Greedy 策略的 SARSA 演算法總保持對環境的探索

● 11.7 Deep Q Network 演算法：用深度網路實現 Q-Learning

Deep Q Network 演算法，簡稱 DQN 演算法，是 DeepMind 公司於 2013 年 1 月在 NIPS 發表的論文《Playing Atari with Deep Reinforcement Learning》中提出的。該演算法是 Q-Learning 演算法的加強版。

論文摘要中指出：「這是第一個使用強化學習直接從高維特徵視覺輸入訊號中成功學習控制策略的深度學習模型。該模型透過卷積神經網路來訓練 Q-Learning 演算法，其輸入是原始畫素，輸出是未來期望獎勵的值函數。在不調整架構和學習演算法的前提下，將此演算法應用於 Arcade 學習環境中的 7 個 Atari 2600 遊戲。經測試，演算法在 6 個遊戲中優於以前的所有演算法，並且在 3 個遊戲中的性能超過了人類專家。」

Atari 遊戲是類似街機的遊戲，在美國的流行程度大概與 20 世紀 90 年代的任天堂遊戲類似。剛才也説了，在 Open AI 的 Gym 函數庫中，提供了很多基於 Atari 2600 的 API，幫助我們生成遊戲環境，訓練智慧體。

剛才我們是應用 Q-Table 來記錄冰湖挑戰中的各種狀態下的最佳動作，但是，那個環境是很簡單的情況。不難想像，在十分複雜的環境中，狀態和動作都將變得複雜，維度也非常大，那麼如何記錄、更新和訓練 Q-Table 呢？深度神經網路成為不二之選。

而 DQN 演算法使用神經網路替換 Q-Table，如下圖所示。此時的 Q 函數多了一個參數 θ，表示為 Q（s, a；θ）。其中的 θ，就是神經網路的可訓練權重，也就是我們以前常提到的參數 w。現在把 Q 函數看作神經網路的損失函數，先複習一下這個函數：

$$Q(s,a) = r + \gamma(\max(Q(s',a')))$$

那麼需要最小化的是什麼呢？

其實，在強化學習問題中，我們希望最小化的是 Q 函數的左右差異。也就是説，當 Q 值達到其收斂狀態時，環境獎勵和期望獎勵與當前的 Q-Table 中的 Q 值應該是幾乎完全相同的。而這正是我們的目標。

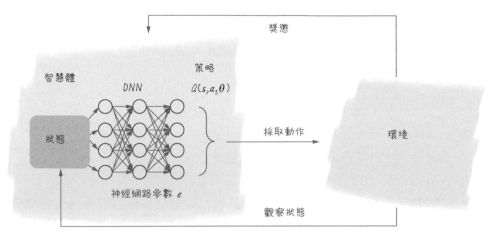

▲ DQN 演算法使用神經網路替換 Q-Table

因此 DQN 演算法的損失函數可以表示為：

$$Loss = L(\theta) = (Q(s,a;\theta) - (r + \gamma(\max(Q(s',a';\theta)))))^2$$

是不是似曾相識？這不正是第一個機器學習演算法線性回歸中所介紹的均方誤差函數的翻版嗎？

有了損失函數，神經網路的訓練及最佳化自然就有了實現的基礎。這就是 DQN 演算法的基本想法。

透過 DQN 演算法完成冰湖挑戰就作為家庭作業，留給同學們自己去完成。

● 11.8 本課內容小結

其實呢，介紹強化學習的理論與實踐，對咖哥我來說也是很大的挑戰。但是強化學習，以及上一課談到的自監督、生成式學習，目前都是機器學習前端的內容，因此我覺得特別有必要引領大家盡可能多了解一些。

強化學習這一課中，我們介紹了強化學習和普通機器學習的差別，一個重點思維是「要有為長遠的利益而犧牲眼前的利益的眼光」。而且在強化學習過程中，給機器的回饋並不是即時的，因此也就需要機器有更優的演算法來針對未來的結果調整當前的行為。

下面複習一下強化學習基本術語和概念。

智慧體：根據環境的回饋做出動作。而智慧體根據策略所選擇的每一個動作，會帶來狀態的變化。

強化學習 4 大元素如下。

- **A——Action**，代表智慧體目前可以做的動作。
- **S——State**，代表當前的環境，也可以說是狀態。
- **R——Reward**，代表環境對智慧體獎懲。
- **P——Policy**，智慧體所採取的策略，其實也就是機器學習演算法。把策略寫成 π，π 會根據當前的環境的狀態選擇一個動作。

除了基礎知識之外，我們簡單介紹了幾個強化學習演算法。

- Q-Learning 演算法。
- SARSA 演算法。
- Deep Q Network 演算法。

不得不說，這幾種演算法僅是強化學習的冰山一角，還有更多演算法，包括策略梯度（Policy Gradient）、A3C、DDTP、PPO 等，如有興趣，同學們可以去搜集資料，自學成才。

　　講到這裡，咖哥吐出一口氣，說：「所謂教學相長，教的過程同時也就是學的過程。透過 11 課的課程講解，我覺得自己的機器學習、深度學習知識，從理論到實踐都內化了很多，不知道你們是否也都有所收穫。」

　　「有收穫！有收穫！多講點！多講點！」同學們紛紛釋放出感恩之心。

　　咖哥嘿嘿一笑：「有所收穫，我們這短暫的機器學習之旅就沒有浪費。最後，大家先不要激動，我還有一些內容要講，以及一份小小的禮物送給大家。」

● 11.9 課後練習

練習一：設定冰湖挑戰 is_slippery 開關的值為 Ture，重新用 Q-Learning 和
　　　　SARSA 演算法完成冰湖挑戰。

練習二：閱讀論文《Playing Atari with Deep Reinforcement Learning》，了解
　　　　Deep Q Network 的更多細節。

練習三：使用 Deep Q Network 演算法完成冰湖挑戰。

尾聲 -- 如何實現機器學習中的知識遷移及持續性的學習

在課程的最後,我想和同學們談一談機器的自我學習以及知識的累積,也就是如何讓機器在盡可能少的人工操作下,完成持續性的學習。這個議題很大,我只是拋磚引玉。

所謂機器的自我學習,也是一個模糊的概念,我們講過的無監督學習、半監督學習、自監督學習、強化學習等都可以算作機器的自我學習。這是一個非主流卻很重要的領域。為什麼這麼說呢?因為人類和動物的學習模式絕大多數情況下都是自我學習模式,其中的自我探索的價值要遠超過監督和指導。從知識累積的角度來說,自我學習所能夠累積的知識也遠超監督學習。透過自我學習可以學習更多關於世界結構的知識:資料是無限的,每個例子提供的回饋量都很大。

這種學習模式在自然語言處理方面獲得了巨大成功。舉例來說,透過 BERT(一種雙向訓練的語言模型)這樣的半監督式的 NLP 模型,機器能預測文字中缺失的單字、自動補全程式碼,甚至生成新的程式,這都是近期機器學習領域的新趨勢。

可以說,機器的自我學習能力越強,我們離強 AI 就越近。

線上學習

比如線上學習,一個典型例子是透過對使用者購物車的分析,推薦相關的商品,這就是一種典型的監督學習和機器的自我學習的結合。

咖哥發言

推薦演算法的實現方式，一是基於商品內容的推薦，把使用者所購的近似商品推薦給使用者，前提是每個商品都得有許多個標籤，才可以知道其近似度。二是基於使用者相似度的推薦，就是根據不同使用者的購買歷史，將與目標使用者興趣相同的其他使用者購買的商品推薦給目標使用者。舉例來說，小冰買過物品 A、B 和 C，我買過了商品 A、B 和 D，於是將商品 C 推薦給我，同時將商品 D 推薦給小冰。

傳統的訓練方法基於固定的訓練集，模型上線後，一般是靜態的，不會與線上的資料流程有任何互動。假設預測錯了，或推薦得不合適，只能等待進一步累積聚集，並在下次系統更新的時候完成修正。

線上學習要求系統能夠更加及時地反映線上變化，它是機器學習領域中常用的技術，也就是一邊學著，一邊讓新資料進來。大型電子商務網站的機器學習都是線上學習。舉例來說，在亞馬遜上購書之後，馬上就會有相關新書推薦給我們。這種學習的訓練集是動態的、不斷變化的，呈現出一種資料流的性質。因此，演算法也需要動態適應資料中的新模式，在每個步驟中更新對未來資料的最佳預測，即時快速地進行模型調整，提高線上預測的準確率。尤其是與使用者互動這一塊，在將模型的預測結果展現給使用者的同時收集使用者的回饋資料，再用來繼續訓練模型，及時做出修正。

例如某網路書店的推薦系統的實現，首先透過普通的機器學習模型，根據系統已有資料（如圖書的特徵資訊）和使用者的歷史行為，向使用者推薦其可能感興趣的書，然後透過線上排序模型對書進行互動式排序。考慮到使用者往往是使用行動端裝置，每次看到的推薦項目很少，因此前面幾個排序項的作用更突出。系統會線上監控使用者的選擇。假設使用者點擊了第 n 個項目，系統將只保留第 n 個項目前後幾筆資料作為訓練資料，其他的就捨棄，以確保訓練集中的資料是使用者已經看到的。而且系統還將即時增加使用者剛剛選擇的書的權重。

● 遷移學習

另一個需要思索的機器學習發展方向是如何在機器學習過程中進行知識的累積。

機器學習的經典模式是：在指定一個資料集上，運行一個機器學習演算法，建置一個模型，然後將這個模型應用在實際的任務上。這種學習模式被稱為**孤立學習**，因為它並未考慮任意其他相關的資訊和過去學習的知識。孤立學習的缺點在於沒有記憶，即它沒有保留學到的知識，並應用於未來的學習。因此它需要大量的訓練範例。

然而，縱觀人類發展的歷史，之所以人類能夠發展出如此輝煌的文化，築成如此複雜的科學宮殿，其中語言和文字對於知識的保存和傳續功不可沒。人類是以完全不同的方式進行學習的。我們從不孤立地學習，而是不斷地累積過去學習的知識，並無縫地利用它們學習更多的知識。隨著時間的增長，人類將學習越來越多的知識，而且越來越善於學習。

機器學習中的遷移學習，表示知識的累積，它儲存已有問題的解決模型，並將其利用在其他不同但相關的問題上。這是一個很有意思的想法，因為這表示我們將站在「巨人」肩上去學習。

一個最典型的遷移學習的例子就是利用已經訓練好的大型卷積網路，進行微調之後來實現自己的機器學習任務。

這個知識遷移過程並沒有我們想像的那麼困難。現在就來試著運行一個實例。請看下面的程式：

```
from keras.applications import VGG19 # 基礎網路是VGG19
from keras import models  # 匯入模組
from keras import layers  # 匯入層
from keras import optimizers  # 匯入最佳化器
# 預訓練的卷積基
conv_base = VGG19(weights='imagenet', include_top=False,
                                 input_shape=(150, 150, 3))
conv_base.trainable = True # 解凍卷積基
# 凍結其他卷積層，僅設定block5_conv1可訓練
```

```
set_trainable = False
for layer in conv_base.layers:
    if layer.name == 'block5_conv1':
        set_trainable = True
    if set_trainable:
        layer.trainable = True
    else:
        layer.trainable = False
model = models.Sequential()
model.add(conv_base) # 基礎網路的遷移
model.add(layers.Flatten()) # 展平層
model.add(layers.Dense(128, activation='relu')) # 微調全連接層
model.add(layers.Dense(10, activation='sigmoid')) # 微調分類輸出層
model.compile(loss='binary_crossentropy', # 交叉熵損失函數
            # 為最佳化器設定小的學習率, 就是在微調第5卷積層的權重
            optimizer=optimizers.adam(lr=1e-4),
            metrics=['acc']) # 評估指標為準確率
model.fit(X_train, y_train, epochs=2, validation_split=0.2) # 訓練網路
model.add(layers.Dense(10, activation='softmax'))
```

這段簡單的程式就實現了在有名的大型卷積網路 VGG19 基礎之上的微調。我們可以拿這個新模型來訓練我們的任何圖型集。

微調之後的屬於我們的新模型如下圖所示。

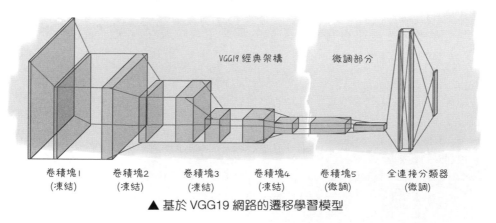

▲ 基於 VGG19 網路的遷移學習模型

新模型結構如下圖所示。

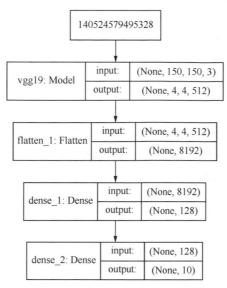

▲ 程式編譯出來的基於 VGG19 遷移形成的新模型結構

Keras 中預置的成熟模型有很多，除了 VGG 外，你們也可以試試 ResNet、
Inception、Inception-ResNet、Xception 等，這些已經在大型圖型函數庫如
ImageNet 中「千錘百煉」過的大型卷積網路，都可以直接遷移至你們自己的
機器學習模型。

下面程式中列出了多種 Keras 提供的可遷移的基礎網路：

```
from keras.applications import ResNet50
from keras.applications import InceptionV3
from keras.applications import MobileNetV2
from keras.applications import Xception
from keras.applications import VGG16
from keras.applications import VGG19
```

遷移學習，不僅限於卷積網路，像 BERT 這樣的 NLP 模型，也可以下載下
來，進行微調後重複使用。

● 終身學習

透過遷移學習，我們在知識累積的路上邁出了一大步。遷移學習假設來源領域有大量已經標注的訓練資料，目標領域有很少或根本沒有標注的訓練資料，但是有很多未標注的訓練資料。遷移學習利用來源領域已經標注的資料來幫助目標領域完成學習任務。

然而，遷移學習還不能算是持續性地學習，它僅是利用來源領域來幫助目標領域的單向學習過程。遷移學習在知識累積方面是有局限性的，因為**遷移學習假設來源領域與目標領域是很相似的**。

而終身學習（lifelong learning）沒有這麼強的假設，使用者通常也不參與決定任務的相似性。

對於監督學習而言，大量的訓練資料通常是手工標注得到的，這樣既費時又費力。但是現實世界中存在很多的學習任務，為了學習一個機器學習模型，對每個任務都手工標注大量的訓練資料是不可能的。

而且，事情總是處在不斷變化中的，因而需要不停地標注訓練資料，這顯然是無法完成的任務。對建立真正的智慧系統而言，當前的孤立學習是不合適的，其僅可被用於解決具體領域的任務。

機器的終身學習就是模仿人類的這種學習過程和能力。由於我們周圍的事物都是緊密相關和相互關聯的，因此這種學習方式更為自然。

因為過去學習的概念和關係可以幫助我們更進一步地瞭解和學習一個新的任務，所以終身學習是一個持續學習過程，模型應該可以利用其知識庫中的先驗知識來幫助學習新任務。知識庫中儲存和維護過去的任務中學習和累積的知識。知識庫也會根據新任務中學習的中間或最終結果進行更新。

終身學習包括以下主要特徵。

- 持續學習。
- 知識被累積到知識庫。
- 利用過去學習的知識，來幫助解決未來的學習問題。

當然，這裡進行的只是理念上的探討，對於自我學習、遷移學習、終身學習這些比較接近「強人工智慧」領域的主題，目前仍處在剛剛起步探索的階段，技術和實踐上遠遠沒有監督學習那麼成熟。

不知不覺間，到了真要說再見的時候。咖哥說會送給每位同學一本書，作為紀念。

小冰看到，這是本非常有名的書——《高效能人士的七個習慣》。

咖哥說：「這本書，是我很喜歡的一本書，也可以說陪伴了我的生活、工作和學習。我時常會把它贈送給同事和朋友們。不過，我肯定是沒有時間給大家介紹每一個習慣了。但是，允許我說一下這七個習慣裡面的最後一個習慣：不斷更新。不斷更新，其實也就是終身學習。說的是如何在四個生活面向（生理、社會、情感、心智）中，不斷更新自己。這個習慣好比梯度提升機一樣推著人持續成長。只有不斷更新、不斷完善自我，人才不致老化及呈現疲態，才總是能踏上新的路徑，迎接新的天地。」

「同學們，在 AI 來臨的時代，機器尚且能夠自我更新、自我學習，我們人類更應時時刻刻記住持續學習、不斷成長的重要性。」

「成長，不是負擔，而是一種常態、一種快樂。」

「再見了，同學們。」

小冰和其他同學有些戀戀不捨地往課堂外面走去。

「哎，小冰，等一等！還有一件事！」咖哥叫住小冰，「你的新專案幾個月做完？3 個月？好！3 個月之後，你回來給我上上課，分享經驗。」

小冰說：「啊？！不可能吧。」

咖哥說：「怎麼不可能，完全有可能。兩千多年前的孔子都認為『三人行，必有我師焉』，在現在這個時代，更是任何人都有可能成為我的老師。再見！」

附錄 B   練習答案

● 第 1 課

練習一：請同學們列舉出機器學習的類型，並說明分類的標準。

答　案：機器學習有不同的分類標準，最常見的分類，是把它分為監督學習、無監督學習和半監督學習。監督學習的訓練需要標籤資料，而無監督學習不需要標籤資料，半監督學習介於兩者之間，使用一部分已有標籤的資料。

　　　　還有一種常見的分類將機器學習分為監督學習、無監督學習和強化學習這 3 個類別。大家需要了解的一點是，各種機器學習之間的界限是很模糊的。

練習二：解釋機器學習術語：什麼是特徵，什麼是標籤，什麼是機器學習模型。

答　案：特徵是機器學習中的輸入，原始的特徵描述了資料的屬性。它是有維度的。特徵的維度就是特徵的數目。標籤是所要預測的真實事物或結果，也稱為機器學習的目標。模型，也就是機器從資料規律中發現的函數，其功能是將樣本的特徵映射到預測標籤。

練習三：我們已經見過了 Google 中的加州房價資料集和 Kares 附帶的 MNIST 資料集，請同學們自己匯入 Keras 的波士頓房價（boston_housing）資料集，並判斷其中哪些是特徵欄位，哪些是標籤欄位。

　　　　（提示：使用敘述 from keras.datasets import boston_housing 匯入波士頓房價資料集。）

　　　　搜索 Boston Housing Keras，可以找到該資料集的具體資訊。

　　　　其中特徵欄位包括以下內容。

CRIM：按城鎮劃分的人均犯罪率。

ZN：超過 25,000 平方英尺的住宅用地比例。

INDUS：每個城鎮非零售業務英畝的比例。

CHAS：查理斯河虛擬變數（如果接近河流，則為 1；否則為 0）。

NOX：一氧化氮濃度（百萬分之幾）。

RM：每個住宅的平均房間數。

AGE：1940 年之前建造的自有單位。

DIS：與 5 個波士頓就業中心的加權距離。

RAD：高速公路通行能力指數。

TAX：每 10,000 美金的全額財產稅。

PTRATIO：按城鎮劃分的師生比例。

B：按城鎮劃分的某少數族群人口結構比例。

LSTAT：低收入人口百分比。

標籤欄位包括以下內容。

MEDV：自有住房的中位數價值（以 1,000 美金計）。

練習四：參考本課中的兩個機器學習專案程式，使用 LinearRegression 線性回歸演算法對波士頓房價資料集進行建模。

答　案：參見原始程式套件中「第 1 課　機器學習實戰」目錄下的練習案例中的原始程式碼檔案 "C01-3 Boston Housing Price.ipynb"。

第 2 課

練習一：變數 (x, y) 的集合 $\{(-5, 1)，(3, -3)，(4, 0)，(3, 0)，(4, -3)\}$ 是否滿足函數的定義？為什麼？

答　案：不滿足，因為輸入集的元素 4，對應了兩個輸出（0 和 -3），這不符合每一個輸入集元素只能對應輸出集的唯一值的定義。也就是說，當 x 確定之後，y 並不總是能被確定，這和我們試圖去發現從特徵到標籤的相關性的目標不符。

練習二：請同學們畫出線性函數 $y=2x+1$ 的函數圖型，並在圖中標出其斜率和
　　　　y 軸上的截距。

答　案：

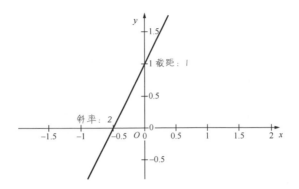

練習三：在 上 一 課 中，我 們 曾 使 用 敘 述 from keras.datasets import boston_
　　　　housing 匯入了波士頓房價資料集。請同學們輸出這個房價資料集對
　　　　應的資料張量，並說出這個張量的形狀。

答　案：參見原始程式套件中「第 2 課　Python 資料操作」目錄下的原始程式
　　　　碼檔案 "C02-3 Tensor - Boston Housing. ipynb"。
　　　　資料集張量形狀為（404, 13）。

練習四：對波士頓房價資料集的資料張量進行切片操作，輸出其中第 101 ～
　　　　200 個資料樣本。

　　　　（提示：注意 Python 的資料索引是從 0 開始的。）

答　案：參見原始程式套件中「第 2 課　Python 資料操作」目錄下的原始程式
　　　　碼檔案 "C02-3 Tensor - Boston Housing.ipynb"。

練習五：用 Python 生成對形狀如下的兩個張量，確定其階的個數，並進行點
　　　　積操作，最後輸出結果。
　　　　$A = [1, 2, 3, 4, 5]$
　　　　$B = [[5], [4], [3], [2], [1]]$

答　案：參見原始程式套件中「第 2 課　Python 資料操作」目錄下的原始程式
　　　　碼檔案 "C02-3 Tensor - Boston Housing. ipynb"。

• 第 3 課

練習一：在這一課中，我們花費了一些力氣自己從頭建置了一個線性回歸
模型，並沒有借助 Sklearn 函數庫的線性回歸函數。這裡請大家用
Sklearn 函數庫的線性回歸函數完成同樣的任務。怎麼做呢？同學們
回頭看看第 1 課 1.2.3 節的「用 Google Colab 開發第一個機器學習程
式」的加州房價預測問題就會找到答案。

（提示：學完本課內容之後，面對線性回歸問題，有兩個選擇，不是自己建置模
型，就是直接呼叫機器學習函數程式庫裡現成的模型，然後用 fit 方法訓練機
器，確定參數。）

答　案：參見原始程式套件中「第 3 課　線性回歸」目錄下教學案例中的原始
程式碼檔案 "C03-3 Sklearn - Ads and Sales.ipynb"。

練習二：在 Sklearn 函數庫中，除了前面介紹過的 LinearRegression 線性回歸
演算法之外，還有 Ridge Regression（嶺回歸）和 Lasso Regression
（套索回歸）這兩種變形。請大家嘗試參考 Sklearn 線上文件，找到
這兩種線性回歸演算法的說明文件，並把它們應用於本課的數據集。

答　案：Ridge Regression 和 Lasso Regression，都是對模型加入正規化項，懲
罰過大的參數，以避免過擬合問題。其中，Lasso Regression 採取 L1
正規化，而 Ridge Regression 採取 L2 正規化。
Sklearn 函數庫中 Ridge Regression 和 Lasso Regression 模型的使用，
參見原始程式套件中「第 3 課　線性回歸」目錄下教學案例中的原始
程式碼檔案 "C03-3 Sklearn - Ads and Sales.ipynb"。

練習三：匯入第 3 課的練習資料集：Keras 附帶的波士頓房價資料集，並使用
本課介紹的方法完成線性回歸，實現對標籤的預測。

答　案：參見原始程式套件中「第 3 課　線性回歸」目錄下練習案例中的原始
程式碼檔案 "C03-5 Linear Regression - Bonston Housing.ipynb"。

● 第 4 課

練習一：根據第 4 課的練習案例資料集：鐵達尼資料集（見原始程式套件），
並使用本課介紹的方法完成邏輯回歸分類。

（提示：在進行擬合之前，需要將類別性質的欄位進行類別到虛擬變數的轉換。）

答　案：參見原始程式套件中「第 4 課　邏輯回歸」目錄下的原始程式碼檔案
C04-4 Logistic Regression Single class-Tiantic.ipynb。

練習二：在多元分類中，我們基於鳶尾花萼特徵，進行了多元分類，請同學
們用類似的方法，進行花瓣特徵集的分類。

答　案：參見原始程式套件中「第 4 課　邏輯回歸」目錄下的原始程式碼檔案
C04-2 Logistic Regression Multi classes-Iris Sepal.ipynb。

練習三：請同學們基於花瓣特徵集，進行正規化參數 C 值的調整。

答　案：參見原始程式套件中「第 4 課　邏輯回歸」目錄下的原始程式碼檔案
C04-3 Logistic Regression Multi Classes-Iris Petal.ipynb。

● 第 5 課

練習一：對本課範例繼續進行參數調整和模型最佳化。

（提示：可以考慮增加或減少疊代次數、增加或減少網路層數、增加 Dropout
層、引入正則項，以及選擇其他最佳化器等。）

答　案：請讀者自行調整各種參數。

練習二：第 5 課的練習資料集仍然是鐵達尼資料集，使用本課介紹的方法建
置神經網路處理該資料集。

答　案：參見原始程式套件中「第 5 課　深度神經網路」目錄下練習案例中的
原始程式碼檔案 "C05-3 ANN - Titanic.ipynb"。

練習三：使用 TensorBoard 和回呼函數顯示訓練過程中的資訊。

答　案：參見原始程式套件中「第 5 課　深度神經網路」目錄下教學案例中的
　　　　原始程式碼檔案 "C05-2 Using TensorBoard .ipynb"。

• 第 6 課

練習一：對本課範例繼續進行參數調整和模型最佳化。

　　　　（提示：可以考慮增加或減少疊代次數、增加或減少網路層數、增加 Dropout
　　　　層、引入正則項等。）

答　案：請讀者自行調整各種參數。

練習二：在 Kaggle 網站搜索下載第 6 課的練習資料集「是什麼花」，並使用本
　　　　課介紹的方法新建卷積網路處理該資料集。

答　案：參見原始程式套件中「第 6 課　卷積神經網路」目錄下練習案例中的
　　　　原始程式碼檔案 "C06-2 CNN - Flowers.ipynb"。

練習三：保存卷積網路模型，並在新程式中匯入保存好的模型。

答　案：透過下述敘述可將模型保存到網路或本機資料夾。

```
cnn.save('cnn_model.h5')
```

透過下述敘述可呼叫保存好的模型到新程式。

```
model = load_model('cnn_model.h5')
```

• 第 7 課

練習一：使用 GRU 替換 LSTM 層，完成本課中的鑑定留言案例。

答　案：參考下面的程式。

```
from keras.layers import GRU #匯入GRU層
model.add(GRU(100)) # 加入GRU層
```

練習二：在 Kaggle 中找到第 7 課的練習資料集「Quora 問答」，並使用本課介紹的方法新建神經網路處理該資料集。

答　案：參見原始程式套件中「第 7 課　循環神經網路」目錄下練習案例中的原始程式碼檔案 "C07-3 RNN - Quora Queries.ipynb"。

練習三：自行調整、訓練雙向 RNN 模型。

答　案：請讀者自行調整。

● 第 8 課

練習一：找到第 5 課中曾使用的「銀行客戶流失」資料集，並使用本課介紹的演算法處理該資料集。

答　案：參見原始程式套件中「第 8 課　傳統演算法」目錄下的原始程式碼檔案 "C08-2 Tools-Bank.ipynb"。

練習二：本課介紹的演算法中，都有屬於自己的超參數，請同學們查閱 Sklearn 文件，研究並調整這些超參數。

答　案：請同學們去 Sklearn 官方網站，閱讀每一種演算法（模型）的官方文件。

練習三：對於第 5 課中的「銀行客戶流失」資料集，選擇哪些 Sklearn 演算法可能效果較好，為什麼？

答　案：參見原始程式套件中「第 8 課　傳統演算法」目錄下的原始程式碼檔案 C08-2 Tools-Bank.ipynb，並分析各種演算法性能的優劣。

練習四：決策樹是如何「生長」為隨機森林的？

答　　案：在訓練樣本的選擇過程中，引入了有放回的隨機抽樣過程，並不總是選擇全部樣本；在進行分支決策時，分支節點生成時不總是考量全部特徵，而是隨機生成特徵。

這兩個步驟增加了每一棵樹的隨機性，從而減少偏差，抑制過擬合。然後，將多棵樹的結果進行整合，即為隨機森林。

● 第 9 課

練習一：列舉出 3 種降低方差的整合學習演算法、3 種降低偏差的整合學習演算法，以及 4 種異質整合演算法。

答　　案：降低方差的整合學習演算法包括決策樹、隨機森林、極端隨機森林等。

降低偏差的整合學習演算法包括 AdaBoost、GBDT、XGBoost 等。

異質整合演算法包括 Stacking、Blending、Voting 和 Averaging 等。

練習二：請同學們用 Bagging 和 Boosting 整合學習演算法，處理第 4 課曾使用的「心臟病二元分類」資料集。

答　　案：參見原始程式套件中「第 9 課　整合學習」目錄下練習案例中的原始程式碼檔案 "C09-4 Ensemble - Heart.ipynb"。

練習三：本課中透過 Voting 演算法整合了各種基礎模型，並針對「銀行客戶流失」資料集進行了預測。請同學們使用 Stacking 演算法，對該資料集進行預測。

答　　案：參見原始程式套件中「第 9 課　整合學習」目錄下教學案例中的原始程式碼檔案 "C09-3 Stacking - Bank Customer.ipynb"。

• 第 10 課

練習一：重做本課中的聚類案例，使用年齡和消費分數這兩個特徵進行聚類
（我們的例子中是選擇了年收入和消費分數），並調整 K 值的大小。

答　案：參見原始程式套件中「第 10 課　無監督及其他類型的學習」目錄
　　　　下教學案例的原始程式碼檔案 "C10-2 K-means - Age and Spending.
　　　　ipynb"。

練習二：研究原始程式套件中列出的變分自編碼器的程式，試著自己用 Keras
神經網路生成變分自編碼器。

答　案：參見原始程式套件中「第 10 課　無監督及其他類型」的學習目錄下
　　　　「其他」資料夾中的原始程式碼檔案 "C10-5 VAE.ipynb"。

練習三：研究原始程式套件中列出的 GAN 實現程式。

答　案：參見原始程式套件中「第 10 課　無監督及其他類型」的學習目錄下
　　　　「其他」資料夾中的原始程式碼檔案 "C10-4 GAN.ipynb"。

• 第 11 課

練習一：設定冰湖挑戰 is_slippery 開關的值為 Ture，重新用 Q-Learning 和
SARSA 演算法完成冰湖挑戰。

答　案：env = gym.make（'FrozenLake-v0'，is_slippery=True）。

練習二：閱讀論文《Playing Atari with Deep Reinforcement Learning》，了解
Deep Q Network 的更多細節。

答　案：請讀者閱讀相關論文。

練習三：使用 Deep Q Network 演算法完成冰湖挑戰。

答　案：參見原始程式套件中「第 11 課　強化學習」目錄下的原始程式碼檔
　　　　案 "C11-3 Deep Q-learning - FrozenLake.ipynb"。

Note

Note

Note